普通高等教育农业农村部"十三五"规划教材
全国高等农林院校"十三五"规划教材
"十三五"江苏省高等学校重点教材（编号：2018-2-241）

兽医内科学（精简版）

Veterinary Internal Medicine

刘宗平　赵宝玉　主编

中国农业出版社

北　京

内容提要

本教材是普通高等教育农业农村部"十三五"规划教材,内容包括绪论、消化系统疾病、呼吸系统疾病、心血管系统疾病、血液及造血器官疾病、泌尿系统疾病、神经系统疾病、营养代谢性疾病、中毒性疾病、免疫性疾病、内分泌疾病与应激综合征。对临床常见的、危害严重的内科疾病,力求全面和深入地介绍,对不常见的疾病则简明扼要。同时,将兽医临床常用的实验室检测指标、药物的剂量和使用方法以附录形式列出,方便使用者学习和查阅。

教材内容丰富,科学性强,定义准确,概念清楚,结构严谨,层次清晰,重点突出,言之有据,可操作性强,能反映国内外兽医内科学的最新进展。教材内容实用,对临床工作具有指导作用。

本教材主要供全国高等院校动物医学类本科生作为教材使用,对兽医临床医师和参加全国执业兽医资格考试的人员也是一本良好的参考书。

编写人员

主　编　刘宗平　赵宝玉

副主编　夏　成　李艳飞　何宝祥　何生虎　袁　燕

编　者（以姓氏笔画为序）

王　林	山东农业大学	何宝祥	广西大学
王生奎	云南农业大学	何高明	石河子大学
王建国	西北农林科技大学	邹　辉	扬州大学
文利新	湖南农业大学	张文龙	吉林大学
石冬梅	河南牧业经济学院	赵宝玉	西北农林科技大学
付志新	河北科技师范学院	姜国均	河北农业大学
刘　博	内蒙古农业大学	贺秀媛	河南农业大学
刘宗平	扬州大学	袁　燕	扬州大学
任志华	四川农业大学	夏　成	黑龙江八一农垦大学
孙子龙	山西农业大学	徐庚全	甘肃农业大学
李艳飞	东北农业大学	郭小权	江西农业大学
李锦春	安徽农业大学	曹荣峰	青岛农业大学
何生虎	宁夏大学	潘翠玲	南京农业大学

前言 FOREWORD

兽医内科学是动物医学专业的核心课程，在本专业人才培养中具有十分重要的地位。本教材作为精简版教材，已被列为"普通高等教育农业农村部'十三五'规划教材"和"'十三五'江苏省高等学校重点教材（编号：2018-2-241)"。

教材是课程的重要载体，本教材坚持以新时代中国特色社会主义思想为指导，全面贯彻党的教育方针，落实立德树人根本任务，努力按照新农科建设发展理念的要求，立足中国国情，注重与国际接轨，尽可能反映新观点、新内容和新技术；注重教材内容在传授知识的同时，传授获取知识和创造知识的方法，力求编写出符合教育规律和人才成长规律的具有科学性、先进性、适用性的优秀教材。

当前，兽医内科学正在经历一个历史性的转折。随着我国养殖业集约化、规模化的发展，新品种的引进和培育使畜禽生产性能不断提高，但工业化进程加快而导致的环境污染，以及全球气候变暖不断加剧所致的饲料原料霉变的情况日益严重，使得畜禽营养代谢病、中毒病、应激性疾病等群体性疾病日趋增多。伴侣动物饲养数量的快速增长，使宠物内科病的诊疗逐渐成为兽医临床的热点领域，马病的诊疗水平亟待提高；许多先进的检测技术和诊疗设备在兽医临床的广泛应用，极大地促进了兽医内科学的发展。因此，本书在编写时对临床常见病、危害严重的疾病，进行了全面和深入地介绍，对不常见的疾病则简要介绍。为了方便使用者学习和查阅，将兽医临床常用的实验室检测指标、药物剂量及使用方法以附录形式列出，并附有全国执业兽医资格考试样题。

本书的编者都是具有丰富教学和实践经验的教师，稿件经互审和反复修改才定稿。本教材虽篇幅不长，但言简意赅，内容丰富，科学性强，定义准确，概念清楚，结构严谨，层次清晰，言之有据，材料来源经得住考验，能反映国内外最新进展。本书内容实用，可操作性强，对临床工作具有指导作用。书中的部分疾病用二维码的方式插入了一些图片，来源于编者在长期工作中的积累，也引用了国内外同行已出版的书刊，尽可能注明了原作者和出处，谨向他们表示最诚挚的谢意。本书主要供全国高等院校动物医学类本科生作为教材使用，对兽医临床医师和参加全国执业兽医资格考试的人员也是一本良好的参考书。本书的出版得到扬州大学出版基金的资助,在此表示衷心感谢。

由于水平和时间所限,虽然尽可能避免出错,但仍难如愿,敬请同行及师生不吝赐教和指正,以便修订完善。

刘宗平　赵宝玉

2020 年 8 月

目录 CONTENTS

前言

绪论

第一章 消化系统疾病

概述

第一节 口腔、唾液腺、咽和食管疾病
- 一、口炎 /6
- 二、唾液腺炎 /8
- 三、咽炎 /9
- 四、食管阻塞 /10
- 五、其他疾病 /12

第二节 反刍动物胃疾病
- 一、前胃弛缓 /13
- 二、瘤胃积食 /15
- 三、瘤胃臌气 /16
- 四、创伤性网胃腹膜炎 /18
- 五、瓣胃阻塞 /19
- 六、皱胃变位 /20
- 七、皱胃阻塞 /23
- 八、其他疾病 /24

第三节 马属动物胃肠疾病
- 一、急性胃扩张 /25
- 二、肠痉挛 /27
- 三、肠阻塞 /28
- 四、肠变位 /30
- 五、肠臌气 /31
- 六、其他疾病 /32

第四节 猪胃肠疾病
- 一、胃溃疡 /33
- 二、肠便秘 /34
- 三、其他疾病 /34

第五节 犬猫胃肠疾病
- 一、胃炎 /35
- 二、出血性胃肠炎 /36
- 三、胃扩张-扭转综合征 /36
- 四、肠炎 /37
- 五、肠梗阻 /38
- 六、其他疾病 /39

第六节 其他胃肠疾病
- 一、胃肠炎 /40
- 二、霉菌性胃肠炎 /42
- 三、黏液膜性肠炎 /42
- 四、幼畜消化不良 /43
- 五、其他疾病 /44

第七节 肝和胰腺疾病
- 一、肝炎 /45
- 二、肝硬化 /47
- 三、胰腺炎 /48
- 四、其他疾病 /50

第八节 腹膜疾病
- 一、腹膜炎 /50
- 二、腹腔积液 /51

第二章　呼吸系统疾病

概述

第一节　上呼吸道疾病
- 一、鼻炎　/55
- 二、感冒　/56
- 三、其他疾病　/57

第二节　支气管疾病
- 一、急性支气管炎　/58
- 二、慢性支气管炎　/59

第三节　肺病
- 一、肺充血和肺水肿　/60
- 二、肺气肿　/61
- 三、小叶性肺炎　/62
- 四、大叶性肺炎　/63
- 五、吸入性肺炎　/65
- 六、真菌性肺炎　/66

第四节　胸膜疾病
- 一、胸膜炎　/66
- 二、胸腔积液　/67

第三章　心血管系统疾病

概述

第一节　心血管机能不全
- 一、心力衰竭　/70
- 二、循环衰竭　/72

第二节　心包、心肌和瓣膜疾病
- 一、创伤性心包炎　/74
- 二、心肌炎　/75
- 三、其他疾病　/76

第四章　血液及造血器官疾病

概述

第一节　红细胞疾病
- 一、贫血　/80
- 二、仔猪缺铁性贫血　/84

第二节　血液及造血器官其他疾病
- 一、血斑病　/85
- 二、血小板减少性紫癜　/86

第五章　泌尿系统疾病

概述

第一节　肾脏疾病
- 一、肾炎　/89
- 二、肾病　/91

第二节　尿路疾病
- 一、膀胱炎　/91
- 二、尿道炎　/93
- 三、尿石症　/93
- 四、其他疾病　/95

第三节　尿毒症

第六章　神经系统疾病

概述

第一节　脑及脑膜疾病
- 一、脑膜脑炎　/99
- 二、日射病与热射病　/100
- 三、其他疾病　/101

第二节　脊髓疾病
　　一、脊髓炎及脊髓膜炎　　　　　　　　/102
　　二、脊髓挫伤及震荡　　　　　　　　　/103

第三节　神经系统其他疾病
　　一、癫痫　　　　　　　　　　　　　　/104
　　二、膈痉挛　　　　　　　　　　　　　/105

第七章　营养代谢性疾病

概述

第一节　糖、脂肪及蛋白质代谢性疾病
　　一、乳牛酮病　　　　　　　　　　　　/109
　　二、家禽痛风　　　　　　　　　　　　/113
　　三、禽脂肪肝出血综合征　　　　　　　/115
　　四、母牛肥胖综合征　　　　　　　　　/116
　　五、马麻痹性肌红蛋白尿病　　　　　　/117
　　六、犬猫肥胖症　　　　　　　　　　　/118
　　七、低血糖症　　　　　　　　　　　　/118
　　八、黄脂病　　　　　　　　　　　　　/119

第二节　常量元素代谢性疾病
　　一、佝偻病　　　　　　　　　　　　　/119
　　二、骨软病　　　　　　　　　　　　　/121
　　三、纤维性骨营养不良　　　　　　　　/122
　　四、笼养蛋鸡疲劳症　　　　　　　　　/122
　　五、牛血红蛋白尿症　　　　　　　　　/123
　　六、反刍动物低血镁搐搦　　　　　　　/124
　　七、母牛卧地不起综合征　　　　　　　/125

第三节　微量元素缺乏病
　　一、硒-维生素 E 缺乏病　　　　　　　/126
　　二、铜缺乏病　　　　　　　　　　　　/129
　　三、锌缺乏病　　　　　　　　　　　　/130
　　四、锰缺乏病　　　　　　　　　　　　/131
　　五、钴缺乏病　　　　　　　　　　　　/132
　　六、碘缺乏病　　　　　　　　　　　　/133

第四节　维生素缺乏病
　　一、维生素 A 缺乏病　　　　　　　　　/134
　　二、维生素 B_1 缺乏病　　　　　　　　/137
　　三、维生素 B_2 缺乏病　　　　　　　　/138
　　四、维生素 B_6 缺乏病　　　　　　　　/139
　　五、维生素 B_{12} 缺乏病　　　　　　　/139
　　六、泛酸缺乏病　　　　　　　　　　　/140
　　七、烟酸缺乏病　　　　　　　　　　　/141
　　八、胆碱缺乏病　　　　　　　　　　　/141
　　九、生物素缺乏病　　　　　　　　　　/141
　　十、叶酸缺乏病　　　　　　　　　　　/142
　　十一、维生素 K 缺乏病　　　　　　　　/142

第五节　营养代谢有关的其他疾病
　　一、肉鸡腹水综合征　　　　　　　　　/143
　　二、异食癖　　　　　　　　　　　　　/144

第八章　中毒性疾病

概述

第一节　饲料毒物中毒
　　一、硝酸盐和亚硝酸盐中毒　　　　　　/154
　　二、氢氰酸中毒　　　　　　　　　　　/156
　　三、菜籽饼粕中毒　　　　　　　　　　/157
　　四、棉籽饼粕中毒　　　　　　　　　　/159
　　五、反刍动物瘤胃酸中毒　　　　　　　/160
　　六、光敏性饲料中毒　　　　　　　　　/163
　　七、洋葱和大葱中毒　　　　　　　　　/164
　　八、其他疾病　　　　　　　　　　　　/165

第二节　霉菌毒素中毒
　　一、黄曲霉毒素中毒　　　　　　　　　/166
　　二、玉米赤霉烯酮中毒　　　　　　　　/168
　　三、赭曲霉毒素中毒　　　　　　　　　/169
　　四、单端孢霉烯族化合物中毒　　　　　/170
　　五、霉稻草中毒　　　　　　　　　　　/173
　　六、伏马菌素中毒　　　　　　　　　　/174
　　七、其他疾病　　　　　　　　　　　　/175

第三节　农药、灭鼠药与化肥中毒
　　一、有机磷农药中毒　　　　　　　　　/177
　　二、氨基甲酸酯类农药中毒　　　　　　/180
　　三、抗凝血灭鼠剂中毒　　　　　　　　/181
　　四、非蛋白氮中毒　　　　　　　　　　/182
　　五、其他疾病　　　　　　　　　　　　/184

第四节　有毒植物中毒
　　一、疯草中毒　　　　　　　　　/185
　　二、栎树叶中毒　　　　　　　　/187
　　三、醉马芨芨草中毒　　　　　　/189
　　四、毒芹中毒　　　　　　　　　/190
　　五、乌头中毒　　　　　　　　　/191
　　六、其他有毒植物中毒　　　　　/191
第五节　矿物元素中毒
　　一、食盐中毒　　　　　　　　　/196
　　二、无机氟化物中毒　　　　　　/197
　　三、铅中毒　　　　　　　　　　/200
　　四、镉中毒　　　　　　　　　　/202
　　五、铜中毒　　　　　　　　　　/203
　　六、钼中毒　　　　　　　　　　/204
　　七、硒中毒　　　　　　　　　　/205
第六节　动物毒素中毒
　　一、蛇毒中毒　　　　　　　　　/206
　　二、蜂毒中毒　　　　　　　　　/207
第七节　其他中毒性疾病
　　一、一氧化碳中毒　　　　　　　/208
　　二、甲醛中毒　　　　　　　　　/209
　　三、蓝藻中毒　　　　　　　　　/209

第九章　免疫性疾病

概述
　　一、过敏性休克　　　　　　　　/212
　　二、荨麻疹　　　　　　　　　　/213
　　三、其他疾病　　　　　　　　　/214

第十章　内分泌疾病与应激综合征

概述
　　一、糖尿病　　　　　　　　　　/217
　　二、甲状腺功能亢进　　　　　　/218
　　三、甲状腺功能减退　　　　　　/219
　　四、其他内分泌疾病　　　　　　/219
　　五、应激综合征　　　　　　　　/220

参考文献
附录
　附录一　动物体温、脉搏及呼吸频率　　　　　　/225
　附录二　动物血液学指标参考值　　　　　　　　/225
　附录三　动物尿液指标参考值　　　　　　　　　/226
　附录四　动物血液生化指标参考值　　　　　　　/226
　附录五　动物常用药物和剂量　　　　　　　　　/228
　附录六　全国执业兽医资格考试样题　　　　　　/243

绪 论

一、兽医内科学的概念

兽医内科学（veterinary internal medicine）主要是从内部器官、系统的角度研究动物非传染性疾病的病因、发病机理、临床症状、转归、诊断和防治等的一门综合性兽医临床学科，涉及的动物种类有家畜、家禽、宠物（伴侣动物）、观赏动物、毛皮动物、实验动物和野生动物等。

二、兽医内科学的内容与进展

兽医内科学的知识来源于医疗实践，经过不断的积累总结和系统研究，逐渐发展为现在的内科学。兽医内科学的内容既包括器官系统疾病（如消化系统疾病、呼吸系统疾病、心血管疾病、血液及造血器官疾病、泌尿系统疾病、神经系统疾病），也包括以病因命名的营养代谢病、中毒病、免疫性疾病、内分泌疾病与应激综合征等。因此，兽医内科学在临床兽医学中占有极其重要的位置，既是兽医临床学科的主干学科之一，也是其他临床学科的基础。

随着我国社会、经济的快速进步与发展，人民生活水平的迅速提高，动物源性食品需求日益增多。为追求产量，国内外饲养的畜禽品种多以高产、生长快速为主要目标，如高产乳牛、高产蛋鸡、快大型肉鸡和瘦肉型猪等，加上过度集约化饲养和超高水平的营养供应，导致畜禽对环境因素和应激等外界刺激过度敏感，群发性营养代谢病（如动物微量元素和维生素缺乏或过多、高产乳牛能量代谢障碍、一些家禽营养代谢病等）频频发生。同时营养失衡也引起高产动物免疫力下降，大大提高了动物传染病的发病率，造成巨大经济损失。

随着全球气候变暖不断加剧，在谷物机械干燥以及仓储条件落后的情况下，饲料原料霉变的情况日趋严重，霉菌毒素在饲料中普遍存在。工业废水、废气和废渣中有害物质的超标排放，农药、化肥和饲料添加剂的滥用，及人类日常生活废弃物的污染等各方面因素的影响，使环境中的有毒有害化学污染物超标现象越来越严重，通过食物链系统对动物及人类的健康构成严重威胁。另外，我国天然草场有毒植物繁多，在牧草缺乏时动物易因采食有毒植物而发生中毒。因此，动物中毒病已成为危害动物健康的主要疾病之一，给养殖业造成的经济损失也越来越受到人们的关注，并直接影响动物源性食品的品质和安全。

随着宠物饲养数量的不断增加，宠物主人对传染病的预防意识明显增强，绝大部分地区宠物传染病逐渐得到控制，而与宠物老龄化有关的慢性肾病、糖尿病、肥胖症等在临床上的病例数明显增加。因此，犬、猫等宠物内科疾病的诊疗逐渐成为本学科的热点领域。另外，马属动物（尤其是驴和竞技马）饲养得到快速发展，马病的诊疗水平与发达国家仍有较大差距。许多先进的检测技术（如酶联免疫吸附试验、PCR 检测、酶学检查、核酸探针、DNA 芯片等）和诊疗设备（如全自动生化分析仪、数字化 X 线摄影、电子计算机断层扫描、超声诊断仪、核磁共振成像、心电图仪器、脑电图仪器、内窥镜等）在兽医临床的应用，对常见和疑难内科病进行了系统深入地研究，研发了专门的防控药物（包括辅助食品）或产品，对提高内科病的诊疗水平起到了重要作用。

兽医内科学已不再停留在认识疾病的临床症状上,相关学科的进展对兽医内科学的发展起到了显著的促进作用,例如动物生理学、动物生物化学、动物内分泌学、动物遗传学、动物免疫学、动物毒理学、动物营养与饲料学等相关学科基础研究的加强以及与本学科的交叉渗透,尤其是分子生物学技术、基因组学、蛋白质组学的发展,使许多重要兽医内科病的病因、发病机理、诊断技术及防控措施等方面均取得了显著的进展,许多疾病的病因和发病机理得到进一步阐明,研究对象和内容不断拓展和深入,诊疗水平不断提高。尤其是针对某些重要的营养代谢病和中毒病研究,已达到国际领先水平。

由此可见,兽医内科学正在经历一个历史性的转折,随着畜牧业的发展和养殖业集约化程度的提高,新品种的引进和培育使畜禽生产性能不断提升,另一方面,工业化进程的加快而导致的环境污染又使得畜禽营养代谢病、生产疾病、中毒病、应激性疾病等群体性疾病日趋增多。兽医内科学不仅具有针对单个患病动物的传统个体医学的优势,还有面向患病动物群的新兴群体医学和生产医学,进展可谓日新月异。伴侣动物的增多催生了宠物医学的发展,衍生出小动物内科学,并进一步朝着精细分科的方向发展。

三、兽医内科疾病的诊断

兽医内科学是一门实践性很强的临床学科,"能够治好病的医生才是好医生",有正确的诊断才有正确的治疗。临床上诊断疾病是一系列思维活动的过程,也就是将所获得的各种资料进行综合归纳,分析比较,去粗取精,去伪存真,由此及彼,由表及里,确定哪些是主要的,哪些是次要的,并将可疑的资料认真复查、核实,然后将核实的资料综合分析,弄清它们之间的关系,进一步推测病变可能存在的部位(系统或脏器)、性质和病因,比较其与哪些疾病的症状相近或相同,结合兽医学知识和经验全面思考,揭示疾病所固有的客观规律,才能建立正确的临床诊断。因此,疾病诊断的过程就是将各种检查结果经过分析综合、推理判断的过程,也是认识疾病客观规律的过程。正确诊断的前提是准确、详细地掌握病情,包括详细询问病史、系统检查体格,以及必要的实验室检查和辅助检查,然后进行综合分析,这就要求我们科学地进行临床思维,建立正确的诊断流程(图绪-1),确定疾病主要损伤的系统或器官,并且确定疾病的病因(图绪-2)。我们强调要详细了解病情,并不等于说要不着边际地去做化验和特殊检查。那种"撒大网"式的化验和特殊检查,不仅浪费了医疗资源,还给患病动物增加痛苦。

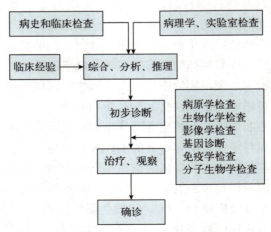

图绪-1 疾病诊断步骤示意图

在疾病诊断过程中要树立科学的思维方式,科学思维是将疾病的一般规律运用于判断特定

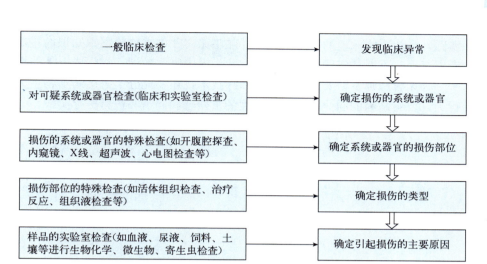

图绪-2 确定疾病主要损伤部位和病因示意图

个体所患疾病的思维过程，是对各种检查材料整理加工、分析综合的过程，是对具体临床问题的综合比较、判断推理的过程，在此基础上建立疾病的诊断。即使暂时无法确诊，也可对疾病的属性、范围做出相对正确的判断。临床兽医师通过实践获取的资料越翔实，知识越广博，经验越丰富，这一思维过程就越简化、越切中要害、越接近实际，因而也就越能揭示疾病的本质，做出正确的诊断。因此，在临床实践中特别强调通过细致的询问和检查，敏锐的观察和联系，从而获得对诊断有价值的资料。临床资料的准确性对疾病诊断至关重要，大部分的错误是由于检查不仔细所造成的，而非缺乏相关的知识。在兽医临床上确定疾病的诊断、预后和治疗方案时，通过病史和临床检查所获得的资料比实验室获得的资料更重要；但对于病原微生物、寄生虫、营养代谢和毒物引起的疾病，多须通过实验室病因（原）检查，结合临床症状才能确诊。另外，防治效果也有助于诊断。由此可见，广博的兽医学知识、灵活而敏捷的思维、符合逻辑的分析是正确诊断疾病的必备条件。

临床上的症状往往错综复杂，远不像教科书上写的那么简单，书本记载的只不过是普通的一般规律，是由众多病例的临床表现统计归纳而得出来的，不可能包括临床上千变万化的症状。故初进入兽医临床的青年医师，用学到的书本知识去解决某一个具体病例时，必须坚持从这个实际病例的具体情况出发，运用科学的临床思维方法，仔细进行鉴别诊断。在临床工作中，兽医师要借鉴循证医学的内涵，慎重、准确和明智地应用当前所能获得的最好的研究证据，并结合医师本人的临床经验，同时考虑到患病动物的实际情况，制订出针对患病动物的具体诊疗措施。同时，在诊疗过程中要增强法律意识，依法行医，严格遵守工作规范和诊疗常规，严格按照制度做好病历记录，要学会在诊疗工作中的自我保护，要不断提高医疗质量和服务水准，在诊疗操作中时刻关爱患病动物，对治疗方案和预后，要及时与主人进行沟通，减少和避免医疗纠纷的发生。

四、兽医内科学的学习方法

为了适应本教材的编写目的和要求，对临床常见病、危害严重的疾病，进行全面和深入的介绍，对不常见的疾病则简要介绍。本教材虽篇幅不长，但言简意赅，内容丰富，能反映国内外最新进展，仍不失为很好的学习资料。为了避免重复，兽医内科学教材着重于临床疾病的诊断和治疗，为了深入了解和学习疾病的发生，需要参考动物生物化学、动物生理学、兽医病理学、兽医药理学、兽医微生物学、兽医免疫学等相关教材，有些内容其他学科教材会从各自的角度，有更详细的阐明。兽医内科学的理论学习，必须与临床见习相结合。我们必须努力学好

兽医内科学，扎实地掌握内科学的基本理论、基本知识和基本技能。要将从本教材上学到的知识用于临床实践，来解决临床上的实际问题，并在临床实践中来检验书本知识的正确性。只有开阔思路、考虑全面，不断从实践中总结经验，从失误中吸取教训，在临床上才能提高内科疾病的诊疗水平。临床兽医师不但要重视疾病的诊疗技术，还要充分了解患病动物主人的心态和患病动物的行为，要有高尚的职业道德，以高度的责任感和同情心进行医疗实践。

第一章 消化系统疾病

概述

一、消化系统的组成与功能

动物消化系统由消化管和消化腺两大部分组成。消化管为食物通过的通道，包括口腔、咽、食管、胃、小肠、大肠和肛门。动物因种类不同，单胃动物、反刍动物和家禽的消化系统结构和各部位的生理功能存在明显差异。反刍动物的胃为复胃（多室胃），由前胃（瘤胃、网胃、瓣胃）和皱胃（真胃）组成。家禽的不同之处在于拥有嗉囊和由腺胃与肌胃构成的胃。消化腺为分泌消化液的腺体，分为壁外腺（唾液腺、肝和胰）和壁内腺（胃腺和肠腺）。消化系统疾病在临床上属常见多发病。

消化系统是机体最重要的营养和排泄器官，摄取各种食物和饮水，将营养物质消化吸收，而将不可消化利用的物质以及代谢产物等排出体外，主要功能包括采食、咀嚼、吞咽、分泌、消化、吸收和排泄，其各部分的功能相互联系，这些生理功能的完成有赖于整个胃肠道协调的生理活动。食物成分在胃肠道内消化有赖于胃肠道腺体和胰腺所分泌的各类消化酶以及肝所分泌的胆汁等参与的酶促反应，消化后小分子物质的吸收有赖于肠黏膜的吸收功能，这些环节的障碍会造成消化吸收不良。全身性的神经-体液调节障碍及胃肠道局部器质性或功能性运动障碍，均可影响胃肠道运动功能而发生相应的疾病。因此，消化系统功能的正常与否，对动物的营养、代谢、生长发育和生产性能影响极大。

二、消化系统疾病的主要病因

消化系统疾病的病因复杂，常分为原发性和继发性两类。原发性病因主要是饲养管理不当，如过量饲喂精料、饲草料发霉变质、饲喂冰冷的食物、饲草料品质不良、饮水不足、管理粗放等；其次是气温骤变、风雨侵袭等气候因素的影响。继发性病因主要包括胃肠道细菌、病毒感染及寄生虫侵袭，也见于中毒病、营养代谢病及其他器官或系统的疾病等。

消化系统疾病发生的病理学基础是动物的采食、吞咽、消化、吸收、分泌与排泄功能障碍，造成全身营养物质的供应不良。由于胃肠道的内环境和屏障功能改变，肠道菌群失调，消化不全产物和有毒物质（尤其是肠毒素）的大量吸收，常引起中毒反应或中毒性休克。腹泻或因胃肠道内渗透压升高，大量体液向胃肠道转移，引起水盐代谢紊乱和酸碱平衡失调，使病情复杂和恶化。严重的消化系统疾病，特别是马属动物的急腹症（如急性胃扩张、肠阻塞、肠变位等），反刍动物的复胃疾病（如创伤性网胃腹膜炎、瓣胃阻塞、皱胃阻塞、皱胃变位等），犬的急腹症（如胃扩张-扭转综合征、肠套叠等），如不能及时合理地治疗，常导致动物死亡。

三、消化系统疾病的临床症状

引起消化系统疾病的原因很多，所表现的典型症状可以为诊断提供重要线索乃至做出临床诊断。然而，不少症状几乎发生在大多数消化系统疾病中，同一症状在不同的疾病往往有其不同的特点，如腹痛就是典型的实例。由于动物种类不同，消化系统疾病的主要临床症状也有差异，如反刍动物以反刍障碍、前胃弛缓、异食癖、腹围膨胀、腹泻为主；犬、猫主要表现呕吐、腹泻、腹痛、吞咽困难、便血等；猪表现呕吐、腹痛、腹泻、便秘等；马属动物则常见腹痛、腹泻、便秘、腹围膨胀等。

四、消化系统疾病的诊断技术

在兽医临床上，消化系统疾病是常见病、多发病，发病率高，危害性大，诊疗不及时很容易导致患病动物死亡。临床检查、实验室检查仍然是主要的诊断技术，在此基础上，有针对性地选择恰当的影像学及有关特殊检查，以便做出正确诊断。消化系统的检查方法以询问病史和临床基本检查为主，结合胃管探诊、胃液的理化检查，根据需要进行X线、内窥镜、超声波、金属探测器的检查及穿刺（腹腔、瘤胃、瓣胃、皱胃、肝等）检查；另外，还可进行血液和粪便的实验室检查。

临床上，通过问诊和视诊了解动物采食、咀嚼、吞咽的状况，口腔黏膜、齿的变化及腹围大小；听诊、触诊和直肠检查判定腹腔脏器的形状、硬度、大小和位置，胃肠蠕动的力量、频率、持续时间以及内容物的性质。粪便检查是胃肠道疾病的重要常规检查，眼观可评价粪便的数量、形状、颜色，有无黏液、血液、未消化的饲料等，显微镜观察对肠道细菌感染、某些寄生虫病有确诊价值，必要时可进行病原学检查；隐血试验是确定消化道出血的重要依据。血液常规检查可反映机体的贫血、脱水、感染等；血清生化指标的检查可判断机体的水、电解质和酸碱平衡失调及肝、肾和胰腺功能等。X射线、B型超声波及内窥镜等影像学技术可检查消化道中的异物，确定其形状、位置、大小，在食管阻塞、胆结石、肠阻塞、肠变位、腹膜炎等疾病的诊断中具有重要价值。

必要时还可进行活组织检查、脱落细胞检查、脏器功能试验、剖腹探查等。有条件的小动物临床，还可利用电子计算机断层扫描（CT）、磁共振成像（MRI）检查，对腹腔及其脏器的占位性病变（如肿瘤、脓肿、结石）、弥漫性病变（如脂肪肝、肝硬化、胰腺炎等），均有重要的诊断价值。

五、消化系统疾病的治疗原则

消化系统不同部位的疾病，病因、发病机理、病理生理过程有很大的不同，治疗也存在差异，但也有一些共同特点，临床上主要有一般治疗、药物治疗及手术治疗。一般治疗的原则：①对饲料因素引起的疾病应立即去除病因；②视疾病的部位、性质和严重程度决定限制饲喂甚至禁食；③具有食欲者应供给营养丰富且易消化吸收的日粮，对食欲下降、呕吐、腹泻、消化不良等症状明显者，应通过支持疗法补充能量，并维持水、电解质和酸碱平衡。药物治疗主要针对病因和发病环节：①消化系统感染性疾病如细菌引起的胃肠炎，通过抗菌药物治疗多可以彻底治愈；②对原发性胃肠臌气，可用制止发酵、理气消胀、健胃消导等药物；③对腹痛、呕吐、腹泻等症状明显的患病动物，通过镇痛药、止吐药、止泻药及抗胆碱能药物进行对症治疗。对消化道阻塞类疾病（如肠变位、肠阻塞、胃肠内有异物等），如果药物治疗效果不佳，应尽早通过手术方法治疗。

第一节 口腔、唾液腺、咽和食管疾病

一、口炎

口炎（stomatitis）是口腔黏膜的炎症性疾病，包括舌炎、腭炎、齿龈炎、唇炎等，各种

动物均可发生。临床特征是流涎、黏膜潮红、采食和咀嚼障碍。按炎症性质主要分为卡他性口炎、水疱性口炎、溃疡性口炎和霉菌性口炎。

【病因】引起口炎的原因很多，主要分为理化因素和微生物因素两大类。

1. 理化因素

（1）机械性刺激：如粗硬饲料、尖锐异物、锐齿，不正确地使用口衔或开口器等，是引起原发性口炎的最常见原因。

（2）冷热性刺激：采食过热、过冷或冰冻的饲料和饮水。

（3）化学性刺激：误服强酸、强碱或其他有腐蚀性的药物。有时因食入品质不良、腐败、发酵和霉败的饲料而引起。

（4）营养缺乏：主要见于维生素 A、维生素 B_2、烟酸、维生素 C 及锌等缺乏。

（5）其他：继发于舌伤、咽喉炎、消化不良、中毒病（汞、铅和钡中毒）等，幼龄动物乳齿长出期和换齿期可引起齿龈及周围组织发炎。

2. 微生物因素

（1）病毒性因素：继发于口蹄疫病毒、牛黏膜病病毒、牛恶性卡他热病毒、牛蓝舌病病毒、猪水疱病病毒、鸡新城疫病毒、羊痘病毒、马传染性贫血病毒、犬瘟热病毒、猫疱疹病毒、猫冠状病毒、猫白血病病毒、猫免疫缺陷综合征病毒等感染。

（2）细菌性因素：当动物受寒或过劳导致机体防卫机能降低时，口腔内的机会致病菌，如链球菌、葡萄球菌等侵害会引起口炎。坏死杆菌病、放线菌病、螺旋体病等常伴发口炎。

（3）真菌性因素：见于白色念珠菌引起的真菌性口炎。

【临床症状】初期表现口腔局部的症状，采食小心，拒食粗硬的饲料；咀嚼缓慢，流涎，张口疼痛，吞咽困难，口腔黏膜潮红、肿胀，口温升高，有不同程度的舌苔，口腔有恶臭味。严重者拒绝采食。病原微生物引起的口炎往往伴有全身症状。

1. 卡他性口炎 口腔黏膜表层轻度的炎症，表现弥漫性或斑块状潮红，硬腭肿胀。严重的病例，唇、齿龈、颊部、腭部黏膜肿胀甚至发生糜烂，大量流涎。

2. 水疱性口炎 在唇内、舌面、颊部、腭部、齿龈的黏膜上形成散在或密集的粟粒至蚕豆大小的水疱，内含透明或黄色浆液性液体，2～4 d 后水疱破溃，形成鲜红色浅表烂斑。

3. 溃疡性口炎 多发于肉食动物，犬最常见。病初，门齿和犬齿的齿龈部分肿胀，呈暗红色，疼痛、出血。1～2 d 后，病变部位出现暗黄色或黄绿色糜烂性坏死。炎症常蔓延至口腔其他部位，导致溃疡、坏死。口腔散发腐败恶臭，流涎并混有血丝。牛、马因异物损伤的口腔黏膜病变部位可形成溃疡，表面覆盖暗褐色痂样物，揭去后露出暗红色的溃疡面。

4. 真菌性口炎 口腔黏膜上有灰白色轻微隆起的斑点，逐渐变为灰色乃至黄色伪膜，周围有红晕，剥离伪膜，呈现鲜红色烂斑。疾病后期，上皮新生，伪膜脱落，自然康复。严重者多因营养衰竭而死亡。

【诊断】根据流涎、采食和咀嚼障碍、口温升高、口臭、口腔黏膜变化及抗拒检查口腔等症状不难做出诊断。但临床上应判断是原发性还是继发性口炎，并确定病因。继发性口炎多见于传染病，应通过流行病学、病原学等方法确定原发病。

【治疗】治疗原则是消除病因，加强护理，清洗口腔，抗菌消炎。

1. 除去病因 对大多数理化因素所致的口炎，如去除病因，加强护理，及时治疗，则容易治愈。同时，患病动物应给予柔软易消化的饲料或流质食物。

2. 口腔局部处理

（1）冲洗口腔：一般性口炎，可用1％食盐水、2％～3％硼酸溶液、2％～4％碳酸氢钠溶液、0.2％氯己定（洗必泰）冲洗；炎症重而有口臭时，可用 0.1％高锰酸钾溶液、0.5％过氧

化氢或 0.1% 乳酸依沙吖啶（雷佛诺尔，利凡诺）溶液冲洗；唾液分泌旺盛时，可用 2%~4% 硼酸溶液、1%~2% 明矾溶液或鞣酸溶液冲洗。

（2）涂布创面：清洗后，根据口炎的性质选择碘酊、龙胆紫、复方碘甘油或硼酸甘油、地塞米松软膏、制霉菌素软膏、1% 磺胺甘油混悬液等涂布。久治不愈的溃疡，可涂擦 5% 硝酸银溶液，进行腐蚀后再用生理盐水冲洗，并在患处涂布碘甘油或抗生素软膏，1~2 次/d。犬、猫口炎，也可用喷剂，如西瓜霜喷剂、复合溶葡萄球菌酶口腔杀菌抗病毒喷剂等。

（3）口衔剂：重剧的口炎，可用磺胺明矾合剂（长效磺胺粉 10 g，明矾 2~3 g）或青黛散（牛马用，青黛 15 g，薄荷 5 g，黄连、黄柏、桔梗、儿茶各 10 g，研为细末）装入布袋浸湿衔之，采食时取下，每日或隔日换药一次；或在蜂蜜内加冰片和复方新诺明各 5 g，噙于口内。

3. 全身治疗 不能采食的患病动物应通过静脉输液或胃管提供营养物质。病情严重继发全身感染者，及时应用抗菌药物，以提高疗效。

二、唾液腺炎

唾液腺炎（sialadenitis）是指腮腺、颌下腺和舌下腺的炎症统称，包括腮腺炎、颌下腺炎和舌下腺炎。其中以腮腺炎较多见，其次是颌下腺炎，舌下腺炎较少发生。临床特征是采食、咀嚼障碍，吞咽困难，流涎，触诊敏感疼痛。各种动物均可发病，马、牛、猪和犬多发。

【病因】分为原发性和继发性两类。

1. 原发性唾液腺炎 主要是饲料芒刺或尖锐异物的损伤，犬、猫还见于唾液腺咬伤。

2. 继发性唾液腺炎 多见于口炎、咽炎、唾液腺管结石、维生素 A 缺乏病、马腺疫、马传染性胸膜肺炎、马穗状葡萄菌毒素中毒、犬瘟热、狂犬病及流行性腮腺炎等病。

【临床症状】主要表现流涎，采食、咀嚼困难以致吞咽障碍；头颈伸展（两侧性）或歪斜（一侧性）；腺体局部呈红、肿、热、痛的特征。严重者体温升高，精神沉郁。

1. 腮腺炎 单侧或双侧耳后腮腺部位及其周围出现肿胀、温热、疼痛，腮腺管口红肿。如果化脓，触诊肿胀部位有波动感和捻发音，叩诊呈鼓音，从腮腺管口流出脓液，口腔恶臭。严重的化脓性腮腺炎，感染常向邻近组织蔓延，引起下颌与上颌组织剧烈炎性肿胀，大量流涎，体温升高，白细胞数增多；数天后出现波动，向外破溃流脓，有的可以形成瘘管。慢性腮腺炎，症状不明显，肿胀部触诊肿大、变硬。犬、猫化脓性腮腺炎还波及颌下腺、颊腺甚至眼，表现局部肿胀，斜视，眼球凸出，过度流泪，因疼痛导致头部僵硬。

2. 颌下腺炎 多伴发下颌部蜂窝织炎，出现咀嚼障碍，流涎，口温升高，颌下腺肿胀、疼痛，舌下肉阜（颌下腺开口处）红肿等症状。如果化脓，触压舌尖旁侧、口腔底壁的颌下腺管有脓液流出，口腔恶臭。炎性舌下囊肿，有鹅卵大的波动性肿块。

3. 舌下腺炎 触诊口腔底部和颌下间隙，可感肿胀、升温、疼痛，腺叶凸出于舌下两侧的口腔黏膜表面，最后化脓并溃烂，口腔恶臭。

【诊断】根据流涎和唾液腺局部的临床症状，结合病史调查可做出诊断；必要时通过 X 线检查，也可穿刺进行细胞学检查。临床上应与口炎、咽炎、腮腺下淋巴结炎、皮下蜂窝织炎、马腺疫、牛放线菌病、狂犬病、犬瘟热等进行鉴别。

【治疗】治疗原则是加强护理，局部消炎，治疗原发病。

1. 加强护理 注意保持圈舍清洁、通风，供给营养丰富的柔软易消化的日粮。

2. 局部消炎 用 50% 乙醇温敷；涂布鱼石脂软膏或碘软膏，或涂擦碘：碘化钾：凡士林为 1:5:15 的软膏；有脓肿时，切开脓肿后用过氧化氢或 0.1% 高锰酸钾溶液冲洗，并进行引流。必要时全身应用磺胺类药物或抗生素治疗。

继发性唾液腺炎，应着重治疗原发病。

三、咽炎

咽炎（pharyngitis）是咽黏膜、软腭、扁桃体（淋巴滤泡）及其深层组织炎症的总称。临床特征是咽部肿痛，头颈伸展、转动不灵活，触诊咽部敏感，呼吸困难，吞咽障碍和口鼻流涎。本病按病程分为急性和慢性，按炎症性质分为卡他性、化脓性和纤维素性等。各种动物均可发生，马和犬多为卡他性和化脓性咽炎，牛和猪常为纤维素性咽炎。

【病因】 分为原发性和继发性两类。

1. 原发性咽炎 饲料中的芒刺、异物等机械性刺激，粗暴地插入胃管；采食过冷或过热的饲料或饮水；受到混有酸碱等化学药品、强烈的烟雾、刺激性气体的刺激；受寒、感冒、过劳或长途运输时，机体防御能力减弱，链球菌、大肠杆菌、巴氏杆菌、坏死杆菌等机会致病菌感染而引发本病。

2. 继发性咽炎 常伴发于邻近器官的炎性疾病，如口炎、鼻炎、食管炎、喉炎以及流感、马腺疫、血斑病、犬瘟热、狂犬病、猪瘟、结核病、马鼻疽、猪和马的炭疽、口腔坏死杆菌病、巴氏杆菌病、牛恶性卡他热等传染病。

【发病机理】 咽是呼吸道和消化道的共同通道，易受到物理和化学因素的刺激和损伤。咽的两侧、鼻咽部和口咽部均有扁桃体，咽黏膜中有丰富的血管和神经纤维分布因而极其敏感。因此，当机体抵抗力降低、黏膜防御机能减弱时，极易受到机会致病菌的侵袭，出现咽黏膜的炎性反应。扁桃体是各种微生物居留及侵入机体的门户，尤其容易发生炎性变化。

在咽炎发生、发展过程中，由于咽部血液循环障碍，咽黏膜及其下组织呈现炎性浸润，扁桃体肿胀，咽部组织水肿，引起卡他性、纤维素性或化脓性的病理反应。因炎症的影响，咽部出现红、肿、热、痛和吞咽障碍；患病动物头颈伸展，流涎，食糜及炎性渗出物从鼻孔逆出，甚至出现因会厌软骨不能完全闭合而误咽，引起腐败性支气管炎或肺坏疽。当炎症引起咽喉炎时，喉黏膜受刺激而出现频咳。重剧性咽炎，由于炎性产物的吸收，引起恶寒战栗、体温升高，因扁桃体高度肿胀，深层组织胶样浸润，喉口狭窄，出现呼吸困难，甚至窒息。

【临床症状】 主要表现咽部肿痛，头颈伸展、转动不灵活，吞咽障碍，流涎。患病动物因咽部疼痛不愿采食，勉强采食时，咀嚼缓慢；吞咽时摇头缩颈，骚动不安，甚至呻吟，常有部分食物或饮水从鼻腔逆出，鼻孔两侧常有食物和唾液。口腔内常积聚大量黏稠的唾液，呈牵丝状流出，或在开口时流出。猪、犬、猫出现呕吐或干呕。当炎症波及喉时，患病动物呼吸促迫，咳嗽频繁，咽黏膜上和鼻孔内有脓性分泌物。咽腔检查可见软腭和扁桃体高度潮红、肿胀，附着脓性或膜状覆盖物。咽部触诊，表现疼痛不安并有痛性咳嗽。慢性咽炎，病程缓长，症状轻微，咽部触诊疼痛反应不明显。不同类型的咽炎还有其特有的症状。

（1）卡他性咽炎：全身症状一般较轻，病情发展较缓慢，3~4 d后，头颈伸展、吞咽困难等症状逐渐明显。用鼻喉镜咽部视诊，急性病例，咽部黏膜、扁桃体潮红、轻度肿胀，有充血性斑纹或红斑。慢性病例，咽黏膜苍白、肥厚，形成皱襞，被覆黏液。有的咽黏膜糜烂，有上皮缺损。

（2）纤维素性咽炎：起病较急，体温升高，精神沉郁，厌食，下颌淋巴结肿胀，鼻液中混有灰白色伪膜，鼻端污秽不洁，鼻黏膜发炎。咽部视诊，扁桃体红肿，咽部黏膜覆盖有灰白色伪膜，将伪膜剥离后，见黏膜充血、肿胀，有的可见到溃疡。

（3）化脓性咽炎：拒食，体温升高，精神沉郁，脉率加快，呼吸急促，鼻孔流出脓性鼻液。咽部视诊，黏膜肿胀、充血，有黄白色脓点和较大的黄白色突起；扁桃体肿大、充血，并有黄白色脓点。血液检查，白细胞数增多，中性粒细胞增多、核左移。咽拭子涂片检查，可见大量葡萄球菌、链球菌等化脓性细菌。

【病程与预后】 原发性急性咽炎，经适当的治疗可在1~2周痊愈；纤维素性或化脓性咽炎，病程长，不及时治疗可引起全身败血症。

【诊断】临床上依据头颈伸展、流涎、吞咽障碍、触压咽部疼痛，视诊或内窥镜检查咽部黏膜潮红、肿胀等症状，可做出诊断。本病应与咽部异物、咽部肿瘤、咽麻痹、腮腺炎、喉卡他、食管阻塞等进行鉴别。

【治疗】治疗原则是加强护理，局部处理，抗菌消炎。

1. 加强护理 将患病动物置于通风良好、温暖、干燥的圈舍内，治疗引起咽炎的原发病，疑似传染病的应及时隔离观察与治疗。停喂粗硬饲料，草食动物给予优质牧草、多汁易消化饲料和麸皮粥；肉食动物饲喂米粥、肉汤、牛乳、鸡蛋等，多给饮水；重症患病动物，应禁止经口、鼻灌服药物或营养液，以免误咽，可静脉注射10%~25%葡萄糖注射液，种用动物和宠物还可补充氨基酸，也可行营养灌肠以维持机体营养供给。

2. 局部处理 根据病情酌情选用下列方法。

（1）局部外敷：早期可咽部冷敷，后期用温水或白酒热敷，3~4次/d，每次20~30 min。非化脓性咽炎，可用局部外敷药物，如10%樟脑酒精、鱼石脂软膏、止痛消炎膏、2%芥子油酒精、雄黄散（雄黄、白及、白蔹、龙骨、大黄各等份，共为细末，醋调好外敷）等。

（2）冲洗咽部黏膜：可用2%硼酸溶液、0.1%高锰酸钾溶液、0.1%乳酸依沙吖啶（雷佛诺尔）溶液、0.5%~1%明矾溶液、3%过氧化氢等，用注射器或胶皮管缓慢冲洗咽部黏膜。

（3）喷雾或蒸汽吸入：用3%食盐水或2%碳酸氢钠溶液，喷雾或蒸汽吸入。

（4）咽部黏膜用药：小动物用开口器打开口腔，直接向咽腔涂擦碘酊甘油或鞣酸甘油等药物，或用碘片0.6 g、碘化钾1.2 g、薄荷油0.25 mL、甘油30 mL混合，直接涂抹于咽部黏膜。草食动物可选用青黛散、冰硼散、复方醋酸铅散或口咽散。临用时，将药物研为细末，装入袋中衔于口内，仅在吃草时取下来，每天更换一次。也可用青黛散或冰硼散吹撒于患处，3~5次/d，连用3~4 d。

（5）封闭疗法：重剧咽炎引起呼吸困难时可用普鲁卡因青霉素局部封闭，用0.25%普鲁卡因注射液、青霉素，进行咽喉部封闭。

（6）外科处理：如已形成脓肿，应及时切开排脓并进行冲洗。有窒息危险时施行气管切开术。

3. 抗菌消炎 对细菌性咽炎，应根据细菌培养和药敏试验，进行全身性抗菌药治疗。青霉素为首选抗生素，并与磺胺类药物或其他抗生素，如土霉素、多西环素、链霉素、庆大霉素联合应用。体温升高时应用解热止痛剂，如水杨酸钠、安乃近、氨基比林。必要时酌情使用肾上腺皮质激素，如氢化可的松、地塞米松等。

【预防】加强饲养管理，注意圈舍卫生，防止受寒、过劳，增强机体防御机能。及时治疗咽部邻近器官的炎症。应用胃管、投药器时，操作应细心，避免损伤咽部黏膜。

四、食管阻塞

食管阻塞（esophageal obstruction）是因食管内吞咽物过于粗大或咽下机能障碍所致的阻塞性疾病，又称食管梗阻。临床特征是突然发病，流涎，反复吞咽，咽下障碍。按其程度分为完全阻塞和不完全阻塞，按其部位分为颈部食管阻塞、胸部食管阻塞和腹部食管阻塞。各种动物均可发生，常见于牛、马和犬。

【病因】分为原发性和继发性两类。

1. 原发性食管阻塞 牛、马主要见于采食块根饲料（如马铃薯、甘薯、甘蓝、萝卜、甜菜根）及苹果、玉米棒等，吞咽过急；也见于采食干燥饲料、饼类饲料（如豆饼、花生饼、菜籽饼等）、干草等，未经充分咀嚼而吞咽；动物在采食时受到惊吓或全身麻醉尚未完全苏醒时采食，也易发病。犬常因摄入软骨、骨或不易咀嚼的肌腱而发病。偶尔见于摄入毛巾、瓶塞、破布、石子、塑料、毛线球、木片、胎衣等异物。

2. 继发性食管阻塞 常继发于食管麻痹、食管狭窄、食管扩张、食管憩室及食管痉挛等疾病。

【临床症状】大多数在采食中突然发病，出现停止采食，神情紧张，惊恐不安，头颈伸直，呈现吞咽动作，张口伸舌，呼吸急促等症状，大量流涎，甚至从鼻孔逆出。因食管和颈部肌肉收缩，反射性地引起咳嗽。马表现用力吞咽与干呕，不断起卧。犬、猫表现反复吞咽、食物返流、咽下困难、窒息，有的不停用前肢挠抓颈部。反刍动物食管完全阻塞时，因嗳气障碍，可迅速继发瘤胃臌气，导致呼吸困难，严重者发生窒息；不完全阻塞时，唾液、饮水和流质食物可以咽下，不出现大量流涎和瘤胃臌气。

颈部食管阻塞，可见局部性膨隆，触诊可摸到阻塞物；胸部和腹部食管阻塞时，有大量唾液蓄积于阻塞物上方，触压颈部食管有波动感。用胃管探诊，当触及阻塞物时，感到阻力，不能推进。

【病程与预后】依据阻塞物的性质、阻塞部位及治疗效果而定。本病多为急性经过，病程从数小时至2~3 d不等。轻度阻塞，因食管收缩运动，通过呕吐或吞咽可痊愈。经过2~3 d，若不能排出阻塞物，可引起食管壁组织坏死甚至穿孔，往往预后不良。颈部食管穿孔，可引起颈部的化脓性炎症；胸部食管穿孔，可引起胸膜炎、纵隔炎、胸膜肺炎。阻塞后的误咽，常引起异物性肺炎。牛、羊食道阻塞可因继发瘤胃臌气而引起窒息。

【诊断】根据动物在采食中突然发病，表现吞咽困难、大量流涎、出现吞咽动作等临床症状，即可初步诊断。结合食管外部触诊、胃管探诊、内窥镜及X线检查，必要时进行造影检查，可确定阻塞的部位及阻塞物的性质、大小和形状。病程较长者可进行血液生理生化指标的测定，判断机体的脱水、炎症及大量流涎所致的血清钠、氯和钾等电解质紊乱情况。临床上还应与咽炎、食管狭窄、食管炎、食管痉挛、食管麻痹、食管憩室等疾病进行鉴别。

【治疗】治疗原则是润滑食管，缓解痉挛，排除阻塞物，对症治疗。

1. 润滑食管、缓解痉挛 大动物可用水合氯醛10~25 g，配成2%溶液灌肠，或静脉注射5%水合氯醛乙醇注射液100~300 mL，或30%安乃近注射液20~30 mL，皮下或肌内注射。此外，也可应用阿托品、山莨菪碱、盐酸氯丙嗪、甲苯噻嗪等药物。然后，用植物油（或液状石蜡）50~300 mL、1%普鲁卡因溶液10~20 mL，灌入食管内。

2. 排除阻塞物 在以上治疗的基础上，选择以下方法排除阻塞物。

（1）挤压法：大动物因块根、块茎饲料阻塞咽部食管，可使用开口器，手伸入口腔取出阻塞物；当颈部食管上段阻塞时，可将患病动物右侧卧保定，拉直头颈部，用平板或砖头垫在食管阻塞部位，然后以手掌抵于阻塞物下端，逐渐向咽部方向挤压、推移，使阻塞物靠近或进入口腔，然后自口腔取出异物。当阻塞物为谷物或糠麸时，将患病动物站立保定，用双手手指从左右两侧挤压阻塞物，将其压碎，促进其软化，使其自行咽下。

（2）疏导法（下送法）：当阻塞物位于颈基部、胸部食管时，可用胃管插入食管内抵住阻塞物，缓慢地将阻塞物向下推送疏导。注意用力不能过猛过大，以防损伤食管黏膜或造成食管破裂。此法适宜在发病24 h内应用，病期过长因食管壁水肿、坏死，容易发生食管破裂。也可在胃管插入至阻塞物位置时，灌入适量的水，通过胃管缓进和缓出对食管进行冲洗，大多时候都可将阻塞物冲入胃内。

（3）腔镜法：犬、猫的食管被骨、鱼刺、针等卡住时，不可用上述的方法。应在内窥镜下用镊子取出异物。大型犬可用食管镜，而小型犬和猫可用直肠镜。操作时应避免刺伤或过度损伤食管壁。

（4）手术法：上述疗法无效者，应进行手术治疗。

3. 对症治疗 反刍动物因继发瘤胃臌气，应及时穿刺瘤胃放气，以防窒息。对继发食管

破裂或吸入性肺炎的病例，应采用抗生素治疗。病程较长者，应补液、维持酸碱平衡、供给营养。疏通食管后，给予流质饲料或柔软易消化饲料。

【预防】饲喂要定时定量，避免过度饥饿，防止采食过急。饲料要合理调制，如饼类饲料要泡软、块根饲料要切碎。全身麻醉手术后，在食管机能恢复前，不要饲喂食物。

五、其他疾病

疾病	病因	临床症状	诊断	治疗
咽麻痹 (pharyngeal paralysis)	支配咽活动的神经受损。中枢性麻痹见于脑部疾病，末梢性麻痹主要是舌神经或迷走神经咽支损害（颅底骨骨折、炎症）或压迫（血肿、脓肿、肿瘤等）。常见于马、牛和犬	大量流涎，饮食贪婪，无吞咽动作，饮食后食物、饮水立即从口、鼻逆出，触诊咽部无疼痛感，吞咽反射完全消失。随着病程延长，机体因脱水和缺乏营养而消瘦	根据不能吞咽，咽部无疼痛，大量流涎，吞咽反射消失等特征性临床症状即可诊断。关键是确定病因	中枢性麻痹，尚无有效疗法。末梢性麻痹，去除病因，对症治疗
食管炎 (oesophagitis)	食管黏膜及其深层组织的炎症。原发性主要是物理化学刺激，如粗硬饲草料、异物、冷热饲料、腐蚀性药物或毒物（氨气、盐酸、酒石酸锑钾等）；继发性见于食管狭窄或扩张、咽炎、寄生虫病（马胃蝇幼虫、鸽毛滴虫）、传染病（口蹄疫、痘疮、坏死杆菌病、牛瘟、牛黏膜病、牛恶性卡他热、猫冠状病毒病等）。常见于牛、马、猪、犬和猫	精神紧张，轻度流涎，吞咽困难，头颈伸曲，前肢刨地。触摸或探诊食管，动物敏感疼痛，诱发呕吐，口鼻流出混有黏液、血块、伪膜的唾液或食物。严重者可造成食管穿孔，继发周围组织的炎症或化脓	根据吞咽困难、食管疼痛等临床症状即可诊断。必要时进行内窥镜检查	治疗原则是去除病因、加强护理、消除炎症。局部用消毒药、收敛药或黏浆剂，全身用抗菌消炎药。供给流质食物
食管痉挛 (oesophageal spasm)	食管肌肉痉挛性收缩的疾病。原发性见于冰冷的食物刺激，中枢和自主神经紊乱；继发性见于食管炎、食管阻塞、食管溃疡及破伤风、狂犬病等。常见于马、猪和犬	采食停止，惊恐不安，头颈伸缩，表现吞咽和咀嚼动作。视诊左侧颈部有自上而下或自下而上的波动；触诊颈部食管如绳索状，有疼痛反应。痉挛反复发作	根据左侧颈部的波动，触诊食管呈绳索状等症状，即可诊断	治疗原则是解痉镇静。可用水合氯醛灌肠，皮下注射阿托品，也可静脉注射安钠咖溴化钠合剂
食管麻痹 (oesophageal paralysis)	食管运动机能丧失的疾病。末梢性麻痹主要由保定、手术、外伤损害末梢神经所致；中枢性麻痹主要见于脑炎、狂犬病、伪狂犬病及肉毒中毒等。常见于马、牛	流涎，吞咽障碍，食管均匀扩张，食管被饲料堵塞呈圆筒状，触诊食管坚实或柔软而无疼痛。中枢性麻痹伴有咽麻痹、舌麻痹等	根据吞咽障碍、食管扩张被饲料堵塞、触诊无疼痛等症状，即可诊断	消除病因，应用兴奋、营养神经的药物。肉毒中毒用抗毒素治疗
食管狭窄 (oesophageal stenosis)	食管管腔变窄的疾病。原发性主要由食管黏膜溃疡、肿瘤、炎性肿胀或迷走神经兴奋性增高导致贲门括约肌痉挛等。继发性见于邻近器官肿大、肿瘤压迫等。常见于马、牛、犬等，马驹可发生先天性狭窄	主要表现吞咽障碍。神经性的突然发生，食管病变或压迫性的吞咽障碍逐渐增重。后期继发狭窄部上方食管扩张。反复发生食管阻塞	根据渐进性吞咽障碍，食管探诊、X线造影及内窥镜检查，即可确定狭窄的部位和程度	加强饲养管理，供给流质日粮。食管的器质性病变或压迫性病因，主要通过外科手术治疗和解除

(续)

疾病	病因	临床症状	诊断	治疗
食管扩张 (oesophageal dilatation)	一段食管管壁扩大，分为食管膨胀（管壁肌纤维弹性降低、牛住肉孢子虫病等）和食管憩室（食管壁形成囊样扩大）。常见于老龄动物	渐进性吞咽障碍，采食后即表现食管阻塞，颈段食管扩张可见局限性膨隆	食管探诊、内窥镜和X线造影检查可确诊	食管膨胀无有效的治疗方法。食管憩室可用手术治疗
嗉囊阻塞 (obstruction of ingluvies)	嗉囊运动机能减弱所致的内容物停滞。见于长期饲喂糊状饲料，寄生虫侵袭，矿物质、维生素缺乏所致的异嗜，饲喂大量高粱、豌豆、胡萝卜、水生植物等。多发于鸡	食欲废绝，喙频频开张，流恶臭的黏液；嗉囊肿大，触之坚硬；严重者因窒息而死亡	根据临床症状即可诊断	消除病因，排除阻塞物。可按摩、压碎内容物，经口排出。严重者手术治疗
嗉囊扩张 (dilatation of ingluvies)	嗉囊体积增大、松弛和下垂的疾病。可能与炎热的气候、运动不足及日粮成分有关。常见于鸡和火鸡	嗉囊扩张，充满食物和酸臭液体。消化受阻，消瘦。嗉囊内表面有时形成溃疡，严重者死亡	根据临床症状即可诊断	无特效药物。可用手术治疗

第二节　反刍动物胃疾病

一、前胃弛缓

前胃弛缓（atony of forestomach）是指前胃神经兴奋性降低、肌肉收缩力减弱、内容物运转停滞的一种消化不良综合征，也称为瘤胃弛缓。临床特征是食欲减退，反刍障碍，瘤胃蠕动减弱或停止，消化障碍和全身机能紊乱。本病是反刍动物最常见的一种前胃疾病，原发性较多，继发性少见。多见于耕牛、乳牛、肉牛及羊，舍饲牛群发病率高。

【**病因**】病因比较复杂，分为原发性和继发性两类。

1. 原发性前胃弛缓　又称单纯性消化不良，主要与饲养管理粗放有关。见于长期饲喂粗纤维饲料，饲料过于单纯，饲料发霉变质或冰冻，饲草与精料比例不当，矿物质、维生素不足，突然更换饲料，圈舍阴暗潮湿、通风不良、饲养密度过大、环境卫生不良等。寒冷、酷暑、运动不足、剧烈运动、长途运输、惊吓、分群、断乳等应激因素，均可诱发本病。

2. 继发性前胃弛缓　又称症状性消化不良，主要继发于某些疾病的发病过程中，病情复杂。见于消化系统疾病、营养代谢病、中毒病、某些传染病和寄生虫病等。在兽医临床上治疗用药不当，如长期大量服用抗菌药物，瘤胃内正常微生物区系受到破坏，也可发生医源性前胃弛缓。

【**发病机理**】前胃相当于反刍动物的一个微生物发酵罐。反刍动物消化生理的最大特点是纤维素的微生物酵解和挥发性脂肪酸的吸收供能。瘤胃内栖息着复杂、多样、非致病的各种微生物，包括瘤胃原虫、瘤胃细菌和厌氧真菌，还有少数噬菌体。经过长期的适应和选择，微生物和宿主之间、微生物与微生物之间处于一种相互依赖、相互制约的动态平衡中。一方面，宿主动物为微生物提供生长环境，瘤胃中植物性饲料和代谢物为微生物提供生长所需要的养分；另一方面，瘤胃微生物帮助消化宿主自身不能消化的植物物质，如纤维素、半纤维素等，为宿主提供能量和养分。纤维素酵解的终末产物是乙酸、丙酸、丁酸等挥发性脂肪酸（VFA），这些挥发性脂肪酸大部分在瘤胃中被吸收。瘤胃微生物生存和繁衍需要一个稳定的瘤胃内环境，由于瘤胃微生物在生长和繁殖过程中产生许多气体和发酵产物，有时还会产生有毒有害物质，使瘤胃内环境始终处于动态变化之中。健康动物主要依赖唾液分泌和反刍、瘤胃周期性收缩、内源性营养物质进入瘤胃、嗳气和有效的缓冲体系等自我稳衡机制，保持瘤胃内环境的相对稳定。瘤胃内环境最主要的指标是瘤胃液的 pH，它影响瘤胃内微生物区系组成和所产生的 VFA 水平高低。

前胃运动受神经和体液的调节，支配前胃运动的神经有交感神经和迷走神经。迷走神经所支配的神经兴奋与分泌的偶联作用及肌肉兴奋与收缩的偶联作用，都是通过迷走神经胆碱能纤维释放的乙酰胆碱来实现的，特别是当钙离子水平降低或受到各种应激因素影响时，乙酰胆碱释放减少，神经、体液调节功能减退，从而导致前胃弛缓的发生和发展。在病因的作用下，机体中枢神经系统和自主神经功能紊乱、神经-体液调节功能障碍，瘤胃收缩减弱和内环境破坏，是前胃弛缓发生的关键。因前胃蠕动减弱，瘤胃内蓄积的大量内容物异常发酵或腐解，使 pH 下降或升高，瘤胃微生物区系的共生关系被破坏，纤毛虫的活力减弱或丧失，瘤胃蠕动进一步抑制，出现食欲减退或废绝，反刍减弱或停止。瘤胃和瓣胃的内容物停滞，加重消化功能障碍。随着疾病的发展，瘤胃内容物腐败分解，产生大量组胺、酰胺等有毒物质，吸收后损害肝功能；刺激胃壁血管通透性增加而发生瘤胃积液，导致机体脱水；后期因酸血症或酮血症，发生自体中毒，使病情恶化。

前胃弛缓依据发病环节可分为酸碱性、离子性、神经性、肌源性和反射性的前胃弛缓。当瘤胃内容物 pH 不在 6.5～7.0 时，过酸（过食谷类等高糖饲料，发酵旺盛）或过碱（过量饲喂高蛋白饲料、豆科植物和尿素等，腐败旺盛）使瘤胃收缩力减弱和纤毛虫活力降低，可发生酸碱性前胃弛缓。当泌乳搐搦、运输搐搦、生产瘫痪或低血钾发生时，可出现离子性前胃弛缓；当发生创伤性网胃腹膜炎、迷走神经性消化不良时，可引起神经性前胃弛缓；当瘤胃、网胃、瓣胃出现溃疡、出血和坏死及炎症时，可造成肌源性前胃弛缓；当出现创伤性网胃炎、瓣胃阻塞、皱胃变位、肠阻塞时，会造成反射性前胃弛缓。

【临床症状】按病情发展过程分为急性型和慢性型两种类型。

1. 急性型　多呈现急性消化不良。食欲减退，反刍减少，全身症状不明显；瘤胃蠕动音减弱、次数减少；瘤胃内容物充满，触诊内容物黏硬似生面团样或粥状；瓣胃蠕动音减弱或消失；粪便干硬、色暗，被覆黏液。严重的病例，食欲、反刍废绝，呻吟，磨牙；粪色暗呈糊状、恶臭；精神沉郁，眼球下陷，鼻镜干燥，黏膜发绀，体温下降，病情恶化。

单纯性消化不良，病情轻微，主要由原发性病因所致。继发性的往往还表现原发病的症状，病情复杂而严重。

2. 慢性型　多由急性转变而来。食欲不定，时好时坏，异嗜。反刍不规则，无力或停止。瘤胃蠕动减弱，积液，冲击触诊有振水音。腹泻、便秘交替出现。精神不振，逐渐消瘦，鼻镜干燥。后期因脱水和衰竭而死亡。

【诊断】根据病史、饲养管理和临床症状，结合瘤胃液的检查，可做出诊断。诊断依据：①临床表现食欲减退或废绝，反刍稀少、无力，瘤胃蠕动力量减弱、次数减少，蠕动波持续时间缩短，触诊瘤胃内容物柔实或松软；②体温、呼吸、脉搏无明显异常；③瘤胃液 pH<6.0，有的在 5.5 以下；或>7.0，有的升至 8.0 以上；④纤毛虫数量减少，活力减弱；⑤本病应与瘤胃积食、酮病、过食谷物性瘤胃酸中毒、创伤性网胃腹膜炎等进行鉴别。本病诊断的关键是要确定前胃弛缓是原发还是继发，对继发性前胃弛缓应确定原发病。

【治疗】治疗原则是加强饲养管理，消除病因，增强瘤胃蠕动，促进瘤胃内容物消化和运转。

1. 原发性前胃弛缓　病初禁食 1～2 d，然后供给优质饲草和饮水，或实施治疗措施。

（1）消除病因：原发性前胃弛缓，应立即停喂发霉变质的饲草料等，改善饲养管理；继发性前胃弛缓应治疗原发病。

（2）增强瘤胃蠕动：常用氨甲酰胆碱、新斯的明，皮下注射。但心功能不全，尤其妊娠牛禁用。或促反刍液，5%氯化钙注射液100～250 mL，10%氯化钠注射液100 mL，20%安钠咖注射液10 mL，混合，静脉注射。

（3）胃肠消导：对瘤胃内容物较多的病例，可通过缓泻促进胃肠内容物的清除。鱼石脂10～25 g，硫酸钠或硫酸镁500 g，温水5～8 L，一次胃管灌服。或苦味酊30 mL，液状石蜡1 000～2 000 mL，灌服。

（4）应用缓冲剂：主要是调节瘤胃内环境的pH，恢复正常的微生物区系，增进胃肠功能。瘤胃内容物pH降低时，可用碳酸盐缓冲剂（碳酸钠50 g，碳酸氢钠420 g，氯化钠100 g，氯化钾20 g，温水10 L，胃管灌服，牛每日1次）；瘤胃内容物pH升高时，可用醋酸盐缓冲剂（醋酸钠130 g，冰醋酸25 g，氯化钠100 g，氯化钾20 g，温水10 L，胃管灌服，牛每日1次）。必要时，可采集健康牛的瘤胃液4～8 L给病牛经口灌服进行接种，对瘤胃内环境的恢复有较好的效果。

（5）对症治疗：患病动物脱水或自体中毒时，可以通过强心、补液、调节酸碱和电解质平衡、补充能量等措施治疗。

2. 继发性前胃弛缓　先治疗原发病，而后实施健胃、防腐止酵、胃肠消导等措施，提高疗效。

【预防】加强饲养管理，合理配制日粮，不饲喂冰冻、霉败的饲料，防止环境或饲料的突然改变，避免应激性刺激。

二、瘤胃积食

瘤胃积食（ruminal impaction）是前胃的兴奋性和收缩力减弱，采食了大量难消化的粗硬饲料或易膨胀的饲料，导致瘤胃运动和消化机能障碍的疾病，又称瘤胃食滞。临床特征是食欲废绝，反刍停止，瘤胃体积增大，触诊瘤胃内容物坚实，后期出现脱水和毒血症。牛、羊均可发病，常见于耕牛、肉牛和乳牛，多发于早春至晚秋。

【病因】分为原发性和继发性两类。

1. 原发性瘤胃积食　主要是贪食过量的适口性好的饲料，如青草、新鲜麸皮、豆饼、棉籽饼、苜蓿、甘薯、胡萝卜、马铃薯等饲料；采食过多的豆谷类精料（如玉米、小麦、大麦、豌豆等）、糟粕类的饲料，大量饮水；长期放牧转为舍饲，采食过多劣质的粗饲料（如谷草、稻草、豆秸、甘薯蔓等），加之缺乏饮水，可引发本病。另外，管理不当，如突然更换饲草料、环境卫生不良、运动不足、各种刺激等，均可产生应激反应而诱发本病。

2. 继发性瘤胃积食　常继发于前胃弛缓、迷走神经性消化不良、创伤性网胃炎、瓣胃阻塞、皱胃变位、皱胃阻塞、腹膜炎及某些中毒病等。

【发病机理】瘤胃积聚饲料的种类不同，致病作用存在差异。粗饲料积食引起瘤胃机械性刺激，大量难消化的粗饲料积聚在瘤胃，发酵产生气体，引起瘤胃扩张、容积增大，刺激瘤胃壁感受器使其兴奋性增高，瘤胃蠕动加快，产生腹痛。病情较轻者，瘤胃收缩使内容物后送，患病动物痊愈。病情严重者，瘤胃收缩仍不能使内容物后送，胃壁感受器由兴奋转为抑制，瘤胃蠕动减弱，使瘤胃内容物混合和后送机能障碍，内容物腐败、发酵产生大量有毒物质，引起瘤胃黏膜炎症或坏死，吸收后导致机体自体中毒，心跳、呼吸加快，全身症状恶化。

摄入过量的精饲料，在瘤胃内发酵产生大量乳酸，瘤胃pH下降，使瘤胃内微生物区系发生明显改变，纤维素分解菌和纤毛虫被抑制或杀灭，而革兰氏阳性菌，特别是牛链球菌大量增殖，产生的大量乳酸不能被瘤胃微生物利用，乳酸蓄积使pH进一步下降（甚至5.0以下）。

瘤胃内渗透压升高，大量体液进入瘤胃，内容物稀软，血液浓缩，导致机体脱水，进一步发展成为过食谷物性瘤胃酸中毒。

【临床症状】采食后数小时发病，病情发展迅速。初期患病动物神情不安，目光呆滞，拱背站立，回顾腹部或踢腹，呻吟，磨牙，有时不断起卧，表现腹痛症状。食欲废绝，反刍停止，流涎，有时作呕或呕吐。瘤胃蠕动音减弱或消失，触诊内容物坚实，按压留有压痕。肠音微弱。粪便干硬，色暗。乳牛、乳山羊产乳量下降或停止。心跳、呼吸随着腹围增大而加快，甚至出现呼吸困难。直肠检查，瘤胃体积扩大，内容物黏硬或坚实，有的呈粥样。

后期病情恶化，腹部胀满，瘤胃积液，呼吸急促，心跳加快，体温下降，全身衰竭，眼球下陷，黏膜发绀。严重者卧地不起，循环虚脱，呈休克或昏迷状态，甚至死亡。

【病程与预后】取决于摄入饲草料的性质和数量。病情较轻者，经及时治疗可痊愈。病情较重者，尤其是采食大量谷物类精料，表现酸中毒症状，预后谨慎。病程超过1周，机体血液循环障碍，发生窒息和心力衰竭，预后不良。

【诊断】根据过食病史，结合腹围增大、腹痛、瘤胃内容物黏硬、呼吸困难等临床症状，可以确诊。诊断依据：①采食过量饲草料的病史；②临床表现食欲废绝，反刍停止，腹痛，瘤胃体积增大，触诊瘤胃内容物坚实，听诊瘤胃蠕动音减弱或消失；③牛直肠检查，瘤胃体积扩大，初期内容物黏硬或坚实，后期有的稀软；④瘤胃液检查，pH降低或升高，纤毛虫数量明显减少；⑤本病应与前胃弛缓、创伤性网胃腹膜炎、瓣胃阻塞、皱胃阻塞、皱胃变位等进行鉴别。

【治疗】治疗原则是消除病因，恢复前胃的运动机能，促进瘤胃内容物的转运和排出，防止脱水和自体中毒。

1. 按摩疗法 病初禁食1～2 d，施行瘤胃按摩，5～10 min/次，隔30 min一次。或先灌服大量温水，后按摩。按摩后可内服酵母粉500～1 000 g，2次/日，具有消食化积的功效。

2. 下泻疗法 促进瘤胃内容物的转运和排出。牛可用硫酸镁（或硫酸钠）300～500 g，液状石蜡（或植物油）1 000～2 000 mL，鱼石脂10～20 g，75%乙醇50～100 mL，加水6～10 L，一次灌服。

3. 增强瘤胃蠕动 可用毛果芸香碱或新斯的明，皮下注射。也可静脉注射促反刍液（5%氯化钙注射液100 mL、10%氯化钠注射液100 mL、20%安钠咖注射液10～20 mL），促进胃肠蠕动和反刍。

4. 防止脱水和自体中毒 患病动物因食欲废绝、用泻剂后导致的明显脱水，应及时补充液体、供给能量、维持酸碱平衡和纠正电解质紊乱。可用5%葡萄糖氯化钠注射液1 000～2 000 mL，25%葡萄糖注射液500 mL，5%碳酸氢钠注射液500 mL，静脉注射，1～2次/日。

5. 手术疗法 对积食严重的病例，药物治疗无效时，应及早进行瘤胃切开术，取出内容物。

【预防】加强饲养管理，避免突然变换饲料，防止过食或偷食，饲喂平衡日粮，供给充足饮水。

三、瘤胃臌气

瘤胃臌气（ruminal tympany）是采食过多易发酵的饲料，在瘤胃菌群作用下异常发酵，产生大量气体，使瘤胃、网胃体积增大，消化机能紊乱的一种疾病。临床特征是反刍、嗳气障碍，呼吸极度困难，腹围增大，叩诊呈鼓音等。按病因分为原发性、继发性瘤胃臌气；按臌气的性质分为泡沫性、非泡沫性（游离气体性）瘤胃臌气；按病程分为急性、慢性瘤胃臌气。本病是反刍动物的一种多发病，常见于牛和羊，放牧或舍饲牛、羊可呈群发性。

【病因】分为原发性和继发性两类。

1. 原发性瘤胃臌气 多为急性、泡沫性臌气。主要是采食过多幼嫩的、未成熟的牧草，如苜蓿、紫花苜蓿、三叶草等豆科植物，以及谷物幼苗、萝卜叶、油菜、甘蓝、甘薯蔓、青草等，常发于夏季，舍饲改为放牧时易发病；或采食堆积发热的、雨浸或冰冻的牧草，霉败干草及多汁易发酵的青贮饲料；饲喂优质干草也可发病；也见于饲喂未经浸泡和调理的黄豆、豆饼、花生饼、酒糟等。舍饲育肥的牛羊，饲喂谷类含量高的日粮，也可发病。断乳前后的犊牛，采食颗粒料过多可发病。

2. 继发性瘤胃臌气 多为慢性、非泡沫性臌气。常继发于食管阻塞、前胃弛缓、瘤胃酸中毒、迷走神经性消化不良、创伤性网胃腹膜炎、瓣胃阻塞、皱胃阻塞、生产瘫痪等。

【发病机理】在正常的消化过程中，瘤胃发酵产生的气体，积聚到一定量时压迫瘤胃感受器，定期通过嗳气排出，反射中枢位于延髓；正常饲喂牧草的牛采食后 1 h 可产生 100 L 气体。

泡沫性臌气发病机理较复杂，主要是瘤胃异常发酵产生的气体，以稳定泡沫的形式滞留在瘤胃内，抑制了小气泡的融合，导致嗳气障碍，使瘤胃内压力升高；牛饲喂豆科牧草，瘤胃可产生气体 200 L/h。豆科牧草中含有的可溶性植物叶蛋白、果胶、皂苷、半纤维素等是主要的发泡剂，可以在瘤胃气体泡沫周围形成单分子层，这种泡沫在 pH 6.0 左右时的稳定性最高。唾液黏蛋白可阻止泡沫的形成，但动物采食多汁草料可使唾液分泌减少，使瘤胃内容物消化的速度非常快，释放出大量可捕捉小气泡并防止其聚集的叶绿体。育肥牛饲喂谷类含量高的日粮发病，主要是采食大量糖类饲料，瘤胃内某些特定的细菌产生不溶性黏液，或粉料中的细小颗粒对发酵气体具有富集作用；但乳牛则很少发病。另外，饲喂精细饲料（如磨细的谷物）与粗饲料不足均具有提高泡沫稳定性的作用。由此可见，瘤胃泡沫性臌气的发生与瘤胃内容物的性质有关，饲料蛋白质含量、消化率和瘤胃对草料的反应决定臌气的程度。

非泡沫性臌气主要是食管功能异常，如食管阻塞、食管狭窄及压迫食管的疾病等导致嗳气障碍；在瘤胃积食、瘤胃酸中毒、皱胃变位等疾病过程中，因瘤胃、网胃的运动迟缓，嗳气受阻；网胃壁损伤可能会阻断正常的嗳气反射。

无论是泡沫性或非泡沫性臌气，大量气体聚积在瘤胃，使瘤胃容积增大、过度扩张，刺激瘤胃壁而引起腹痛；腹内压升高，影响呼吸和血液循环，出现呼吸困难，心跳加快，黏膜发绀；最终因窒息和心脏麻痹而死亡。

【临床症状】

1. 急性瘤胃臌气 常在采食后短时间内发病，表现不安，腹围迅速膨大，左侧肷窝隆起，严重时高出脊柱，腹痛。触诊腹壁有弹性，叩诊呈鼓音，瘤胃蠕动音减弱或消失。呼吸困难，严重时张口呼吸，黏膜发绀，心率亢进，步态蹒跚，突然倒地，痉挛、抽搐，常因窒息和心脏麻痹而死亡。

2. 慢性瘤胃臌气 发病缓慢，食欲减退，反刍停止，嗳气减少或废绝，腹围增大，叩诊腹部上方呈鼓音，臌气一定时间反复发作。随着病程延长而逐渐消瘦，乳牛泌乳量降低。

【病程与预后】急性瘤胃臌气，病程短而急促，不及时治疗在短时间因窒息而死亡。早期病例，及时治疗多预后良好。慢性瘤胃臌气，常反复发生，主要是确定病因，治疗原发病。

【诊断】急性瘤胃臌气，根据采食过易发酵饲料，腹围膨大，呼吸困难，黏膜发绀，叩诊鼓音，触诊有弹性等症状，即可确诊。慢性瘤胃臌气，根据症状较轻，反复发作，不难诊断，主要是确定病因。临床上还应与其他表现腹围增大的疾病，如腹腔积液、破伤风、膀胱破裂和皱胃阻塞等进行鉴别。

【治疗】治疗原则是排气消胀，理气制酵，健胃消导，对症治疗。

1. 排气消胀 对病情较轻者，可用小木棒（如椿树、樟树）横衔于口中，两端固定，将患病动物置于斜坡上，呈前高后低姿势，促进嗳气排出。对病情较重者，应用胃管或套管针穿刺放气；危及生命的病例，应立即实施瘤胃切开术。

2. 理气制酵 可用松节油，牛20～30 mL，羊5～8 mL；鱼石脂，牛10～15 g，羊2～5 g；乙醇，牛30～50 mL，羊5～10 mL；加水适量，一次灌服。泡沫性臌气，用二甲硅油（消胀片），牛30～60片，羊15片，内服。

3. 健胃消导 为了排出瘤胃内易发酵的内容物，可用盐类或油类泻剂，如硫酸钠、硫酸镁、液状石蜡等；也可皮下注射毛果芸香碱、新斯的明，兴奋前胃神经，增强收缩力，促进反刍和嗳气。

4. 对症治疗 根据全身状况，及时强心、补液，提高疗效。

【预防】预防的关键是加强饲养管理。防止饲料霉败，不宜突然更换饲草料。避免饲喂幼嫩的牧草、作物秧苗及堆放发酵或雨淋的青草等。舍饲转为放牧时，应先补充饲喂干草再放牧；也可在高风险草地放牧时，适当使用具有抗泡沫作用的表面活性剂，如动植物油、聚氧乙烯、聚氧丙烯等。舍饲育肥牛应供给全价日粮和充足的粗饲料，谷类饲料不能粉碎过细。

四、创伤性网胃腹膜炎

创伤性网胃腹膜炎（traumatic reticuloperitonitis）是采食的草料中混有尖锐金属异物，异物进入网胃，导致网胃穿孔、损伤腹膜及邻近器官而引起的炎症性疾病。临床特征是食欲废绝，站立和运动姿势异常，网胃区敏感，瘤胃弛缓，反复臌气。常见于成年的耕牛、乳牛和肉牛，偶发于羊。

【病因】主要是饲养管理粗放，饲草料中混入尖锐的金属异物，如铁钉、铁丝、缝针、大头针、注射针头、螺丝钉、碎铁片等，动物采食时随同草料摄入而致病。牛在采食时不能将混杂在草料中的金属异物识别出来，吞咽前不能充分咀嚼，因此，牛常摄入混在饲草料中的一些异物。瘤胃积食、瘤胃臌气、劳役、妊娠、分娩、跳沟、滑倒和运输等，使腹压急剧升高或网胃强烈收缩的情况下，可促使异物穿过网胃壁而发病。

【发病机理】摄入的金属异物是否致病，与异物的硬度、直径、长度、尖锐性、存留于网胃中的部位等有关，还与网胃运动时对异物的压力、异物与胃壁之间的角度等有关，其中6～7 cm尖锐金属异物的危害最大。金属异物通常沉积在网胃底部，呈蜂窝状的网胃黏膜也容易使尖锐的异物滞留其中。因网胃体积不大，在网胃强力收缩时，前后壁加压或紧密接触会使异物刺穿胃壁。当金属异物刺入网胃蜂巢叶间被固定或仅嵌入胃壁被结缔组织包埋时，因损伤小而无明显症状。网胃壁穿孔使食物和细菌进入腹腔，局部出血、化脓、溃疡甚至形成瘘管，引发的腹膜炎常呈局灶性并引起粘连，一般很少发生严重的弥漫性腹膜炎，转为慢性者常表现迷走神经性消化不良综合征。长期局灶性腹膜炎，无论是否伴有网胃脓肿，均表现网胃蠕动减弱、食欲降低、瘤胃鼓胀、轻度发热、腹痛以及血象和粪便的异常。严重时呈弥漫性腹膜炎，大量的纤维蛋白渗出，引起腹腔脏器粘连，表现喜卧、发热、腹痛、毒血症、消化不良、脱水和休克等症状。异物可能会穿过膈进入胸腔，导致胸膜炎、肺脓肿等；也可能刺穿心包膜，引起心包炎、心肌炎等；偶尔还会刺伤肝、脾，形成脓肿，甚至发展成败血症。

【临床症状】病初主要表现食欲减退或废绝，反刍缓慢或停止，瘤胃蠕动减弱，轻度瘤胃臌气，粪便量少、干燥、色暗、常覆盖黏液。乳牛泌乳量减少。

患病动物拱背站立，不安，不愿运动，步态拘谨，两肘外展，不愿走下坡路及坚硬的路面，起卧时极为谨慎，肘部肌肉震颤，呻吟或磨牙。用力触诊或叩诊网胃区，表现呻吟、畏惧、不安、躲避等疼痛反应。

急性患病动物精神沉郁，体温升高，心率加快，呼吸急促。转为慢性后，全身症状减轻，食欲减退，逐渐消瘦。急性弥漫性腹膜炎，全身症状更加严重。发生胸膜炎时，呼吸加快，出现胸膜摩擦音，胸腔穿刺有大量腐败性液体。创伤性心包炎可出现心包摩擦音，心音低沉、混浊，胸前水肿。病情严重者，后期常卧地不起，高度沉郁，外周循环衰竭或虚弱而死亡。

血液学检查，急性期白细胞数升高［（11~16）×10⁹个/L］，中性粒细胞比例增加（50%~70%），淋巴细胞比例减少（30%~45%）；慢性期白细胞数和中性粒细胞比例轻度增加。严重的病例，出现细胞空泡、着色异常、细胞膜破裂、核不规则等中毒性白细胞。X线拍片检查，多能发现金属异物及心包异常。超声波检查可发现胸膜炎、心包炎所致的积液、粘连，还可判断网胃的收缩频率。金属探测器可检测到网胃内有金属异物，但不能区分是否穿透网胃壁。

【病理变化】剖检，网胃内或损伤部位可见金属异物，有的局部组织增生，或被包埋，或形成干酪腔或脓腔。网胃与膈肌粘连，或网胃壁有瘢痕或瘘管。局限性或弥漫性腹膜炎，腹膜暗红、粗糙，腹腔有大量纤维蛋白性渗出液，使部分或全部脏器互相粘连。心脏受损时，心包腔蓄积大量污秽恶臭的渗出液，心包外膜被覆纤维素性、化脓性渗出物。

【病程与预后】早期病例，及时治疗有望好转或痊愈。慢性病例，表现长期、顽固性的前胃弛缓，难以治愈而被淘汰。穿孔病例，病情复杂，易继发腹膜炎、心包炎、肺炎、胸膜炎、纵隔炎以及肝、脾或膈下的脓肿等，甚至继发脓毒血症、败血症，预后不良或死亡。

【诊断】根据临床症状、久治不愈的病史可怀疑本病。诊断依据：①顽固性前胃弛缓，轻度瘤胃臌气；②步态拘谨，不愿走下坡路及坚硬的路面，触诊网胃区疼痛；③金属探测器、X线、超声波检查，均可发现相应异常；④血液学检查，急性炎症时白细胞数、中性粒细胞比例升高；⑤必要时可剖腹探查或尸检来确诊；⑥本病应与消化不良、肠道疾病和其他原因的腹膜炎等进行鉴别诊断。

【治疗】通常采用药物和手术治疗措施。

药物治疗主要是使用抗生素控制腹膜炎。将牛置于斜坡上（站立时前高后低），固定或限制活动，结合投服磁铁，避免异物再次对网胃造成损伤。静脉注射广谱抗生素，如土霉素、四环素等。临床上用普鲁卡因青霉素、链霉素，肌内注射，2~3次/d，连续3~5 d，效果明显。也可选用磺胺类药物，静脉注射。腹膜炎严重的病例，可腹腔注射抗生素。必要时采用支持疗法。

手术治疗是目前认为比较可行的治疗方法，可通过瘤胃切开术或网胃切开术，将异物取出。手术前后使用抗生素。

对出现明显继发性并发症或药物、手术治疗效果不佳的病例，应及早淘汰。

【预防】主要是加强饲养管理，避免用铁丝捆扎草料，饲养区域禁止乱丢尖锐金属物品，饲槽使用磁铁去除日粮中的金属异物。有条件的可投服小磁棒或磁笼，磁棒或磁笼一般会滞留在网胃内，吸附金属异物。

五、瓣胃阻塞

瓣胃阻塞（impaction of the omasum）是因前胃弛缓，瓣胃蠕动减弱，内容物充满、干涸所致的瓣胃扩张性疾病，又称瓣胃积食、瓣胃秘结，中兽医称为"百叶干"。临床特征是瓣胃音减弱或消失，触诊瓣胃敏感，叩诊浊音区扩大。本病多发于耕牛，其次是乳牛。

【病因】分为原发性和继发性两类。

1. 原发性瓣胃阻塞 耕牛常因劳役过度，长期饲喂干草，特别是粗纤维含量高的饲料，如花生秧、甘薯蔓、豆秸、青干草等，以及豆荚、麦糠等而发病。乳牛多因长期饲喂麸糠、粉渣、酒糟等含泥沙的饲料，或受外界不良因素的刺激和影响，惊恐不安等而发病。

另外，突然更换饲料，或草料品质不良，维生素、矿物质元素或蛋白质饲料缺乏，或饮水不足，运动少等均可促发本病。

2. 继发性瓣胃阻塞 常伴发于前胃弛缓、皱胃炎、皱胃溃疡、皱胃阻塞、皱胃变位、创伤性网胃腹膜炎、生产瘫痪、肝炎、腹腔脏器粘连等，也可继发于某些寄生虫病和传染病。

【发病机理】前胃弛缓是本病发生的基础。当前胃弛缓时，迷走神经调节机能紊乱，瓣胃蠕动减弱，内容物停滞使瓣胃充满、过度膨胀，刺激和压迫瓣胃，同时内容物腐败分解产生大量的有毒产物，引起胃壁发炎，瓣叶坏死，神经肌肉受到破坏，胃壁平滑肌麻痹，有毒物质被吸收，导致机体脱水和自体中毒，严重者死亡。

【临床症状】初期表现前胃弛缓，症状逐渐加重。精神沉郁，食欲减退或废绝，鼻镜干燥或龟裂，反刍稀少或停止，乳牛泌乳量下降。呼吸急促，心搏亢进，脉数增加，呻吟，磨牙。排粪停止，或排少量暗褐色、附有黏液的粪便。瘤胃轻度膨胀，瓣胃蠕动音减弱或消失，触诊瓣胃区，动物出现躲避、呻吟。在右侧腹壁（第8～10肋间的中央部）触诊，病牛敏感、疼痛不安；叩诊瓣胃浊音区扩大；瓣胃穿刺内容物干硬，阻力大，无收缩运动。直肠检查，直肠空虚，有少量黏液和暗褐色粪便。疾病后期，症状恶化，体温升高，眼球塌陷，黏膜发绀，卧地不起、虚弱，因脱水和自体中毒而死亡。

【病程与预后】病情较轻者，病程较缓，及时治疗可在1～2周痊愈。急性病例，经过3～5 d后卧地不起，陷于昏迷状态，严重者死亡。

【诊断】本病的早期诊断比较困难，多在疾病后期症状明显或死后剖检才可确诊。根据病史，结合临床症状，可初步诊断，必要时进行剖腹探查瓣胃。诊断依据：①临床表现鼻镜干燥或龟裂，粪便干燥、大小如弹珠、色暗，瘤胃弛缓，瓣胃蠕动音减弱或消失；②视诊瓣胃区隆突，触诊瓣胃敏感，叩诊浊音区扩大，全身症状逐渐加重；③瓣胃穿刺，有阻力，无明显的瓣胃收缩运动；④血液学检查，红细胞数、血红蛋白含量和红细胞比容均增加，机体脱水；⑤本病应与前胃弛缓、创伤性网胃炎、瘤胃积食、皱胃阻塞、皱胃变位、肠便秘以及腹膜炎等进行鉴别。

【治疗】治疗原则是增强前胃运动机能，促进瓣胃内容物软化和排出，防止脱水和自体中毒。

初期，可用硫酸钠或硫酸镁400～500 g，加水8～10 L溶解，也可用植物油或液状石蜡500～1 000 mL，一次内服。同时，可用10%氯化钠注射液100～200 mL、20%安钠咖注射液10～20 mL，静脉注射。病情较重者，可用士的宁、毛果芸香碱、氨甲酰胆碱、新斯的明等，皮下注射；但对于妊娠母牛及体弱、心肺功能不全的病牛慎用。

重症病例可进行瓣胃注射，10%硫酸钠溶液2～3 L、液状石蜡或甘油300～500 mL、普鲁卡因0.5～1.0 g、土霉素3～5 g，混合后瓣胃内注射，连用2～3 d。

上述方法无效时，及时手术切开瘤胃，冲洗瓣胃，效果较好。

对症治疗包括补液、强心，纠正脱水、平衡酸碱及缓解自体中毒。

【预防】加强饲养管理，饲喂平衡日粮，精料不宜过细，避免长期饲喂糟粕类饲料，补充矿物质和维生素，供给充足的清洁饮水，注意适当运动。

六、皱胃变位

皱胃变位（abomasal displacement）是皱胃的正常解剖学位置发生改变的急性腹痛性疾病，常见于乳牛。按变位的方向分为皱胃左方变位（left displacement of the abomasum, LDA）和皱胃右方变位（right displacement of the abomasum, RDA）两种类型。在兽医临床上，大约90%的病例是左方变位。皱胃变位发病高峰在分娩后6周内，也可散发于泌乳期或妊娠期，成年高产乳牛的发病率高于低产母牛，犊牛与公牛较少发病。

（一）皱胃左方变位

皱胃左方变位是皱胃通过瘤胃下方移到左侧腹腔，置于瘤胃和左腹壁之间。临床特征是产后食欲减退，产乳量降低，轻度腹痛，左肷窝前下方出现局限性隆起，叩诊呈鼓音。

【病因】皱胃变位的确切病因不清，目前较一致的认识是由多种原因引起的皱胃弛缓所导致。

1. 日粮因素 饲喂高精料（尤其是谷类饲料）、酸度较高的青贮玉米，可提高皱胃中挥发性脂肪酸（VFA）的浓度，VFA 已证明可降低皱胃收缩力。产前几周饲料中糖类含量过高，粗饲料不足，尤其是粗纤维低于 17%，可能是引起发病的最重要的日粮因素。围产期干物质摄入不足，或摄入量较大幅度的波动，均可促进发病。

2. 皱胃弛缓 分娩前后乳牛血浆钙水平的下降使皱胃收缩力呈线性降低，与正常血浆钙浓度（1.85~2.5 mmol/L）相比，血浆钙浓度为 1.25 mmol/L 时皱胃蠕动能力下降 70%，而收缩力下降 50%。当血浆钙浓度在 1.88 mmol/L 时，皱胃蠕动能力和收缩力分别下降 30% 和 25%。

3. 继发于某些疾病 酮病和皱胃变位是产后代谢疾病中相关程度最高的两种疾病，可以相互继发。如果乳牛场皱胃变位的发病率超过 8%，则该牛场一定存在严重的酮病。本病也可继发于子宫内膜炎、乳腺炎等所致的内毒素血症。

4. 遗传因素 高产乳牛主要是体型较大的品种，腹腔相应变大，增加了皱胃的移动性，提高了皱胃变位发生的风险。

【**发病机理**】正常牛的皱胃是在瘤胃和网胃的右侧，当皱胃向左侧越过腹底部正中线以后，就很容易滑到左腹部，并且由于皱胃内含有气体，胃大弯向上扩张，这样皱胃就很容易向上移到瘤胃左纵沟与左腹壁之间，有时可移到脾与瘤胃背囊之间。在皱胃变位的同时，瓣胃、网胃、十二指肠和肝也被转动而变位。变位的皱胃被瘤胃和左腹壁包围，部分受到压迫，于是皱胃内容物逐渐减少，运动力逐渐减弱；由于其他各胃都伴有轻度旋转，也影响食管沟的正常机能活动及食管沟的食物通过。皱胃内容物中含有相当多的气体，是助长皱胃向腹腔上方移动的原因，但变位只造成皱胃的不完全阻塞，因此有一些内容物还可以进入小肠，极少会发生严重的积食。然而由于皱胃也能压迫瘤胃，加之病牛采食减少，致使瘤胃体积逐渐缩小。由于嵌留在左腹壁与瘤胃之间的皱胃并不发生血液供给障碍，而只发生消化和运动障碍，导致慢性营养不良。皱胃变位常出现轻度代谢性碱中毒，伴有低氯血症和低钾血症。低氯血症主要是皱胃盐酸分泌障碍、氯化物在皱胃积聚，并逆流进入瘤胃；低钾血症的出现可能与钾摄入减少、钾在皱胃滞留及脱水有关。当伴发严重酮病时会出现酮血症，血液 pH 降低，碳酸氢根浓度低于患单纯皱胃变位时的水平，此可以解释一些皱胃变位的牛并未出现多数病例中存在的代谢性碱中毒。因此，对任何皱胃变位的动物均应检查尿酮。

【**临床症状**】多数发生在分娩后 1 个月内，头胎牛发病率较高。病初食欲减退，厌食谷物类饲料，青贮饲料的采食量往往减少，大多数病牛对粗饲料（如稻草）仍保留一些食欲，产乳量逐渐下降至正常的 1/3~1/2。通常排粪量减少，呈糊状，深绿色。患病动物精神沉郁，轻度脱水，若无并发症，其体温、呼吸和脉搏基本正常。有的表现轻度腹痛。

从后部视诊可发现左侧肋弓后下方、左肷窝的前下方出现局限性突起，若从左侧观察肋弓凸出更为明显。触诊有气囊样感觉，叩诊呈鼓音。瘤胃蠕动音减弱或消失。在左侧肩关节和膝关节的连线与第 11 肋间交点处听诊，能听到与瘤胃蠕动时间不一致的皱胃音（带金属音调的流水音或滴落音）。在听诊左腹部的同时进行叩诊，可听到高亢的鼓音（砰砰声或类似叩击钢管的铿锵声），叩诊与听诊应在左侧髋关节至肘关节以及肘关节至膝关节连线组成的近三角形或卵圆形区域内进行；砰砰声最常见的部位处于上述区域的第 8~12 肋间，也有一部分病例的砰砰声可能接近腹侧或后侧。在左侧肋弓下进行冲击式触诊时听诊，可听到皱胃内液体的振荡音。在砰砰声区域的直下部进行穿刺，常可获得褐色酸臭的混浊液体，pH 2.0~4.0，无纤毛虫。直肠检查，可发现瘤胃背囊明显右移和左肾出现中度变位。有的病牛可出现继发性酮病，表现出酮尿症、酮乳症，呼出的气和排出的乳中带有酮味。

【**病程与预后**】多数呈亚急性或慢性经过，病程数周，不及时治疗，终因恶病质或皱胃穿孔所致的腹膜炎而死亡。有的腹痛剧烈，全身症状明显，可在 1 周内死亡。早期治疗，一般可痊愈。

【诊断】产后表现消化不良、轻度腹痛、酮病综合征的病牛，经前胃弛缓或酮病的常规治疗无效者，应怀疑皱胃变位。诊断依据：①表现食欲减退，产乳量降低，轻度腹痛；②视诊左肷窝下方有局限性突起或膨隆，触之如气囊，叩诊呈鼓音，冲击触诊有震荡音；③在9～12肋间，肩关节水平线上下，叩诊同时听诊可闻砰砰声或钢管音，在该区域穿刺可获得皱胃液；④实验室检查，呈低钾血症、低氯血症、低钙血症、代谢性碱中毒，大部分患病动物伴有酮病，血清β-羟丁酸含量升高；⑤必要时剖腹探查。

【治疗】治疗原则是加强护理，使皱胃复位。

1. 保守疗法　常用药物疗法，如轻泻药、促反刍药、抗酸药或拟胆碱药等，促进胃肠蠕动，排空内容物，促进皱胃复位。并发酮病应及时治疗。

2. 滚转疗法　在疾病早期、瘤胃体积较小时有一定效果。具体方法：牛右侧横卧1 min，然后转成仰卧（背部着地，四蹄朝天）1 min，随后以背部为轴心，先向左滚转45°，回到正中，再向右滚转45°，再回到正中；如此来回地向左右两侧摆动若干次，每次回到正中位置时静止2～3 min，此时皱胃往往"悬浮"于腹中线并回到正常位置，仰卧时间越长，从鼓胀的器官中逸出的气体和液体越多；将牛转为左侧横卧，使瘤胃与腹壁接触，然后立即使牛站立，以防皱胃左方变位复发。也可以采取左右来回摆3～5 min后，突然以迅猛有力动作摆向右侧，使病牛呈右横卧姿势，至此完成一次翻滚动作，直至复位。如尚未复位，可重复进行。

3. 手术疗法　采用外科手术法复位和固定，一般早期手术预后良好，复发率较低。手术部位的正确选择是手术成功的关键因素之一，可选用左侧单切口、双侧腹壁切口、右侧单切口、右侧腹底壁切口整复固定。术后输液纠正低钾血症、低氯血症和代谢性碱中毒。

【预防】在满足动物的各种营养需要的同时，应合理配合日粮，日粮中的谷物饲料、青贮饲料和优质干草的比例应适当；避免出现低钙血症。对发生乳腺炎或子宫炎、酮病等疾病的动物应及时治疗；在乳牛的育种方面，应注意选育后躯宽大且腹部较紧凑的乳牛。

（二）皱胃右方变位

皱胃右方变位是皱胃在右侧腹腔内各种位置改变的总称，分为顺时针扭转和逆时针扭转两种，包括皱胃后方变位、皱胃前方变位、皱胃右方扭转、瓣胃皱胃扭转4种类型，皱胃扭转主要由皱胃右侧变位发展而来。临床特征是食欲废绝，腹痛，右腹膨大或显著突起，产乳量急剧下降。

【病因】见于造成皱胃弛缓的各种原因，与皱胃左方变位相同。主要发生于产后15 d和临近干乳期。

【发病机理】在致病因素的作用下，皱胃发生弛缓、积气，皱胃围绕肠系膜的轴线旋转导致皱胃变位或扭转，从右侧看为顺时针方向扭转，轻度时一般扭转180°～270°，严重的可达540°。皱胃扭转引起瓣胃、网胃、肝的变位。皱胃扭转导致幽门阻塞，皱胃的分泌增加，大量富含氯化物的液体积聚，导致出现皱胃扩张、积液、气胀、腹痛、脱水、低氯血症、低钾血症和代谢性碱中毒以及循环虚脱的严重病理现象。由于皱胃扭转，皱胃的血液供应受到影响，最终引起皱胃局部血液循环障碍、出血和缺血性坏死。当循环衰竭时，可发生乳酸血症引起的代谢性酸中毒，严重程度可超过代谢性碱中毒。

【临床症状】食欲废绝，泌乳量急剧下降，表现不安或踢腹、背下沉等明显的腹痛症状；体温一般正常或偏低，心率加快（60～120次/min），呼吸数正常或减少，鼻镜干燥，眼球下陷。瘤胃蠕动音消失，粪便呈黑色、糊状，混有血液；从后部视诊可见右腹膨大或肋弓突起，在右肷窝可发现或触摸到半月状隆起；在听诊右腹部的同时进行叩诊，可听到大范围的钢管音（砰砰声），钢管音的区域一般在第10～13肋骨间，有的向前可达第8肋间。右腹冲击式触诊可发现扭转的皱胃内有大量液体。直肠检查，在右腹部触摸到鼓胀而紧张的皱胃。从鼓胀部位穿刺皱胃，可抽出大量血红色液体，pH 2.0～4.0。血清氯化物在皱胃扭转早期为 80～90 mmol/L，严重病例低于 70 mmol/L，同时表现低钾血症、代谢性碱中毒。后期全身状况恶化，因严重的脱水和循环衰竭而死亡。

【病程与预后】发病急，病程短，不及时采取治疗措施，则全身症状恶化，皱胃黏膜出血、坏死，因脱水、代谢性碱中毒和休克而死亡。

【诊断】根据病史、临床症状，结合实验室检查综合分析。诊断依据：①腹痛明显，视诊右腹膨大或显著突起，叩-听诊有大范围的钢管音，冲击触诊有振水音；②钢管音下方穿刺获得皱胃液；③直肠检查可摸到积气积液、膨大紧张的皱胃后壁；④实验室检查，低钾血症、低氯血症、代谢性碱中毒，脱水严重；⑤必要时剖腹探查；⑥本病应与皱胃溃疡、肠梗阻、盲肠扭转/扩张、急性弥漫性腹膜炎、腹腔积气、子宫扭转并积气等进行鉴别。

【治疗】本病的治疗主要采用手术治疗法。在右腹部第 3 腰椎横突下方 10～15 cm 处，做一垂直切口，导出皱胃内的气体和液体；纠正皱胃位置，并使十二指肠和幽门通畅；然后将皱胃在正常位置加以缝合固定，防止复发。对于早期的皱胃扭转或轻度脱水者，采取术后口服补液（15～40 L）和氯化钾（每次 30～120 g，每日 2 次）；严重病例则应在术前进行静脉补液和补钾（450 kg 体重的乳牛用复方氯化钠注射液 3 000～5 000 mL，25% 葡萄糖注射液 500～1 000 mL，20% 安钠咖注射液 10 mL，静脉注射）。而低钙血症、酮病等并发症在术后应同时进行治疗。

【预防】皱胃右方变位的预防与皱胃左方变位的预防措施相似。

七、皱胃阻塞

皱胃阻塞（abomasal impaction）是皱胃收纳过多、排空不畅，内容物积滞和体积增大所致的一种阻塞性疾病，又称皱胃积食。临床特征是消化机能障碍，瘤胃积液，脱水和自体中毒。各种反刍动物均可发生，常见于耕牛、乳牛和肉牛。

【病因】分为原发性和继发性两类。

1. 原发性皱胃阻塞 因长期采食劣质粗硬难以消化的饲料，尤其是育肥肉牛和妊娠后期的乳牛饲喂粉碎的饲草（秸秆、干草）与谷物混合的饲料；也见于摄入混有沙石、泥土的饲料，或吞食塑料、被毛、棉线等异物；缺水或饮水少，以及天气寒冷等，均可促进发病。

2. 继发性皱胃阻塞 常见于迷走神经性消化不良所致的皱胃排空障碍，也继发于创伤性网胃腹膜炎、皱胃炎、皱胃溃疡、幽门部狭窄或小肠阻塞等疾病。

【发病机理】原发性皱胃阻塞与日粮有关，摄入粉碎的饲料，未经前胃微生物的充分消化而较快进入皱胃，逐渐积滞而发生阻塞；或因迷走神经紊乱或受损，导致皱胃弛缓，内容物排空后送缓慢或停止。随着阻塞的进展，持续分泌的氢离子、氯离子、钾离子不能通过皱胃进入十二指肠而被吸收，导致低氯血症、低钾血症、代谢性碱中毒和电解质紊乱。皱胃阻塞使前胃功能受到抑制，出现食欲废绝，反刍停止，瘤胃微生物菌群失调，内容物腐败分解产生有毒物质，刺激胃壁引起瘤胃积液，发生脱水和自体中毒。

【临床症状】患病动物精神沉郁，鼻镜干燥或龟裂，食欲减退或废绝，反刍稀少或停止；腹围显著增大，瘤胃内容物充满或积有大量液体，冲击式触诊时呈现振水音；粪便干燥，或排少量棕褐色糊状的恶臭粪便。重剧病例，右侧中腹部的后下方呈现局限性膨隆，在右侧中下腹部肋弓的后下方皱胃区做冲击式触诊，患病动物表现敏感，同时触诊到皱胃体积显著扩张而坚硬。体型较小的牛，直肠检查可在右侧下腹区触摸到扩张、呈捏粉样硬度的皱胃。皱胃阻塞后期，动物心跳加快，呼吸急促，全身状况恶化，呈现严重的脱水和自体中毒症状，最后因循环衰竭而死亡。

【病程与预后】主要取决于病因和阻塞物的性质，通常为慢性发展过程，病程持续 2～3

周，不及时治疗则逐渐恶化，预后不良。

【诊断】 根据病史，结合临床症状和实验室检查，进行综合分析。诊断依据：①饲喂粗纤维饲料的病史，初期表现前胃弛缓，逐步表现瘤胃积液，冲击触诊呈振水音；②右侧肋弓后下方呈局限性膨隆，冲击触诊表现敏感，可感触到皱胃体积增大、内容物坚硬；③实验室检查，血液浓缩，呈低氯血症、低钾血症、代谢性碱中毒；④体型较小的牛，直肠检查，可触摸到扩张的皱胃；⑤必要时进行剖腹探查；⑥本病应与前胃弛缓、创伤性网胃腹膜炎、皱胃变位等疾病进行鉴别。

【治疗】 治疗原则是消积化滞，促进皱胃运动及内容物排出，防止脱水和自体中毒。

疾病初期，皱胃运动机能尚未完全消失时，可用硫酸钠或硫酸镁 500～1 000 g、液状石蜡 1 000～1 500 mL、鱼石脂 20 g、95%乙醇 50 mL，加水 5～8 L，灌服。也可进行皱胃注射。如已发生严重脱水，忌用盐类泻剂。

促进胃肠蠕动，可用 10%氯化钠注射液 300～500 mL、20%安钠咖注射液 10～30 mL，静脉注射。纠正脱水和缓解自体中毒，可用 5%葡萄糖氯化钠注射液 5～10 L、10%氯化钾注射液 20～50 mL、20%安钠咖注射液 10～20 mL，静脉注射，每日 2 次。另外，可用磺胺类药物或抗生素，防止继发感染。

药物治疗效果不好时，应及时通过手术进行治疗，一般采用瘤胃切开皱胃冲洗术或皱胃切开皱胃冲洗术。

【预防】 加强饲养管理，合理配制日粮，注意精饲料和粗饲料的调配，粗饲料不宜粉碎得过细，保证充足的饮水。避免采食塑料、被毛等异物。

八、其他疾病

疾病	病因	临床症状	诊断	治疗
迷走神经性消化不良（vagus indigestion）	迷走神经损伤所致的前胃和皱胃消化不良性疾病。许多因素都可造成迷走神经损伤，主要是炎症和压迫，最常见的是创伤性网胃腹膜炎。也见于咽部创伤、脓肿、淋巴肉瘤压迫食道、皱胃扭转、皱胃阻塞等。常见于牛，绵羊偶发	主要有三种类型，可单独发生，也可联合发生。①瘤胃迟缓型。食欲、反刍减退，嗳气障碍，腹部膨大，排少量糊状粪便，瘤胃蠕动减弱或消失。常见于乳牛围产期。②瘤胃膨胀型。瘤胃运动增强，瘤胃充满气体，腹围膨大，食欲减退，消化障碍，迅速消瘦。③幽门阻塞型。常见于妊娠后期，厌食，消化机能障碍，排粪减少，后期右下腹部膨隆，触诊皱胃内容物充满、坚实，瘤胃积液	根据亚急性或慢性腹部膨大（数日或数周），结合瘤胃、皱胃弛缓可初步诊断。确定病因比较困难。必要时通过超声波、X 线、实验室检查进行辅助诊断。还可借助外科探查	药物治疗效果不理想，通常通过手术治疗缓解症状或去除病因，在治疗前应评估治疗价值。辅助治疗包括口服、静脉注射液体和电解质，纠正脱水及电解质平衡失调
瘤胃角化不全（ruminal parakeratosis）	瘤胃乳头变硬增大为特征的疾病。主要病因是饲喂精料过多而粗饲料不足或缺乏，饲料粉碎过细，瘤胃黏膜损伤及维生素 A 缺乏等。常见于牛、羊	无特征症状。前胃弛缓，瘤胃臌气，消化功能减弱，脂肪吸收障碍，乳脂率降低。喜食粗饲料	生前诊断困难。主要在屠宰或死后剖检确诊	消除病因，控制精料的饲喂量，供给优质的牧草。内服碳酸氢钠、维生素 A 等

消化系统疾病
第一章

(续)

疾　病	病　因	临床症状	诊　断	治　疗
皱胃溃疡 (abomasal ulcers)	皱胃黏膜局限性糜烂、坏死，形成溃疡病灶的疾病。多发于分娩后6周内的高产乳牛，可能与产后食欲不振有关。也见于饲料品质不良及应激因素。犊牛常见于断乳后或饲喂乳替代品。继发于病毒性腹泻、牛瘟、牛恶性卡他热等	按是否发生出血和穿孔分为糜烂及溃疡，表现消化不良，粪便潜血阳性。出血性溃疡，粪便中混有血液，有的轻度腹痛，食欲减退。穿孔性溃疡，食欲废绝，体温升高，腹痛，黏膜苍白，病情发展迅速，严重者短时间死亡	根据临床症状，结合粪便潜血试验，可初步诊断	未发生穿孔的病例，可用广谱抗生素治疗。抗酸剂（如硅酸镁、氧化镁）具有提高皱胃pH的作用。还可选用H2受体阻断剂。对穿孔引起弥漫性腹膜炎的病例疗效不佳
皱胃炎 (abomasitis)	皱胃黏膜及黏膜下组织的炎症性疾病。见于饲料品质不良、霉变、蛋白质和维生素缺乏；饲料中含有毒物质；运输应激，异嗜；犊牛断乳前过早饲喂粗饲料。老龄牛和犊牛多发	精神沉郁，食欲减退，鼻镜干燥，拒食精料，粪便干硬或腹泻，后期眼球下陷，皮肤弹性降低。皱胃区冲击触诊有疼痛反应	根据消化不良，触诊皱胃区敏感，便秘或腹泻，初步诊断。应与前胃和皱胃其他疾病进行鉴别	抗炎、中和胃酸及保护胃黏膜。调整日粮结构，成年牛用次硝酸铋、碳酸镁及碳酸氢钠，犊牛可用胃得乐
皱胃膨胀 (abomasal bloat)	皱胃内充满气体、液体、未凝固的代乳品等，使皱胃体积扩张的一种疾病。主要原因是摄入大量温热的代乳品，常见于犊牛和羔羊	采食后1h内发病，腹部急剧膨胀，腹痛，肷窝隆突，叩诊呈鼓音，触诊有弹性，呼吸困难，心跳加快。疾病发展迅速，因呼吸和循环衰竭而死亡	根据病因和临床症状，即可诊断	套管针穿刺皱胃放气减压，注入0.5%甲醛溶液止酵，羔羊10～20 mL，犊牛30～50 mL。也可肌内注射普鲁卡因青霉素，每天每千克体重22 000 IU

第三节　马属动物胃肠疾病

一、急性胃扩张

急性胃扩张（acute gastric dilatation）是由于采食过多或后送机能障碍所引起的胃急剧膨胀性疾病。临床特征是中度或剧烈腹痛，呼吸迫促，插入胃导管可排出大量气体、液体或食糜，病程短急。按病因可分为原发性和继发性；按内容物性状可分为食滞性、气胀性和积液性，原发性的多为气胀性或食滞性，继发性的多属积液性。多见于马、骡，驴较少。

【病因】

1. 原发性胃扩张　主要是采食难以消化、容易膨胀的饲料（如秸秆类饲草、成熟后收割的牧草，过食谷物饲料后大量饮水等），或易于发酵的饲草（如幼嫩多汁的青草、堆积发酵的青草、冰冻的饲草料），也见于饲喂发霉变质的饲草料或突然变换饲料。患有慢性消化不良、肠蠕虫病、肠系膜动脉瘤等疾病时，胃肠道对刺激的敏感性增高，容易发病。

2. 继发性胃扩张　多继发于小肠便秘、小肠变位等。

【发病机理】　马的胃容积较小，贲门部有一大而无腺体的盲囊，摄入的食物在胃内分层排列明显，通过胃液中盐酸和消化酶的化学作用及胃运动的机械作用，食物和胃液混合，实现淀粉和蛋白质的分解，不断借胃运动排空入肠。过量采食或异常刺激等作用于胃内感受器，尤其是内在发病因素作用使胃的分泌、运动、消化、吸收等机能紊乱。采食后的 1~3 h 出现的胃肠应答性反应是迷走神经的兴奋性增高，腺体分泌活动增强，胃运动增强乃至平滑肌痉挛性收缩，临床表现痉挛性腹痛。随着疾病的发展，胃内容物的异常刺激，胃肌的痉挛性收缩，通过痛觉感受器不断向中枢发放冲动，在大脑皮质中形成强烈的兴奋灶，进而转为抑制，使下丘脑的功能失去控制，副交感神经的抑制和交感-肾上腺系统的相对兴奋，儿茶酚胺分泌增多，导致胃肠蠕动减弱，幽门紧闭而发展为胃肠停滞，临床上表现肠蠕动减弱，排粪停止。停滞的胃内容物，特别是大量精料，被消化力弱的胃液所浸泡，食物本身逐渐膨胀，使胃容积增大而发生食滞性胃扩张。在微生物作用下发酵生成大量乳酸，呈高渗状态，大量液体渗入胃腔，机体脱水逐渐加重。由于马属动物不易呕吐，急性食滞性胃扩张严重时易导致胃破裂。如果胃内容物是容易发酵的饲草料，发酵产生大量的气体，则发生气胀性胃扩张。因小肠闭塞而引起的继发性急性胃扩张，主要是十二指肠和回肠末端逆蠕动增强，聚积在闭塞前部的肠内容物、气体和异常分泌的液体反流入胃，引起积液性胃扩张。胃扩张压迫膈肌，影响呼吸运动和心脏功能，导致呼吸困难和心力衰竭。

【临床症状】原发性胃扩张多于采食后 5 h 内突然发病，表现以下系列症状。

1. 腹痛 病初呈轻度或中度间歇性腹痛，3~4 h 后转为持续性剧烈腹痛，急起急卧，卧地翻滚，前肢刨地，回顾腹部，快步急走或直往前冲，有的呈前高后低站立，有的呈犬坐姿势。

2. 消化系统体征 病初口腔湿润而酸臭，肠音增强，频排少量松软、不成形的粪便。随着病程发展，口腔变黏滑而恶臭，可见灰黄色的舌苔，肠音减弱或废绝，排粪减少或停止。有的出现嗳气，左侧颈沟部可见食管逆蠕动波，听诊可听到含漱音。个别病马呕吐或干呕，由鼻孔流出酸臭的食糜。

3. 全身症状 饮食欲废绝，可视黏膜发红甚至发绀，心跳、脉搏加快（80~100 次/min），呼吸迫促（20~50 次/min）。逐渐出现脱水症状，口腔干燥，皮肤弹性降低，眼窝凹陷。

4. 胃管探诊 胃管进入胃后排出大量酸臭气体及液状食糜，腹痛减轻甚至消失，则多为气胀性胃扩张。食滞性胃扩张仅排出少量气体和粥状食糜，腹痛症状并不减轻。如果随胃管排出大量黄绿褐色液体和少量气体，腹痛症状有所缓解，但经过一段时间后又复发，则为积液性胃扩张。

5. 直肠检查 在左肾前下方能摸到膨大的胃盲囊，随呼吸而前后移动，气胀性或积液性胃扩张触之紧张有弹性，食滞性胃扩张呈坚实感。

继发性胃扩张一般有原发病的表现，以后才出现胃扩张的症状。直肠检查可发现小肠阻塞、小肠变位等原发病的症状。

胃破裂是急性胃扩张的一种致命的并发症，患病动物腹痛突然停止，但全身症状迅速恶化，呆立不动，目光凝视，强行运动则摇晃不稳。脉搏极弱，心跳加快（超过 100 次/min），肌肉震颤，全身出冷黏汗，体温下降，最后因心力衰竭而死亡。

【病程与预后】气胀性胃扩张，及时治疗预后良好；食滞性胃扩张，若治疗不及时，可因胃破裂而死亡；继发性胃扩张，视原发病而异，原发病不除，则反复发作，预后不良。

【诊断】根据采食饲草料的状况，结合剧烈腹痛、呼吸迫促等临床症状，可初步诊断。胃管探诊、直肠检查可为诊断及确定疾病的性质提供依据。继发性胃扩张要确定原发病。

【治疗】治疗原则是减压制酵，镇痛解痉，强心补液。

1. 减压制酵 气胀性胃扩张，经导管减压后灌服适量制酵剂，乳酸 10~20 mL、75% 乙醇 100~200 mL、液状石蜡 500~1 000 mL，加水适量 1 次灌服。食滞性胃扩张，导出胃内容物极有限，应反复洗胃，每次灌温水 2 L，直至导出胃内容物无酸臭味。积液性胃扩张，重点是治疗原发病，导胃减压仅是缓解症状。

2. 镇痛解痉 通过抑制中枢神经系统、解除幽门痉挛，缓解腹痛，促进胃内容物的后送。可用水合氯醛 15～25 g、95％乙醇 30～50 mL、40％甲醛 10～20 mL，加温水 500 mL 溶解，1 次灌服；或 0.5％普鲁卡因注射液 200 mL、10％氯化钠注射液 300 mL、20％安钠咖注射液 20 mL，1 次静脉注射；或普鲁卡因粉 3～4 g，稀盐酸 15～20 mL、液状石蜡 500～1 000 mL，常温水 500 mL，混合 1 次灌服。食滞性胃扩张禁用盐类泻剂，以免增加胃容积，加剧机体脱水。

3. 强心补液 为了防止脱水和自体中毒，可根据脱水、循环障碍情况及时补充液体，维持循环血容量，改善心血管机能。

【预防】本病预防的关键是加强饲养管理，供给优质饲草料，避免突然更换饲草料及饥饿后大量采食。

二、肠痉挛

肠痉挛（intestinal spasm）是肠壁平滑肌受到异常刺激，发生痉挛性收缩所致的腹痛病，又称痉挛疝。临床特征是间歇性腹痛和肠音增强。

【病因】本病的发生主要与寒冷、化学性刺激有关，某些肠道疾病使神经的敏感性增高。寒冷刺激（如汗后淋雨、寒夜露宿、气温骤降、风雪侵袭），采食冰冻饲料或重剧劳役后贪饮大量冷水等可引发本病。采食发霉变质的饲料，或消化不良时胃肠内的异常分解产物等，刺激肠道也可发病，临床上多伴有胃肠卡他性炎症，又称卡他性肠痉挛或卡他性肠痛。另外，肠道寄生虫病、慢性炎症、溃疡等使肠壁神经敏感性增高，易发本病。

【发病机理】冰冻饲料、冰冷的饮水等寒冷刺激或霉败草料等化学性刺激作用于肠壁，兴奋黏膜下神经丛，后通过肠肌神经丛，引起所支配平滑肌的局部运动增强，或通过支配肠管运动的低级中枢，引起较广泛肠段的运动过强。风雪侵袭等寒冷刺激，通过中枢神经，经副交感神经，反射性地兴奋大小肠壁的肌间神经丛，致肠道运动过强。对肠管壁内神经丛的直接刺激和间接刺激，不仅致肠管运动过强，肠音响亮、频繁，还引起消化腺分泌增多，吸收机能降低，粪便不成形即被排出，排粪次数增加，甚至腹泻。肠痉挛有时致肠腔完全闭合，肠内容物蓄积，表现轻度肠臌气。局部肠管强烈收缩，邻近肠管相对弛缓，极易引起肠套叠。痉挛性收缩和舒张期交替发生，腹痛发作期和间歇期交替出现。剧烈的肠肌挛缩及腹痛时的起卧滚转可致肠变位。

【临床症状】间歇性中度或剧烈的腹痛，发作时起卧不安，倒地滚转，持续数分钟；间歇期，外观正常，常可采食和饮水。间隔 10～30 min，腹痛再次发作。通常情况下，随着时间延长，腹痛越来越轻，间歇期越来越长，有的可不治而愈。

肠音增强，大小肠音连绵高朗，侧耳或数步外可闻，有时带有金属音。排粪次数增多，每次粪量不多，粪便由干变稀，其量逐渐减少，含粗大纤维及未消化的饲料，有的混有黏液。

口腔湿润，初期口色正常，严重者口色青白，躯体出汗，有的耳鼻部发凉。体温、脉搏、呼吸无明显改变。

【病程与预后】肠痉挛病程短急，预后良好。多数病例，几十分钟至数小时不治而愈，适当治疗，痊愈更快。如病程延久，腹痛逐渐持续而剧烈，肠音减弱或消失，全身症状恶化，表明继发了肠变位或肠阻塞，预后应谨慎。

【诊断】根据间歇性腹痛、肠音高朗连绵、粪便稀软、口腔湿润等临床症状，不难做出诊断。本病应与子宫痉挛、膀胱括约肌痉挛或急性肠卡他等进行鉴别。

【治疗】治疗原则是解痉镇痛，清肠制酵。

1. 解痉镇痛 30％安乃近注射液 20～40 mL，皮下或肌内注射；或 5％水合氯醛注射液

100～300 mL，静脉注射。

2. 清肠制酵 人工盐 300 g、鱼石脂 10 g、乙醇 50 mL，温水 5 000 mL，胃管投服。

三、肠阻塞

肠阻塞（intestinal obstruction）是肠管运动和分泌机能紊乱，内容物停滞，使某段或某几段肠管完全或不全阻塞的一种腹痛性疾病，又称肠秘结、肠便秘，常见于马、骡，驴较少。临床特征是食欲减退或废绝，口腔干燥，肠音减弱或消失，排粪减少或停止，腹痛，直肠检查可触摸到阻塞物。按发生部位分为小肠阻塞和大肠阻塞。按阻塞程度分为完全性阻塞和不完全性阻塞，完全性阻塞主要发生于十二指肠、空肠、回肠、骨盆曲、左上大结肠、小结肠和直肠；不完全性阻塞主要发生于盲肠、左下大结肠、胃状膨大部。盲肠、左下大结肠、胃状膨大部、小结肠阻塞发生最多，小肠、直肠阻塞较少。

【病因】主要是饲养管理粗放，饮水不足等。

1. 饲养管理粗放 常见于饲草料品质不良，如饲喂小麦秸、蚕豆秸、花生藤、甘薯蔓、谷草等粗硬的饲草及发霉变质的饲草料。也见于饲喂方式、草料种类和组成的突然改变，如放牧转为舍饲、饲喂青草转为干草；饲喂不规律，饥饱不均；气候突变，如突然降温使机体遭受应激刺激。

2. 饮水不足 饮水不足、大量出汗等各种原因造成机体缺水时，肠管内容物因水分不足逐渐停滞而发病。

3. 食盐不足 饲料中食盐不足可导致消化不良、胃肠蠕动缓慢，肠管分泌机能减弱，容易发病。

4. 其他 牙齿不整、慢性胃肠炎、肠道寄生虫（如蛔虫、绦虫）重度侵袭，可引起胃肠运动和分泌机能障碍而诱发本病。

【发病机理】本病的发病机理十分复杂，它不仅与病因有关，还与消化道的解剖特点有关，肠道消化功能紊乱和失调是肠阻塞发生的关键环节。完全性阻塞起因于胃肠自主神经调节系统的功能失调，即交感神经紧张性升高或副交感神经兴奋性降低；不完全性阻塞是肠道内环境的改变，特别是微生物消化纤维素所需条件（如大肠内酸碱度和含水量）的改变。

完全性阻塞，由于阻塞粪块的压迫，尤其阻塞部位前段胃肠内容物的刺激，使肠平滑肌痉挛收缩、腹痛（痉挛性疼痛）。因阻塞部位前段的分泌增加，大量液体渗入胃肠腔，加上饮欲废绝及剧烈腹痛时的全身出汗，导致机体脱水。阻塞部越靠近胃，脱水越严重。由于阻塞前部肠管内容物腐败发酵，产生多种有毒物质被吸收入血；脱水，电解质丢失，酸碱平衡失调，导致代谢紊乱；阻塞粪块压迫肠壁，使肠管发炎乃至坏死，产生有毒的组织分解产物；肠道菌增殖并崩解，内毒素经肠壁或腹膜吸收入血，引起自体中毒乃至内毒素性休克。腹痛，致交感-肾上腺系统兴奋，心搏动加快，心肌能量消耗；脱水使血液浓缩，心脏负荷加重；胃肠膨胀，胸腔负压降低，回心血流不畅；腹痛、脱水和酸中毒使微循环障碍，有效循环血量减少等，最终导致心力衰竭。

不完全性阻塞，起因主要是肠弛缓，肠内容物逐渐停滞，肠腔阻塞不全，气体、液体和部分食糜尚能后送，不伴随剧烈的腐败发酵，没有大量液体向肠腔渗出，前部胃肠积气不多，腹痛不明显，很少发展为脱水、自体中毒和心力衰竭。如病程较长，结粪块压迫肠壁，可致阻塞部肠管发炎、坏死、穿孔和破裂。

【临床症状】取决于阻塞部位、阻塞程度（完全性或不完全性阻塞、一个或多个部位阻塞）和结粪的硬度。

1. 腹痛 完全性阻塞，多呈痉挛性腹痛；不完全性阻塞，腹痛较轻。一般来讲，小肠、小结肠阻塞要比盲肠、左下大结肠、胃状膨大部阻塞腹痛剧烈。临床上因病期和个体，腹痛程度有一定差异。

2. 消化道体征 病初口腔正常，随着疾病的发展，口色发红，甚至发绀，口腔干燥，逐渐形成黄白苔，病期越长变化越明显。初期肠音增强，排粪次数增多，之后则肠音减弱甚至消失。继发肠臌气时腹围增大，可听到不同程度的金属音。排粪减少或停止。

3. 全身反应 病初，体温、呼吸、脉搏无明显变化，继发胃扩张或肠臌气时呼吸迫促；脱水、循环衰竭时脉搏细弱，心率加快。若胃肠破裂，剧烈的腹痛突然停止，全身出汗，肌肉震颤，呆立无神，行走困难，很快死亡。

4. 直肠检查 是确定阻塞部位的主要依据。

小肠阻塞：小肠（包括十二指肠、空肠、回肠）某段完全性阻塞。阻塞物如手臂粗细，呈块状、棒状、表面光滑，质地黏硬或捏粉状，触之患病动物表现不安。

骨盆区阻塞：完全性阻塞，骨盆腔前缘下方呈肘样弯曲的阻塞物，表面光滑，触之坚硬。有时并发左下大结肠阻塞。

小结肠阻塞：完全性阻塞，耻骨前缘水平线上或体中线的左侧呈拳头大小较坚硬的阻塞物，触之坚实，移动性较大。

胃状膨大部阻塞：完全性阻塞发展快，腹痛剧烈。不完全阻塞病期较长，发展缓慢。阻塞物在腹腔右前方呈半球状，随呼吸动作前后移动。

左侧大结肠阻塞：左下大结肠多为不完全性阻塞，在左腹腔中下部触摸到长扁圆形的阻塞物。左上大结肠多为完全性阻塞，在耻骨前缘体中线左右两侧触摸到坚硬的阻塞物，呈球形或椭圆形。

盲肠阻塞：不完全性阻塞，发展缓慢，病期长。在右䏐部或肋弓部触摸到排球大小的阻塞物，表面不平整，质地坚实或捏粉样。

直肠阻塞：手伸入直肠即可确诊。

5. 血液学检查 随着病情的发展，主要表现脱水、电解质紊乱和酸碱平衡失调；红细胞比容、红细胞数、血红蛋白含量升高；小肠阻塞时，血清肌酐含量增加，血清醇脱氢酶活性升高，血浆乳酸含量和阴离子隙增加，血浆碳酸氢盐、pH 降低。

【病程与预后】完全性阻塞病情发展快，腹痛剧烈，病程短，一般 1～2 d。不完全性阻塞病情发展缓慢，轻度或中度腹痛，病程长达 10～15 d。治疗不及时，则预后不良。

【诊断】根据病因，结合腹痛、肠音、排粪及全身症状等，可初步诊断。直肠检查可确定病变的部位及程度，超声波检查可对直肠触诊结果进一步确诊。血液生理生化指标的检查，可判断机体的脱水情况、电解质和酸碱平衡失调情况。

【治疗】治疗原则是疏通肠管，结合解痉镇痛、减压、强心补液。

1. 疏通肠管 本病的治疗关键是软化阻塞物，疏通肠管。

（1）泻剂疗法：常用油类或盐类泻剂，硫酸钠 200～300 g，液状石蜡 500～1 000 mL、水合氯醛 15～25 g，芳香亚醑 30～60 mL，陈皮酊 50～80 mL，加水溶解，胃管灌服。小肠阻塞禁用盐类泻剂，体质较弱者减少盐类泻剂的用量。

（2）破结疗法：小结肠、骨盆区、大结肠、盲肠阻塞常用揉结法或按压法，将手伸入直肠，隔肠壁将阻塞物揉碎或压碎，以便排出体外。直肠阻塞可直接取出阻塞物。

（3）手术疗法：对治疗效果不佳的病例，应尽早通过手术治疗。

2. 解痉镇痛 用于完全性阻塞。5%水合氯醛乙醇注射液 100～300 mL，静脉注射；水合氯醛 15～25 g，与泻剂合用，内服；30%安乃近注射液 20～40 mL 或 2.5%盐酸氯丙嗪注射液 8～16 mL，肌内注射。禁用阿托品、吗啡等颠茄和阿片制剂。

3. 减压 对于继发胃扩张和肠臌气的病例，可用胃管导胃排液和穿肠放气。

4. 强心补液 目的是纠正脱水、调整酸碱平衡、缓解自体中毒、维护心和肾等重要器官的功能。小肠阻塞，可大量静脉注射含氯化钠和氯化钾的等渗平衡液；完全性大肠阻塞，静脉注射葡萄糖注射液、氯化钠注射液和碳酸氢钠注射液。不完全性大肠阻塞，用含等渗氯化钠和适量氯化钾的温水反复大量灌服或灌肠，胃肠补液有较好的效果。

【预防】加强饲养管理，避免饲喂潮湿、发霉或粗硬的草料；更换草料或饲养方式，应逐渐过渡；供给充足饮水；适当运动。

四、肠变位

肠变位（intestinal dislocation）是肠管的自然位置发生改变，致使肠管机械性闭塞和局部血液循环障碍的重剧性腹痛病，又称机械性肠便秘。临床特征是剧烈的腹痛，口干舌燥，呼吸急促，脉搏细弱，黏膜发绀，肌肉震颤，病程短急。临床常见四种类型。

1. 肠扭转（intestinal volvulus） 肠管沿其纵轴或以肠系膜基部为轴发生不同程度的扭转，常见于左侧大结肠扭转。

2. 肠缠结（intestinal strangulation） 又称肠缠络或肠绞窄，是一段肠管以其他肠管、精索、韧带、肠系膜基部、肿瘤根蒂、粘连脏器的纤维束为轴心进行缠绕而形成的络结，常见于空肠、小结肠。

3. 肠嵌闭（intestinal incarceration） 又称肠箝闭或疝气，是一段肠管嵌入天然孔或腹腔内的破裂口，使肠管受挤压而闭塞。常见于小肠、小结肠嵌入大网膜孔、腹股沟管乃至阴囊及腹壁疝环内等。

4. 肠套叠（intestinal invagination） 是一段肠管套入与其相连接的另一段肠腔内，常见于空肠套入空肠、回肠套入回肠、回肠套入盲肠等。

【病因】本病的病因暂不十分清楚，可能与以下因素有关。

1. 腹腔的天然孔和病理裂口 常见的天然孔和病理裂口有腹股沟管、网膜孔、肠系膜裂隙，动物在跳跃、奔跑、难产、交配等时，腹内压急剧增大后，小肠或结肠被挤入天然孔或病理性裂口，而发生肠嵌闭。

2. 肠管运动机能紊乱 肠炎、手术创伤、寄生虫感染、使用驱虫药等，使部分肠管运动发生改变，容易发生肠套叠。另外，采食冰冷、发酵的饲草料，使肠道内产生一定量的气体，可导致肠变位。也可因体位的突然改变而发生肠扭转、肠缠结。

【发病机理】肠变位使肠管机械性闭塞，疾病的发生与病变的性质和程度有关。闭塞部前段内容物停滞、腐败发酵、消化液大量分泌，致胃肠膨胀及脱水。十二指肠和空肠前半段变位可导致继发性胃扩张，脱水，氯离子和钾离子丢失，血液pH升高，表现代谢性碱中毒。回肠、大肠变位，脱水较轻，碳酸氢根和钠离子丢失，血液pH降低，表现代谢性酸中毒。变位部肠壁淤血、水肿、出血乃至坏死，血液成分向腹腔和肠腔内渗漏，且消化液大量分泌，致血液浓缩，循环血量减少，引发心力衰竭和低血容量性休克。肠道内容物发酵，病变部肠壁组织坏死分解，微生物产生内毒素等，吸收后可引起自体中毒。

变位部肠壁神经受到刺激，加之肠管臌气，反射性引起腹痛，腹痛表现与发生变位的部位和程度有关。一般小肠变位表现剧烈腹痛，心率加快，呼吸急促；轻度的大肠变位则表现中度或间歇性腹痛，严重的大肠变位腹痛剧烈。

【临床症状】

1. 腹痛 肠腔完全闭塞的肠变位，病初中度间歇性腹痛，2～4 h后转为持续性剧烈腹痛，使用大剂量镇痛药症状无明显减轻。不完全性闭塞的肠变位，如骨盆曲轻度折叠、盲肠尖套叠、肠管疝入大的天然孔或破裂口，腹痛相对较轻。

2. 消化道体征 食欲废绝，口腔干燥，肠音沉衰或消失，排粪停止，常继发液性胃扩张或肠臌气。排少量恶臭稀粪，混有黏液和血液。

3. 全身症状 全身状况急剧恶化，黏膜潮红或发绀，肌肉震颤，脉搏细数，心跳加快，呼吸迫促，大多体温升高。后期精神沉郁，呆立不动或卧地不起，舌色青紫或灰白，四肢及耳鼻发凉或厥冷，脉搏细弱，呈现休克危象。

4. 腹腔穿刺 发病后 2~4 h，腹腔穿刺液明显增多，初淡红黄色，后转为血水样，含大量红细胞、白细胞及蛋白质。

5. 直肠检查 直肠空虚，腹压较大，可触摸到局部肠管臌气，肠管位置异常，肠系膜紧张如索状，触压或牵引时疼痛不安。

【病程与预后】本病病情危重，病程短急，多经过 12~48 h，因急性心力衰竭和内毒素性休克而死亡。早期诊断并进行手术治疗，预后良好。若病变部肠壁发生水肿、出血、甚至坏死，或手术后继发肠阻塞、腹膜炎，则预后不良。

【诊断】根据剧烈腹痛、口腔干燥、肠音减弱或消失、排粪停止、全身症状迅速恶化等，可初步诊断，直肠检查、剖腹探查可以确定变位的部位及性质。

【治疗】治疗原则是镇痛、减压、强心补液、手术整复。

应尽早实施外科手术使肠管复位。在手术前采取镇痛、减压、强心补液等支持措施，维持全身机能，以提高疗效。

五、肠臌气

肠臌气（intestinal tympany）是采食过量的易发酵饲草料在肠内发酵产气，肠管充满气体而过度膨胀引起的腹痛性疾病。临床特征是腹围膨大，腹痛，呼吸困难，黏膜发绀。

【病因】分为原发性和继发性两类。

1. 原发性肠臌气 突然采食过量容易发酵的饲草料，如幼嫩苜蓿、青草、燕麦等，或堆积发热、雨淋的青草；采食发霉变质的饲草料，或豆谷类精料；也见于由舍饲转为放牧，由冬春草场移至夏秋草场，或初到高原的马匹等。

2. 继发性肠臌气 常见于肠变位和完全性肠阻塞，因排气不畅而发病。

【发病机理】在生理状况下，肠道内产生的少量气体及时被吸收或排出，产气量与排气量保持平衡。当采食过量易发酵的饲草料，尤其是蛋白质含量较高的豆科牧草或幼嫩的青草，肠道内容物急剧发酵，在短时间内形成大量二氧化碳、甲烷、硫化氢等气体和乙酸、丙酸、丁酸等挥发性脂肪酸。气体积聚在某段肠管或整个大肠，刺激肠壁的化学感受器和压力感受器，致肠液分泌增多和肠蠕动增强，甚至发生痉挛性收缩，加之肠管臌气牵拉肠系膜，表现腹痛不安。后期因肠壁过度膨胀，供血不足，平滑肌收缩力逐渐丧失，直到完全麻痹。随着臌气程度的加剧腹内压升高，腹围膨大，压迫膈肌，影响心脏和呼吸功能，心跳加快、呼吸迫促，甚至呼吸困难。

继发性肠臌气主要发生于肠阻塞和肠变位，病变部前段肠管内容物停滞、积聚、液体渗入肠腔，经微生物发酵生成大量气体不能排出和被吸收。

【临床症状】原发性肠臌气发生较快，多在采食后 2~4 h 发病，主要表现在以下几方面。

1. 腹痛 病初表现间歇性腹痛，逐渐转为持续性剧烈腹痛。后期，肠管极度膨胀而麻痹，腹痛反而减轻或消失。

2. 消化系统体征 病初，肠音高朗连绵，有明显的金属音，多次排少量稀粪。后期，肠音减弱乃至消失，排粪停止。

3. 全身症状 腹围膨大，䏶窝平满或隆突，右侧更明显。触诊腹壁紧张有弹性，叩诊呈鼓音。呼吸迫促甚至呼吸困难，心跳加快，黏膜潮红或发绀。严重者可发生膈肌撕裂、胃肠破裂。

4. 直肠检查 肠管充满气体，腹压增高，肠系膜紧张，检查困难。

继发性肠臌气在原发病出现 4~6 h 后，开始逐渐出现腹围膨大、肷窝隆突、呼吸迫促等症状，腹痛剧烈，全身症状加重。

【病程与预后】 原发性肠臌气病程短急，病期一般为几小时至十几小时，常因心力衰竭、窒息或肠破裂而死亡。早发现、适时治疗，多可痊愈。继发性肠臌气病程较缓，预后取决于原发病的预后。

【诊断】 根据病因、腹围膨大和叩诊呈鼓音等临床症状，结合直肠检查，不难诊断。重点是要确定是原发性还是继发性肠臌气。

【治疗】 治疗原则是排气减压、解痉镇痛和清肠制酵。

1. **排气减压** 严重的肠臌气，用套管针穿刺排气，穿刺可在臌气最明显的腹壁或直肠进行。

2. **解痉镇痛** 30% 安乃近注射液 20~40 mL，肌内注射；水合氯醛 15~25 g，与泻剂、制酵剂一同灌服；或水合氯醛硫酸镁注射液 100~200 mL，静脉注射。

3. **清肠制酵** 清除胃肠内容物并制止发酵，用人工盐 200~300 g、鱼石脂 15~30 mL、松节油 20~30 mL，加水 5~6 L，胃管灌服。

继发性肠臌气，主要治疗原发病。

六、其他疾病

疾病	病因	临床症状	诊断	治疗
胃溃疡（gastric ulcer）	食管远端、胃及十二指肠入口处的广泛性炎症和溃疡。胃内酸性物质增加，胃液 pH 降低对非腺体区黏膜的刺激所致。也可能与使用非类固醇消炎药有关。成年马和马驹均可发病	多数不表现临床症状。马驹表现腹痛，磨牙，不易哺乳，流涎。成年马表现食欲不振，腹痛，体重减轻	根据临床症状，结合内窥镜、造影检查可确诊	抑制胃酸，保护胃黏膜，可用奥美拉唑、雷尼替丁等
急性结肠炎（acute colitis）	以重剧腹泻和休克为特征的疾病。病因不清，可能与气候突变、过度疲劳或兴奋、上呼吸道感染等应激有关；也可能与滥用抗生素使肠道菌群失调有关。常见于 2~10 岁的青壮年马	精神高度沉郁，肌肉震颤，体温升高，呼吸急促，脉搏加快。严重腹泻，粪便腥臭，迅速脱水，黏膜发绀，不及时治疗，可在 24 h 内因心力衰竭和休克而死亡	根据特征性的临床症状，结合红细胞比容明显升高、白细胞数降低、中性粒细胞核左移、代谢性酸中毒等，可初步诊断	控制感染，补充血容量，纠正酸中毒，维护心、肾功能
肠积沙（sand colic）	饲草料中含有大量的细沙，或长期饮用混有泥沙的水。也见于异食癖	食欲不良，逐渐消瘦，经常性腹痛。肠音减弱，有金属音。腹泻和便秘交替，粪便混有细沙，色发暗	根据病史和临床症状，结合直肠检查可确诊	用油类泻剂排出积沙，配合镇痛药和促进胃肠蠕动药，以提高疗效
肠结石（intestinal calculus）	饲喂麸皮、米糠等含磷丰富的精料，也见于饲喂紫花苜蓿。慢性消化不良促进该病的发生。结石主要发生于大结肠，成分是磷酸铵镁。多发于老龄马、骡	慢性消化不良。反复发作的腹痛，结石未完全阻塞肠管时腹痛较轻，完全阻塞时呈剧烈腹痛	根据病史和临床症状，结合直肠检查可确诊	镇痛解痉，可用阿托品、安乃近等。手术取出结石

第四节 猪胃肠疾病

一、胃溃疡

胃溃疡（stomach ulcer）是胃黏膜形态学缺损和周围组织的炎性反应，主要发生于胃无腺区，特征是胃黏膜角化、糜烂、坏死、出血，形成溃疡面，甚至引起胃穿孔。任何年龄的猪均可发生，多见于体重 45~90 kg 的育肥猪。

【病因】尚未发现特定的病因。可能与以下因素有关。

1. 日粮因素 主要与日粮组成、加工工艺有关。育肥猪饲喂颗粒饲料、细粉料，仔猪饲喂脱脂乳或乳清，或日粮中玉米比例较高，均可引发胃溃疡，可能是这些日粮促进胃酸分泌过多。

2. 应激因素 长途运输、高温、饥饿、缺水、混群饲养、生长快速，或饲喂含铜量较高、含锌量较低的日粮等，均可使本病的发病率明显增加，尤其表现在长途运输后集中在屠宰场待宰的猪。

3. 疾病因素 呼吸道疾病（如肺炎）及圆环病毒病、胃内寄生虫感染等可促进本病的发生。

【发病机理】猪胃溃疡主要发生于胃、食管无腺区。溃疡形成的基本条件是黏膜完整性破坏和胃酸分泌增多。猪胃黏膜的无腺区很小，由复层鳞状上皮组成，仅位于贲门周围。在正常情况下胃黏膜保持其组织的完整性，表面被覆黏液层，可防止胃酸和胃蛋白酶的自体消化。但在不良因素影响下，胃黏膜发生充血、受损等组织学变化，黏膜表面缺损是形成糜烂以至溃疡的基础。溃疡形成的基本条件是胃酸分泌增多和黏膜完整性的破坏。另外，在正常情况下，后摄入的饲料位于贲门部并覆盖在先前摄入的饲料上面，食物的混合主要发生在幽门窦。当摄入精细饲料尤其是颗粒料时，胃内容物稀薄，流动性强，极容易混合，使贲门区和幽门区的 pH 梯度丧失，不仅使胃酸与敏感的鳞状上皮黏膜接触，也使幽门区 pH 升高，刺激胃泌素分泌，增加胃的酸度。日粮中提供含糖高（尤其玉米和小麦）、经精细碾磨制成的颗粒饲料，纤维素含量不足，可促进微生物发酵并产生有机酸。已证实，结合短链脂肪酸能够比盐酸更快地穿透贲门区黏膜并造成损伤。

从消化生理角度来看，胃黏膜缺损、糜烂、溃疡的演变主要是神经-体液的变化和化学因素影响的结果：受损的胃黏膜可以释放出组胺，使胃壁毛细血管扩张；胃泌素的形成与乙酰胆碱的产生，这些都是促进胃液大量分泌的因素。在酸度相对升高时，保护性黏液却急剧减少或缺乏，胃蛋白酶在酸性胃液中消化自体组织，从而导致局部性溃疡的形成和产生。并且，各种原因造成的应激状态，刺激下丘脑-肾上腺皮质系统，使血浆中的皮质类固醇水平升高，促进胃液大量分泌，使胃内酸度升高，保护性黏液分泌减少或缺乏，同样导致糜烂和溃疡的形成。此外，在变态反应基础上发生胃溃疡的机理，可认为是抗原和抗体在体内的一种反应，在于保护机体不受病原微生物的侵害和影响。在一定条件下，往往引起异常反应，形成过敏性炎症，导致胃溃疡发生。

【临床症状】轻度的胃溃疡无明显的临床症状，屠宰后才被发现。急性病例，因胃出血而导致食欲减退、虚弱、贫血、粪便呈黑焦油状，多在数小时或数天内死亡，出血严重者常突然死亡。慢性病例，表现厌食、腹痛，偶有呕吐；伴有持续性出血时，粪便为黑色沥青样；渐进性贫血，消瘦，生长发育不良，体温多低于正常。

【病理变化】在食管口贲门部无腺区可见 2.5~5 cm 大小的溃疡灶。溃疡早期表现贲门部附近的鳞状上皮黏膜角化过度或角化不全。出血性病例，胃肠道内有黑色血液。有的溃疡愈合后呈星状瘢痕。胃穿孔的病例，伴发严重的腹膜炎。

【诊断】根据病史、临床症状可初步诊断，但慢性病例症状不明显，生前诊断困难，屠宰后或尸体剖检可确诊。

【治疗】目前尚无有效的治疗方法。主要采取对症治疗，饲喂粗饲料或高纤维饲料，选用抑制胃酸（雷尼替丁）、保护胃黏膜（氢氧化铝、氧化镁）、止血（维生素K）的药物。

【预防】加强饲养管理，减少应激因素。降低日粮中玉米的比例，改善饲料加工工艺，饲料颗粒直径不小于700 μm。预防和控制慢性呼吸道疾病。

二、肠便秘

肠便秘（intestinal constipation）是肠管的运动、分泌功能紊乱，内容物停滞，水分被吸收而干燥，致使肠管发生阻塞的一种腹痛性疾病。临床特征是食欲减退或废绝，肠音减弱或消失，粪便干小或停止排粪，伴有不同程度的腹痛。仔猪多发，常发部位为结肠。

【病因】

1. 原发性肠便秘 饲养管理不当，主要是精料过多而青饲料不足，缺乏运动，饮水不足，也见于以稻壳、米糠、锯末等作为发酵床原料混入饲料被猪摄入。妊娠后期或分娩不久的母猪伴有肠弛缓时常发病。

2. 继发性肠便秘 多继发于某些肠道传染病和寄生虫病，如猪瘟、慢性肠结核病、肠道蠕虫病等。公猪阉割后引起嵌闭性阴囊疝，可继发此病。

【临床症状】食欲减退或废绝，饮欲增加。初期排粪迟滞，或排出少量干燥、颗粒状的粪球，附灰白色黏液。经1～2 d后，排粪停止，肠音减弱或消失。腹围增大，喜躺卧或起卧不安，有时呻吟，腹痛。体小的病猪，腹部触诊能摸到呈圆柱状的肠管或串珠状粪球。十二指肠便秘，病猪可呕吐，有时伴有阻塞性黄疸。严重的病例，直肠内充满大量积粪，有的可导致膀胱麻痹或尿闭。

【诊断】根据病因和临床症状，可初步诊断，超声波检查有助于确诊。

【治疗】治疗原则是疏通肠管，对症治疗。疏通肠管可用植物油或液状石蜡100 mL，加水灌服。也可用液状石蜡或肥皂水灌肠，并按摩腹部。腹痛可肌内注射30%安乃近注射液3～5 mL。机体衰竭时及时强心、补液。

三、其他疾病

疾 病	病 因	临床症状	诊 断	治 疗
肠出血综合征（intestinal hemorrhage syndrome）	又称小肠系膜扭转，大多数由肠扭转引起，诱因包括剧烈运动、打斗、挤压或饲喂不规律等。常见于4～6月龄育肥猪。长体型的猪比短体型的更易发	腹部膨胀，剧烈腹痛，突然死亡。剖检可见小肠壁变薄，局部肠管淤血、肿胀。大肠内容物呈黑焦油状	根据剖检变化即可诊断	突然死亡，来不及治疗
肠套叠（intestinal invagination）	一段肠管套入邻近的另一段肠管内。见于饥饿、饲料改变、饮食冰冷的饲料或饮水、严重蛔虫感染。多发于断乳仔猪	剧烈腹痛，鸣叫，倒地，四肢划动，呼吸、心跳加快，黏膜潮红或发绀。初期排稀粪，后排粪停止	根据病因，结合临床症状，可初步诊断	尽早进行手术治疗
肠扭转（intestinal volvulus）	肠管发生不同程度的扭转。见于饲喂酸败或冰冻饲料，剧烈运动。常见于空肠和盲肠	突然剧烈的腹痛，不安，异常姿势，呼吸困难	根据病因，结合临床症状，可初步诊断	尽早进行手术治疗

第五节 犬猫胃肠疾病

一、胃炎

胃炎（gastritis）是胃黏膜炎症，常伴有上皮损伤和细胞再生。临床特征是呕吐、腹痛和脱水。按病程分为急性胃炎和慢性胃炎，临床上多为急性胃炎，慢性胃炎多见于老龄犬猫，也可由急性发展而来。

【病因】

1. 急性胃炎 摄入发霉变质的或污染的食物，吞入异物（如毛发、石头、小玩具、布块等），服用某些药物（如抗生物、非甾体抗炎药、皮质类固醇、抗肿瘤药、某些中药制剂等），误食某些有毒有害物质（如农药、化肥、清洁剂、重金属、有毒植物等）。也继发于某些疾病，如全身性疾病（如胰腺炎、尿毒症、肾上腺皮质功能减退等）、微生物感染（如幽门螺杆菌病、犬细小病毒病、猫泛白细胞减少症等）、寄生虫感染（如线虫、蛔虫感染等）。

2. 慢性胃炎 病因仍不十分清楚，可能与食物过敏（如蛋白质）、自身免疫有关。临床上根据病理学变化分为淋巴细胞-浆细胞性胃炎、嗜酸细胞性胃炎、肉芽肿性胃炎、萎缩性胃炎。

【发病机理】胃黏膜屏障的正常保护功能是维持胃腔与胃黏膜内氢离子高梯度状态的重要保证。当胃黏膜受到各种因素的刺激、感染或损伤时，释放炎症介质和血管活性物质，导致胃黏膜上皮细胞破坏而发生急性胃炎，胃酸分泌增加，胃黏膜屏障功能受损。其中异物、药物、化学物质、微生物和寄生虫感染直接损伤胃黏膜上皮层；全身性疾病等通过应激反应，使胃黏膜微循环不能正常运行而造成黏膜缺血、缺氧，胃黏膜黏液和碳酸氢盐分泌不足，局部前列腺素合成不足，上皮再生能力减弱，胃黏膜的屏障受到损伤。当胃黏膜屏障被破坏，胃腔内氢离子便会反弥散进入黏膜，进一步加重胃黏膜的损伤，导致胃黏膜糜烂和出血。胃黏膜炎症和大量的胃内容物等刺激胃肠道感受器使之兴奋，冲动经迷走神经和交感神经传入延髓的呕吐中枢，引起呕吐。严重的呕吐影响进食和正常的消化，并由于大量消化液的丢失，可导致机体脱水、电解质和酸碱平衡紊乱。

慢性胃炎是胃黏膜损伤与修复的慢性过程，根据病理学变化进行分类。淋巴细胞-浆细胞性胃炎在胃黏膜固有层可见淋巴细胞和浆细胞、嗜酸性粒细胞弥漫性浸润，在小肠也有类似的炎性细胞浸润现象；随着淋巴组织增生，胃黏膜萎缩或纤维化不明显。嗜酸细胞性胃炎常伴有血液嗜酸性粒细胞增多或皮肤损伤。肉芽肿性胃炎（又称肥厚性胃炎）的特点是弥漫性或局灶性胃黏膜肥大，肌层或肌层与黏膜的炎性细胞浸润，幽门区最明显，可造成胃出口阻塞。萎缩性胃炎的特点是胃黏膜固有层单核细胞浸润，胃黏膜变薄，胃腺体萎缩。

【临床症状】

1. 急性胃炎 突然发生呕吐，呕吐物中含有食物、胆汁、泡沫样黏液、血液。精神沉郁，食欲废绝，有渴感，但饮水后即发生呕吐。腹痛，触诊腹部紧张、敏感，腹部不适，有异常姿势。

2. 慢性胃炎 间歇性呕吐，呕吐物中混有食物、胆汁。精神不振，食欲减退，逐渐消瘦，轻度贫血，后期呈恶病质。肉芽肿性胃炎可在采食后数小时出现喷射状的呕吐。

【病程与预后】急性胃肠炎病程短急，治疗及时，经过2~3 d，多预后良好；慢性胃肠炎病程长，病势缓慢，病程数周至数月不等，最终因衰竭而死。

【诊断】根据病史，结合呕吐、腹痛等症状可初步诊断，胃镜检查黏膜变厚、呈颗粒样、糜烂及出血等即可确诊，同时取活组织进行病理组织学检查，对鉴别急性胃炎和慢性胃炎及对慢性胃炎进行分型具有重要作用。X线和超声波检查可确定胃内异物。血液学、血清生化指标、尿液检查，有助于诊断。

【治疗】治疗原则是去除病因，保护胃肠黏膜，对症治疗。

1. 去除病因 首先应限制饮食，禁食24 h，可给予少量饮水。之后给予容易消化的食物，多次少喂，逐渐过渡到正常饮食。病原微生物感染或继发肠炎时，可用抗菌消炎药治疗。食物过敏所致的慢性胃炎应及时更换日粮，用免疫抑制剂，开始用泼尼松或泼尼松龙，每千克体重2 mg，口服，逐渐降低用量；严重者，犬可口服硫唑嘌呤，每千克体重2 mg；猫可口服苯丁酸氮芥，每千克体重2 mg，每48 h 1次。

2. 保护胃肠黏膜 急性胃炎可口服氢氧化铝、次硝酸铋等。慢性胃炎可用H_2受体阻断剂，如雷尼替丁，每千克体重2 mg，口服、皮下注射；质子泵抑制剂，如奥美拉唑，每千克体重0.7~2 mg，口服。

3. 对症治疗 持续或严重呕吐时，应用止吐药，如皮下注射甲氧氯普胺（胃复安），每千克体重0.3 mg；盐酸氯丙嗪，每千克体重0.5 mg，静脉注射或肌内注射。脱水时，应及时强心、补液，静脉注射等渗液体，如5%葡萄糖注射液、复方氯化钠注射液等，纠正脱水、电解质和酸碱平衡紊乱。

二、出血性胃肠炎

出血性胃肠炎（hemorrhagic gastroenteritis，HGE）是以急性出血性腹泻和血液浓缩为特征的疾病。小型犬多发，无性别和年龄差异。

【病因】病因不明，可能与肠道过敏、产气荚膜梭菌感染、肠毒素等有关。也不能排除是对其他细菌、食物、寄生虫抗原的过敏反应。肠道通透性增加，导致体液、血浆蛋白、红细胞渗出进入肠腔。

【临床症状】突然发病，严重的出血性腹泻，粪便呈红莓果酱样；呕吐，呕吐物中混有血液；食欲减退或废绝，嗜睡，腹部疼痛；迅速脱水，严重者出现低血容量性休克，最终因循环衰竭、弥散性血管内凝血（DIC）、肾衰竭而死亡。

【诊断】根据突然发生的出血性腹泻、呕吐、脱水等症状，可初步诊断。实验室检查，血液浓缩，红细胞比容大于55%，中性粒细胞增多，血小板减少；如果中性粒细胞减少，可能出现败血症。血清生化指标测定，肾性或肾前性氮质血症，血浆总蛋白含量轻度降低，低血糖，血清钙、钠、氯含量降低。必要时进行粪便的细菌分离鉴定和肠毒素检测。本病应与细菌、病毒、寄生虫引起的胃肠炎及凝血病等进行鉴别。

【治疗】治疗原则是补充血容量、抗菌消炎及对症治疗。及时治疗，预后良好。

静脉输液是主要的治疗方法，根据脱水程度选用等渗液体，如0.9%氯化钠注射液、复方氯化钠注射液、5%葡萄糖氯化钠注射液等，低钾血症时应及时补充氯化钾，明显低蛋白血症可用血浆及替代品。

抗菌消炎可选用氨苄西林，每千克体重22 mg，静脉注射，3~4次/d。对症治疗包括止吐、改善饮食等。

三、胃扩张-扭转综合征

胃扩张-扭转综合征（gastric dilation-volvulus syndrome）是犬的一种急性致死性疾病。特征是胃内快速积聚气体，胃变位，胃内压增加和循环性休克。胃扩张是胃内气体、液体、食物引起胃体积的过度膨胀，胃扭转是胃沿长轴顺时针方向（从尾侧观察）旋转。主要发生于大型和巨型品种的犬。本病发展迅速，不及时治疗很快死亡。

【病因】病因不清，认为与品种、日粮和环境因素有关。主要见于大型、深胸（胸廓狭长）犬，如大丹犬、德国牧羊犬、威玛犬、戈登雪达犬、圣伯纳犬、金毛猎犬、爱尔兰赛特犬、标准贵宾犬等。大型犬发病率明显高于小型犬；成年犬多见（尤其是中老龄犬），7岁以上的犬发病率比2～4岁的高2倍，纯种犬发病率高于杂种犬。饲喂谷物或大豆为主的干型日粮，容易发病；其他因素包括体质虚弱，进食过快，采食后剧烈运动、跳跃、应激等。

【发病机理】一般认为，首先发生胃扩张，然后发生扭转，但先后顺序仍不十分清楚。在病因的作用下，胃内气体、液体、食物引起胃体积的过度膨胀，气体可能是通过食道吞咽的空气和胃内发酵产生；胃膨胀促使胃扭转发生，胃沿长轴顺时针方向旋转90°～360°不等，导致贲门和十二指肠闭塞，阻止了打嗝和呕吐，胃内容物不能进入小肠，同时损害了胃的血液供给。胃扭转进一步加剧了气体和液体的积聚，增加了胃内压力。胃扩张压迫膈肌，影响呼吸运动，表现呼吸迫促。同时，胃扩张压迫后腔静脉影响血液回流，使内脏器官、肾及后躯肌肉毛细血管淤血，组织灌流不足，门静脉血流量减少，导致门静脉高压、胃肠道缺血、低血容量及全身性低血压。胃肠道组织毛细血管流体静压增高，发生间质性水肿。随着胃液的分泌、水摄入不足及吸收障碍，很快发生低血容量性休克，进一步出现内毒素血症、低氧血症、代谢性酸中毒和弥散性血管内凝血（DIC）。

【临床症状】病犬表现腹痛，嚎叫，不安，流涎，干呕，呼吸浅快，心动过速，黏膜发绀。触诊腹部表现敏感，有的可触摸到球状囊袋。侧卧，腹围增大，腹部叩诊呈鼓音。严重者脱水，精神沉郁。有的呈低血容量性休克，表现脉搏细弱，心动过速，毛细血管再充盈时间延长，黏膜苍白，呼吸困难。病犬多于24～48 h内死亡。

【诊断】根据病史、临床症状，可初步诊断。确诊需要进行X线检查，可与单纯的胃扩张进行鉴别，可见胃内充满气体，显著扩张、膨大，小肠向后移位，胃扭转时胃壁有明显的折痕，幽门向背侧、前方左侧移位，肝和后腔静脉变小。心电图和血压监测有助于判断机体的状况。

血液生理生化指标检查具有辅助诊断意义。红细胞比容、血细胞数可判断机体的脱水状况；血小板减少，活化凝血时间（ACT）、凝血酶原时间（PT）、活化部分凝血活酶时间（APTT）延长，可判断弥散性血管内凝血的发生。全身性低血压导致肾前性氮质血症，肌肉损伤可导致血清肌酸激酶活性升高，低氧血症损伤肝可引起血清转氨酶（ALT、AST）活性升高；全身性低血压和炎症可使血清乳酸含量升高，出现代谢性酸中毒，高乳酸血症（>6.0 mmol/L）可引起胃的严重坏死。

【治疗】治疗原则是抗休克，镇痛减压，手术矫正。

1. 抗休克 主要是快速补液，纠正低血容量，可用电解质、酸碱平衡药及血浆代用品，在输液过程中可使用皮质类固醇药物和抗生素。严重的休克病例，可用晶体、胶体溶液（如右旋糖酐70、羟乙基淀粉注射液等）进行输液。

2. 镇痛减压 镇痛可用安定（每千克体重0.25～0.5 mg）、芬太尼（每千克体重2～5 μg），静脉注射。通常采用插入胃管排出胃内气体减压，操作时应注意以免损伤食管。不能经口插入胃管时，可通过腹壁穿刺放气，也可经胃部皮肤切口排除胃内气体。

3. 手术矫正 严重的胃扭转必须立即进行手术，切口选择在腹部中线（由剑状软骨到脐的后方），将扭转的胃恢复到正常位置，为防止再次复发，可将胃壁固定到腹壁上。术后给予抗生素，静脉输液补充营养、维持体内电解质和酸碱平衡。手术5 d以后给予易消化的流食，逐步增加食量。

四、肠炎

肠炎（enteritis）是肠黏膜的急性或慢性炎症。临床特征是呕吐，腹痛，腹泻，体温升高，毒血症。炎症主要在小肠和结肠，各种年龄的犬、猫均可发生。

【病因】分为原发性和继发性两类。

1. 原发性肠炎 主要是饮食品质不良、腐败变质或摄入被病原微生物污染的食物及饮水，或摄入刺激性的药物、化学制剂等。也见于食物过敏。

2. 继发性肠炎 常见于细菌（如大肠杆菌、沙门菌、变形杆菌、弧菌等）、病毒（如犬瘟热病毒、犬细小病毒、犬传染性肝炎病毒、犬冠状病毒等）、寄生虫（如绦虫、蛔虫、弓形虫、钩虫、球虫等）感染，常伴发肠炎或胃肠炎。

【临床症状】按照病程分为急性肠炎和慢性肠炎。根据炎症侵害的主要部位，分为小肠炎和大肠炎。

1. 急性肠炎 病初表现消化不良，粪便附有黏液。当炎症波及黏膜下层组织时，出现持续腹痛，腹壁紧张，触诊敏感或抗拒检查。全身症状表现为精神沉郁，食欲废绝，体温升高，黏膜发绀，严重脱水，眼球下陷，尿量减少。后期自体中毒症状明显，虚弱无力，肌肉震颤，体温下降，甚至昏迷。炎症侵害部位不同，肠道症状有一定差异。

以胃炎、小肠炎为主时，呕吐，粪便混有血液，呈黑褐色或黑红色，甚至混有黏膜碎片。口腔干燥，舌苔厚，结膜潮红。

以大肠炎为主时，表现剧烈腹泻，粪便稀软、水样或胶冻状，混有血液、黏液、脓液、黏膜组织。后期排粪失禁或里急后重。肠音增强，后期肠音减弱。

2. 慢性肠炎 症状较轻，腹泻与便秘交替，脱水，渐进性消瘦。

【诊断】根据病史，结合临床症状即可初步诊断，但确定病因需要进行粪便检查（如寄生虫虫卵检查、细菌分离鉴定、病毒检测）。血液生理生化指标检查和尿液分析，有助于认识疾病的严重程度和判断预后。结肠镜检查可直接观察黏膜表面的变化，并可采集活检样品进行病理组织学观察，对结肠炎的诊断具有重要意义。本病应与炎症性肠病等进行鉴别。

【治疗】首先应禁食 24～48 h，以便肠道得到休息。治疗原则是抗菌消炎，收敛止泻，强心补液，对症治疗。

1. 抗菌消炎 可用庆大霉素、泰乐菌素、甲硝唑、磺胺类药物、喹诺酮类药物等。可配合应用泼尼松、泼尼松龙等。

2. 收敛止泻 在疾病初期，可用人工盐、油类进行缓泻，清理肠道。对剧烈腹泻不止的非传染性肠炎，可用收敛药物，如鞣酸蛋白、活性炭、次硝酸铋等。

3. 强心补液 脱水时，应及时强心补液，静脉注射等渗液体，纠正脱水、电解质和酸碱平衡紊乱。同时补充能量和营养液，如葡萄糖、ATP、维生素 C 等。

4. 对症治疗 呕吐严重时应止吐，可用甲氧氯普胺（胃复安）；传染性胃肠炎可用抗血清，寄生虫感染可用驱虫剂；肠道出血可用止血剂。

五、肠梗阻

肠梗阻（intestinal obstruction）是多种原因引起的肠内容物通过障碍的急性腹痛性疾病，按照阻塞程度分为完全性和不完全性梗阻。临床特征是剧烈腹痛，持续性呕吐，病程短急。各种年龄的犬、猫均可发生。

【病因】主要分为机械性因素和功能性因素两类。

1. 机械性因素 各种使肠腔变狭小或闭塞的原因。见于吞食异物，如绳索、布条、果核、石头、玩具、塑料、木头、骨、毛球等。肠腔内出现大量寄生虫（如蛔虫）、粪便秘结、肿瘤、肉芽肿等；肠粘连、肠套叠、肠绞窄、肠扭转等。

2. 功能性因素 支配肠壁的神经紊乱或炎症、坏死，导致肠管蠕动减弱或消失；或各种原因引起的肠管血液循环障碍，肠蠕动功能丧失，使肠内容物滞留。

【发病机理】肠梗阻导致近端肠管充满液体和气体，使肠管扩张，液体主要是蓄积在肠管中的消化液，气体来自食物在胃肠道被细菌分解及血液弥散到肠腔中的气体。由于肠管扩张，肠管内压力升高，肠蠕动增强，出现腹痛；频繁呕吐，肠黏膜的吸收功能减退，导致机体脱水、电解质和酸碱平衡紊乱。持久的肠内压升高可造成肠肌麻痹，肠蠕动变慢，肠音减弱。肠套叠、肠绞窄、肠扭转及阻塞物长时间作用时，肠壁的血液循环发生障碍，静脉回流受阻，肠壁组织淤血、缺氧、坏死。梗阻前部的肠管内细菌过度繁殖，主要有大肠杆菌及厌氧菌，细菌所产生的毒素经血液循环与淋巴吸收进入体内，也可经肠壁渗透到腹腔中被腹膜吸收，造成机体自体中毒。

【临床症状】典型症状是剧烈腹痛，持续性呕吐，腹胀，肠音增强，后期逐渐减弱，排粪停止，精神沉郁。初期，腹部僵硬，触诊腹壁敏感，抗拒检查，有的可触摸到梗阻部位。小肠梗阻，呕吐是早期症状，初期呕吐物主要是食物和黏液，后期为含胆汁的肠内容物。持续呕吐导致机体脱水、酸碱平衡失调和电解质紊乱，最后因衰竭、休克而死亡。

慢性梗阻，食欲减退或废绝，呕吐，体重下降，肠音减弱或消失，粪便稀薄。

【诊断】根据临床症状，触诊腹部可初步诊断。腹部超声检查和 X 线检查，对消化道异物、肠管内积气和积液具有诊断意义，必要时可用硫酸钡造影检查。内窥镜检查对胃肠异物、肿瘤等具有诊断和治疗意义。血液生理生化指标检查，可判断机体脱水、酸碱平衡失调和电解质紊乱的程度，小肠梗阻可发生严重的脱水、低钾血症、低氯血症、低钠血症和代谢性酸中毒。本病应与胰腺炎、肾上腺皮质功能减退、急性肾或肝损伤、急性中毒等疾病进行鉴别。

【治疗】治疗原则是强心补液，纠正酸碱平衡，清除梗阻。

首先应强心补液，纠正酸碱平衡失调和电解质紊乱。胃肠阻塞物主要通过内窥镜或手术方法清除，小的光滑的异物可通过消化道运动而排出，变位肠段通过手术整复。术后加强护理，禁食、补充液体和营养，使用抗生素控制感染。

六、其他疾病

疾病	病因	临床症状	诊断	治疗
胃肠溃疡（gastrointestinal ulcers）	多种原因引起胃肠黏膜的糜烂和损伤。见于急慢性胃肠炎，消化液分泌过多，服用非甾体消炎药（如阿司匹林）、糖皮质激素类药物，尿毒症，肝病，胃肠道肿瘤，应激因素。犬、猫均可发生	慢性顽固性呕吐，多发生于采食后，呕吐物混有血液。食欲不振，体重减轻，贫血，可视黏膜苍白，腹部压痛。排粪次数增多，呈煤焦油色或深褐色。严重者脱水。有的溃疡发生穿孔，导致急性腹膜炎而休克死亡	根据临床症状，结合X线、超声波和内窥镜检查，必要时进行活组织检查	主要是针对病因，抑制胃酸分泌，保护胃肠黏膜。可用氢氧化铝、复方铝酸铋、雷尼替丁、奥美拉唑、硫糖铝等。脱水者及时输液补充血容量，纠正酸碱平衡失调。必要时可用氨苄西林等抗菌药物
炎症性肠病（inflammatory bowel diseases）	病因不明的肠道黏膜炎性细胞浸润性疾病。常见淋巴细胞-浆细胞性肠炎、嗜酸性粒细胞性肠炎、肉芽肿性肠炎、中性粒细胞性肠炎。可能的病因包括寄生虫感染、食源性过敏、细菌毒素中毒、肿瘤、药物不良反应等。无明显的年龄、性别、品种差异，但常见于德国牧羊犬、约克夏犬、可卡犬、纯种猫	临床症状呈慢性、间歇性或周期性。呕吐，腹泻，食欲不振，体重减轻。嗜酸性粒细胞性肠炎可见呕吐物和粪便中混有血液。蛋白质丢失性肠病还表现腹水和四肢末端水肿。有些病例可能因胃蠕动、排空及胃肠运动时间的改变而诱发胃扩张-扭转	根据临床症状，结合X线、超声波及内窥镜检查，可初步诊断，确诊需要活体病理组织学检查。血液生理生化指标测定无特异性，可能表现低蛋白血症、低钙血症、低钾血症、低胆固醇血症、小红细胞性贫血，肝酶活性升高，嗜酸性粒细胞增多	消除病因，减轻肠道炎症。常用的药物有皮质类固醇、硫唑嘌呤、柳氮磺胺吡啶、泰乐菌素、甲硝唑。辅助治疗包括变更食物（供给低过敏性的日粮），口服硫苯咪唑、注射钴胺素等

(续)

疾 病	病 因	临床症状	诊 断	治 疗
胃内异物（gastric foreign bodies）	胃内含有不能被消化、又难以呕出或随粪便排出的物质，对胃黏膜长期机械性刺激而引起的胃消化机能障碍。异物如骨骼、石头、橡皮球、线团、钱币、鱼钩、玩具等。犬猫均可发生	食欲不振，采食后呕吐，精神沉郁，腹痛，触诊胃部敏感，渐进性消瘦。异物较小时，可能不表现明显的临床症状，偶有呕吐，逐渐消瘦。异物刺伤胃壁，可引起出血或胃穿孔	根据病史、临床症状，结合X线、内窥镜检查即可确诊	异物较小、光滑时，可灌服油类泻剂。异物较大时，应及早通过手术治疗

第六节　其他胃肠疾病

一、胃肠炎

胃肠炎（gastroenteritis）是胃黏膜和/或肠黏膜及黏膜下深层组织重剧炎性疾病的总称。临床特征是呕吐，腹泻，脱水，自体中毒。按病程分为急性和慢性；按炎症性质分为黏液性、出血性、化脓性和纤维素性。各种动物均可发生，常见于马、牛、猪等。

【病因】分为原发性和继发性两类。

1. 原发性胃肠炎　主要是饲料品质不良，如饲喂发霉变质的饲料、堆积发热的饲草、冰冻的饲料等。采食或摄入有毒物质，如蓖麻、巴豆、霉菌毒素、有毒植物及砷、汞、铅、镉等；也见于摄入酸、碱等强烈刺激或腐蚀性物质。其次是管理粗放，见于畜舍阴暗潮湿，卫生条件差，气候骤变，过劳、断乳、圈舍拥挤等应激状态，这些均可使机体抗病力降低，容易受到病原微生物的侵袭；也见于滥用抗生素所致的肠道菌群失调。

2. 继发性胃肠炎　常见于某些传染病（如猪瘟、仔猪副伤寒、猪痢疾、猪传染性胃肠炎、仔猪大肠杆菌病、猪流行性腹泻、犊牛大肠杆菌病、轮状病毒病、沙门菌病、鸡白痢）、寄生虫病（如蛔虫病、球虫病）等。某些内科病也可继发胃肠炎，如胃肠卡他、急性胃扩张、肠阻塞、肾病、心脏疾病等。

【发病机理】在致病因素的作用下，肠道内的大肠杆菌及其亚型、产气荚膜梭菌及其亚型、沙门菌等机会致病菌的致病性增强，变成优势菌（占95%～98%），产生肠毒素而损伤胃肠壁，发生程度不同的病理变化，从表层黏膜发展到深层组织，造成胃肠黏膜分泌增多，黏膜水肿、出血、纤维蛋白渗出、白细胞浸润，甚至形成溃疡或坏死。

当炎症局限在胃和小肠时，由于交感神经的紧张性增强，抑制胃肠运动，肠蠕动减弱；因大肠的水分吸收功能正常，出现排粪迟滞而不显腹泻。当炎症波及大肠或以肠炎为主时，肠蠕动增强，出现腹泻。由于肠道黏膜分泌增多，液体和电解质吸收减少，肠腔内渗透压升高以及分泌-吸收不平衡进一步促进了液体的大量分泌，加剧了腹泻。大量的体液、电解质（主要是Na^+、K^+）和碱性物质丢失，导致不同程度的脱水、电解质平衡失调和代谢性酸中毒，使血液浓缩，循环血量减少，微循环障碍（图1-1）。当肠管炎性病变加剧，肠道出血、坏死，引起肌源性肠弛缓，肠腔内积聚大量的液体和腐败发酵产生的气体，出现胃肠积液和臌气。炎性产物、腐败产物以及细菌毒素（尤其是内毒素）经肠壁吸收入血，导致自体中毒，严重时出现内毒素血症、休克，最终发生弥散性血管内凝血。

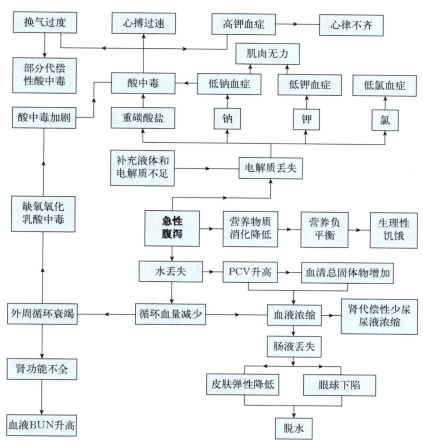

图 1-1 腹泻所致的机体水、电解质和酸碱平衡变化的相互关系

【临床症状】

1. 全身症状 精神沉郁，食欲减退或废绝，结膜潮红，体温升高（40℃以上），少数患病动物后期发热，个别患病动物始终不发热，心跳、呼吸加快。

2. 消化道症状 口腔干燥，口色潮红，有舌苔，口臭，轻度腹痛。粪便稀软，呈粥样或水样腹泻，腥臭，混有黏液、血液和脱落的黏膜或脓液，严重者排粪失禁或呈里急后重。初期肠音增强，后期减弱或消失。

3. 脱水体征 脱水明显，眼窝凹陷，皮肤弹性降低，血液黏稠，尿量减少。

4. 自体中毒 后期患病动物虚弱，末梢冰凉，肌肉震颤，脉搏细弱，黏膜发绀，微血管再充盈时间延长，有时出现兴奋、痉挛或昏睡等神经症状。

5. 血、尿指标的变化 初期白细胞数增加，中性粒细胞比例升高，核左移；后期白细胞数减少，中性粒细胞呈退行性核左移。血沉缓慢，红细胞数增加，红细胞比容升高。血浆碳酸氢盐减少，血清钠、钾、氯含量降低，呈代谢性酸中毒。尿少，相对密度升高，含有大量蛋白质、肾上皮细胞以及各种管型。

【病程与预后】取决于病因和机体的状况。急性胃肠炎病程短急，若不及时治疗，多因脱水、衰竭而死亡。营养良好的患病动物，及时治疗和护理，预后良好。

【诊断】根据呕吐、腹泻、脱水、自体中毒等特征性症状，可初步诊断。通过流行病学调查和病因学分析，确定病因，必要时进行相关病原学检查及药敏试验。血液生理生化指标的检测对判断炎症及水、电解质紊乱的程度具有重要意义，也是辅助治疗的依据。

【治疗】治疗原则是加强护理，抗菌消炎，清理胃肠，保护胃肠黏膜，强心、补液。

1. 加强护理 去除病因，初期禁食，食欲恢复时应供给易消化的日粮和清洁饮水。

2. 抗菌消炎 可根据病情和药敏试验，选用氨苄西林、庆大霉素、磺胺类药物、喹诺酮类药物等抗菌消炎药物。马急性胃肠炎用 0.1% 高锰酸钾溶液灌服或灌肠，有较好的疗效。

3. 清理胃肠 患病动物排粪迟滞，或粪便恶臭而肠内还有大量异常内容物积滞，可用人工盐、硫酸钠等泻剂；后期病例可灌服液状石蜡。

4. 保护胃肠黏膜 对肠腔内粪便已基本排尽、粪便臭味不大而仍腹泻不止的非传染性胃肠炎患病动物，可选用活性炭、次硝酸铋、鞣酸蛋白等吸附剂或收敛剂。

5. 强心、补液 及时补充体液、纠正电解质和酸碱平衡失调，是预防休克和自体中毒的关键。可用复方氯化钠注射液、生理盐水、5% 葡萄糖氯化钠注射液、10% 右旋糖酐 40 葡萄糖注射液等，补液剂注射的量和速度根据脱水程度和心、肾机能而定。纠正酸中毒可用 5% 碳酸氢钠注射液。强心可用洋地黄毒苷、毒毛花苷 K、安钠咖等。

二、霉菌性胃肠炎

霉菌性胃肠炎（mycotic gastroenteritis）是指动物采食了被真菌污染的饲料，由其代谢产物——霉菌毒素所致的胃肠黏膜及其深层组织的炎症性疾病。主要发生于马、牛、猪、兔等，多见于我国南方地区的梅雨季节和多雨年份的秋收以后。

【病因】长期采食发霉变质的草料，如谷草、麦秸、稻草、其他牧草及麦类、玉米、糟粕类、块根类等。常见的产毒素真菌有镰刀菌属（*Fusarium*）、曲霉菌属（*Aspergillus*）、青霉菌属（*Penicillium*）等。饲料被霉菌污染后，往往产生多种毒素，毒素之间对机体的毒性具有相加或协同作用。热应激、疫苗接种，以及管理粗放、营养不良、高密度饲养等因素均可导致动物对霉菌毒素的抵抗力降低，容易发病。

【临床症状】突然发病，精神沉郁，食欲减退或废绝，口腔干燥，有舌苔、口臭。肠音减弱，个别病例肠音增强，轻度腹痛。粪便呈粥样，混黏液，恶臭，潜血试验阳性。可视黏膜潮红或黄染，有的发绀。呼吸迫促，脉搏增数。后期多出现兴奋不安，盲目运动，流涎，步态不稳等神经症状，严重者反应迟钝或昏睡。

实验室检查，白细胞数减少，尿蛋白阳性，有时出现血尿。

【诊断】根据病史，结合临床症状，即可初步诊断。确诊需要进行霉菌毒素的测定。

【治疗】治疗原则是去除病因，清理胃肠，阻止毒素吸收，对症治疗。

1. 去除病因 应立即停喂被霉菌污染的饲料，供给适口性好的优质全价饲料，提高饲料营养水平。

2. 清理胃肠 可用 0.5%～1.0% 高锰酸钾溶液或 0.1%～0.5% 过氧化氢溶液等氧化剂洗胃或内服；还可用盐类泻剂、鱼石脂、乙醇等与适量水混合，内服。

3. 阻止毒素吸收 可内服鞣酸蛋白、淀粉或牛乳等。

4. 对症治疗 主要是强心、补液，纠正电解质和酸碱平衡失调，必要时应用抗菌药防止继发感染。

【预防】防止饲料和饲料原料发霉是预防本病的关键。发霉变质的饲料严禁饲喂动物，或脱毒后再作为饲料。

三、黏液膜性肠炎

黏液膜性肠炎（mucomembraneous enteritis）是肠黏膜发生以纤维蛋白渗出和黏液大量分泌为主要病理过程的一种特殊类型的炎症性疾病。以黏膜表面覆盖一层主要由黏液并混有少量纤维蛋白所构成的网膜状管型为其特征。临床特征是体温升高，腹痛，排出黏液膜状物质。本病呈偶发性，各种动物均可发生，常见于马、牛，其次是猪和肉食动物。

【病因】病因尚不清楚，一般认为是某种变应原所致的超敏反应，与副交感神经紧张性增高也有关。可能的变应原包括大肠杆菌、副伤寒杆菌等肠道常在菌的代谢产物，肝片吸虫、肠道寄生虫等虫体蛋白，饲草料霉败产生的特异性蛋白质及机体内形成的一些异常代谢物等。本病主要损害回肠、盲肠和结肠，牛多在回肠，马多在大肠。

【临床症状】精神沉郁，体温升高，食欲减退或废绝，腹痛不安。排恶臭稀软的粪便，频频努责，常表现里急后重，猪排粪迟滞。多次努责后，排出被覆大量黏液的粪球，或呈灰白色、黄白色的膜状黏液管型、条索状黏液膜或黏液条片，一般长达 0.5～1.0 m，有的可达 4.0～8.0 m，腹痛随之减轻或消失，全身症状也逐渐好转，经 2～3 d 后即可康复。

【诊断】本病初期诊断较困难，当排出黏液膜状物时即可诊断。本病应与纤维素性肠炎进行鉴别。

【治疗】治疗原则是抗过敏，对症治疗。

病情轻者，炎性产物自行排出，不经治疗也能康复。病情较重者，可用抗过敏药物，如盐酸苯海拉明、盐酸异丙嗪等；制止渗出，可静脉注射 5% 氯化钙注射液；清理胃肠，可用油类泻剂。根据病情，注意强心、补液和预防继发感染。

四、幼畜消化不良

幼畜消化不良（dyspepsia of young animals）是哺乳期幼畜胃肠消化机能障碍的统称。临床特征是消化不良、腹泻和脱水，无传染性。各种幼畜均可发生，多见于犊牛、羔羊、仔猪，常呈群发性。幼畜在吮食初乳不久即可发病，犊牛、羔羊在 2～3 月龄后逐渐减少，而仔猪在 20 日龄左右多发，1 月龄后减少。本病全年均可发生，冬春季节和雨季发病较多。

【病因】主要是由于饮食不当，母乳及乳制品品质不良。

1. 母畜饲养管理不当 ①母畜妊娠后期饲料营养不全，缺乏运动，环境不良，均可影响胎儿在母体内的正常发育，出生的幼畜体质虚弱、抗病力弱；②母畜乳汁不足，乳汁过浓或过稀，幼畜时饱时饥，导致胃肠功能紊乱；③母畜饲料营养不全、配比失调或发霉变质，尤其是饲料中缺乏足够的矿物质、维生素和蛋白质，或饲料中蛋白质含量过高或突然变更饲料，均可使哺乳幼畜发病。

2. 幼畜饲养管理不当 ①幼畜出生后未及时饲喂初乳或初乳喂量不足，使幼畜免疫力低下；②幼畜的饲喂不当，如人工哺乳不定时、不规律，饮水不足，尤其是一次过量饲喂；③代乳品品质低劣，或饲喂代乳品时温度时高时低；④代乳粉在加工过程中乳清蛋白变性或乳球蛋白受到破坏，影响幼畜对营养物质的吸收；⑤幼畜口服新霉素、四环素等抗菌药，导致肠绒毛发生改变，可出现腹泻；⑥幼畜采食不易消化的物质，如粗饲料、沙子、泥土等，可引起腹泻；⑦气温骤变，寒冷、阴雨潮湿，环境不良，长途运输等应激因素，均可诱发本病。

【发病机理】幼畜从胚胎发育开始，消化道功能随年龄增长呈明显的阶段性变化，胚胎期、初生及断乳期是功能发育的关键阶段，并与动物的合理饲养密切相关。新生仔畜的肠道可吸收大分子物质，这与初乳的摄入有关，这种现象仅维持 2～3 d，之后大分子物质的吸收终止。出生后随着日龄增加，胃肠上皮细胞增殖与分化，胃肠分泌功能逐渐发育，如仔猪在出生 1 周内盐酸的分泌量很低，胃液的 pH 低于 4.5，反刍动物皱胃盐酸分泌量在哺乳第二天就开始增加，断乳或反刍前分泌迅速增加。幼畜胃液中盐酸含量较低，蛋白质消化能力和杀菌能力都较弱，这是幼畜易患某些消化道疾病的重要原因。另外，胃蛋白酶、胰蛋白酶等消化酶的分泌功能和肠道的吸收功能也随年龄的增长而变化。在上述病因的作用下，胃肠道的消化适应性遭到破坏，胃液酸度和酶活性发生改变，不能进行正常的消化，胃肠道的内容物异常发酵分解，产生低级脂肪酸积聚在肠道内，刺激其运动和分泌机能增强，改变肠道内容物的 pH，使发酵菌和腐败菌大量增殖，产生的细菌内毒素等刺激肠壁神经感受器，导致肠道的分泌、蠕动、吸收机能紊乱而发生

腹泻。腹泻、呕吐使机体丢失大量的水分和电解质，引起机体脱水，血液浓缩，循环衰竭。

肠道内发酵、腐败的产物以及细菌毒素吸收入血，超过肝的解毒能力，即可发生中毒性消化不良，损伤实质器官的功能。内毒素进一步刺激中枢神经系统，造成中枢神经系统机能紊乱，表现精神沉郁，嗜睡，甚至痉挛、昏迷。

【临床症状】分为单纯性消化不良和中毒性消化不良两类。前者仅表现消化不良，全身症状轻微；后者表现严重的消化紊乱和自体中毒，全身症状重剧。

1. 单纯性消化不良 精神不振，食欲减退或废绝，多喜躺卧，不愿活动，体温正常或偏低，逐渐消瘦。出现不同程度的腹泻，粪便性状多种多样。犊牛、羔羊开始排粥样稀粪，后转为深黄色、灰绿色稀粪，混有凝乳块，呈絮片状，腥臭；10日龄内的仔猪多排黄色黏性稀粪或呈水样，较大日龄的仔猪多排灰色黏性或水样稀粪；有的粪便中混有泡沫、黏液，呈酸臭或腐败气味。肠音高朗，有的出现腹痛。持续腹泻，可使机体脱水，眼窝凹陷，皮肤弹性降低，心跳加快，呼吸迫促。

2. 中毒性消化不良 表现重剧腹泻，伴有自体中毒和全身机能障碍。精神委顿，目光呆滞，食欲废绝，急剧消瘦，衰弱无力，体温升高。排灰色或灰绿色水样稀粪，混有黏液、血液，恶臭，肛门松弛，有的排粪失禁。脱水明显，眼窝凹陷，心跳加快，脉搏细弱，呼吸浅表，黏膜发绀。严重者反应迟钝，肌肉震颤。后期体温下降，昏迷、衰竭而死亡。

【病程与预后】幼畜消化不良，多呈急性经过，预后与日龄、抵抗力、营养状况及症状的严重程度等有关。单纯性消化不良，给予及时治疗，一般预后良好。如不及时治疗，病情恶化，可发展为中毒性消化不良，症状加剧，发展迅速，后期预后不良。

【诊断】根据病史，结合消化不良、腹泻等症状，即可初步诊断。幼畜腹泻病因复杂，应与细菌、病毒及寄生虫引起的腹泻进行鉴别。

【治疗】治疗原则是加强护理，促进消化，抗菌消炎，对症治疗。

1. 加强护理 将患病动物置于干燥、温暖、清洁的畜舍内；加强母畜的饲养管理，给予全价日粮，保持乳房卫生；患病初期应禁食12～24 h，可口服补液盐，当腹泻减轻后，逐渐喂给正常乳量。

2. 促进消化 对腹泻不严重的患病动物可先口服油类缓泻剂，或温水灌肠。促进消化，可用人工胃液（胃蛋白酶10 g，稀盐酸5 mL、温水1 000 mL），犊牛30～50 mL，羔羊、仔猪10～30 mL。也可用胃蛋白酶、益生菌制剂等。

3. 抗菌消炎 为防止肠道感染，可选用抗生素、磺胺类药物、喹诺酮类药物等抗菌药。

4. 对症治疗 脱水的患病动物，应及时补液，可用5%葡萄糖注射液、5%葡萄糖氯化钠注射液等，静脉注射。

五、其他疾病

疾病	病因	临床症状	诊断	治疗
胃肠卡他 (gastroenteric catarrh)	胃肠黏膜表层的炎症，也称消化不良。主要是饲料品质不良，饲养管理不当，摄入刺激性的药物，继发于其他疾病。各种动物均可发病	食欲减退或废绝，异嗜，口腔干燥或湿润，有舌苔，有的呕吐；初期肠音增强，后期减弱；粪便干小或稀软，含消化不全的饲料；体温、呼吸、脉搏无明显变化。以胃机能紊乱为主时，粪便干小、色暗，附有黏液。以肠机能紊乱为主时，粪便呈稀糊状或水样，恶臭，混有黏液、血丝和未消化的饲料	根据病史和临床症状，可初步诊断。应与胃肠炎等引起腹泻的疾病进行鉴别	治疗原则是除去病因，改善饮食，清肠制酵，调整胃肠机能。可用缓泻剂（盐类、油类）清理胃肠，用健胃剂、助消化剂调整胃肠机能

消化系统疾病

第一章

（续）

疾 病	病 因	临床症状	诊 断	治 疗
兔肠便秘 (intestinal constipation of rabbit)	胃肠消化和分泌机能紊乱，肠道弛缓，内容物停滞而发生的一种腹痛性疾病。主要原因是长期饲喂干饲料，饮水不足；青饲料不足，精饲料过量；饲料或饮水中混有泥沙；因异嗜而摄入兔毛等形成毛球；也继发于发热病	食欲减退或废绝，肠音减弱或消失；排粪减少，粪球细小而坚硬，后期排粪停止；腹痛，触诊腹部可感知肠管内有豌豆大小的硬粪颗粒	根据病史和临床症状，即可初步诊断	治疗原则是促进粪便排出。可内服泻剂，如硫酸钠、人工盐、液状石蜡等，也可用温肥皂水灌肠

第七节 肝和胰腺疾病

一、肝炎

肝炎（hepatitis）是肝实质细胞的急性弥漫性变性、坏死和炎性细胞浸润的一种疾病。临床特征是出现黄疸、消化功能障碍和神经症状。按照病程分为急性和慢性，各种动物均可发生。

【病因】引起肝炎的病因很多，主要有以下几类。

1. 中毒性因素 肝是外源性化学物质毒性作用的主要靶器官之一，引起肝炎的常见毒物包括：①化学毒物，如磷、砷、锑、硒、铜、钼、铁、四氯化碳、六氯乙烷、煤酚、苯酚、氯仿、尿素等；②有毒植物，如千里光、蕨类、羽扇豆、狗舌草、猪屎豆、杂三叶、天芥菜等；③真菌毒素，如黄曲霉毒素、葚孢菌素、伏马菌素、赭曲霉毒素、杂色曲霉毒素等；④药物，如非类固醇抗炎药、水合氯醛、氯丙嗪、呋喃唑酮（痢特灵）、酮康唑、对乙酰氨基酚（扑热息痛）、磺胺类药物、某些抗生素等；⑤饲料毒物，如酒糟、棉籽饼等。

2. 感染性因素 主要见于细菌（如链球菌、葡萄球菌、结核分枝杆菌、坏死杆菌、化脓棒状杆菌、沙门菌、毛样芽孢杆菌等），病毒（如犬传染性肝炎病毒、犬疱疹病毒、鸭肝炎病毒、马传染性贫血病毒等），钩端螺旋体等各种病原体感染。

3. 寄生虫因素 主要见于肝片吸虫、血吸虫、弓形虫、球虫、泰勒虫、犬恶丝虫等的严重侵袭，蛔虫幼虫的移行也可引起本病。

4. 营养性因素 主要见于硒、维生素 E、钴、甲硫氨酸、胱氨酸、胆碱等营养物质的缺乏。

5. 其他因素 注射血清、疫苗等生物制品是马急性肝炎的常见原因，也见于大量饮用含蓝藻或毒素的水。

【发病机理】引起肝炎的病因繁多，但所致的临床症状基本相同或相似。肝损伤可分为急性和慢性两种类型，急性损伤的特征是肝细胞发生严重变性（颗粒变性、脂肪变性）和坏死，慢性损伤的特征是发生纤维化，属一种增生性炎症。

外源性化学物质及其代谢物引起肝细胞和肝的其他细胞（如枯否细胞和伊藤细胞）损伤，即可改变肝功能。肝损伤的病理变化包括脂肪沉积、坏死、再生结节、纤维化、萎缩或色素沉着，主要表现炎症病变，也称为中毒性肝炎。

细菌内毒素通过直接或间接的作用，引起肝细胞坏死。一方面能使肝单核巨噬细胞释放损伤肝细胞的溶酶体酶、前列腺素和胶原酶等物质；另一方面又可以直接作用于肝细胞，导致溶酶体损伤、线粒体功能下降，影响了糖异生，减少了肝的血流量，造成肝组织缺氧，最终导致肝细胞坏死。

损伤肝的有毒植物主要含双吡咯烷类生物碱（pyrrolizidine alkaloids，PAs），该碱在肝细胞中代谢产生的高活性吡咯酯代谢物能迅速与 DNA 结合，导致 DNA 交联、DNA 蛋白交联、DNA 加合物形成，具有抗有丝分裂的作用，抑制了肝细胞通过二分裂再生肝细胞的过程。虽然细胞不能分裂，但细胞继续生长，细胞核和细胞质膨胀，有时达正常的 10 倍（巨肝细胞，核过大）；小剂量的 PAs 长期作用，引起以胆管增生和纤维化为特征的病理损伤。

寄生虫性肝炎的严重程度取决于肝移行寄生虫的数量和种类，大量寄生虫侵袭可导致肝出血和肝细胞变性坏死，损伤胆管上皮，引起胆管炎。

霉菌毒素进入肝，抑制 DNA、RNA 和蛋白质的合成，使蛋白质、脂肪的合成和代谢障碍，线粒体代谢以及溶酶体的结构和功能发生变化，肝细胞呈严重颗粒变性、脂肪变性和空泡变性，甚至呈气球样变；肝小叶中心细胞坏死、出血，间质淋巴细胞浸润。

随着肝细胞变性、坏死和炎症的发展，胞质内的酶释放进入血液，血清肝酶活性异常升高；胆汁的生成、排泄和胆色素代谢出现障碍，使血中胆红素和/或胆汁酸增多，表现为黄疸、心动徐缓、消化障碍；糖代谢障碍，使肝糖原合成减少，血糖降低，解毒机能低下，发生自体中毒；脂肪代谢障碍，脂肪氧化增强，酮体生成增多，表现为酮血症、酮尿症乃至酸中毒；氨基酸脱氨基及尿素合成障碍，使血氨升高并弥散入脑，并与 α-酮戊二酸结合，阻碍三羧酸循环和能量供应，进而造成昏迷（肝性脑病以至肝昏迷）；蛋白质代谢障碍，白蛋白合成减少，胶体渗透压下降，造成水肿的发生；凝血因子生成不足，血液凝固障碍而导致出血性素质。

【临床症状】

1. 急性肝炎 精神沉郁，衰弱无力，食欲减退或废绝，呕吐，间歇性腹痛，可视黏膜黄染（肝性黄疸）。腹泻或便秘，粪便恶臭且色淡。肝肿大，浊音区扩大，触诊疼痛。体温升高或正常，尿色深黄，心率缓慢，呼吸迫促。有的表现光敏性皮炎，有的出现腹水。乳牛体重下降，产乳减少或停止。严重者表现中枢神经系统症状（肝性脑病），昏睡、昏迷；或狂躁不安，流涎，横冲直撞，共济失调，盲目行走，攻击行为。

2. 慢性肝炎 由急性肝炎转化而来，呈现长期消化不良，逐渐消瘦，异嗜，可视黏膜苍白等症状；颌下、腹下、四肢下端水肿，继发肝硬化则出现腹水。

3. 肝功能检查 血清黄疸指数升高；直接胆红素和间接胆红素含量升高；尿中胆红素和尿胆原试验呈阳性反应；血清 γ-谷氨酰转移酶（GGT）、乳酸脱氢酶（LDH）、丙氨酸氨基转移酶（ALT）、天门冬氨酸氨基转移酶（AST）、碱性磷酸酶（AKP）、山梨糖醇脱氢酶（SDH）、精氨酸酶（ARG）、鸟氨酸氨甲酰基转移酶（OCT）、谷氨酸脱氢酶（GLDH）等活性升高；血清胆汁酸浓度升高，血清总蛋白、白蛋白含量降低，血清球蛋白含量升高；血清尿素、葡萄糖含量降低，血氨浓度升高。

【病程与预后】急性肝炎病程急剧，及时排除病因，加强饲养和护理，采取有效治疗，一般预后良好。但病情严重的病例，全身症状重剧，发生自体中毒，如治疗不及时、护理不当，则预后不良。有的病例可转为慢性肝炎，后期发展为肝硬化。

【诊断】根据病史、临床症状，结合血液生化指标检测进行综合分析，可以初步诊断。诊断依据：①临床表现黄疸、消化功能障碍和神经症状；②血清生化指标检测，血清胆红素含量、肝功能酶活性升高；③X 线、超声波检查，可确定肝大小、胆管及胆囊病变；④必要时进行活体组织病理学检查；⑤通过流行病学调查和实验室检测，确定病因；⑥本病应与引起黄疸的其他疾病进行鉴别（图 1-2）。

【治疗】治疗原则是去除病因，解毒保肝，对症治疗。

1. 去除病因 首先治疗原发病，病毒引起的可用抗病毒药、干扰素等；细菌引起的可选

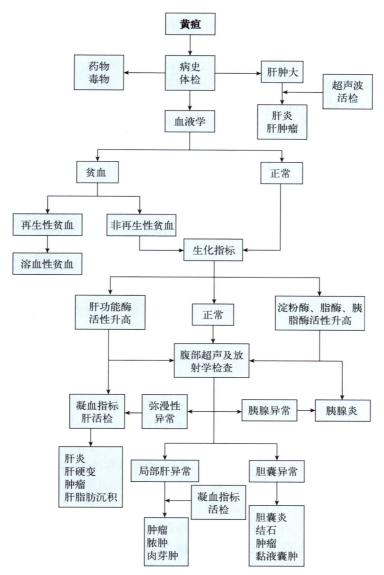

图 1-2 黄疸的鉴别诊断

择敏感的抗菌药；寄生虫侵袭应用驱虫药；饲料毒物引起的应立即更换优质易消化的日粮。

2. 解毒保肝 可用 25% 葡萄糖注射液、5% 维生素 C 注射液和 5% 维生素 B_1 注射液，静脉注射；或服用甲硫氨酸、葡醛内酯（肝泰乐）等保肝药，内服人工盐、鱼石脂等清肠制酵。

3. 对症治疗 有出血倾向的，可用止血剂和钙制剂；狂躁不安的，应给予镇静安定药等。

二、肝硬化

肝硬化（hepatic cirrhosis）是一种以肝组织弥漫性纤维化、假小叶和再生结节形成为特征的慢性肝病。临床特征是顽固性消化不良，肝肿大，腹水，渐进性消瘦。按病变性质，分为肥大性肝硬化和萎缩性肝硬化。各种动物均可发病，多见于猪和犬。

【病因】 分为原发性和继发性两种。

1. 原发性肝硬化 主要见于各种中毒，包括有毒植物（如羽扇豆、猪屎豆、野百合、杂种车轴草等），化学毒物（如磷、砷、铅、四氯化碳、四氯乙烯、乙醇、沥青等），长期大量饲喂含有乙醇的酒糟或霉败饲料等引起的中毒。

2. 继发性肝硬化 主要继发于某些传染病（如犬传染性肝炎、鸭病毒性肝炎、马传染性贫血、犊牛副伤寒、猪肝结核等），寄生虫病（牛羊肝片吸虫病、猪囊虫病、犬恶丝虫病等），内科病（如慢性胆管炎、充血性心力衰竭等）。

【临床症状】食欲减退或废绝，便秘与腹泻交替发生，呕吐，可视黏膜轻度黄染；反刍动物表现慢性前胃弛缓或瘤胃鼓胀；渐进性消瘦。进行性腹腔积液，腹部呈对称性下垂并向两侧膨大，由后方观察更明显，腹腔穿刺可流出大量透明的淡黄色液体。肥大性肝硬化，叩诊肝浊音区扩大，小动物腹部触诊可感知肝肿大、变硬。萎缩性肝硬化，叩诊肝浊音区缩小，触诊肝硬度增加，表面不平。

【病程与预后】呈慢性经过，持续时间长，病程数月或数年不等，病情逐渐增重，治疗不易痊愈，预后不良。

【诊断】根据病程缓慢、消化不良、腹水等临床特征症状可初步诊断，一般大动物生前诊断困难。超声波检查可作为重要的辅助诊断手段。确诊必须结合肝功能试验、腹腔穿刺液检查、肝活组织检查，综合分析。肝功能试验，严重的肝硬化，血清生化指标可能变化不明显。血清转氨酶活性和胆红素含量常有轻度、中度升高，血清尿素氮和白蛋白降低，血氨含量升高，黄疸的病例尿胆红素阳性。本病应与肝肿瘤、某些寄生虫病等进行鉴别诊断。

【治疗】本病无特效治疗方法，关键在于早期诊断，去除病因，加强一般治疗，改善肝功能。

加强护理，供给蛋白质、糖类、维生素丰富的日粮。腹水严重者可穿刺放液，并用利尿药，必要时静脉注射白蛋白、复方氨基酸等。

三、胰腺炎

胰腺炎（pancreatitis）是胰腺的腺泡与腺管的炎症性疾病，分为急性和慢性两种类型。急性胰腺炎是多种病因导致胰酶在胰腺内被激活，引起胰腺组织自身消化、水肿、出血，甚至坏死的炎症反应；临床特征是急性腹痛，呕吐，腹泻。慢性胰腺炎是胰腺炎反复发作或持续性的炎症变化，使腺体结缔组织增生、实质细胞减少、间质纤维化的疾病；临床特征是腹痛，黄疸，脂肪泻，糖尿病。本病主要发生于犬、猫，尤其是中年雌性犬，其他动物少见。

【病因】引起急性胰腺炎的原因较多，主要与以下因素有关。①营养因素：见于肥胖、高脂血症、长期饲喂高脂肪食物等；②胰腺损伤：如外伤、手术麻醉等使胰腺血容量减少、损伤再灌注或局部缺血等；③胰管阻塞：如肿瘤、蛔虫病等；④感染：见于犬传染性肝炎、钩端螺旋体病、巴贝斯虫病，猫的胰腺炎还与弓形虫病、华支睾吸虫病、传染性腹膜炎有关；⑤药物：可能与使用胆碱酯酶抑制剂、苯巴比妥、雌激素、水杨酸、硫唑嘌呤、噻嗪类利尿剂等有关。

慢性胰腺炎可由急性胰腺炎未及时治疗转化而来，或急性炎症后多次复发而成为慢性炎症，以及胆囊和胆管的结石、炎症使胰胆管交界处狭窄或梗阻，胰液流出受阻，胰管压力升高，导致胰腺腺泡、小导管破裂，损伤胰腺组织而出现。

【发病机理】正常胰腺分泌的消化酶有两种形式，一种是有生物活性的酶（如淀粉酶、脂肪酶、核糖核酸酶等），另一种是以前体或酶原形式存在的无活性酶（如胰蛋白酶原、糜蛋白酶原、前磷脂酶、前弹性蛋白酶、激肽释放酶原、前羟肽酶等）。正常情况下，合成的胰酶绝大多数是无活性的酶原，酶原颗粒与细胞质是隔离的，胰腺腺泡的胰管内含有胰蛋白酶抑制物质，能灭活少量的有生物活性或提前激活的酶。这是胰腺避免自身性消化的生理性防御屏障。当胰酶进入十二指肠后，在肠激酶的作用下，首先激活胰蛋白酶原，形成胰蛋白酶，在胰蛋白酶的作用下，各种胰消化酶原被激活，对食物进行消化。

在各种致病因素作用下，腺泡内的酶原被激活，发生胰腺自身消化的连锁反应，同时胰腺导管通透性增加，使活性胰酶渗入胰腺组织，加快了自身消化过程。其中起主要作用的活化酶有磷脂酶 A_2、激肽释放酶、弹性蛋白酶和脂肪酶。磷脂酶 A_2 在少量胆酸参与下分解细胞膜的磷脂，产生溶血磷脂酰胆碱和溶血脑磷脂，引起胰腺实质凝固性坏死、脂肪组织坏死和溶血。激肽释放酶可使激肽酶原变为缓激肽和胰激肽，使血管舒张和通透性增加，引起水肿和休克。弹性蛋白酶可溶解血管弹性纤维，引起出血和血栓形成。脂肪酶使胰腺及周围脂肪坏死和液化。上述自身消化过程，造成胰腺实质及邻近组织的病变，细胞的损伤和坏死又促使消化酶释放，形成恶性循环。胰腺消化酶和炎症、坏死产物通过血液循环和淋巴管途径，输送到全身，引起多脏器损害。胰腺组织的损伤过程中产生一系列炎性介质，如氧自由基、血小板活化因子、前列腺素、白细胞三烯等，这些炎性介质和血管活性物质（如一氧化氮、血栓素等）还导致胰腺血液循环障碍，导致急性胰腺炎的发生和发展。

并且，如果致病因素较弱且长期反复作用，则使胰腺的炎症、坏死与纤维化呈渐进性发展，最后导致整个胰腺硬化、萎缩及内外分泌功能减弱或停止，同时出现糖尿病和严重的消化不良等并发症。

【临床症状】

1. 急性胰腺炎 精神沉郁，食欲减退或废绝，呕吐，腹泻，粪便中混有血液，脱水。腹痛，触诊腹部右前部，出现呻吟、疼痛，腹壁紧张。有的病犬以两前肢肘部和胸骨支于地面，而后躯高抬呈"祈祷状"，主要是由于继发腹膜炎所致的腹壁疼痛，进而引起肠蠕动减弱，甚至麻痹。严重者血压下降，黏膜干燥，皮肤和可视黏膜有淤血斑或弥漫性出血，体温降低，意识逐渐丧失，有的痉挛，甚至休克。

2. 慢性胰腺炎 厌食，周期性呕吐，腹痛，腹泻，体重下降。粪便中混有未消化的脂肪，有恶臭。有的并发糖尿病而食欲异常亢进。

【病程与预后】本病发展迅速，若不及时治疗，极易造成死亡，预后应谨慎。

【诊断】根据病史、临床症状，结合实验室和影像学（X线、超声波）检查，进行综合分析。诊断依据：①急性胰腺炎表现腹痛，呕吐，腹泻；慢性胰腺炎表现腹痛，黄疸，脂肪泻，糖尿病。②实验室检查，特异性指标是血清淀粉酶和脂肪酶活性升高；非特异性的指标是血小板减少，白细胞数增多，中性粒细胞核左移，血清转氨酶活性、尿素氮和胆红素含量升高，血清白蛋白、钙含量降低。慢性胰腺炎，血清淀粉酶和脂肪酶活性可能在正常范围内。③X线检查，右前腹部软组织影像密度增加，有渗出液时腹腔下部呈高密度阴影；超声波检查，表现混合性回声的肿块，局部有低回声区，有腹腔渗出液。④本病应与急性胃肠炎、肠梗阻、肠变位等进行鉴别。

【治疗】治疗原则是减少胰腺分泌，维持水和电解质平衡，抗菌消炎，对症治疗。

1. 减少胰腺分泌 在出现症状的 4d 内禁食、禁水。病情好转后，给予脂肪含量很低、容易消化的食物。抗胆碱药具有抑制胰腺分泌和止吐作用，可用硫酸阿托品，剂量每千克体重 0.03mg，肌内注射，3 次/d，但使用不超过 36h，以防出现肠梗阻。也可用氟尿嘧啶抑制 DNA 和 RNA 合成，减少胰液分泌，对磷脂酶 A_2 和胰蛋白酶有抑制作用，剂量每天每千克体重 10~20mg，静脉注射。

2. 维持水和电解质平衡 常用 5% 葡萄糖氯化钠注射液、复方氯化钠注射液，静脉注射，维持有效血容量；维生素 C、维生素 B_1，静脉注射或肌内注射。重症者，可给予白蛋白等。

3. 抗菌消炎 具有预防胰腺坏死合并感染的作用，可用喹诺酮类、甲硝唑、头孢类等抗菌药。

4. 对症治疗 腹痛，可用芬太尼、利多卡因等，肌内或静脉注射。

四、其他疾病

疾病	病因	临床症状	诊断	治疗
胆管炎和胆囊炎（cholangitis and cholecystitis）	胆管和胆囊的炎症性疾病。由寄生虫（肝片吸虫、蛔虫等）、细菌（链球菌等），病毒（犬传染性肝炎病毒等）等所致。主要见于马、犬等，其他动物少见	食欲不振，腹痛，便秘或腹泻，黄疸，消瘦，贫血，腹水。马还表现轻微的行为异常，体重下降。化脓性胆囊炎表现发热，白细胞数增多，中性粒细胞核左移	根据临床症状，结合X线和超声波检查，即可诊断	治疗原则是去除病因，抗菌消炎，对症治疗。对化脓性胆囊炎，应及时手术治疗
胆石症（cholelithiasis）	胆囊和胆管中形成结石，引起胆道阻塞、胆囊和胆管炎症的疾病。可能与胆囊、胆管感染引起胆汁淤积及胆汁成分的改变有关。各种动物均可发病	食欲不振，慢性间歇性腹泻，消瘦，可视黏膜黄染。犬、猫可表现呕吐，厌食，黄疸，发热，腹痛。大多数动物临床症状不明显，仅在尸体剖检时发现	根据临床症状，结合X线和超声波检查，即可诊断	治疗原则是抗菌消炎，利胆排石，对症治疗。小动物可用熊去氧胆酸，按每千克体重15～25 mg，混在日粮中饲喂。必要时手术治疗

第八节 腹膜疾病

一、腹膜炎

腹膜炎（peritonitis）是腹膜壁层和脏层的炎症性疾病。临床特征是腹壁疼痛，腹腔积液。按病程分为急性和慢性；按病变范围分为局限性和弥漫性；按渗出物的性质分为浆液性、纤维蛋白性、出血性、化脓性和腐败性。各种动物均可发病，多见于马、牛、犬、猫、猪、家禽。

【病因】分为原发性和继发性两类。

1. 原发性腹膜炎 见于腹壁创伤，手术感染，腹腔注射，腹腔和骨盆腔脏器穿孔或破裂，马圆线虫幼虫、禽前殖吸虫、牛和羊的华支睾吸虫幼虫的重度侵袭，家禽的腹膜真菌感染等。

2. 继发性腹膜炎 邻近器官炎症蔓延，如子宫炎、膀胱炎、肠炎、皱胃炎、肠变位、难产等；因脏器损伤，脏器内的细菌侵入腹膜所致；也见于结核病、副猪嗜血杆菌病、巴氏杆菌病、猫传染性腹膜炎等病程中，病原体通过血行感染腹膜所致。

【临床症状】分为急性和慢性两类，因动物品种不同临床症状有差异。

1. 急性腹膜炎 弥漫性的腹膜炎主要表现腹壁疼痛，弓背，站立不动，腹壁紧张；体温升高，呼吸迫促，胸式呼吸，脉搏快而弱；常继发肠臌气，牛瘤胃臌气；犬、猫呕吐。腹壁触诊敏感疼痛；渗出液较多时，叩诊腹部呈水平浊音；穿刺腹腔有数量不等的渗出液流出。局限性腹膜炎症状较轻，体温中度升高；仅在病变区触诊表现敏感。

2. 慢性腹膜炎 食欲不振，消瘦，间歇性发热，阵发性腹痛，慢性胃肠臌气，有的发生肠便秘或腹泻，全身症状不明显。

【病程与预后】病程长短不一，马急性弥漫性腹膜炎的病程2～4 d，但穿孔性腹膜炎可在短期内因休克而死亡。牛的病程多在7 d以上。慢性腹膜炎病程可达数周或数月。腹腔粘连造成消化道损伤，预后不良。

【诊断】 根据病史、临床症状，可初步诊断。诊断依据：①临床表现腹壁疼痛、触诊敏感等症状；②腹部X线检查可见不透明的高密度阴影，超声波检查内脏器官回声增强，具有重要的辅助诊断价值；③腹腔穿刺，有数量不等的渗出液流出，可对穿刺液进行实验室检查（表1-1）；④本病应与急性胃扩张、肠变位、胃肠炎、腹水进行鉴别。

表1-1 腹腔穿刺漏出液及渗出液的鉴别要点

鉴别要点	漏出液	渗出液
原因	非炎症所致	炎症、肿瘤、化学或物理性刺激
外观	淡黄色、清晰、透明	混浊，可为血性、脓性、乳糜性等
相对密度	<1.018	>1.018
凝固性	不自凝	可自凝
黏蛋白定性试验（Rivalta test）	阴性	阳性
总蛋白含量	<25 g/L	>30 g/L
葡萄糖含量	与血糖相近	常低于血糖水平
细胞计数	$<0.1\times10^9$ 个/L	$>0.5\times10^9$ 个/L
细胞分类	以淋巴细胞、间皮细胞为主	根据不同病因，分别以中性粒细胞或淋巴细胞为主
细菌学检查	阴性	可找到病原菌

【治疗】 治疗原则是抗菌消炎，制止渗出，纠正水、电解质和酸碱平衡，对症治疗。

1. 抗菌消炎 广谱抗菌药或多种抗菌药联合应用，效果较好。应对腹水样品进行细菌分离培养和药敏试验。氨基糖苷类和喹诺酮类抗菌药对革兰氏阴性菌有效，青霉素或头孢菌素对革兰氏阳性菌有效。必要时配合地塞米松等糖皮质激素。

2. 制止渗出 可静脉注射5%氯化钙注射液或10%葡萄糖酸钙注射液、40%乌洛托品注射液。

3. 纠正水、电解质和酸碱平衡 为了维持心输出量，改善血液循环，可用5%葡萄糖生理盐水或复方氯化钠注射液，静脉注射。低钾血症的患病动物，应用10%氯化钾注射液。

4. 对症治疗 减轻腹痛可用安乃近、盐酸吗啡等；腹腔积液过多时可穿刺引流。小动物易发生呕吐，应采取止吐措施。

二、腹腔积液

腹腔积液（ascites）是腹腔内积聚了大量的漏出液。临床特征是腹围对称性膨大，呼吸困难。各种动物均可发生，多见于猪、羊、犬、猫、家禽等。

【病因】 各种理化因素刺激产生的非炎性积液，主要见于：①低蛋白血症，导致血浆胶体渗透压降低，如肝硬化、肾病综合征、高度营养不良、贫血、肝片吸虫病等；②心功能不全，导致循环功能障碍，毛细血管内压力升高，常见于心瓣膜病、心包炎、恶丝虫病、慢性心力衰竭等；③淋巴管阻塞，引起的淋巴液回流受阻，常见于肿瘤压迫或丝虫病。

【临床症状】 精神沉郁，食欲减退或废绝，黏膜苍白或发绀，行走无力，便秘，有的便秘和腹泻交替出现。大量积液时，腹围对称性增大，肷窝凹陷，严重者呼吸困难。触诊腹部不敏感，在一侧冲击腹壁，可听到振水音，并在对侧看到或摸到波动。叩诊两侧腹壁呈对称性等高的水平浊音。腹腔穿刺有大量淡黄色的漏出液。

【诊断】 根据病史、临床症状，可初步诊断。X线和超声波检查可为确诊提供依据，诊断的关键是确定病因。本病应与渗出液、内脏血管破裂、淋巴管阻塞所致的乳糜液等腹腔积液进行鉴别（图1-3）。

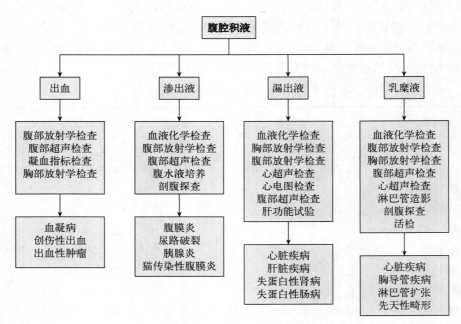

图1-3 腹腔积液检查示意图

【治疗】治疗原则是消除原发病，对症治疗。

消除病因，治疗原发病。加强护理，给予易消化的饲料，限制饮水。

腹水过多时，可腹腔穿刺排液，但速度不宜太快，一次排液量不宜太多。为促进漏出液的吸收，可用强心利尿剂，如洋地黄、安钠咖、利尿素、氢氯噻嗪（双氢克尿噻）等；或5%氯化钙注射液、10%葡萄糖酸钙注射液，静脉注射。

第二章 呼吸系统疾病

概　述

一、呼吸系统的组成与功能

1. 呼吸系统的组成　呼吸系统是执行机体和外界气体交换的器官的总称。呼吸器官包括鼻、咽、喉、气管、支气管和肺。其中，鼻、咽、喉、气管、支气管为气体出入的通道，合称呼吸道，主要由骨和软骨构成支架，以确保气体畅通无阻；肺为气体交换的器官，主要由肺内各级支气管和肺泡组成。呼吸道黏膜内壁具有丰富的毛细血管网，并有黏液腺分泌黏液。这些结构特征，使吸入的气体在到达肺泡之前被加温和湿润，并通过鼻毛阻挡、黏膜上皮的纤毛运动及喷嚏和咳嗽，将吸入气体中的尘埃排出，以维持肺泡的正常结构和生理功能。

2. 呼吸系统的气体交换功能　动物机体在新陈代谢过程中，需要对营养物质进行生物氧化以提供生命活动所需的能量，此过程需不断消耗氧，并产生二氧化碳和水以及其他物质。动物体内氧的储备量仅够若干分钟的消耗，而产生的二氧化碳积聚过多将破坏机体酸碱平衡。因此，机体必须不断从外界摄取氧，并将二氧化碳排出体外，以确保机体新陈代谢的进行和内环境的相对稳定。机体与外界环境之间进行的这种气体交换过程，称为呼吸。机体的呼吸由三个环节来完成：①外界空气与肺泡之间以及肺泡与毛细血管血液之间的气体交换，这称为外呼吸；②组织细胞与组织毛细血管血液之间的气体交换，这称为内呼吸；③血液的气体运输，通过血液的运行，使肺部摄取的氧及时运送到组织细胞，同时将组织细胞产生的二氧化碳运送到肺排出体外。

3. 呼吸系统的防御功能　包括物理（鼻部加温过滤、喷嚏、咳嗽、支气管收缩、黏液-纤毛运输系统）防御，化学（溶菌酶、乳铁蛋白、蛋白酶抑制剂、抗氧化的谷胱甘肽、超氧化物歧化酶等）防御，细胞吞噬（肺泡巨噬细胞、多形核粒细胞）及免疫（B细胞分泌IgA、IgM等，T细胞介导的迟发型变态反应，杀死微生物和细胞毒作用等）防御。所以，呼吸道的主要防御机能是通过鼻腔空气动力学的过滤作用、打喷嚏、鼻局部的抗体作用、喉反射、咳嗽反射、黏膜纤毛的运送机能、肺泡的巨噬细胞以及全身和局部的免疫系统而完成。经呼吸道吸入的较大颗粒被鼻腔排出，只有小的颗粒才能进入肺。一般认为直径 5 μm 以上的颗粒，由于重力影响可沉着于黏膜表面而被排出。沉着于鼻腔后段和鼻咽之间以及喉至细支气管末端的颗粒，均可通过黏膜纤毛运输机制排出体外。直径小于 0.2 μm 的颗粒，通过空气扩散可沉降于肺泡腔中，被肺泡中的巨噬细胞清除。正常情况下，肺泡巨噬细胞能在数小时内迅速地清除进入肺泡中的细菌。呼吸器官内有丰富的淋巴组织，对吸入的尘粒和通过淋巴液进入淋巴组织的抗原物质（如微生物及其毒素、大分子抗原等）起过滤作用。

二、呼吸系统疾病的病因

呼吸系统与外界相通，环境中的病原（包括细菌、病毒、衣原体、支原体、真菌、蠕虫

等)、粉尘、烟雾、化学刺激剂、致敏性物质和有害气体(如二氧化硫、氨气、氯气、氮氧化物、高温气体等)随空气进入呼吸道和肺时,或各种原因引起防御功能下降时,均可出现呼吸系统的损伤及病变。另外,与体循环相比,肺是一个低压(肺循环血压仅是体循环的1/10)、低阻及高容的器官。当二尖瓣狭窄、左心功能低下时,肺毛细血管压可升高,继而发生肺水肿。在各种原因引起的低蛋白血症情况下(如肝硬化、肾病综合征等),会发生间质性肺水肿或胸腔积液。肺与全身各器官的血液及淋巴循环相通,其他组织、系统的疾病通过循环系统累及肺,尤其是病原微生物和肿瘤的转移。因此,临床上呼吸系统疾病仅次于消化系统疾病,占第二位,尤其是我国北方,冬季寒冷、气候干燥,发病率相当高。

影响呼吸系统疾病的主要相关因素有:①在我国西部和北部的一些农区,家畜饲草中粉尘较多,吸入后刺激呼吸器官,容易发生尘肺;②集约化饲养的动物,由于突然更换日粮、断乳、寒冷、贼风侵袭、环境潮湿、通风换气不良、高浓度的氨气及不同年龄的动物混群饲养、长途运输等,均容易引起呼吸道疾病;③某些传染病和寄生虫病专门侵害呼吸器官,如流行性感冒、鼻疽、肺结核、传染性胸膜肺炎、猪传染性萎缩性鼻炎、猪肺疫、羊鼻蝇蛆病、肺棘球蚴病(包虫病)和肺线虫病等;④临床上最常见的呼吸系统疾病是肺炎,一般认为多数肺炎的病因是上呼吸道正常寄生菌群的突然改变,导致一种或多种细菌的大量增殖,这些细菌随气流被大量吸入细支气管和肺泡,破坏正常的防御机制,引起感染而发病;⑤呼吸系统也可出现病毒感染,使肺泡吞噬细胞的吞噬功能出现暂时性障碍,吸入的细菌大量增殖,导致肺泡内充满炎性渗出物而发生肺炎;⑥呼吸道及肺部感染是呼吸系统疾病的重要组成部分。目前还没有防治病毒感染的特效药物,加之越来越多的细菌逐渐对抗生素产生耐药性。因此,肺部感染病原学的变异及耐药性的增加,均可使呼吸系统疾病发病率有增高的趋势。

三、呼吸系统疾病的临床症状

呼吸系统疾病具有相似的症状,如流鼻液、咳嗽、呼吸困难、发绀、发热以及肺部听诊有啰音等。上呼吸道疾病通常表现喷嚏或咳嗽、流鼻液,无呼吸困难或呈吸气性呼吸困难,胸部听诊、叩诊变化不明显,X线检查肺部无异常。支气管疾病通常表现频繁咳嗽,流鼻液,肺泡呼吸音普遍增强,可听到干啰音或大、中气泡音,X线检查肺部有较粗纹理的支气管阴影,而无灶性阴影。炎性肺病通常有混合性呼吸困难,流鼻液,咳嗽,肺泡呼吸音减弱或消失,出现病理性呼吸音,肺区叩诊有局限性或大片浊音区,X线检查可见相应的阴影变化,体温升高,全身症状重剧,白细胞数增多,中性粒细胞比例显著升高,核左移或右移。非炎性肺病通常有呼气性或混合性呼吸困难,胸部听诊、叩诊有异常,但一般不发热,白细胞数一般无异常。肺气肿,呈现呼气性呼吸困难,二重呼气明显,肺泡呼吸音减弱,肺区叩诊呈过清音,X线检查肺野透明度升高。肺充血或肺水肿,混合性呼吸困难,两鼻孔流大量白色细小泡沫样鼻液,胸部听诊有广泛的小气泡音或捻发音;肺部叩诊,当肺泡内充满液体时呈浊音,肺泡内有液体或气体时呈浊鼓音,X线检查肺野阴影普遍加深,肺门血管纹理显著。胸腔疾病通常呈现混合性呼吸困难,腹式呼吸明显,无鼻液,咳嗽少,胸前下方听诊有胸膜摩擦音、拍水音,叩诊呈水平浊音,胸腔穿刺有大量渗出液或漏出液,胸膜炎时胸壁敏感。

四、呼吸系统疾病的诊断技术

详细询问病史和临床检查是诊断呼吸系统疾病的基础,X线和超声波检查对肺部疾病诊断具有重要价值,但对于胸部过大的成年马和牛等大动物,胸部X线检查的诊断价值有限。必要时可进行实验室检查,包括血液常规检查、鼻液及痰液的显微镜检查、胸腔穿刺液的理化及细胞检查、病原学检查等,血气和酸碱分析可判断呼吸功能及酸碱平衡失调的状况。

有些呼吸道疾病还可进行纤维支气管镜和胸腔镜检查。纤维支气管镜可深入亚段支气管

(细支气管)，直接窥视黏膜水肿、充血、溃疡、肉芽肿、新生物、异物等，做黏膜的刷检或钳检，进行组织学检查；并可经纤维支气管镜进行支气管肺泡灌洗，对灌洗液进行微生物学、细胞学、免疫学、生物化学等检查，有助于明确病原和进行病理诊断，还可借此技术取出异物。

随着检测技术的发展，对呼吸系统疾病的诊断和鉴别诊断将更加灵敏和准确，如采用聚合酶链反应技术诊断结核病、支原体病、肺孢子虫病、病毒感染等，用分子遗传学分析能准确确定某些基因缺陷引起的疾病，用高精密度螺旋CT和磁共振显像（MRI）技术可诊断肺部小于1 cm的病灶等。

五、呼吸系统疾病的治疗原则

呼吸系统疾病的治疗原则主要包括抗菌消炎、祛痰镇咳及对症治疗。

1. 抗菌消炎 细菌感染引起的呼吸道疾病均可用抗菌药物进行治疗。对呼吸道分泌物进行培养，然后进行药敏试验，可为合理选用抗菌药提供指导。使用抗菌药的原则是选择对某些特异病原体最有效和毒性最低的药物。同时，了解抗菌药物的组织穿透力和药物动力学特征也非常重要。

2. 祛痰镇咳 呼吸道炎症可引起气管分泌物增多，因水分的重吸收或气流蒸发而使痰液变稠，同时黏膜上皮变性使纤毛活动减弱，痰液不易排出，而祛痰药是通过迷走神经反射兴奋呼吸道腺体，促使分泌增加，从而稀释稠痰，易于咳出。临床上常用的祛痰药有氯化铵、碘化钠、碘化钾等。咳嗽是呼吸道受刺激而引起的防御性反射，可将异物与痰液咳出。一般咳嗽不应轻率使用镇咳药，轻度咳嗽有助于祛痰，痰排出后，咳嗽自然缓解，但剧烈频繁的干咳对患病动物的呼吸系统和循环系统产生不良影响，需要及时应用镇咳药。镇咳药主要用于缓解或抑制咳嗽，目的在于减轻剧烈咳嗽的程度和频率，而不影响支气管和肺分泌物的排出。临床上常用的有喷托维林（咳必清）、复方樟脑酊、复方甘草合剂等。另外，在痉挛性咳嗽、肺气肿或动物气喘严重时，可用平喘药，如麻黄碱、异丙肾上腺素、氨茶碱等。

3. 对症治疗 主要包括氧气疗法和兴奋呼吸中枢。当呼吸系统疾病由于呼吸困难引起机体缺氧时，应及时应用氧气疗法，特别是对通气不足所致的血氧分压降低和二氧化碳蓄积。临床上，吸入氧气在大动物不常使用，主要用于犬、猫等宠物及某些种畜；但持续高浓度吸入氧气，容易造成局部吸收性肺不张，从而加重缺氧，还可引起局限性肺炎。当呼吸中枢抑制时，应及时选用呼吸兴奋剂，临床上最有效的方法是将二氧化碳和氧气混合使用，其中二氧化碳占5%～10%，此法可使呼吸加深，增加氧的摄入，同时可改善肺循环，减少躺卧动物发生肺充血的机会。另外，兴奋呼吸中枢的药物有尼可刹米（可拉明）、多沙普仑（多普兰）等，对延脑生命中枢有较高的选择性，常作为呼吸及循环衰竭的急救药，能兴奋呼吸中枢和血管运动中枢，临床上要特别注意用药剂量，剂量过大则引起痉挛性或强直性惊厥。过敏因素引起的呼吸道疾病应尽早选用抗过敏药物，如苯海拉明、马来酸氯苯那敏（扑尔敏）等。治疗肺水肿时，可用利尿药。

第一节 上呼吸道疾病

一、鼻炎

鼻炎（rhinitis）是鼻黏膜的炎症性疾病。临床特征是鼻黏膜潮红、肿胀，流鼻液，打喷嚏，有鼻塞音或鼾声。按病程分为急性和慢性；按鼻液的性质分为浆液性、黏液性和脓性。本病多发于春秋季节，各种动物均可发生，主要见于马、犬和猫等。

【病因】分为原发性和继发性两类。

1. 原发性鼻炎 主要是由受寒感冒、吸入刺激性气体和化学药物等引起，如畜舍通风不良，吸入氨、硫化氢、烟雾以及农药、化肥等有刺激性的气体；也见于动物吸入饲草料或环境中的尘埃、霉菌孢子、麦芒、昆虫，使用胃管不当或异物塞于鼻道对鼻黏膜的机械性刺激。犬可由支气管败血波氏杆菌或多杀性巴氏杆菌感染引起原发性细菌性鼻炎。过敏性鼻炎是由不同过敏原引起的特异性过敏反应，季节性发生与花粉有关，犬和猫常年发生，可能是房舍尘土及霉菌所致。

2. 继发性鼻炎 主要见于流感、马鼻疽、传染性胸膜肺炎、牛恶性卡他热、牛传染性鼻气管炎、慢性猪肺疫、猪萎缩性鼻炎、猪包涵体鼻炎、猪伪狂犬病、绵羊鼻蝇蛆病、犬瘟热、犬副流感、猫病毒性鼻气管炎、猫嵌杯样病毒感染等传染病。在咽炎、喉炎、副鼻窦炎、支气管炎和肺炎等疾病过程中常伴有鼻炎症状。犬齿根脓肿扩展到上颌骨隐窝时，也可发生鼻炎或鼻窦炎。

【临床症状】
1. 急性鼻炎 表现打喷嚏，流鼻液，摇头，摩擦鼻部，犬、猫抓挠面部。鼻黏膜充血、肿胀，小动物呼吸时出现鼻塞音或鼾声，严重者张口呼吸或呈吸气性呼吸困难。患病动物体温、呼吸、脉搏及食欲一般无明显变化。鼻液初期为浆液性，后为黏液性，甚至脓性，有时混有血液，有的呈干痂状附着于鼻孔周围。有的下颌淋巴结肿胀。

2. 慢性鼻炎 病程较长，症状时轻时重，鼻液时多时少，多为黏稠或脓性。有的鼻黏膜肿胀、肥厚。

【病程与预后】急性原发性鼻炎，一般在1～2周后，鼻液量逐渐减少，最后痊愈。慢性或继发性鼻炎，可经数周或数月，有的长时间未治愈而发生鼻黏膜肥厚，表现鼻塞性呼吸。

【诊断】根据临床症状，可初步诊断。必要时通过鼻腔镜、活组织检查、X线及CT检查，结合实验室病原学检测，确定病因。本病应与马腺疫、流行性感冒及副鼻窦炎等疾病进行鉴别。

【治疗】治疗原则是去除病因，抗菌消炎，对症治疗。

首先应除去致病因素，轻度的可自行痊愈。病情严重者可用温生理盐水、1%碳酸氢钠溶液、2%～3%硼酸溶液、1%磺胺溶液、1%明矾溶液、0.1%鞣酸溶液或0.1%高锰酸钾溶液，每日冲洗鼻腔1～2次。冲洗后可涂以金霉素或红霉素软膏，严重者应用抗生素或磺胺类药物进行治疗。鼻黏膜严重充血肿胀时，可用1%麻黄碱滴鼻。真菌性鼻炎，选用抗真菌药物进行治疗。

【预防】防止受寒感冒和其他致病因素的刺激是预防本病发生的关键。对继发性鼻炎应及时治疗原发病。

二、感冒

感冒（common cold）是动物机体遭受风寒或风热而引起的以上呼吸道黏膜炎症为主的疾病。临床特征是体温升高，流鼻液，咳嗽。各种动物均可发生，幼年和老年动物更易发病，多发于早春、晚秋和气候多变的季节。

【病因】主要是机体遭受寒冷的刺激，如突然降温、淋雨、出汗后风吹、阴雨天剪毛、宠物洗澡后受凉等。圈舍潮湿、通风不良、劳役过度、长途运输、营养物质缺乏等均可导致机体抗病力减弱，而诱发本病。由于上呼吸道黏膜的防御机能降低，常在细菌大量繁殖或外界的病原微生物入侵时引起上呼吸道急性感染。

【临床症状】精神沉郁，食欲减退或废绝，体温升高，咳嗽，流浆性或黏性鼻液，打喷嚏，结膜潮红、流泪，呼吸、脉搏加快。犬、猫有时出现呕吐。

【诊断】根据病史，结合临床症状，即可初步诊断。本病应与流感、过敏性鼻炎、犬瘟热、猫病毒性鼻气管炎等进行鉴别。

【治疗】 治疗原则为加强护理，解热镇痛，防止继发感染。

将动物置于通风良好、阳光充足和适宜温度的环境，供给营养丰富的易消化日粮和充足饮水。解热镇痛可用复方氨基比林、30%安乃近、安痛定等，肌内注射；病情严重者，可配合用抗菌药（如氨苄西林、头孢菌素类、磺胺类等）和抗病毒药（如吗啉胍、利巴韦林等）治疗。

三、其他疾病

疾病	病因	临床症状	诊断	治疗
鼻出血（epistaxis）	鼻孔流出血液的一种临床症状。原发性主要是鼻腔黏膜的机械性损伤（如插入胃管或内窥镜、异物）、外力使鼻腔黏膜血管破裂。继发性见于鼻腔或鼻旁窦的息肉、肿瘤、肉芽肿、寄生虫病等，也见于血斑病、马传染性贫血、血小板减少、抗凝血类杀鼠剂中毒等疾病。各种动物均可发生	血液从鼻孔呈滴状或线状流出，多为鲜红色。原发性出血以单侧为主，肺出血及其他继发性出血时多为双侧性。局部血管损伤轻的出血可在短时间内自然止血，并无明显的全身症状；而长时间大量的出血可使动物表现黏膜苍白、心跳加快、脉搏快弱、呼吸困难、站立不稳等贫血症状。继发者还具有原发病的特征	根据临床症状即可诊断。必要时通过X线、超声波、内窥镜检查及实验室检查，确定病因	治疗原则是去除病因，制止出血。可将头部高举，用冷毛巾或冰袋冷敷额头与鼻梁处。严重者可静脉注射5%氯化钙注射液或促凝血药［如维生素K、酚磺乙胺（止血敏）、安络血等］，有较好的止血效果
喉炎（laryngitis）	喉黏膜的炎症。主要见于受寒感冒引起的上呼吸道感染，吸入尘埃、烟雾或刺激性气体、喉头损伤等；也继发于上呼吸道细菌、病毒感染性疾病。各种动物均可发生，主要见于马、牛、羊、猪、犬	剧烈咳嗽，浆液性、黏液性或黏液脓性的鼻液，下颌淋巴结肿大。体温升高，触诊喉部敏感、疼痛、肿胀、发热，可引起剧烈的咳嗽。水肿严重时呈吸入性呼吸困难，张口呼吸。听诊喉部有狭窄音	根据临床症状可初步诊断，确诊需要进行喉镜检查。本病应与咽炎进行鉴别	治疗原则是消除炎症，祛痰止咳。病初可冷敷喉部减轻水肿，以后可热敷促进炎症消退，严重者可用抗生素或磺胺类药物控制细菌感染，必要时可用0.25%普鲁卡因溶液配合青霉素进行喉头封闭。水肿严重者可用利尿药（如呋塞米）。祛痰止咳可用氯化铵、川贝止咳糖浆等
喉囊积脓（guttural pouch empyema）	喉囊内蓄积脓性渗出物。主要是上呼吸道细菌感染（链球菌）所致。仅发生于马、骡和驴	间歇性脓性鼻液，腮腺肿胀、疼痛。严重者头部僵硬，食欲废绝，精神沉郁，体温升高。长时间积脓可在喉囊内形成软骨样物质	根据临床症状可初步诊断。确诊需要内窥镜检查喉囊	治疗原则是排除脓液，抗菌消炎。可用喉囊灌洗、穿刺或切开术引流排出积脓，然后注入抗菌药。必要时，全身用抗生素或磺胺类药物
喉囊霉菌病（guttural pouch mycosis）	喉囊局灶性或弥漫性的霉菌感染性疾病。主要由构巢曲霉、烟曲霉、毛霉菌等引起。仅发生于马，易感性无年龄和品种差异	主要表现流鼻血，由真菌侵蚀颈内动脉或颈外动脉分支的血管壁而造成，严重者因失血过多而死亡。吞咽困难，流鼻液。严重者出现头偏瘫、Horner综合征、面神经功能障碍。触诊喉囊部疼痛	根据临床症状，结合病原学检查，即可诊断，内窥镜检查可确定病变部位	治疗原则是抗菌消炎，对症治疗。主要是全身或局部抗真菌治疗。流鼻血严重者可结扎颈内动脉或颈外动脉

(续)

疾病	病因	临床症状	诊断	治疗
喉囊鼓胀（guttural pouch tympany）	喉囊内充满气体，导致腮腺区膨胀。主要发生于1岁以内的马，小母马比公马多发。病因仍不清楚	多数表现一侧喉囊肿胀，触诊无疼痛。有的出现鼾声，甚至呼吸困难。严重感染者继发喉囊积脓	根据临床症状，结合头颅X线、内窥镜检查，即可诊断	治疗原则是抗菌消炎，对症治疗。抗菌药配合非甾体消炎药有较好的效果。喉囊口变形的应通过手术治疗
喘鸣症（roaring）	又称喉偏瘫，杓状软骨和声带的不全麻痹或麻痹，临床上以左侧麻痹多见。主要是喉返神经末梢部分有髓鞘的粗纤维退行性变化，一般与遗传因素有关，也见于迷走神经或喉返神经的直接损伤。见于马和骡，雄性和体型大的马发病率高	典型症状是在吸气时发生喉狭窄音（喘鸣音），鼻孔开张，吸气时肋间凹陷，腹部收缩。初期，安静时一般不表现症状。剧烈运动、挤压喉部时，则出现异常的呼吸杂音，运动乏力。触诊左侧喉软骨凹陷，压迫右侧杓状软骨，即可出现剧烈的吸气性呼吸困难，甚至窒息	根据病史，结合临床症状，即可初步诊断。内窥镜检查可确定杓状软骨和声带的活动异常	手术是治疗本病的有效方法，可用喉修复成形术、喉室声带切除术

第二节 支气管疾病

一、急性支气管炎

急性支气管炎（acute bronchitis）是支气管黏膜表层和深层的急性炎症。临床特征为咳嗽，流鼻液，肺部听诊有干、湿啰音。在寒冷季节或气候突变时多发，各种动物均可发生，以幼年和老年动物常见。

【病因】分为原发性和继发性两类。

1. 原发性急性支气管炎 见于以下因素：①微生物：主要是受寒或感冒，机体抵抗力降低，呼吸道寄生菌（如肺炎球菌、巴氏杆菌、链球菌、葡萄球菌、化脓杆菌、副伤寒杆菌、霉菌孢子等）大量繁殖，或外源性非特异性病原菌乘虚而入，呈现致病作用；②物理、化学性刺激：吸入过冷的空气、粉尘、刺激性气体（如二氧化硫、氨气、氯气、烟雾等），均可直接刺激支气管黏膜而发病；投药或吞咽障碍时由于异物进入气管，可引起吸入性急性支气管炎；③过敏反应：吸入花粉、有机粉尘、真菌孢子等可引起过敏性炎症。

2. 继发性急性支气管炎 多继发于马腺疫、流行性感冒、牛口蹄疫、恶性卡他热、犬瘟热、犬副流感、支原体病、家禽的慢性呼吸道疾病、小反刍兽疫、肺丝虫病等疾病过程中，也可由急性上呼吸道感染的细菌和病毒蔓延而引起。另外，喉炎、肺炎及胸膜炎等疾病时，由于炎症扩展，也可继发急性支气管炎。

饲养管理粗放，如畜舍卫生条件差、通风不良、闷热潮湿以及饲料营养成分不平衡等，导致机体抵抗力下降，均可成为本病发生的诱因。

【发病机理】在病因作用下，上呼吸道的防御机能降低，存在于上呼吸道或从外界侵入的微生物大量繁殖，引起支气管黏膜充血、肿胀，上皮细胞脱落，黏液分泌增加，炎性细胞浸润，从而刺激黏膜中的感觉神经末梢，使黏膜敏感性增强，引起反射性咳嗽。同时，炎症变化可导致管腔狭窄，甚至堵塞支气管；炎症向下蔓延可造成细支气管狭窄、阻塞和肺泡气肿，出现高度呼吸困难和啰音。炎性产物和细菌毒素被吸收入血后，引起不同程度的全身症状，体温升高。

【临床症状】 主要的症状是咳嗽，初期表现干、短和疼痛性咳嗽，以后随着炎性渗出物的增多，变为湿而长的咳嗽。两侧鼻孔流浆液性、黏液性或黏液脓性的鼻液。胸部听诊肺泡呼吸音增强，并可出现干啰音和湿啰音。全身症状较轻，体温正常或轻度升高（0.5~1.0 ℃）。炎症侵害细支气管，则全身症状加剧，精神沉郁，食欲减退或废绝，体温升高1~2 ℃，呼吸加快，严重者呈吸气性呼吸困难，可视黏膜发绀。

【病理变化】 支气管黏膜充血，呈斑点状或条纹状，有些部位淤血。疾病初期，黏膜肿胀，渗出物少，主要为浆液性渗出物；中后期则有大量黏液性或黏液脓性渗出物。病理组织学观察黏膜下层水肿，有淋巴细胞和分叶型粒细胞浸润。

【病程与预后】 炎症仅在大支气管，一般经1~2周，预后良好。炎症蔓延至细支气管，则可发生窒息，可转变为慢性支气管炎而继发肺泡气肿，预后谨慎。

【诊断】 根据病史，结合咳嗽、流鼻液、呼吸困难和肺部出现干、湿啰音等症状，即可初步诊断。X线检查，大多数正常或轻微的肺纹理增强，可为诊断提供依据。本病应与流行性感冒、急性上呼吸道感染等疾病进行鉴别。

【治疗】 治疗原则是消除病因，祛痰镇咳，抑菌消炎，对症治疗。

1. 消除病因　畜舍内应保持通风良好且温暖，供给充足的清洁饮水和优质的饲草料。

2. 祛痰镇咳　对咳嗽频繁、支气管分泌物黏稠的患病动物，可口服溶解性祛痰剂，如氯化铵，也可用雾化剂；分泌物不多，但咳嗽频繁且疼痛，可选用镇痛止咳剂，如复方甘草合剂、磷酸可待因、氨茶碱、麻黄碱等。

3. 抑菌消炎　根据感染的病原体及药敏试验，选择抗生素或磺胺类药物，常用大环内酯类、青霉素类、头孢菌素类和喹诺酮类等药物。

4. 对症治疗　发热可用解热镇痛药。抗过敏可用盐酸异丙嗪、马来酸氯苯那敏等。

【预防】 本病的预防，主要是加强饲养管理，圈舍应经常保持清洁卫生，注意通风透光以增强动物的抵抗力。动物运动或使役出汗后，应避免受寒冷和潮湿的刺激。

二、慢性支气管炎

慢性支气管炎（chronic bronchitis）是气管、支气管黏膜及其周围组织的慢性非特异性炎症。临床特征是持续性咳嗽和肺部啰音。早春和晚秋季节多发，常见于老弱和营养不良的动物。

【病因】 原发性慢性支气管炎通常由急性转变而来，致病因素未能及时消除，长期反复作用，均可引起慢性支气管炎。继发性慢性支气管炎可由心脏瓣膜病、慢性肺病（如鼻疽、结核、肺蠕虫病、肺气肿等）或肾炎等继发。

【发病机理】 由于病因长期反复的刺激，引起炎性充血、水肿和分泌物渗出，上皮细胞增生、变性和炎性细胞浸润。初期，上皮细胞的纤毛粘连、倒伏和脱失，上皮细胞出现空泡变性、坏死、增生和鳞状上皮化生。随着病程延长，炎症由支气管壁向周围扩散，黏膜下层平滑肌束断裂、萎缩。后期，黏膜出现萎缩性改变，气管和支气管周围结缔组织增生，管壁的收缩性降低，造成管腔僵硬或塌陷，结果发生支气管狭窄或扩张。病变蔓延至细支气管和肺泡壁，可导致肺组织结构破坏或纤维结缔组织增生，进而发生阻塞性肺气肿和间质纤维化。

【临床症状】 持续性咳嗽是本病的特征，咳嗽可拖延数月甚至数年。人工诱咳阳性。体温无明显变化，有的患病动物因支气管狭窄和肺泡气肿而出现呼吸困难。肺部听诊，初期呈湿啰音，后期呈干啰音；早期肺泡呼吸音增强，后期因肺泡气肿而使肺泡呼吸音减弱或消失。由于长期食欲不振和疾病消耗，患病动物逐渐消瘦，有的发生贫血。

X线检查，可见肺纹理增粗、紊乱，呈网状或条索状、斑点状阴影。

【病程与预后】 病程较长，可持续数周、数月甚至数年，通常预后不良。

【诊断】根据长期持续性咳嗽、肺部啰音等临床症状，即可初步诊断。X线检查可为确诊本病提供依据。

【治疗】治疗原则基本同急性支气管炎。

第三节　肺　病

一、肺充血和肺水肿

肺充血（pulmonary congestion）是肺毛细血管内血液过度充满的现象，按发生原因可分为主动充血和被动充血。肺水肿（pulmonary edema）是由于肺充血持续时间过长，血液中的浆液性成分渗漏到肺泡、支气管及肺间质。肺充血和肺水肿是同一病理过程的两个阶段。临床特征是呼吸困难，黏膜发绀，泡沫性的鼻液。各种动物均可发病，主要见于马、牛和犬，在炎热的季节更常见。

【病因】

1. 主动性肺充血　天气炎热时过度使役或剧烈运动，长途运输途中过于拥挤和闷热，吸入烟雾、刺激性气体，过敏反应，长期躺卧。也见于肺炎的初期或热射病。

2. 被动性肺充血　继发于心脏瓣膜病、心肌炎、左心衰竭、离子载体药物中毒等。

3. 肺水肿　肺充血的病因持续作用而引起，也见于革兰氏阴性菌所致的败血症、全身麻醉、猪伏马菌素中毒、电击、低蛋白血症等。

【发病机理】肺循环是一个相对较短、阻力较低、压力较小的系统，其可以运输血液到肺泡，并且形成高密度的毛细血管包围肺泡，主要功能是进行气体交换。肺血管具有很强的扩张性，不仅是血液流动的管道，也是左右心室之间的血液储存器。在病因的作用下，由于心脏活动增强以及化学物质的刺激，反射性引起肺毛细血管扩张，充满大量血液；或心功能不全时，肺血液循环障碍，引起肺充血，影响血液的气体交换。随着肺循环血流变缓，血液氧合作用进一步减弱，机体因缺氧而出现呼吸困难。长时间的肺充血，由于缺氧或毒素损伤肺毛细血管，或心力衰竭引起肺静脉压升高，均可导致毛细血管通透性增加，血液中大量的液体漏出进入肺泡和肺间质，发生肺水肿，出现严重的呼吸困难。

【临床症状】肺充血突然发病，初期呼吸迫促，很快出现呼吸困难，鼻孔开张，头颈伸展，甚至张口呼吸，呼吸频率增加，黏膜发绀。听诊肺泡呼吸音粗厉，心率增加（＞100次/min），第二心音增强。

肺水肿时，两侧鼻孔流出大量泡沫状鼻液。肺部听诊有广泛性的湿啰音或捻发音，肺泡呼吸音减弱；肺部叩诊呈浊音或浊鼓音。严重者因呼吸衰竭而死亡。

【病程与预后】主动性肺充血病程发展迅速，通常数分钟或数小时，及时治疗可在短时间痊愈，严重的病例因窒息或心力衰竭而死亡。被动性肺充血发展缓慢，严重者因心力衰竭而死亡。病情轻的肺水肿，预后良好；病情严重者，常窒息而死亡。

【诊断】根据病史，结合临床症状，即可初步诊断。X线检查肺野阴影普遍加深，肺门血管纹理显著，可为诊断提供依据。本病应与热射病、肺出血等进行鉴别。

【治疗】治疗原则是加强护理，降低肺毛细血管压，制止液体渗出，对症治疗。

1. 加强护理　将患病动物置于阴凉、通风的环境中，尽量避免运动和外界因素的刺激，保持安静。

2. 降低肺毛细血管压　可用静脉放血，放血量根据体型大小确定；也可用呋塞米，每千克体重0.5～1 mg，静脉注射。

3. 制止液体渗出　10%葡萄糖酸钙注射液，马、牛300～500 mL，猪、羊50～100 mL，犬、猫 2～10 mL，静脉注射，每日 1 次。也可用肾上腺皮质激素类药物，降低毛细血管的通透性。低蛋白血症可注射血浆或羟乙基淀粉注射液，提高血浆胶体渗透压。过敏反应引起的肺水肿，通常将抗组胺药与肾上腺素结合使用。

4. 对症治疗 严重的呼吸困难缺氧时，可进行吸氧。心力衰竭时可用强心剂，如洋地黄毒苷、安钠咖等。

二、肺气肿

肺气肿（pulmonary emphysema）是肺泡过度扩张，充满大量气体，肺泡壁弹性丧失甚至破裂而导致的肺膨胀性疾病。根据疾病的性质分为肺泡气肿和间质性肺气肿。各种动物均可发生，常见于马、牛、犬。

(一) 肺泡气肿

肺泡气肿（alveolar emphysema）是肺泡及终末细支气管远端管壁弹性减弱，过度膨胀、充气，使肺体积增大的疾病。临床特征是呼吸困难，肺泡呼吸音减弱，肺叩诊区扩大。按病程分为急性肺泡气肿和慢性肺泡气肿。急性肺泡气肿，肺泡结构无明显病理变化；慢性肺泡气肿是肺泡持续扩张，肺泡壁弹性丧失，最终导致肺泡壁、肺间质组织及弹力纤维萎缩甚至崩解。主要发生于马、骡、牛及猎犬，老龄动物多发。

【病因】

1. 急性肺泡气肿 主要见于过度使役，剧烈运动；或弥漫性支气管炎和肺炎时持续咳嗽所致。另外，在肺组织局灶性炎症或一侧性气胸时，可发生代偿性肺泡气肿。

2. 慢性肺泡气肿 急性肺泡气肿病因持续作用所致，也可继发于慢性支气管炎、支气管狭窄等。马的慢性阻塞性肺病（chronic obstructive pulmonary disease，COPD）是吸入环境中的灰尘、真菌孢子所致。

【发病机理】在各种致病因素的作用下，机体对氧的需要量增加，势必加强呼吸，此时肺泡高度扩张，肺泡毛细血管受压，造成肺泡弹性减弱，肺泡回缩不全，呼气时肺内气体不能充分排出，而伴发急性弥漫性肺泡气肿。在肺炎或肺膨胀不全时，呼吸面积减小，病变部周围的健康肺泡进行代偿而发生代偿性肺泡气肿。持续性咳嗽，可使肺泡长期过度扩张，肺泡壁的毛细血管长期闭塞，供血不足导致弹性减退，从而发生肺泡气肿。

由于病因长期持续作用，肺泡长期过度扩张，使肺泡壁毛细血管长期闭塞，供血不足而阻碍了肺泡壁的营养吸收，引起弹力纤维变性破裂，上皮细胞脂肪分解，肺泡壁萎缩，进而结缔组织增生，肺泡壁弹性减弱，失去了正常肺组织的回缩能力，严重时多数肺泡相互融合而形成大的空气腔，发生慢性肺泡气肿。通气和换气功能障碍可引起缺氧和二氧化碳潴留，发生不同程度的低氧血症和高碳酸血症，最终出现呼吸功能衰竭。

【临床症状】

1. 急性肺泡气肿 突然出现高度呼吸困难，有时张口呼吸，黏膜发绀，心跳加快，第二心音增强。脉搏加快，体温一般正常。胸部听诊，病初肺泡呼吸音增强，以后减弱，可伴有湿啰音或干啰音。肺部叩诊，呈广泛的过清音，叩诊界后移。

2. 慢性肺泡气肿 病情发展缓慢，主要表现呼气性呼吸困难，呼气用力且时间延长，脊背拱曲，欻窝变平，腹围缩小，肛门凸出，出现两段呼吸，即在正常呼吸运动之后，腹肌又强力收缩出现连续两次呼气动作。同时沿肋弓出现较深的凹陷沟，又称"喘沟"或"喘线"。肺部听诊，病变部位肺泡音减弱或消失，常可听到干啰音、湿啰音。肺部叩诊呈过清音，叩诊界后移，严重者可达最后 1～2 肋间。心脏绝对浊音区缩小。心音减弱，第二心音高朗。黏膜发绀，易于疲劳和出汗。

【病程与预后】急性肺泡气肿，及时除去病因，可迅速康复，否则易转为慢性；若引起广泛性的肺泡破裂，则预后不良。慢性肺泡气肿，病程长达数月、数年乃至终生，预后不良。

【诊断】根据病史和临床症状，可初步诊断；X线检查，肺野透明度增加，可为诊断提供依据。

【治疗】治疗原则为除去病因，改善呼吸功能，对症治疗。

对急性肺泡气肿，主要是除去病因，将患病动物置于通风良好和安静的环境。改善呼吸功能，可口服或雾化吸入舒张支气管的药物，如茶碱类、抗胆碱能药物。必要时可输入氧气。

慢性肺泡气肿尚无根治疗法，主要是加强护理，对症治疗。急性发作时，可用有效的抗菌药物。

（二）间质性肺气肿

间质性肺气肿（interstitial emphysema）是因细支气管和肺泡破裂，气体进入肺小叶间质而发生的一种肺病。临床特征是呼吸困难，皮下气肿，窒息。本病主要发生于牛，其他家畜也可发生。

【病因】多因素使肺泡内的气压急剧增加，导致肺泡壁破裂，常见于：①牛放牧于草木丰盛的草地，可在5～10 d内发生急性肺气肿和肺水肿，即所谓的"再生草热"，主要发生于秋季；也见于采食青草、苜蓿、油菜、甘蓝、萝卜叶等，可能是牧草中的L-色氨酸在瘤胃中被降解为吲哚乙酸，又被某些瘤胃微生物转化为3-甲基吲哚，吸收后经肺组织中活性很强的多功能氧化酶系统代谢，对肺产生毒性，发生急性肺水肿和肺气肿；②吸入刺激性气体或肺被尖锐异物刺伤及肺线虫损伤；③继发于某些中毒病，如霉烂甘薯、白苏、对硫磷等中毒。

【发病机理】在病因的作用下，肺泡高度气肿和膨胀，使肺泡壁和支气管壁破裂，由于肺的收缩作用，气体被挤入间质组织。进入间质中的气体散布于整个肺，部分汇合成大的气泡；大部分随着肺的运动流向肺门的方向，通过纵隔到达胸腔入口处，再沿着血管和气管周围的疏松组织，到达颈部皮下，气体较多时从肩胛骨下面穿过，引起背部皮下气肿。

【临床症状】有的突然发生呼吸困难，张口伸舌，流涎，惊恐不安，黏膜发绀，严重者窒息；有的发展比较缓慢。听诊肺泡呼吸音减弱或消失，有啰音及捻发音。肺部叩诊，呈过清音或鼓音。有的颈部、鬐甲部、背部皮下气肿。

【诊断】根据病史，结合临床症状，可初步诊断。剖检可见肺小叶间质增宽，内有成串的大气泡。必要时可进一步通过实验室分析，确定病因。

【治疗】治疗原则是去除病因，加强护理，对症治疗。关键是治疗原发病。将患病动物置于安静的环境，供给优质饲料和清洁饮水。必要时可用镇咳剂和舒张支气管的药物。

三、小叶性肺炎

小叶性肺炎（lobular pneumonia）是以细支气管为中心的个别肺小叶或几个肺小叶的炎症，又称支气管肺炎或卡他性肺炎。临床特征是弛张热型，咳嗽，呼吸频率增加，肺部叩诊呈局灶性浊音，听诊有啰音和捻发音。各种动物均可发病，多见于幼龄动物和老龄动物，春、秋或气候寒冷时多发。

【病因】小叶性肺炎通常由支气管炎发展而来，支气管炎的病因均可引起本病的发生。

1. 原发性病因 受寒或感冒，饲养管理不当，某些营养物质缺乏，长途运输，过度疲劳，物理、化学及机械性刺激，变应原，均可使机体抵抗力降低，呼吸道的局部防御机能减弱，呼吸道常在菌（如肺炎球菌、巴氏杆菌、链球菌、化脓杆菌、葡萄球菌等）大量繁殖或病原菌乘虚入侵而引起本病。

2. 继发性病因 某些传染病（流感、口蹄疫、马腺疫、牛恶性卡他热、结核、猪肺疫、犬瘟热、鸡传染性支气管炎等），寄生虫病（肺丝虫病、蛔虫病、弓形虫病等），化脓性疾病（子宫炎、乳腺炎等）过程中常伴发小叶性肺炎。

【发病机理】 正常情况下，进入肺泡的致病因素，可被白细胞吞噬或被溶解不致发病。但在各种致病因素的作用下，呼吸道的防御屏障功能降低，病原菌经支气管入侵，引起细支气管、终末细支气管及肺泡的炎症。炎症从支气管开始，沿支气管或支气管周围蔓延，引起细支气管和肺泡充血、肿胀、浆液性渗出、上皮细胞脱落和白细胞浸润，导致肺小叶或小叶群的炎症，并可融合形成较大的病灶，此时肺有效呼吸面积减小，出现呼吸困难，叩诊呈小片状浊音区。肺小叶的炎症呈跳跃式扩散，当炎症蔓延到新的小叶时体温升高，当旧的病灶开始恢复时，体温开始下降，因此呈现较典型的弛张热。

【临床症状】 病初呈急性支气管炎的症状，表现为干而短的疼痛咳嗽，随着病情的发展逐渐变为湿而长的咳嗽，疼痛减轻或消失，并有分泌物被咳出。精神沉郁，食欲减退或废绝，黏膜潮红或发绀，流浆液性、黏液性或脓性鼻液。体温升高，呈弛张热型，脉搏随体温的升高而加快，呼吸频率增加，严重者出现呼吸困难。

肺部听诊，病灶部肺泡呼吸音减弱，可听到捻发音，病灶周围及健康部位肺泡呼吸音增强。随炎性渗出物的改变，可听到湿啰音或干啰音；当小叶炎症融合，肺泡及细支气管内充满渗出物时，肺泡呼吸音消失，有时出现支气管呼吸音。胸部叩诊，当病灶位于肺的表面时，可发现一个或多个局灶性的小浊音区，融合性肺炎则出现大片浊音区；病灶较深，则浊音不明显。

血液学检查，白细胞增多，中性粒细胞比例增加，核左移，有的出现中毒性颗粒。X线检查，可见肺纹理增粗，肺野有大小不等的云絮状阴影，密度不均匀，边缘模糊不清。

【病程与预后】 病程一般1～2周，及时治疗，体温可恢复正常，呼吸困难和咳嗽症状减轻，逐渐康复。出现严重的并发症，幼龄或老龄患病动物病情严重者，预后不良。

【诊断】 根据病史，结合弛张热型、咳嗽、肺部啰音、叩诊呈局灶性浊音区等典型临床症状，即可初步诊断。X线检查和血液学变化，可为诊断提供依据。本病应与支气管炎、纤维素性肺炎、结核病等进行鉴别。

【治疗】 治疗原则是加强护理，抗菌消炎，祛痰止咳，制止渗出，对症治疗。

1. 加强护理 将患病动物置于通风良好、光线充足、空气清新且温暖的畜舍内，供给营养丰富、易消化的饲草料和清洁饮水。

2. 抗菌消炎 应选择广谱的强力抗菌药物，足量、联合用药。常用大环内酯类、青霉素类、头孢菌素、喹诺酮类和磺胺类药物。根据病情轻重、有无并发症和动物种类，选择抗菌药物和给药途径。有条件的应对上呼吸道分泌物进行细菌培养和药物敏感试验，以便选择敏感的药物。抗菌药的疗程一般5～7 d，或在体温正常后3 d停药。如果是由病毒和细菌混合感染引起的肺炎，还应该选用抗病毒药物，如利巴韦林、金刚烷胺等。

3. 祛痰镇咳 咳嗽频繁，分泌物黏稠时，可选用溶解性祛痰剂。剧烈频繁的咳嗽，分泌物不多时，可用镇痛止咳剂。

4. 制止渗出 可用10%葡萄糖酸钙注射液，静脉注射。促进渗出物吸收与排出，可给予利尿剂。

5. 对症治疗 体温升高时，可适当用解热剂。呼吸困难时，有条件的可输入氧气。改善心功能，可用强心剂。

四、大叶性肺炎

大叶性肺炎（lobar pneumonia）是以支气管和肺泡内充满大量纤维蛋白渗出物为特征的急性炎症，又称纤维素性肺炎或格鲁布性肺炎。临床特征是稽留热型，铁锈色鼻液，肺部出现广泛的浊音区。各种动物均可发病，常见于马。

【病因】 目前认为有两类病因。一是由病原感染所致，常见的有肺炎链球菌；马链球菌兽

疫亚种、巴氏杆菌、肺炎克雷伯菌、金黄色葡萄球菌、铜绿假单胞菌、大肠埃希菌、坏死杆菌等在本病的发生中也起了重要作用。二是由非传染性因素引起，如变态反应、内毒素等；受寒感冒、剧烈运动、长途运输、全身麻醉、胸部创伤、有害气体的刺激等均可诱发本病。

【发病机理】在病因的作用下，呼吸系统的防御机能受损，存在于呼吸道的常在细菌或外界侵入的微生物大量繁殖，病原微生物随气流沿支气管播散，首先在细支气管和肺泡引起炎症，经肺泡间孔和呼吸性细支气管向临近肺组织蔓延，致使部分或整个肺段、肺叶发生炎症变化（一般侵害单侧肺，多见于尖叶、心叶和膈叶），肺泡内充满了炎性渗出物和纤维蛋白，表现为肺实质的炎症。随着疾病的发展，纤维蛋白渗出物溶解、吸收。典型炎症过程的病理变化表现以下四个时期。

（1）充血水肿期：炎症初期，发病后1~2 d，肺毛细血管扩张充血，肺泡和支气管内有大量的白细胞和红细胞渗出。病变部肺体积肿大，呈深红色，切面光滑、湿润，按压流出血样的泡沫性液体。

（2）红色肝变期：发病后3~4 d，随着炎性渗出，肺泡及细支气管充满大量红细胞、纤维蛋白及脱落的上皮细胞，并自行凝结。肺质地坚实如肝，切面干燥，呈颗粒状，似红色花岗岩。

（3）灰色肝变期：发病后5~6 d，充血程度减轻，白细胞大量浸润，聚积在肺泡内的纤维蛋白渗出物开始脂肪变性，肺切面呈斑纹状。在肝变期，大量的毒素和炎性分解产物被吸收，呈高热稽留。渗出的红细胞被巨噬细胞吞噬，将血红蛋白分解为含铁血红素，出现铁锈色的鼻液。

（4）溶解吸收期：发病1周左右。中性粒细胞崩解，释放蛋白溶解酶，将肺泡内的纤维蛋白溶解液化，分解为可溶性蛋白和更简单的分解物（亮氨酸、酪氨酸等）而被吸收或排出。肺组织变柔软、切面湿润。

由于临床上抗生素的大量应用，典型经过的大叶性肺炎病例已不多见，分期也不明显。大叶性肺炎常继发浆液-纤维素性胸膜炎。如果继发化脓菌或腐败菌感染，可引起肺脓肿、脓胸、坏疽性肺炎，甚至出现败血症、脓毒血症或感染性休克。

【临床症状】体温突然升高（40~41℃），呈稽留热型。脉搏加快，呼吸迫促，严重者呈混合性呼吸困难，黏膜发绀。病初，流浆液性、黏液性或脓性鼻液，在肝变期呈铁锈色或黄红色。精神沉郁，食欲减退或废绝，多喜卧，常卧于病侧。

肺部听诊，充血水肿期，可听到肺泡呼吸音增强，随后出现湿啰音、捻发音；肝变期，肺泡呼吸音消失，支气管呼吸音明显；溶解吸收期，出现湿啰音、捻发音，以后肺泡呼吸音逐渐增强，啰音消失。

肺部叩诊，充血水肿期呈过清音或鼓音，肝变期呈大片半浊音或浊音，溶解吸收期重新出现过清音或鼓音。

血液学检查，白细胞数显著增多，中性粒细胞增多、核左移；淋巴细胞减少，嗜酸性粒细胞和单核细胞减少。严重者白细胞数减少。

X线检查，充血水肿期肺纹理增粗，肝变期有大片均匀的浓密阴影，溶解吸收期出现散在不均匀的片状阴影，2~3周后阴影消失。

【病程与预后】典型的大叶性肺炎，5~7 d后体温开始下降，若无并发症，病程2周左右，逐渐恢复，预后良好。非典型的病例，病程长短不一，轻度充血期即开始恢复，不再向以后阶段发展，预后良好；病情严重者可出现许多并发症，如肺脓肿、肺坏疽、胸膜炎、败血症等，常预后不良。

【诊断】根据典型症状，结合血液学和X线检查，即可诊断。诊断依据：①临床表现稽留热型，铁锈色鼻液，肺部出现广泛的浊音区等典型症状；②肺部听诊，因病变期不同而出现肺泡呼吸音增强或出现啰音、支气管呼吸音、捻发音等；③血液学检查、X线检查，可为诊断提供依据；④病理学检查，可确定疾病的演变过程；⑤必要时进行病原分离与鉴定；⑥本病应与融合性小叶性肺炎、胸膜炎等进行鉴别。

【治疗】治疗原则是抗菌消炎，制止渗出和促进吸收，对症治疗。

治疗方法基本同小叶性肺炎。抗感染是本病治疗的最主要环节，对呼吸道分泌物进行培养和药敏试验，可选择对某种病原体最有效的药物，常用青霉素G、头孢噻呋、替米考星、氟苯尼考、泰乐菌素、恩诺沙星等，严重的病例可以联合使用抗菌药物。另外，抗菌药配合非甾体抗炎药或糖皮质激素，有助于控制内毒素血症和炎症。

五、吸入性肺炎

吸入性肺炎（aspiration pneumonia）是异物进入肺所致的以炎症和坏死为特征的疾病，又称异物性肺炎或坏疽性肺炎。临床特征是呼吸极度困难，两侧鼻孔流出脓性、腐败性的鼻液。各种动物均可发生，常见于马、牛、犬和猫。

【病因】常见于投药方法不当，如胃管投药操作失误，部分药物进入气管；强行灌服药物，动物不能及时吞咽而将药物吸入呼吸道，特别是吸入具有刺激性的药物；吞咽障碍，如咽炎、咽麻痹、食道阻塞、脑炎、麻醉或昏迷等，容易发生吸入或误咽现象。也见于小动物连续呕吐时吸入呕吐物，犊牛用桶饲喂牛乳时不慎吸入，猪吸入细小颗粒饲料，绵羊药浴时吸入液体等。

【发病机理】当动物吸入异物时，初期炎症局限于支气管内，随后逐渐侵害支气管周围的结缔组织，并向肺蔓延。由于腐败细菌的分解作用使肺组织分解液化，引起肺坏疽，并形成蛋白质和脂肪分解产物。其中含有腐败性细菌、脓细胞、腐败组织与磷酸铵镁的结晶等，散发出恶臭味。病灶周围的肺组织充血、水肿，发生不同程度的卡他性和纤维蛋白性炎症。随着腐败细菌的大量繁殖，坏疽病灶逐渐扩大，病情加剧。如果坏疽病灶与呼吸道相通，腐败性气体与肺内的空气混合，使患病动物呼出的气体有明显的腐败性恶臭味。当这些物质排出之后，在肺内形成空洞，其内壁附着一些腐烂恶臭的粥状物，鼻孔流出脓性、腐败性的鼻液。

【临床症状】精神沉郁，食欲减退或废绝，体温升高，脉搏加快。咳嗽低沉、声音嘶哑，呼吸迫促，呈腹式呼吸，严重者呼吸极度困难，呼出有腐败性恶臭的气体。鼻孔流出污秽的鼻液，呈红褐色或灰绿色。肺部听诊，初期出现支气管呼吸音、干啰音或湿啰音，后期可听到喘鸣音、胸膜摩擦音、空瓮性呼吸音。胸部叩诊，初期多在胸前下部呈大片的半浊音或浊音，形成较大空洞时呈鼓音，空洞周围被结缔组织包围时，呈金属音。

血液学检查，白细胞数明显增加，中性粒细胞比例升高，初期核左移，后期核右移。

X线检查，因吸入异物的性质差异和病程长短不同而有差异。肺野下部呈片状模糊阴影，密度不均匀。当肺组织腐败崩解、液化后，呈透明的空洞阴影。

【病程与预后】本病的发病过程与吸入的异物性质和数量密切相关。若因胃管插入气管，灌入大量的药物，动物可很快死亡。吸入不溶性药物或呕吐物，常引起坏疽性炎症，常在2～4 d死亡。病情较轻者，病灶被结缔组织包围而逐渐痊愈。

【诊断】根据病史，呼吸困难、肺部啰音、脓性鼻液等临床症状，结合血液中白细胞、中性粒细胞明显增加，即可初步诊断；X线检查，片状模糊阴影、密度不均匀，可提供诊断依据。本病应与支气管肺炎、肺水肿等进行鉴别。

【治疗】目前尚无特效疗法。治疗原则是迅速排出异物，抗菌消炎，对症治疗。

首先应使动物保持安静，可用支气管扩张剂缓解支气管痉挛，促使异物排出。如茶碱、氨茶碱等。抗菌消炎，应选择广谱的抗菌药物，足量、联合用药，如大环内酯类、青霉素类、氨基糖苷类、头孢菌素、喹诺酮类和磺胺类。呼吸极度困难时应及时输氧。

六、真菌性肺炎

真菌性肺炎（mycotic pneumonia）是真菌感染肺部所致的以化脓性炎症或慢性肉芽肿形成为特征的疾病，按病程分为急性和慢性两类。临床特征是体温升高，呼吸困难，污秽鼻液，肺部啰音。各种动物均可发病，常见于家禽、犬、猫，7~40 日龄的雏禽多呈暴发性。

【病因】真菌广泛存在于自然界，多在土壤中生长，空气中到处有其孢子，在潮湿、温度适宜的环境中可大量繁殖。常见的致病真菌有新生隐球菌、组织胞浆菌、肺孢菌、芽生菌、烟曲霉菌、念珠菌等，主要是真菌污染饲料、垫料，真菌孢子随空气被动物吸入所致。孵化器污染可引起雏禽发病。

【发病机理】真菌感染的发生是机体与真菌相互作用的结果，机体的免疫状态及环境条件可成为发病的诱因。引发病变的决定因素是真菌的毒力、数量与侵入途径，真菌胞壁中的酶类也参与促进感染与侵入宿主细胞的作用。有的真菌具有抗吞噬能力及致炎成分，如新生隐球菌有宽厚的多糖荚膜，可抵抗吞噬细胞的吞噬。大多数真菌通过空气吸入引起肺部感染；体内其他部位的真菌感染或存在于机体的消化道、呼吸道、泌尿生殖道黏膜的机会致病菌，也可通过淋巴和血液导致肺部感染。肺组织及其分泌物是这些微生物极好的繁殖场所，产生的内毒素使组织坏死、炎性细胞浸润，在肺部形成多灶性肉芽肿或化脓性肉芽肿病变，呈大小不等的结节，肉芽肿的中心为干酪样坏死，内含大量菌丝，有的形成脓肿和空洞。

【临床症状】哺乳动物表现小叶性肺炎的基本症状。精神沉郁，食欲减退或废绝。流黏液性或黏液脓性鼻液，鼻液镜检有菌丝、孢子。湿而短的咳嗽，呼吸困难，黏膜发绀或苍白。肺泡呼吸音减弱，有啰音。叩诊肺部有较大的浊音区。逐渐消瘦，衰弱。有的伴有神经症状。

雏禽精神不振，食欲减退，饮欲增加，呼吸困难，张口喘气，有喘鸣音，嗜睡，生长停滞，腹泻，消瘦，贫血。有的眼角内有菌斑。火鸡还表现神经症状。

【病程与预后】哺乳动物真菌性肺炎常呈慢性经过，早期及时治疗，预后良好。肺部肉芽肿病变严重者，主要是缓解临床症状。雏禽发病后，多在 1 周左右因呼吸困难和窒息而死亡。

【诊断】根据病史、临床症状，抗生素治疗无效，可初步诊断。X 线检查，气管支气管淋巴结肿大，弥漫性小结节状阴影。必要时进行真菌分离鉴定，确定病原。

【治疗】治疗原则是去除病因，抗菌消炎，对症治疗。

立即停喂发霉的饲料，更换清洁垫料，供给营养丰富的优质饲料。

全身性真菌感染尚无理想的治疗方法。可选用两性霉素、酮康唑、氟康唑、伊曲康唑等，用药期一般 2 个月，治疗期间要监测肝、肾功能。

第四节　胸膜疾病

一、胸膜炎

胸膜炎（pleuritis）是胸腔积聚大量炎性渗出物且胸膜有纤维蛋白沉着的疾病，按病程分为急性和慢性。临床特征是胸部疼痛，腹式呼吸，听诊出现胸膜摩擦音。各种动物均可发病。

【病因】

1. 原发性胸膜炎　比较少见，主要是胸壁穿透性创伤，然后继发感染；也见于胸段食管破裂、牛创伤性网胃炎等。

2. 继发性胸膜炎　常见于某些传染病过程中，如副猪嗜血杆菌病、猪胸膜肺炎、巴氏杆菌病、牛传染性胸膜肺炎、结核病、山羊接触性传染性胸膜肺炎等。也见于肺炎、肺脓肿、败血症、胸腔肿瘤等。

剧烈运动、长途运输、外科手术及麻醉、寒冷侵袭及呼吸道病毒感染等应激因素，可成为发病的诱因。

【**发病机理**】在病因的作用下，各种病原微生物产生毒素，损害胸膜的间皮组织和毛细血管，使血管的神经肌肉装置发生麻痹，导致血管扩张，血管通透性升高，血液通过毛细血管壁渗出进入胸腔，产生大量的渗出液。渗出液的性质与感染的病原微生物有关，主要有浆液性、化脓性及纤维蛋白性渗出物。渗出的纤维蛋白原，在损伤组织释放的组织因子作用下，凝固成淡黄色或灰黄色的纤维蛋白即纤维素。当渗出的液体被健康部位的胸膜吸收后，纤维素则沉积于胸膜上，呈网状、片状或膜状。当渗出液的量很大时，则积聚于胸腔中。

细菌产生的内毒素、炎性渗出物及组织分解产物被机体吸收，可导致体温升高，严重时可引起毒血症。炎症过程对胸膜的刺激，以及沉着于胸膜壁层和脏层的纤维蛋白，在呼吸运动时相互摩擦，均可刺激分布于胸膜的神经末梢，引起动物胸部疼痛，严重者出现腹式呼吸。当大量液体渗出时，肺受到液体的压迫，影响气体的交换，出现呼吸困难。

【**临床症状**】精神沉郁，食欲减退或废绝，体温升高，脉搏加快，呼吸迫促，呈腹式呼吸。流鼻液，咳嗽，呈短而干的痛咳。站立时两肘外展，不愿活动。胸部听诊，在渗出的初期和吸收的后期均可听到胸膜摩擦音，渗出期出现拍水音。胸部触诊或叩诊，动物敏感疼痛，甚至发生战栗或呻吟。渗出期叩诊呈水平浊音，小动物水平浊音随体位而改变。胸腔穿刺可抽出大量混浊的渗出液。有的腹下水肿。

血液学检查，白细胞数增加，中性粒细胞比例升高，出现核左移，淋巴细胞比例减少。慢性病例呈轻度贫血。

X线检查，少量积液时，心膈三角区变钝或消失，密度增高。大量积液时，心、后腔静脉被积液阴影淹没，下部呈广泛性浓密阴影。超声波检查有助于判断胸腔的积液量及深度。

【**病程与预后**】急性胸膜炎，全身症状较轻者，及时治疗可使渗出液迅速吸收，预后良好。由传染病所致的胸膜炎或化脓菌感染严重者，预后不良。

【**诊断**】根据病史，结合特征性的临床症状，即可初步诊断。诊断依据：①临床表现胸部疼痛，触诊敏感，腹式呼吸，听诊出现胸膜摩擦音；②胸部叩诊呈水平浊音是胸腔积液的标志；③体温升高，毒血症；④胸腔穿刺可流出大量黄色或黄红色的液体，穿刺液的实验室检查，可区分渗出液和漏出液，确定感染的病原微生物；⑤X线检查、超声波检查可为诊断提供依据，必要时可用胸腔镜检查和胸膜活检。

【**治疗**】治疗原则是抗菌消炎，制止渗出，促进渗出物的吸收和排出。

1. 抗菌消炎 应选择广谱抗生素，如青霉素、链霉素、替米考星、氟苯尼考、庆大霉素、四环素、头孢菌素类等；磺胺类药物或喹诺酮类药物，如氧氟沙星、环丙沙星等；足量、联合用药，急性期联合抗厌氧菌的药物。抗菌药配合非甾体抗炎药或糖皮质激素，有助于控制内毒素血症和炎症。有条件的应对渗出液进行细菌培养和药物敏感试验，以便选择敏感的药物。

2. 制止渗出 可静脉注射5%氯化钙注射液或10%葡萄糖酸钙注射液，维生素C注射液，1次/d，连用3～5d。

3. 促进渗出物吸收和排出 可用利尿剂、强心剂等。渗出物较多时，可用胸腔引流排出液体和坏死物质；犬、猫可放置双侧胸腔引流管。化脓性胸膜炎，在穿刺排出积液后，可用0.1%乳酸依沙吖啶（雷佛诺尔）溶液、2%～4%硼酸溶液、2%碳酸氢钠溶液或生理盐水反复冲洗胸腔，然后注入适量抗生素。

二、胸腔积液

胸腔积液（hydrothorax）是胸膜腔内积聚较多的漏出液，而胸膜无炎症变化的一种病理现象，又称胸水。临床特征是呼吸困难，胸部叩诊呈水平浊音。各种动物均可发生。

【病因】 主要见于引起毛细血管流体静压升高的疾病，如充血性心力衰竭、心包积液等；毛细血管内胶体渗透压降低的疾病，如低蛋白血症、肝硬化、肾病综合征、营养不良、贫血等；淋巴回流受阻的疾病，如犬恶丝虫病、脉管炎、膈疝、胸膜肿瘤、肺动脉栓塞等。

【发病机理】 正常状态下，胸膜腔内有少量浆液，液体由于压力梯度从壁层和脏层胸膜的体循环血管通过有渗透性的胸膜进入胸膜腔，然后通过壁层胸膜的淋巴管微孔经淋巴管吸收。因此，任何使胸膜腔内液体形成过快或吸收过缓的因素，都可产生胸腔积液。毛细血管流体静压升高，使平均实际滤过压增大，组织液生成增多；血浆的胶体渗透压降低，平均实际滤过压增大，组织液生成增加；淋巴管被堵塞，淋巴回流受阻，含蛋白的水肿液在组织间隙中积聚。当液体积聚较多时，影响呼吸和心功能。

【临床症状】 胸腔积液较少时，一般无明显的临床表现。胸腔积液较多时，呼吸频率加快，呈腹式呼吸，严重者呼吸困难。体温正常，心音减弱或模糊不清，脉搏加快。胸部叩诊呈水平浊音，其上界随动物体位而改变；听诊浊音区内肺泡呼吸音减弱或消失。

X线检查，显示一片均匀浓密的水平阴影，可以随体位而改变。超声波检查，胸腔内液体呈无回声区或低回声区分布在肺和肋骨之间，可判断积液量。胸腔穿刺，流出大量漏出液。

【诊断】 根据病史、临床症状，即可初步诊断。诊断依据：①病情呈渐进性，表现呼吸困难、腹式呼吸；②肺区叩诊呈水平浊音，胸腔穿刺流出大量淡黄色的液体；③X线检查可见均匀浓密的水平阴影，可以随体位而改变；④超声波检查，肺和肋骨之间呈无回声或低回声区分布；⑤穿刺液实验室检查为漏出液；⑥本病应与渗出性胸膜炎进行鉴别。

【治疗】 治疗原则是治疗原发病，促进漏出液吸收和排出。

加强饲养管理，限制饮水，供给蛋白质丰富的优质饲料；促进液体的吸收和排出，可用强心剂、利尿剂。

第三章 心血管系统疾病

概　述

一、心血管系统的组成与功能

心血管系统包括心脏、血管和调节血液循环的神经体液结构。其主要功能是为全身组织器官运输血液，通过血液将氧、营养物质和激素等供给组织，并将组织代谢的产物如二氧化碳、尿素等运送到肺、肾和皮肤排出体外，以保证机体新陈代谢的进行。心是血液循环的动力器官，有左心房、右心房和左心室、右心室4个腔，在神经体液的调节下，能够进行节律性的收缩和舒张，推动血液按一定的方向流动。血液由心脏流出，经动脉到达毛细血管，然后再沿静脉返回心，这一过程称为血液循环。血液循环分为体循环（大循环）和肺循环（小循环）。体循环指心室收缩时，富含氧和营养物质的动脉血从左心室输出，经主动脉及其分支到达全身各部的毛细血管，进行组织内的气体和物质交换，使动脉血变成富含二氧化碳和代谢产物的静脉血，再经各级静脉，最后汇集于前后腔静脉系，在心房舒张时流回右心房。肺循环是当心室收缩时，经体循环回到心的静脉血从右心室输出，经肺动脉干及其属支到达肺毛细血管，在此进行气体交换，变成含氧丰富的动脉血，再经肺静脉流回左心房。

动物在不同生理情况下，由于各器官组织的代谢水平不同，对血流量的需要也不同。心血管系统的功能特征就在于它的活动能随着机体活动的需要而快速调整，主要是受到神经、体液因素的调节。心肌和血管平滑肌接受交感神经和副交感神经的双重支配，血液和组织液中某些能影响心肌和血管平滑肌活动的化学物质（如肾素、血管紧张素、肾上腺素、血管升压素、激肽释放酶、心钠素、前列腺素、组胺、阿片肽等）也能对心血管活动起调节作用。心血管系统还是机体重要的防御系统，血液中的免疫细胞和抗体，能吞噬、杀伤和灭活侵入机体的细菌、病毒，还能中和所产生的毒素。

心肌细胞和血管内皮细胞能分泌心钠素和内皮素、内皮舒张因子等活性物质，说明心血管系统也具有内分泌功能；心肌细胞所特有的受体和信号转导系统在调节心血管的功能方面有重要作用。心血管系统也参与了机体的体温调节。

二、心血管系统疾病的病因

兽医临床上心脏和血管的原发性疾病并不多见，但在许多疾病的发生过程中都会造成心血管系统机能和结构的损伤，甚至发生心脏衰竭而危及动物的生命。心血管系统疾病按致病因素分为先天性和后天性两大类。

先天性心血管疾病是心脏和大血管在胎儿期发育异常所致，如动脉导管未闭、主动脉狭窄、室间隔缺损、房间隔缺损、牛遗传性心肌病、火鸡自发性圆心病等先天性心脏病。

后天性心血管疾病是出生后心脏、血管受到外来或机体内在因素作用所致。主要包括：

①感染：病毒、细菌、真菌、立克次体、寄生虫等感染侵犯心脏而导致的心脏疾病；②营养：各种营养物质的缺乏，如硒、铜、维生素 E、维生素 B_1 缺乏及电解质紊乱等，还有营养过剩，如肥胖等，均可引起心血管损伤；③物理、化学因素：放射线、缺氧、剧烈运动、刺激性气体、各种药物、毒物等可损伤心血管而发病；④其他器官系统的疾病：肺病、肾病、内分泌疾病、血液疾病、神经疾病等，均可影响心脏和血管的功能。

三、心血管系统疾病的分类和症状

心血管系统疾病按照病理解剖变化，分为心内膜病（心内膜炎、瓣膜狭窄、瓣膜关闭不全等），心肌疾病（心肌炎、心肌肥厚、心肌扩张、心肌缺血等），心包疾病（心包炎、心包积液等），大血管疾病（低血压、高血压等）。按病理生理变化，分为心力衰竭、心律失常、休克（循环衰竭）等。

心血管系统疾病的症状因动物种类不同而有一定差异，主要包括黏膜发绀、咳嗽、呼吸困难、胸痛、水肿、脉搏异常、心音变化、心杂音、心包摩擦音、心律失常、疲乏无力等。多数症状并非心血管疾病所特有，分析时要仔细鉴别。心血管疾病通常表现为慢性过程，尤其是犬和猫，症状容易反复。

四、心血管系统疾病的诊断技术

心血管疾病的诊断应根据病史、临床症状、实验室检查和器械检查等进行综合分析。实验室检查除血、尿常规检查外，多种生化指标、微生物和免疫学检查有助于诊断。如感染性心脏病时体液的微生物培养及血液细菌、病毒抗体等检查，急性心肌病时心肌钙蛋白、肌红蛋白、心肌酶的测定等。

心血管系统疾病的器械检查包括血压测定、心电图、X 线、超声波、CT、MRI 检查等。一般情况下，心腔和大血管的扩张，超声心动图比 X 线检查更有效。

五、心血管系统疾病的治疗原则

心血管系统疾病的治疗原则是消除病因和改善心功能。消除病因，如感染时应用抗生素，贫血时纠正贫血，营养不良时补充营养物质等。改善心功能，可用强心苷类（洋地黄毒苷）、血管紧张肽酶抑制剂（如卡托普利、马来酸依那普利等）、血管活性药物（如动脉扩张剂）、抗心律失常药（奎尼丁、利多卡因、普萘洛尔等）。胸腔积液时可胸腔穿刺，缺氧时及时输氧。

第一节 心血管机能不全

一、心力衰竭

心力衰竭（heart failure）是各种心脏疾病导致心功能不全的综合征，表现为心肌收缩力下降使心排血量不能满足机体代谢的需要，器官、组织血液灌注不足，同时出现肺循环和/或体循环淤血。按病程分为急性和慢性，按病因分为原发性和继发性。临床特征是第一心音增强、第二心音减弱，黏膜发绀或苍白，呼吸困难，静脉怒张。各种动物均可发生，马、牛、犬和猫多见。

【病因】

1. 急性心力衰竭 原发性主要是剧烈运动、过度劳役、超量超速输液等，心脏容量负荷急剧增加；刺激性药物（如钙、色素、砷）、电击等使心肌突然遭受剧烈刺激；心房或心室破裂、主动脉或肺动脉破裂、急性心包积液等。还常继发于犬瘟热、犬细小病毒病、马传染性贫血、马胸疫、口蹄疫、猪瘟、犬恶丝虫病、弓形虫病及某些普通病（如硒缺乏症、铜缺乏症、某些中毒病等），多由病原体及其毒素直接侵害心脏所致。

2. 慢性心力衰竭 常继发于心包疾病（心包炎、心包积液）、心肌疾病（心肌炎、心肌变性）、瓣膜疾病（心内膜炎、瓣膜关闭不全、瓣膜口狭窄、瓣膜腱索断裂）、高血压（肺动脉高血压、高山病、心肺病）、中毒病（棉籽饼中毒、棘豆属植物中毒、霉败饲料中毒、呋喃唑酮中毒等）、慢性疾病（慢性肾炎、慢性肺泡气肿、甲状腺功能亢进）等。

【发病机理】心脏排血量是保证血液循环正常进行的基础。而心脏排血量主要由静脉血液回流量、心肌收缩力和外周循环阻力三个因素所决定，静脉血液回流量越多，心肌收缩力越强，外周循环阻力越大，心脏排血量也就越多，反之亦然。在正常情况下，通过增加心率和增强心肌收缩力使心脏排血量增加，以满足运动、妊娠、泌乳、消化等生理需要。在病理情况下，心脏的主要代偿机制是加快心率，增加每搏排血量，增强组织对血中氧气的摄取力和血液向生命器官的再分布。

急性心力衰竭的发生是在病因的作用下，心肌的收缩力明显降低，心排血量减少，动脉压降低，组织高度缺氧，反射性引起交感神经兴奋，发生代偿性心率加快，增加排血量，短暂地改变血液循环。然而，当心率超过一定限度时，心室舒张不全，充盈不足反而使心排血量降低。心动过速时心肌耗氧量增加，冠状血管血流量减少使心肌的氧供给量不足，心肌收缩力减弱加剧，心排血量更加减少，因急性严重的心肌损害或突然加重的负荷，使心功能正常或处于代偿期的心在短时间内发生急性心力衰竭。在最急性病例，对缺氧最敏感的脑组织首先受损害而出现神经症状。病程较长的病例，因肺水肿而出现呼吸困难。

慢性心力衰竭是逐渐发生的，病因持续作用，心跳加快和心脏负荷长期过重，心室肌张力过度，刺激心肌代谢，增加蛋白质合成，心肌纤维变粗，发生代偿性心肌肥厚，使心肌收缩力增强，排血量增加。心肌肥厚时心肌细胞数并不增多，以心肌纤维增粗为主。细胞核及作为供给能源的结构——线粒体也增大和增多，但程度和速度均落后于心肌纤维的增多。心肌从整体上显得能源不足，继续发展导致心肌细胞死亡。当心排血量不足，心腔压力升高时，机体全面启动神经-体液机制进行代偿。交感神经兴奋性增强，神经元末梢释放去甲肾上腺素，增强心肌收缩力并提高心率，以增加心排血量；但同时周围血管收缩，增加心脏后负荷，心率加快，使心肌耗氧量增加；去甲肾上腺素对心肌细胞有直接毒性作用，可促使心肌细胞凋亡，参与心脏重塑（remodeling）的病理过程。由于心排血量降低，肾血流量随之减少，肾素-血管紧张素系统被激活；一方面心肌收缩力增强，周围血管收缩维持血压，调节血液的再分配，保证心、脑等重要脏器的血液供应；同时促进醛固酮分泌，肾小管对钠的重吸收增加，引起钠和水潴留，增加总体液量及心脏前负荷，对心力衰竭起到代偿作用。血管紧张素Ⅱ及醛固酮分泌增加，使心肌、血管平滑肌、血管内皮细胞等发生一系列变化，称为细胞和组织重塑。在心肌上血管紧张素Ⅱ通过多种途径使新的收缩蛋白合成增加，细胞外的醛固酮刺激成纤维细胞转变为胶原纤维，使胶原纤维增多，促使心肌间质纤维化。在血管中使平滑肌细胞增生管腔变窄，同时降低血管内皮分泌一氧化氮的能力，影响血管舒张。这些不利因素长期作用，加重心肌损伤和心功能恶化，后者又进一步激活神经-体液机制，形成恶性循环，使病情日趋恶化。

一些新的肽类细胞因子参与心力衰竭的发生与发展。心力衰竭时，心室壁张力增强，心室肌内的**脑钠肽**（brain natriuretic peptide，BNP）和心房肌内的**心钠肽**（atrial natriuretic peptide，ANP）分泌增加，二者在血浆中的含量与心力衰竭的严重程度呈正相关。由血管内皮释放的**内皮素**（endothelin）水平升高，其具有很强的收缩血管的作用，直接与肺血管阻力升高相关。另外，精氨酸加压素（arginine vasopressin，AVP）由垂体分泌，它的释放受心房牵张引力的调控，心力衰竭时心房牵张受体的敏感性下降，AVP的释放不能受到相应的抑制，使血浆水平升高，继而水的潴留增加，同时其周围血管的收缩作用又使心脏后负荷增加，这对于早期心力衰竭，有一定的代偿作用；而长期的 AVP 增加，其负面效应将使心力衰竭进一步恶化。因此，血浆这些指标的检测可作为心力衰竭的诊断标志。

慢性心力衰竭可分为左心衰竭、右心衰竭和全心衰竭。右心衰竭时，体循环淤血，皮下水肿和体腔积液；肾血流减少引起代偿性流体静压升高，尿量减少；肾小球缺血引起渗透压增高，血浆蛋白质漏出，形成蛋白尿；门脉循环系统充血会伴发消化、吸收障碍和腹泻。左心衰竭时，呈肺循环淤血，呼吸加深，频率加快，运动耐力下降；支气管毛细血管充血和水肿引起呼吸通道变狭窄而影响肺通气；肺静脉流体静压异常增高，漏出液增加，引起肺水肿。临床上是否发生肺水肿取决于心力衰竭发生的速度，发生较慢时容量较大的淋巴导管系统可以阻止肺水肿的发生。左心衰竭后肺动脉压升高，使右心负荷加重，长时间后，右心衰竭也出现，即为全心衰竭。

【临床症状】

1. 急性心力衰竭 突然发病，高度呼吸困难，眼球凸出，步态不稳，突然倒地，四肢呈阵发性抽搐，常在短时间内死亡。病程较长者，精神沉郁，卧地不起，黏膜发绀，浅表静脉怒张，全身出汗，呼吸迫促，心率加快，第一心音极为高朗，第二心音微弱，脉搏微弱，有的心律失常。严重者 12～24 h 死亡。

2. 慢性心力衰竭 起病缓慢，病程较长，精神沉郁，容易疲劳出汗，气喘，黏膜轻度发绀，体表静脉怒张。心率加快，有的出现心律不齐和心杂音，第一心音增强，第二心音减弱。左心衰竭时伴有呼吸困难，咳嗽，流泡沫样鼻液，肺区有广泛性湿啰音。右心衰竭时，黏膜发绀，颈静脉怒张，胸前、腹下水肿，有的腹腔积液。

【病程与预后】急性心力衰竭病程短急，严重者可在数分钟至数小时死亡，预后不良。大动物发生慢性心力衰竭，治疗后绝大部分存活动物仍表现节律不齐、心包炎等，预后不良；小动物经合理的治疗，症状可有不同程度的改善，可能需要较长时间的用药。

【诊断】根据病因，结合心率加快，第一心音增强，第二心音减弱，浅表静脉怒张，呼吸困难，水肿等临床症状，可初步诊断。心电图、X 线和超声波检查，有助于判断心脏的大小和瓣膜的结构及功能变化。犬、猫血浆 BNP、ANP、内皮素 - 1 和心肌肌钙蛋白 I（cTnI）水平升高是心脏病的敏感指标。本病应与引起水肿和呼吸困难的其他疾病进行鉴别。

【治疗】治疗原则是加强护理，降低心负荷，改善心功能，对症治疗。

1. 加强护理 应将患病动物置于安静的环境休息，避免刺激，减少或禁止活动。供给营养丰富、易消化的饲料，限制钠盐摄入。小动物有条件的补充 n - 3 多不饱和脂肪酸、氨基牛磺酸、L - 肉碱、辅酶 Q_{10} 等，有一定的辅助治疗作用。

2. 降低心负荷 大动物可适当放血。药物可用利尿剂，如氢氯噻嗪（双氢克尿噻）、呋塞米，这类药长期使用可引起电解质紊乱，应注意监测；血管扩张剂，如硝普钠、氨氯地平等。

3. 改善心功能 可选用正性肌力药，如洋地黄类（洋地黄毒苷、地高辛、毒毛花苷 K），肾上腺素能受体兴奋剂（如多巴酚丁胺、多巴胺）。多巴酚丁胺或多巴胺均溶解在 5% 葡萄糖溶液中静脉滴注，剂量为多巴酚丁胺每千克体重 2.5～20 μg/min，多巴胺每千克体重 2～8 μg/min，大剂量容易引起高血压和心动过速。小动物还可配合应用血管紧张素转换酶抑制剂（如依那普利、卡托普利），降低外周血管阻力，增加心输出量。

4. 对症治疗 严重肺水肿的病例，吸入氧气可提高动脉血氧含量。大量胸腔、腹腔积液时可穿刺放液。咳嗽可用镇咳药。

二、循环衰竭

循环衰竭（circulatory failure）是各种强烈的致病因子作用于机体，引起全身有效循环血容量急剧减少，机体重要的组织器官血液灌流不足和缺氧所致的一系列全身反应的综合征，又称循环虚脱或休克。临床特征是黏膜苍白，心动过速，血压下降，末梢厥冷，浅表静脉塌陷，毛细血管充盈时间延长，反应迟钝，甚至发生昏迷。各种动物均可发生。

【病因】病因极其复杂，引起心脏输出量急剧减少、循环血量不足和血管容量增大的因素，均可引起本病。

1. 血液总量减少　引起急性大量失血的各种原因，如创伤、外科手术、大血管破裂、内脏器官破裂等；体液丢失，见于剧烈的呕吐、腹泻、大量出汗、大面积烧伤及肠阻塞、瘤胃酸中毒、瓣胃阻塞、皱胃阻塞、肠变位等。

2. 血管容量增大　引起血管张力或外周阻力减弱的各种原因，常见病原微生物感染所致的败血症，尤其是细菌产生的内毒素；某些药物（如青霉素等）、血清制剂或疫苗等引起的变态反应；也见于中暑。

3. 心排血量减少　主要见于急性心力衰竭，如心肌炎、心肌梗死等使心输出量急剧减少。

【发病机理】循环衰竭的病因不同，其发生机理也不尽相同，微循环血液灌流不足和细胞功能紊乱是疾病发生发展的共同环节，是本病发生的决定性因素。实现有效灌流的基础是需要足够的血容量、正常血管舒缩功能和正常心泵功能。在病因的作用下，由于组织长期缺血、缺氧、酸中毒和释放组胺、一氧化氮等活性物质，造成血管张力降低，加上白细胞、血小板在微静脉端黏附，造成微循环血液淤滞，毛细血管开放数增加，导致有效循环血量锐减。按微循环的改变，将发病过程大致分为三个时期。

1. 缺血性缺氧期　又称代偿期。在病因的作用下，血容量急剧下降，有效循环血量减少，血压下降，引起交感-肾上腺髓质系统的兴奋，增强了心收缩力，增加了外周阻力，减轻了血压下降的程度。同时，由于微血管的自我调节，使心、脑等主要器官的灌流量稳定在一定水平。此时，肝脾储血库收缩，组织液返流入血，血液重新分配，导致皮肤、腹腔内脏和肾等多个器官缺血、缺氧。动物表现烦躁不安，皮肤黏膜苍白。四肢末梢厥冷，尿量减少，脉搏细速。此时该期为可逆期，应尽早消除病因，控制病变发展的条件，及时补充血容量，恢复循环血量，防止进一步发展。

2. 淤血性缺氧期　主要是长期缺血和缺氧引起局部血管扩张，组织氧分压降低、二氧化碳和乳酸堆积，发生酸中毒，导致平滑肌对儿茶酚胺的反应性降低；肥大细胞释放组胺，体内产生的内毒素（LPS）促进一氧化氮（NO）生成增多，均使微血管扩张。另外，血流变慢，白细胞贴壁、滚动并黏附于内皮细胞上，加大了毛细血管的后阻力，使血液流变学指标发生改变，导致血液浓缩，血细胞比容增大，血浆黏度增高，红细胞聚集，血小板黏附聚集等。微循环血管床大量开放，血液被分隔并淤滞在内脏器官，有效循环血量锐减，心输出量和血压进行性下降。交感-肾上腺髓质系统更为兴奋，血液灌流量进一步下降，组织缺氧日趋严重，形成恶性循环。心脑血管失去自身调节能力，出现心脑功能障碍，甚至衰竭。因此，该期也称为可逆性失代偿期，动物表现神情淡漠，甚至昏迷，脉搏快而弱，全身血压进行性下降。

3. 微循环衰竭期　病情进一步发展，血液浓缩，血细胞比容增大、纤维蛋白原浓度升高、血细胞聚集、血液黏滞度增高，血液处于高凝状态，加上血流速度显著变慢，酸中毒越来越重，容易发生弥散性血管内凝血（diffuse intravascular coagulation，DIC），使重要生命器官发生不可逆性损伤，甚至发生多器官功能障碍综合征（multiple organ dysfunction syndrome，MODS）。病情将急剧恶化，给临床治疗带来很大困难，通常称为难治期。主要表现昏迷，全身皮肤有出血点或出血斑，四肢厥冷，脉搏微弱，血压极度下降，呼吸不规则。

【临床症状】病初呈短暂的兴奋，烦躁不安，出冷而黏的汗液，耳尖和四肢末端厥冷，黏膜苍白，心率加快，脉搏快弱，少尿或无尿，毛细血管充盈时间延长。随着疾病的发展，精神沉郁，反应迟钝，甚至昏睡，血压下降，脉搏微弱，心音混浊；呼吸急促，节律不齐；站立不稳，体温下降，肌肉震颤，黏膜发绀，眼球下陷；全身冷汗黏手，反射机能减退或消失，甚至昏迷。进一步发展，精神高度沉郁，卧地不起，有的皮肤有出血点或出血斑，排粪、排尿失禁，呼吸微弱，呈间断性呼吸或陈-施二氏呼吸，严重者呈窒息状态。

【病程与预后】大多病程短急，病势严重，必须立即抢救，在早期治疗可恢复，中后期一般预后不良。

【诊断】根据病史、临床症状，结合凝血指标的检测，即可诊断。诊断依据：①临床表现黏膜苍白、心动过速、血压下降、反应迟钝等特征性症状，病情发展快；②多发性出血倾向，多器官功能衰竭；③血小板数、血浆纤维蛋白原含量下降；④本病应与心力衰竭进行鉴别。

【治疗】治疗原则是消除病因，补充血容量，纠正酸中毒及对症治疗。

1. 消除病因　主要是输氧、抗感染、治疗原发病。

2. 补充血容量　常用等渗液体，静脉注射，如5%葡萄糖氯化钠注射液、氯化钠注射液、复方氯化钠注射液、乳酸林格注射液、林格注射液等，可配合应用右旋糖酐70。

3. 纠正酸中毒　可用5%碳酸氢钠注射液，牛、马300～500 mL，猪、羊50～100 mL、犬、猫5～30 mL，静脉注射。

4. 对症治疗　低血压可用血管收缩药，如多巴胺、多巴酚丁胺、地高辛、山莨菪碱等。存在弥散性血管内凝血时，可用肝素钠，每千克体重100～150 IU，溶于5%葡萄糖注射液或氯化钠注射液中，静脉滴注。

第二节　心包、心肌和瓣膜疾病

一、创伤性心包炎

创伤性心包炎（traumatic pericarditis）是尖锐的异物刺入心包，引起心包化脓腐败性炎症的疾病。临床特征是心区疼痛，心动过速，出现心包摩擦音和拍水音，心浊音区扩大。常见于舍饲的乳牛、肉牛和耕牛，偶发于羊。

【病因】与创伤性网胃腹膜炎相同，主要是摄入混入饲草料中的尖锐金属异物。

【发病机理】由摄入的尖锐异物穿透网胃壁、膈肌和心包引起。尖锐异物的刺激、创伤和细菌感染，使心包局部发生充血、出血、肿胀、渗出等炎症性反应。炎性渗出物初期为浆液性、纤维蛋白性，继而成化脓性、腐败性。纤维蛋白渗出物附着于心的壁层和脏层表面，使其变得粗糙不平，心脏收缩与舒张时，心包壁层与脏层相互摩擦而产生心包摩擦音。随着渗出液的增加，将心包壁层与脏层隔开，心包摩擦音消失。侵入的细菌大量繁殖，产生气体，使心包腔内同时存在渗出液和气体，心脏收缩与舒张时，撞击渗出液而产生心包拍水音，心音减弱。大量化脓腐败性渗出物积聚在心包腔内，引起心包扩张，体积增大，内压升高。当心包腔内压升高到 2.13 kPa 时，心脏的舒张受到限制，致使流入心脏的血量减少，心房充盈不足。腔静脉血回流受阻，使颈静脉如索状，出现明显的颈静脉阴性搏动，浅表静脉怒张；肺静脉血回流受阻，引起肺淤血，影响肺换气功能。血液中氧合血红蛋白减少，还原血红蛋白增加，当超过 50 g/L 时，就会出现黏膜发绀。静脉淤血的发展，淋巴回流受阻，毛细血管通透性升高，引起下颌间隙、胸前部水肿。

动脉血含氧量下降，刺激主动脉和颈动脉的化学感受器，反射性引起心动过速。异物刺伤心肌或心包炎蔓延到心肌，常会引起期前收缩、心律失常等。持续的心动过速，心肌耗氧量增加而血液供给减少，心脏储备力降低，代偿失调，最终使心排血量明显减少，而发生充血性心力衰竭。炎症过程中的病理产物和细菌毒素的作用引起体温升高。

【临床症状】首先表现创伤性网胃腹膜炎的症状，食欲减退或废绝，运步小心，触诊网胃区敏感、疼痛，慢性前胃弛缓。出现心包炎时，精神沉郁，呼吸急促，心率加快，体温升高，后期体温降低后，心率仍明显增加。心区触诊有疼痛反应，叩诊心脏浊音区扩大。听诊心音增强，出现心包摩擦音；随心包积液增加，心音减弱，可闻心包拍水音。后期颈静脉充盈呈索状，出现颈静脉阴性搏动。下颌间隙、胸前及腹下有水肿。最终因心力衰竭或脓毒败血症而死亡。

血液学检查，病初白细胞数增多，中性粒细胞比例升高，伴有核左移；转为慢性时，白细胞变化不明显。

【病理变化】剖检，胸腔有大量炎性渗出物，心包腔有大量污秽恶臭的浆液性-纤维素性-化脓性渗出物，心外膜被覆厚层纤维素性化脓性渗出物，有的似绒毛（又称"绒毛心"），严重者渗出物可厚达数厘米，并发生机化，形似盔甲（又称"盔甲心"）。在心包腔渗出物中或在心尖、左右心壁中，常可发现尖锐的异物，有时在异物穿刺的径路上，由于肉芽组织增生，可形成含有脓液的管道。异物有时也转移到胸腔、肺、肋间、皮下组织，甚至返回网胃。后期，心包壁层和心外膜不同程度的粘连，使心包腔缩小，甚至完全闭合。

【病程与预后】病程较长者，可达数周。绝大部分患病动物呈化脓腐败性心包炎，终因脓毒败血症和心力衰竭而死亡，预后不良。

【诊断】根据病史，结合临床症状，即可初步诊断。诊断依据：①临床表现顽固性前胃弛缓、心区敏感、心包有摩擦音或拍水音、心脏浊音区扩大、心动过速等临床症状；②X线检查，心影增大，心膈角模糊不清，心膈间隙消失；③超声波检查，主要表现心包积液时的无回声带，即使少量积液也可被发现；④金属探测器检查，有的可检测到金属异物存在；⑤血液学检查，在急性炎症期，白细胞数、中性粒细胞数均增加，核左移；慢性时，白细胞变化不明显；⑥本病应与心包积液、胸膜肺炎等疾病进行鉴别。

【治疗】本病无有效治疗方法，创伤性网胃炎阶段可以通过手术或药物治疗，发展为创伤性心包炎时，应从经济角度予以评估，失去饲养价值的及早淘汰。

【预防】该病主要以预防为主，加强饲养管理，及时清除或避免饲料中混入尖锐金属异物。

二、心肌炎

心肌炎（myocarditis）是心肌局灶性和弥漫性的炎症疾病。按病程分为急性和慢性，临床上常见急性心肌炎，病理学基础是心肌实质变性、坏死和间质渗出、细胞浸润。临床特征是心率加快，第一心音增强，第二心音减弱，心律不齐。各种动物均可发病。

【病因】主要继发于：①某些病原微生物感染，如病毒（犬细小病毒、马传染性贫血病毒、口蹄疫病毒、流感病毒、脑心肌炎病毒等），细菌（马链球菌、沙门菌、梭菌、葡萄球菌等）；②营养缺乏，如硒、铜、铁、维生素E缺乏等；③药物和毒物中毒，如离子载体抗生素（如莫能菌素、盐霉素）中毒，斑蝥素中毒。

【临床症状】初期心搏动亢进，心音高朗；稍做运动，心动过速，运动停止后仍可维持较长时间。病原感染者，体温升高，可见与发热程度不平衡的心动过速。随着疾病的发展，表现心力衰竭，脉搏增速，第一心音增强伴有混浊或分裂；第二心音减弱，伴有缩期杂音。黏膜发绀，呼吸困难，体表静脉怒张，颌下、胸前、腹下水肿。严重者出现期前收缩，心律不齐，精神高度沉郁，食欲废绝，虚弱无力，甚至昏迷。

【诊断】根据病史，结合心动过速、第一心音增强、心律失常等症状，即可初步诊断。X线检查可见心影扩大或正常，心电图显示异常；实验室检查中性粒细胞增多，心脏肌酸激酶、肌钙蛋白、乳酸脱氢酶等同工酶升高，可为诊断提供依据。

【治疗】治疗原则是减轻心脏负担，增强心肌收缩机能，治疗原发病。

首先应使患病动物安静休息，给予良好的护理，供给蛋白质和维生素丰富的日粮。心力衰竭时使用利尿剂、血管扩张剂、血管紧张素转换酶抑制剂等。增强心肌收缩机能，常用地高辛、多巴酚丁胺等。心脏同工酶升高及非病毒感染者，可配合应用皮质类固醇。

三、其他疾病

疾　病	病　因	临床症状	诊　断	治　疗
心内膜炎 (endocarditis)	心内膜及瓣膜的炎症性疾病。各种动物均可发病。主要由细菌感染所致，常见的致病菌有链球菌、金黄色葡萄球菌、肺炎克雷伯菌、大肠杆菌、巴氏杆菌、猪丹毒丝菌、棒状杆菌、巴尔通体等。血管内皮或瓣膜损伤，胶原蛋白暴露，血小板黏附，产生微血栓，血源性细菌导致局部感染而发病。牛主要侵害三尖瓣，马、犬和猫主要侵害主动脉瓣和二尖瓣	慢性、间歇性或持续性体温升高，心动过速，心内杂音。后期出现心力衰竭，水肿，腹水，浅表静脉怒张，心脏浊音区扩大，呼吸困难，咳嗽。猪症状不明显，母猪产后2～3周出现无乳，体重下降。乳牛表现产乳量下降，乳腺炎	根据临床症状可初步诊断。X线检查心腔扩大，心电图、超声心动图对诊断具有重要价值	治疗原则是抗菌消炎，控制心力衰竭。可用广谱抗菌药（氨苄西林、庆大霉素、头孢菌素、恩诺沙星等），联合用药效果更好。控制心力衰竭，可用利尿剂、血管扩张剂。大动物还可用阿司匹林、肝素钠等预防血栓发展
心脏瓣膜病 (valvular disease)	心脏瓣膜、瓣孔（包括内膜壁层）发生形态或结构（器质性）变化，导致瓣膜闭锁不全和瓣口狭窄。主要由急性心内膜炎转化而来，也见于先天性心脏瓣膜病。各种动物均可发生，常见于马和犬	按照病变的部位和性质，主要有：①二尖瓣关闭不全：心搏动增强，触诊可感到缩期震颤，听诊第二心音增强，缩期杂音；后期呼吸急促，肺水肿，右心衰竭。②二尖瓣狭窄：心搏动增强，心区震颤，脉搏弱小；第一心音正常或较强，第二心音被杂音掩盖；右心肥大和扩张；呼吸困难，黏膜发绀。③三尖瓣闭锁不全：颈静脉阳性搏动，右侧心区震颤，缩期杂音，脉搏微弱；心力衰竭时，出现水肿、发绀、浅表静脉怒张。④三尖瓣狭窄：心搏动减弱，脉搏细弱，右侧心区有舒张期后心内杂音；颈静脉怒张，有阴性搏动，全身水肿，呼吸迫促。⑤主动脉瓣闭锁不全：心搏动增强，左侧心区震颤，第一心音增强，全舒期有心内杂音，有跳脉现象，左心肥大。⑥主动脉瓣狭窄：左侧心区震颤，缩期有心内杂音，有徐脉现象，左心肥大。⑦肺动脉瓣狭窄：心区震颤，脉搏细弱，左侧心区有缩期心内杂音，呼吸困难，黏膜发绀，右心肥大	临床上单个瓣膜闭锁不全或狭窄比较少见，常是几个瓣膜和瓣孔同时被侵害，症状错综复杂。根据临床症状可初步诊断，X线、超声心动图和心电图检查可为诊断提供依据	尚无特效疗法。轻症者注意休息，不需要用药治疗。重者用药物缓解心力衰竭。必要时手术治疗

（续）

疾 病	病 因	临床症状	诊 断	治 疗
高山病（mountain sickness）	高原低氧条件下动物产生的高原反应性疾病。按病程分急性和慢性两种。急性表现为高原肺水肿，慢性表现由高原红细胞增多症和低氧性肺动脉高压引起的右心充血性心力衰竭。常见于牛，尤其是1岁左右的犊牛，多呈慢性经过；马、骡、驴、山羊也可发病，多呈急性经过。采食疯草可使发病率增高	牛多呈慢性经过，精神不振，被毛粗乱，黏膜发绀，呼吸迫促，呼吸音增强。静脉怒张，胸前水肿，逐渐扩大到下颌间隙及体躯下部。腹水，腹泻。体温正常，心搏动过速，心音不清，心脏浊音区扩大，有的听到缩期杂音。红细胞数、血红蛋白含量和红细胞比容显著增加 马多呈急性经过，精神沉郁，呼吸、脉搏加快，黏膜发绀，心音增强。随着疾病发展，第一心音增强，第二心音减弱，心律失常和期前收缩，脉搏细弱，呼吸浅表，甚至呼吸困难。发生肺水肿时，可听到广泛性湿啰音，严重者突然倒地，四肢痉挛，短时间死亡	根据病史、结合临床症状，即可诊断。本病应与引起心力衰竭和肺水肿的其他疾病进行鉴别	立即隔离休息，限制运动，尽快转移到低海拔地区。辅助治疗措施包括输氧、利尿、静脉放血、强心等
圆心病（round heart disease）	心脏增大变圆、心力衰竭而突然死亡的一种禽类心脏病。鸡、鹅、火鸡均可发病。该病可能与维生素D和维生素E缺乏、饲喂食盐过多、应激、锌中毒、呋喃唑酮中毒有关，多酚氯、甲醛、黄曲霉毒素等也可诱发本病。遗传性病例主要是火鸡先天性缺乏α-抗胰蛋白酶所致	突然发病，迅速死亡。有些健康的产蛋母鸡突然高度紧张，继而倒地，翼肌和大腿肌剧烈收缩，几分钟后死亡。病程较长的突然虚脱，精神沉郁，冠呈暗红色，羽毛蓬乱，嗜睡。遗传性的在幼年发病，呈家族性，病程可数月，主要表现生长迟缓，惊恐不安，羽毛蓬乱，呼吸窘迫	根据突然发病、右心扩张及心脏呈圆形，即可诊断	尚无有效治疗方法。主要是供给全价饲料，保证充足的维生素和微量元素，减少应激因素，预防饲料霉败

第四章 血液及造血器官疾病

概　述

一、血液系统的组成及功能

血液系统由血液和造血器官组成，血液包括血浆及悬浮在其中的血细胞（红细胞、白细胞和血小板）。出生后，主要造血器官是骨髓、胸腺、脾和淋巴结。造血干细胞（hemopoietic stem cell，HSC）是各种血细胞与免疫细胞的起始细胞。骨髓是出生后主要的造血器官，HSC主要存在于骨髓造血微环境中，基质细胞、细胞因子及细胞外基质组成了造血微环境。基质细胞指骨髓中的网状细胞、内皮细胞、成纤维细胞、巨噬细胞和脂肪细胞。这些细胞产生细胞因子，调节HSC的增殖和分化，而且为HSC提供营养和黏附场所。HSC具有不断自我复制与多向分化增殖的能力，与细胞因子的调控分不开。这种调控又与造血因子的种类、数量以及各种细胞因子的相互作用有关。一般认为，分化后期细胞的受体特异性较强，只接受专一的细胞因子作用，如粒系集落刺激因子（G-CSF）促进中性粒细胞分化、成熟，粒-单系集落刺激因子（GM-CSF）促进粒-单系祖细胞分化成熟为粒细胞和单核细胞。一旦HSC受到致病因素的作用形成损害时，造血系统将发生严重的疾病。

血浆是机体内环境的重要组成部分，主要成分是水、低分子物质、蛋白质、氧和二氧化碳等。血浆含91%～92%的水和8%～9%的固体物质。水的含量与维持循环血量相对恒定密切相关。低分子物质包括多种电解质和小分子有机化合物，如营养物质、代谢产物和激素等，约占总量的2%。血浆电解质中主要的阳离子有Na^+、K^+、Ca^{2+}、Mg^{2+}；主要的阴离子有Cl^-、HCO_3^-、SO_4^{2-}及HPO_4^{2-}等，电解质的含量与组织液基本相同。这些无机离子及铜、锌、铁、锰、碘、钴等微量元素，在维持血浆渗透压、酸碱平衡和神经肌肉正常兴奋性等方面起重要作用。血浆中还含有蛋白质的代谢产物（如尿素、尿酸、肌酸、肌酸酐、氨基酸、谷胱甘肽、黄嘌呤等）及葡萄糖、中性脂肪、磷脂、胆固醇等。血浆蛋白主要有白蛋白、球蛋白和纤维蛋白原。其中，白蛋白的功能是调节和维持血液的胶体渗透压，以及作为许多物质（包括游离脂肪酸、胆汁酸、胆红素、阳离子、微量元素以及许多药物）的重要载体。此外，血浆白蛋白与碳酸氢盐和磷酸盐还可组成细胞外液的主要缓冲体系。球蛋白包括免疫球蛋白，在免疫应答中发挥作用。纤维蛋白原是纤维蛋白的前体，是血液凝固所必需的。

血液可为细胞提供水分、电解质、营养物质和激素，并具有清除代谢产物、运输氧气（红细胞）、保护机体免受外来微生物和抗原入侵（白细胞）以及启动凝血系统（血小板）的作用。

红细胞起源于骨髓中的多能造血干细胞，多能干细胞经过增殖，分化为定向干细胞，在红细胞生成素的作用下，进而发育为原始红细胞。原始红细胞再经过3次有丝分裂，依次经过早幼红细胞、中幼红细胞和晚幼红细胞各发育阶段而发育成熟，排出胞核，进入骨髓窦，然后释放到外周血液中。红细胞的主要生理功能是运输氧和二氧化碳，并对酸碱性物质具有缓冲作用，而这些功能均与血红蛋白有关，每克血红蛋白可携带氧 1.34 mL。红细胞的存活时间因动物种类不同而有很大的差异，如马的红细胞平均寿命为 140～150 d，牛 135～162 d，绵羊 70～153 d，山羊 125 d，猪 75～97 d，犬 110～122 d，猫 68 d，兔 68 d，小鼠 20～30 d。衰老的红细胞被破坏后释放出的血红蛋白在单核-巨噬细胞系统内降解为铁、珠蛋白和胆色素。多种原因可造成红细胞生成与破坏的平衡遭到破坏，使红细胞数量减少或增多。但一些疾病未引起红细胞数量的改变，而是使红细胞在质量方面发生改变。因此，红细胞数和血红蛋白含量的测定，以及红细胞形态和生化改变的检查，对这些疾病的诊断具有一定的意义。

白细胞不仅存在于血液中，还存在于循环系统之外。血液中的白细胞大部分为球形，根据细胞质中有无粗大的颗粒分为颗粒细胞和无颗粒细胞两类。各类白细胞的来源不同，颗粒白细胞由红骨髓的原始粒细胞分化而来；单核细胞大部分来源于红骨髓，一部分来源于单核巨噬细胞系统；淋巴细胞主要来源于骨髓、胸腺和其他淋巴组织。白细胞主要的功能依赖于自身具有的游走性、趋化性和吞噬作用等特性，以实现对机体的保护。中性粒细胞具有很强的运动游走与吞噬能力，能吞噬入侵的细菌、坏死细胞和衰老的红细胞，可将入侵微生物限定并杀灭于局部，防止其扩散；单核细胞也具有运动和吞噬能力，并能激活淋巴细胞的特异性免疫功能，促进淋巴细胞发挥免疫作用；嗜酸性粒细胞的功能主要在于缓解过敏反应和限制炎症过程；嗜碱性粒细胞含有组胺、肝素和 5-羟色胺等生物活性物质；淋巴细胞主要功能在于参与机体的免疫反应。白细胞在血液中一般停留若干小时至几天，衰老的白细胞大部分被单核-巨噬细胞系统的巨噬细胞所清除，小部分可在执行防御功能时被细菌或毒素所破坏，或经由唾液、尿液、肺和胃肠黏膜被排出。

血小板是从骨髓成熟的巨核细胞胞质裂解脱落下来的活细胞，血小板无核，胞质中含有多种与其功能有关的活性因子。血小板具有黏附、聚集、释放、吸附和收缩等生理特性，发挥重要的保护机能，主要包括生理性止血、凝血功能，纤维蛋白溶解作用和维持血管壁的完整性。血小板进入血液后，平均寿命 10 d 左右，但只有在最初的 2～3 d 具有正常的生理功能。衰老的血小板可在脾、肝和肺组织中被吞噬。

二、血液及造血器官疾病的诊断方法

血液及造血器官疾病的确诊需要依赖于实验室检查，但详细的病史询问和临床检查仍可为疾病的诊断提供线索。血液系统的主要症状是贫血和出血，例如溶血性疾病出现黄疸，贫血时黏膜苍白、全身无力；出血性疾病首先发现鼻出血、牙龈出血等。询问病史时，应重点了解服用药物及有无毒物或放射性核素的接触史，新生仔畜的溶血病由摄入初乳所致。

实验室检查是诊断的重要环节。正确的血细胞计数、血红蛋白测定以及血涂片细胞形态学观察，仍是最重要的诊断方法。如根据血红蛋白含量、红细胞数和红细胞比容计算出红细胞指数，有助于贫血的诊断及分类；血液涂片中红细胞嗜碱性点彩见于铅中毒，缺铁性贫血红细胞大小不均、中央淡染区扩大，血液寄生虫病可在红细胞中发现虫体。骨髓穿刺液涂片是血液病诊断中必不可少的步骤，用以了解造血细胞生成的质和量的变化，对诊断再生障碍性贫血具有重要意义。用细胞化学方法可将细胞内核酸、糖原、脂类、各种酶进行半定量染色，以协助确定细胞性质。由于高分辨率透射电镜及扫描电镜的应用，对病变血细胞的超微结构有了更深入的了解。其他实验室检查包括：各种凝血实验以测定血浆凝血因子、纤溶及抗凝系统活力，各种红细胞酶（如葡萄糖-6-磷酸脱氢酶）测定可诊断红细胞酶缺陷，血清铁蛋白及铁含量测定可了解体内储存铁和铁代谢情况，血液免疫学检查可了解各种细胞因子的状况。

超声波、电子计算机断层显影（CT）、磁共振显像（MRI）等影像诊断技术，对血液病的诊断也有很大帮助。

三、血液及造血器官疾病的治疗原则

治疗原则是去除病因，维持正常血液成分及其功能。去除病因，应尽快使患病动物脱离致病因素的作用，但有些病因难以明确或无法避免，使治疗效果受到影响，应加强病因方面的研究。

维持正常血液成分及其功能，主要通过加强护理，供给营养丰富、易消化的饲料，合理应用作用于血液或造血器官的药物，根据病情设计给药方案。常用的药物包括：①补血药，提供产生红细胞所需的原料（如血红蛋白合成物），以及刺激骨髓形成红细胞，从而治疗贫血病，如维生素 B_{12}、叶酸、铁制剂等；②止血药，提供外源性凝血因子和促进凝血的基质从而抑制毛细血管出血，如维生素 K、凝血酶原激活酶等；肾上腺素和去甲肾上腺素通过收缩血管而止血；③抗凝血剂，可直接或间接干扰凝血级联，如肝素、华法林等。

第一节　红细胞疾病

一、贫血

贫血（anemia）是各种原因引起外周血液中单位容积内红细胞数、血红蛋白含量和红细胞比容低于正常范围下限的一种临床综合征。基于不同的临床特点，贫血有不同的分类。按病程分急性和慢性；按红细胞的形态分大细胞性贫血、正常细胞性贫血和小细胞低色素性贫血；按血红蛋白浓度分轻度贫血、中度贫血、重度贫血；按骨髓能否对贫血状况做出再生反应分再生性贫血和非再生性贫血；按病因分失血性贫血、溶血性贫血和红细胞生成减少性（营养性和再生障碍性）贫血。临床特征是黏膜苍白、疲乏、困倦、皮温降低、心动过速、脉搏虚弱、血压降低。各种动物均可发病。

【**病因及分类**】贫血不是独立的疾病，而是一种症状表现。因此，贫血的病因是多方面的，可分为失血性贫血、溶血性贫血、营养性贫血和再生障碍性贫血 4 类（表 4-1）。

表 4-1　贫血的病因

类　型		原　因
失血性贫血	血管损伤	外伤、外科手术、产后出血、难产等
	内脏出血	急性：肝、脾破裂、胃肠道肿瘤、血管瘤等
		慢性：胃肠道寄生虫感染、胃溃疡等
	血凝障碍	毒物中毒：草木樨、敌鼠、蕨类植物及三氯乙烯脱脂的大豆饼中毒等
		遗传性疾病：血友病等各种遗传性出血病
	遗传性疾病	新生畜同族免疫性血小板减少性紫癜、犬和猫自体免疫性血小板减少性紫癜、幼犬凝血因子 X 缺乏等
溶血性贫血	微生物感染	溶血性梭菌、产气荚膜梭菌、溶血性链球菌、钩端螺旋体、血巴尔通体、附红细胞体、支原体、马传染性贫血病毒、猫白血病病毒、猫免疫缺陷病毒感染等
	寄生虫感染	锥虫、巴贝斯虫、泰勒虫、犬恶丝虫感染等
	毒物中毒	铅、铜、砷、锌、苯、皂苷、蓖麻籽、硝基苯、蛇毒、T-2 毒素、油菜、甘蓝、萝卜和洋葱中毒等
	免疫性因素	血型抗体：新生幼畜溶血病、不相合血型输血等
		药物使用不当：抗感染药（如青霉素、链霉素、四环素、头孢霉素、磺胺类、奎宁、对氨基水杨酸等），消炎止痛药[如吲哚美辛（消炎痛）、非那西汀等]，镇静药（如苯妥英钠、安乃近、氯丙嗪等），杀虫药等

(续)

类型		原因
溶血性贫血	代谢性疾病	产后血红蛋白尿症（低磷血症）、犊牛水中毒等
	遗传性疾病	丙酮酸激酶缺乏症、磷酸果糖激酶缺乏症等红细胞酶病，家族性口形细胞增多症等红细胞形态异常，红细胞生成性卟啉病和原卟啉病等卟啉代谢病等
营养性贫血	微量元素缺乏	铁缺乏、铜缺乏及钴缺乏
	维生素缺乏	维生素B_{12}缺乏、维生素B_6缺乏、叶酸缺乏、烟酸缺乏、硫胺素缺乏、维生素E缺乏
	蛋白质缺乏	蛋白质缺乏、赖氨酸缺乏
再生障碍性贫血	物理性因素	X线、镭、放射性核素等
	化学性因素	药物使用不当：氯霉素、合霉素、抗肿瘤药、磺胺类
		毒物中毒：苯化合物，重金属，农药（如六氯苯、DDT、有机磷等）
	生物性因素	细菌感染：结核分枝杆菌、鼻疽杆菌
		病毒感染：猫泛白细胞减少症病毒、马传染性贫血病毒、牛白血病病毒、禽白血病病毒、山羊关节炎病毒等
		真菌毒素中毒：如黄曲霉毒素、单端孢霉烯族化合物等
		植物中毒：牛蕨中毒
	疾病性因素	尿毒症（慢性肾功能衰竭）、垂体功能障碍、甲状腺功能减退、肾上腺功能不全等

虽然病因分类更能反映贫血的病理本质，有利于贫血的诊断和治疗。但该分类也有不足之处，多种因素所致的贫血，其发病原因往往不单纯为一种，有些慢性疾病（特别是生物性因素）所致的贫血就无法进行简单的归类。因此，贫血的分类应一方面根据形态学分类而同时又紧密地结合病因学分类来考虑，这样才能对贫血做出较准确而全面的诊断。

按红细胞指数即平均红细胞体积（MCV）、平均红细胞血红蛋白浓度（MCHC）、平均红细胞血红蛋白量（MCH）和红细胞象（着染情况、大小分布）等红细胞形态学特征，可将贫血分为3类（表4-2）。

表4-2 贫血形态学分类

类型	MCV	MCHC
大细胞性贫血	增大	正常
正常细胞性贫血	正常	正常
小细胞低色素性贫血	减少	明显减少

按骨髓是否对贫血状态做出再生反应，可分为再生性贫血和非再生性贫血。再生性贫血主要是血液丧失或溶血所致，而非再生性贫血主要是造血物质缺乏、慢性疾病、肾病及原发性骨髓疾病所致。再生性贫血的标志是：各种未成熟红细胞（多染性红细胞、网织红细胞、有核红细胞）在循环血液内出现和增多；骨髓红系细胞增生活跃，而幼粒细胞对幼红细胞的比例（粒红比）降低。非再生性贫血的标志是：循环血液内看不到未成熟红细胞；骨髓红系细胞减少而粒红比升高，或三系（红系、粒系、巨核系）细胞均减少。再生性贫血和非再生性贫血的红细胞变化见表4-3。

表4-3 再生性贫血和非再生性贫血的红细胞变化

项目		再生性贫血	非再生性贫血
网织红细胞	绝对数	$>6\times10^{10}$个/L	$<6\times10^{10}$个/L
	百分数	$>1\%$	$<1\%$
红细胞	大小及染色	红细胞大小不均和多染性细胞增多	红细胞大小不均和多染性细胞少见或缺乏，形态变化多样
	形态	巨红细胞数增多、血红蛋白含量减少	红细胞数和血红蛋白含量正常
			巨红细胞数、血红蛋白含量减少，骨髓增生。见于维生素B_{12}、叶酸缺乏
			小红细胞数、血红蛋白含量正常。见于铁缺乏、肝脑疾病
			小红细胞数、血红蛋白含量减少。见于晚期铁缺乏
	结构	有核红细胞增多，嗜碱性点彩，出现Howell-Jolly小体、海因茨体、红细胞寄生虫	无有核红细胞
骨髓		红细胞增生	红细胞发育不全

【发病机理】红细胞起源于骨髓的原血细胞，即多能干细胞（multipotential stem cell，MSC）。原血细胞经过增殖，分化为定向红系干细胞，进而发育为原始红细胞，再经过早幼红细胞、中幼红细胞和晚幼红细胞3次有丝分裂而发育成熟，然后释放到循环血液中。红细胞生成素是产生于肾的一种特异性激素，能刺激红系干细胞及各发育阶段幼红细胞的分裂。贫血和血氧过低是刺激这种激素生成和释放的主要因素。红细胞的生成，除需要有健全的骨髓造血功能和红细胞生成素的刺激以外，还需要有某些营养物质［包括蛋白质、铁、铜、钴、维生素B_6（吡哆醇）、维生素B_{12}和叶酸等］作为造血原料或辅助成分。健康动物外周血液红细胞数量保持恒定，每日随衰老破坏而损失的红细胞，由骨髓生成相同数量的新生红细胞及时加以补充。各种病因所致贫血的机理，可概括为两个方面，即循环血液中红细胞损耗过多，或循环血液中的红细胞补充不足。造成损耗过多的，无非是红细胞的丢失和崩解；造成补充不足的，无非是造血物质缺乏和造血机能减退。

1. 失（出）血性贫血 主要是血管壁的完整性（特别是动脉血管）遭到破坏，见于外出血（手术失血、外伤出血、胃肠道出血、尿道出血等）或内出血（胸腔出血、腹腔出血）所致的血液丧失，使血容量减少而发生的贫血。临床上将短期内大量出血后所致的贫血称为急性失血性贫血，而将长期少量出血后所致的贫血称为慢性失血性贫血。急性大量失血导致循环血量减少，机体通过代偿作用，促使组织内的水分进入血液循环，以补充血容量，但因红细胞数恢复缓慢，出血后短期内血红蛋白含量降低。慢性出血由于失血量少而不影响机体血容量，但机体内的铁随红细胞不断流失而耗竭，可引起缺铁性贫血；持久的慢性出血性贫血，使血管的渗透性增强，导致水肿及体腔积液。

2. 溶血性贫血 是指红细胞非自然衰老而因遭受破坏发生的贫血，主要是因红细胞自身缺陷或外界因素致使红细胞寿命缩短或过早、过多地破坏，骨髓造血功能不能代偿红细胞的损耗，临床上具有溶血和贫血的明显表现。溶血性贫血按遗传因素存在与否分为遗传性（先天性）和后天获得性两大类。兽医临床常见的是后天获得性溶血性贫血，细菌、病毒、寄生虫、毒物、免疫原等，均可通过Ⅱ型变态反应发生溶血性贫血，即特异性抗体（IgG或IgM）与吸附在红细胞上的抗原结合，引起细胞凝集或在补体作用下使细胞溶解；另外，严重的皮肤烧伤（20%以上）及摄入过量的冷水（尤其是小牛），也可造成血管内溶血。由于大量红细胞的破坏，形成的非结合胆红素超过了肝的摄取、结合与排泄的能力；另外由于溶血性贫血导致的缺氧和红细胞破坏产物的作用，降低了肝对胆红素的代谢能力，使非结合胆红素在血液中潴留，超过正常水平而出现黄疸。在血管内溶血性贫血的发生过程中，游离的血红蛋白从肾排出，尿液常呈红茶色、红葡萄酒色或酱油色。

3. 营养性贫血 由于造血原料供应不足所引起的贫血。其中包括微量元素（铁、铜及钴）缺乏，维生素（维生素 B_{12}、维生素 B_6、叶酸、烟酸、硫胺素）及蛋白质缺乏。铁缺乏影响血红蛋白的合成，表现小细胞低色素性贫血。维生素 B_{12} 和烟酸都是脱氧核糖核酸（DNA）合成过程不可缺少的辅酶因子，缺少两者中任何一种都可影响细胞分裂，从而形成有核分裂障碍的巨型红细胞，表现幼红细胞和巨红细胞性贫血，这种细胞大部分在骨髓内未成熟就被破坏。

4. 再生障碍性贫血 主要是由化学、物理、生物性因素及不明原因引起的骨髓造血功能衰竭，以造血干细胞损伤、外周血全血细胞较少为特征。化学因素包括各类可引起骨髓抑制的药物、工业化学用品等。物理因素包括 X 线、镭、放射性核素等干扰 DNA 的复制，抑制细胞的有丝分裂，从而使造血干细胞数量减少，干扰骨髓细胞的生成。生物因素包括某些细菌、病毒严重感染及某些真菌毒素中毒，可影响骨髓的造血功能。

【临床症状】

1. 共同症状 皮肤、黏膜苍白，皮温降低，精神沉郁，疲乏，困倦，软弱无力，运步不稳，皮肤干燥且松弛，心跳加快，呼吸急促。运动后心悸、气短更加明显。严重的患病动物体温降低，排出黏稠的冷汗，四肢厥冷，脉搏细弱，心音微弱，心脏听诊时可听到缩期杂音，皮下水肿，甚至卧地不起。贫血的临床表现取决于贫血的程度、机体对缺氧的代偿能力和适应能力及患病动物的运动状况。如果贫血发生较迅速，血容量明显减少，则临床症状较为严重。如果贫血发生缓慢，机体有足够的时间适应低氧状态，则症状较轻。

2. 失血性贫血 与出血量的多少和出血时间长短有关，急性失血量与机体的状况见表4-4。较轻时，虚弱无力，呆立，运步不稳；严重时，肌肉痉挛，黏膜苍白，体温降低，排出黏稠的冷汗，四肢厥冷，瞳孔散大，反应迟钝，心脏听诊呈缩期杂音。慢性失血性贫血发展缓慢，初期症状不明显，黏膜逐渐苍白，渐进性消瘦、衰弱，脉搏快而弱，呼吸浅表，有的下颌间隙、胸腹部、四肢末端水肿，体腔积液。血液学检查，急性病例呈正细胞正色素性贫血，外周血液出现大量网织红细胞及幼稚型红细胞，伴有血浆蛋白含量降低；慢性则因铁流失，表现小细胞低色素性贫血。

表4-4 动物急性失血量与机体状况

失血量（%）	心率	呼吸率	毛细血管再充盈时间	血压	其他症状
<15	正常	正常	正常	正常	轻度不安
15～30	增加	增加	轻度延长	正常	不安
30～40	中度至重度增加	增加	延长	降低	精神沉郁，四肢厥冷
>40	严重增加	增加	黏膜极度苍白	严重低血压	反应迟钝，末梢冰凉

3. 溶血性贫血 黏膜苍白的同时伴有明显的黄染，精神沉郁，心跳加快，呼吸急促，运动无力，尿液呈茶色或酱油色。有的感染性溶血性贫血，出现血红蛋白尿并伴有发热；溶血毒素或抗原-抗体反应性贫血，体温正常或低下。

4. 营养性贫血 贫血呈逐渐发展，进行性消瘦，营养不良。仔猪容易发生缺铁性贫血，表现生长缓慢，精神沉郁，食欲降低，腹泻，黏膜苍白，脉搏加快，呼吸迫促，被毛粗乱；严重者呼吸困难，甚至死亡。血液学检查，红细胞数减少，血红蛋白含量下降，红细胞大小不均、淡染；钴、维生素 B_{12} 和叶酸缺乏时，可出现巨红细胞性贫血。

5. 再生障碍性贫血 黏膜逐渐苍白，机体衰弱，心动过速，容易疲劳，气喘。感染时，体温升高。血液学检查，全血细胞减少，正细胞正色素性贫血。骨髓穿刺检查，粒细胞、红系细胞及巨核细胞明显减少，淋巴细胞及非造血细胞比例明显升高。

【诊断】 根据病史，结合特征性临床症状，即可初步诊断，本病的关键是确定贫血的原因。诊断依据：①临床表现黏膜苍白，疲乏、困倦，皮温降低，心动过速，脉搏虚弱，血压降低等临床症状；②红细胞数、血红蛋白含量和红细胞比容低于正常范围下限，必要时进行骨髓涂片检查；③通过详细询问病史，了解可能的病因及判断贫血的类型；④X线、超声波检查对内脏出血有诊断价值；⑤实验室检查可为判断病因和类型提供依据（表4-5、表4-6）。

表4-5 失血性贫血与溶血性贫血鉴别

失血性贫血	溶血性贫血
血清蛋白含量正常/降低	血清蛋白含量正常/升高
有明显出血表现	无明显出血表现
无黄疸、无血红蛋白血症、无球形红细胞增多症、无含铁血黄素尿症、无自凝反应、无脾肿大	出现黄疸、血红蛋白尿、球形红细胞增多症、含铁血黄素尿症、脾肿大，有时表现自凝反应
红细胞数无变化	红细胞数降低
直接Coomb's试验阴性	直接Coomb's试验阳性

表4-6 贫血动物血液学变化

指标	再生性贫血				非再生性贫血	
	失血性		溶血性		再生障碍性	缺铁性
	急性	慢性	急性	慢性		
PCV	正常	降低	降低	降低	中度至严重降低	降低
Hb	正常	降低	正常至降低	降低	降低	降低
MCV	正常	升高	正常	升高	正常至降低	降低
MCH	正常	升高	升高	升高	正常至降低	降低
MCHC	正常	降低	升高	降低	正常至降低	降低
网织红细胞反应	没有	有	没有	有	少见	少见
红细胞形态	正细胞、正色素	大小不均，多染性	大小不均，球形	大小不均，多染性	正细胞、正色素	小细胞，低色素性

【治疗】 治疗原则是根据贫血类型采取止血，恢复血容量，补充造血物质，刺激骨髓造血机能的措施。

1. 迅速止血 对于外出血，常用结扎血管、填充及绷带压迫等方法止血；内出血及局部出血，可用酚磺乙胺（止血敏）、安络血、凝血质、维生素K_1等，肌内注射或静脉注射。

2. 补充血容量 可用5%葡萄糖氯化钠注射液、右旋糖酐70注射液、羟乙基淀粉注射液等，静脉注射。急性大出血，有条件的可进行输血，输血前必须进行交叉配血试验。

3. 供给造血物质 缺铁性贫血可用硫酸亚铁、右旋糖酐铁。叶酸缺乏可用叶酸、维生素B_{12}，口服。

4. 刺激骨髓造血机能 可用重组人红细胞生成素、粒细胞集落刺激因子等，皮下注射或静脉注射。

二、仔猪缺铁性贫血

仔猪缺铁性贫血（iron deficiency anemia in piglets）是由于铁摄入不足，导致体内储存的铁耗尽所致的一种贫血性疾病。临床特征是黏膜苍白，生长缓慢，营养不良。主要见于圈舍用水泥或砖铺地面饲养的哺乳仔猪，多发于1～6周龄，7～21日龄发病率最高，冬、春季节常见。

【病因】仔猪缺铁是因出生时肝内铁储备不足，出生后生长速度快，生成血红蛋白需要铁量较多，而母乳中铁含量甚微，从乳汁中所吸收的铁不能满足其需要。仔猪生长越快，其发病率越高，病情也越严重，有的养殖场发病率高达30%～50%。另外，日粮中铜、钴、锰、蛋白质、叶酸、维生素B_{12}缺乏可诱发本病。

【发病机理】血液中的铁是以与血红蛋白、铁传递蛋白和铁蛋白结合的形式存在的，游离铁很少。血红蛋白中的铁与传递蛋白中的铁含量之比为1 000∶1，前者存在于红细胞中，后者存在于血浆中。铁蛋白可存在于红细胞、白细胞（特别是大单核细胞）及血清中，铁蛋白中铁仅占血液中铁的0.2%～0.4%。当体内储备的铁减少到不足以补偿功能状态的铁时，铁蛋白、含铁血黄素减少，血清铁、转铁蛋白饱和度降低，总铁结合力和未结合铁的转铁蛋白升高，红细胞内缺铁、组织缺铁。红细胞内缺铁，血红素合成障碍，大量原卟啉不能与铁结合成血红素，以游离原卟啉的形式积累在红细胞内或与锌原子结合成锌原卟啉，血红蛋白生成减少，红细胞胞质少、体积小，发生小细胞低色素性贫血。组织缺铁，细胞内含铁酶和铁依赖酶的活性降低，进而影响机体的生长发育和免疫功能。

【临床症状】精神沉郁，生长缓慢，食欲减退，呼吸加快，脉搏增数，被毛粗乱无光泽；可视黏膜苍白、黄染。有的腹泻，但粪便颜色正常。病猪可突然死亡，存活猪多消瘦，健康状况低下，很容易诱发仔猪白痢等。

血液学检查，血红蛋白含量下降，红细胞数减少；红细胞大小不均，染色淡，出现未成熟的有核红细胞和网织红细胞，血液稀薄，血凝缓慢。血红蛋白含量是仔猪铁营养状况的可靠指标，也影响着仔猪的临床表现（表4-7）。

表4-7 8周龄内的仔猪血红蛋白含量与仔猪临床表现和铁需要的关系

血红蛋白含量（g/L）	临床表现与铁需要
>100	仔猪生长发育良好，铁能满足机体需要
90	铁满足机体最低需要量
80	贫血临界限，需补铁
60～70	贫血，生长受抑制
40～60	严重贫血，生长显著减慢
<40	严重贫血，死亡率升高

【诊断】根据病史、临床症状，结合血液学检查，可初步诊断。血清铁蛋白和铁含量测定，可为诊断提供依据。

【治疗】治疗原则是补充铁制剂。可选用右旋糖酐铁注射液、硒生血素注射液等，深部肌内注射；配合应用叶酸、维生素B_{12}，效果更好。也可用1.8%硫酸亚铁溶液，4～6 mL/d，口服。

第二节　血液及造血器官其他疾病

一、血斑病

血斑病（morbus maculosus）是因Ⅲ型超敏反应所致的毛细血管壁通透性增加，造成各组织器官的浆液-出血性浸润的疾病，又称血管性紫癜。临床特征是黏膜、皮肤水肿和出血。主要发生于马，牛、猪、犬少见。

【病因】常继发于链球菌呼吸道感染，是由抗体与沉积在血管基底膜上的链球菌抗原形成的免疫复合物而引起。牛见于乳腺炎、子宫内膜炎、阴道炎之后。

【临床症状】初期可视黏膜有点状出血，继之融合成较大的淤血斑，体躯各部位皮肤呈对称性肿胀，周缘呈堤状，边界明显。头部的唇、颊、鼻、鼻翼等重剧肿胀，呈"河马头"状。四肢肿胀2～3倍，似"象腿"。肿胀部皮肤紧张，表面常有淡黄色黏稠液，干涸后形成黄褐色痂块。猪常伴有荨麻疹。如发生内脏器官出血、水肿和坏死，则表现心率加快，心浊音区增大，心杂音；腹痛，腹泻；呼吸困难，甚至窒息；血尿，蛋白尿，急性肾功能衰竭；兴奋狂暴，昏睡等。

【治疗】缓解变态反应。及早使用糖皮质激素及抗过敏药，如氢化可的松、泼尼松、地塞米松等。对症治疗包括降低血管通透性，可用5%氯化钙注射液或10%葡萄糖酸钙注射液，静脉注射；强心、补液。

二、血小板减少性紫癜

血小板减少性紫癜（thrombocytopenic purpura）是外周血液中血小板减少而导致的皮肤、黏膜及内脏出血的疾病。临床特征是皮肤、黏膜广泛性出血，凝血时间延长。主要见于马、牛、犬、猫。

【病因】原发性血小板减少性紫癜主要由于同种免疫或自体产生抗血小板抗体，使循环血小板凝集，并在脾等网状内皮系统中滞留或破坏。抗原-抗体反应对血管壁也会造成一定损伤。继发性血小板减少性紫癜多伴随于其他疾病的过程中，如细菌、病毒、寄生虫感染；也见于骨髓损伤。

【临床症状】皮肤、黏膜有出血点或出血斑，牙龈出血更明显，严重的形成血肿。鼻液、粪便、尿液乃至胸腹腔穿刺液有血细胞。脑脊髓出血呈现相应的神经症状。继发性的还表现原发病症。

【诊断】根据病史，结合皮肤、黏膜出血等临床症状，即可初步诊断。血小板检查可为诊断提供依据。

【治疗】治疗原则是除去病因，减少血小板破坏和补充循环血小板。常用疗法包括给予免疫抑制剂、输血和脾切除术。继发者应治疗原发病。

第五章 泌尿系统疾病

概述

一、泌尿系统的组成与功能

泌尿系统是动物体内重要的排泄系统，主管机体尿液的生成和排泄功能。由肾、输尿管、膀胱、尿道及有关的血管、神经等组成。肾是生成尿液的器官，输尿管为输送尿液至膀胱的管道，膀胱为暂时储存尿液的器官，尿道是排出尿液的管道。动物体在新陈代谢过程中产生的代谢产物（如尿素、尿酸、无机盐等）和多余的水分，由心血管系统输送到肾，在肾内形成尿液后，经排尿管道排出体外。肾的生理功能主要是排泄代谢产物及调节水、电解质和酸碱平衡，维持机体内环境稳定。此外，肾还具有内分泌功能，能产生多种生物活性物质，如肾素、前列腺素、促红细胞生成素、1,25-二羟维生素 D_3 等，对机体的某些生理活动起调节作用。

肾实质主要由大量弯曲行走的泌尿小管构成，泌尿小管包括肾单位和集合小管，其间为肾间质。肾单位由肾小球和肾小管组成，是尿液形成的结构和功能单位。尿的生成是由肾单位和集合管协同完成的。尿的生成包括三个环节：①肾小球的滤过作用，形成滤过液（原尿）。循环血液流经肾小球毛细血管时，除了血细胞和大分子蛋白质外，血浆中的水和小分子溶质，包括少量分子质量较小的血浆蛋白，都可通过滤过膜滤入肾小囊而形成原尿。因此，原尿中其他成分，如葡萄糖、氯化物、无机磷酸盐、尿素、尿酸和肌酐等各种晶体物质的浓度与血浆非常接近，而且渗透压及酸碱度也与血浆相似。影响肾小球滤过率的因素主要是滤过膜通透性、有效滤过面积、有效滤过压和肾血浆流量。②肾小管和集合管对原尿的重吸收，也就是上皮细胞将物质从肾小管转运到血液中的过程，重吸收的方式有主动转运和被动转运两类。重吸收功能有两个特点，一是选择性，有利于肾排泄代谢废物，维持内环境的稳定；二是有限性，肾小管的重吸收功能有一定限度，当血浆中某些物质浓度过高，滤液中该物质含量就会过高，当超过肾小管重吸收限度时，尿中便出现该物质。③肾小管和集合管的分泌、排泄作用，最后生成尿液（终尿）排出。管壁细胞能把自身的代谢产物分泌到小管液中，也能把某些外来物质（如进入体内的青霉素、酚红以及大部分利尿药，因与血浆蛋白结合在一起，而不能通过肾小球滤过）排入肾小管内。

尿的生成除了以上各环节中的调节作用外，还包括肾内自身调节和神经调节、体液调节。肾内自身调节主要是小管液中溶质浓度的作用和球-管平衡等。神经调节和体液调节包括交感神经、抗利尿激素、肾素-血管紧张素-醛固酮系统、心房钠尿肽的调节作用。

肾生成尿是个连续的过程，由于膀胱的储存作用，排尿是间歇进行的。尿液在膀胱内储存，达到一定量时发生排尿。机体排尿受神经反射性调节。排尿反射是一种脊髓反射，并且受脑的高级中枢控制，可以由意识抑制或促进。正常的排尿反射是由自主神经和躯干神经相互作用的结果，膀胱充盈时膀胱壁的牵张感受器被牵引，传入神经将此信息经盆神经传入脊髓骶段，其传出神经纤维（副交感神经）由盆神经到达逼尿肌，使逼尿肌收缩，尿液经尿道排出体外。由于排尿是一个反射活动，当该反射弧的任何组成部分发生损害时，都能造成排尿异常。

二、引起泌尿系统疾病的病因

正常情况下，泌尿系统，尤其是肾具有强大的代偿功能。当致病因素导致的损伤超过了泌尿器官或肾的自身代偿能力时，就会发生不同程度的功能障碍，引起泌尿系统的疾病。泌尿系统疾病的病因是多种多样的，主要为感染因素、毒物和药物因素、免疫反应、营养代谢因素以及其他因素。

1. 感染因素 许多细菌、病毒和寄生虫感染，主要是血行感染和尿路上行感染所致。也就是入侵机体或其他感染病灶的病原微生物通过血液循环到达泌尿器官引起疾病；或病原微生物经尿道进入膀胱，进而引起肾、肾盂等感染。

2. 毒物和药物因素 作用于泌尿系统的毒物有：霉菌毒素（桔青霉素、赭曲霉素、伏马菌素等）、植物（含草酸盐的植物、甘蓝、洋葱、百合等）、动物毒素（斑蝥素、蛇毒等）、金属（砷、汞、铅、镉、镍等）、农药（维生素D_3杀鼠药、敌草快、百草枯、盐酸3-氯对甲苯胺等）、其他化学物（乙二醇、苯酚、甲苯及其他家用化学品等）；作用于泌尿系统的药物有抗肿瘤药、氨基糖苷类药、两性霉素B、磺胺药、四环素、维生素K_3、维生素D、麻醉药、抗炎药、免疫抑制剂等。

3. 免疫反应 多数肾小球肾炎是免疫介导性炎症疾病。各种变应原产生的抗原-抗体反应及其复合物对肾小球基底膜的损伤，造成肾细胞和尿路细胞变性、坏死、脱落以至炎症反应。

4. 营养代谢因素 某些营养物质缺乏或代谢紊乱，可造成肾功能或结构的改变。如维生素A缺乏、钙过多、糖尿病、遗传因素等。

5. 其他因素 外伤、手术、导尿管等引起的损伤；冷、热应激，营养不良，过度疲劳，长途运输等，均可成为诱发因素。

由于泌尿系统各器官在解剖生理上是密切联系的，因此，泌尿系统的疾病，大多是相互联系、相互继发、相互转化、互为因果的。此外，泌尿系统与机体的其他内脏器官（心、肺、肝、胃肠等）也具有极其密切的机能联系。因此，当机体任何一个器官发生机能障碍，或是肾或泌尿器官发生病变时，均能产生不同程度的相互影响。如肾病过程中，由于大量有害代谢产物不能排出体外，就会导致心、肺、胃肠道等的机能紊乱；同样，上述器官的疾病发生时，病原菌及其毒素或各种病理产物均能通过不同途径侵入肾，影响泌尿系统的功能。

三、泌尿系统疾病的主要临床症状

泌尿系统疾病的临床症状主要包括尿液颜色的异常（如血尿）和排尿障碍（如多尿、少尿、无尿、尿频、尿失禁、尿痛等）；肾功能不全时还表现水肿等，严重者出现尿毒症。由于疾病发生的部位不同，临床表现有较大差异；即使有相似的症状，病因、发病机理及病理变化也不尽相同。另外，肌肉、血液疾病及支配尿路的神经损伤等也可导致尿液颜色异常及排尿障碍，临床上应仔细辨别。

四、泌尿系统疾病的诊断技术

泌尿系统疾病的诊断，主要根据病史和临床症状，结合尿液分析、血清肾功能检查、X线、腹部超声及膀胱镜检查等，进行综合分析；必要时可用肾血管造影、放射性核素检查、CT、MRI等检查。肾活检对判断疾病的性质、明确诊断或判断预后很有帮助。尿液检查常是确定有无肾损伤的主要依据，如尿液中的蛋白质、红细胞、白细胞、管型等，必要时进行细菌培养。血浆清除率试验，血清肌酐、尿素氮、尿酸、钙、磷、碳酸氢盐、电解质含量的测定，

可判断肾小球滤过率,但这些并不是泌尿系统疾病的特异性指标。

五、泌尿系统疾病的治疗原则

治疗原则是去除病因,抗菌消炎,对症治疗,防治并发症。抗菌药的选择除了保证药物具有适当的抗菌活性和在尿液中达到有效浓度外,还应具有便于给药、不良反应少和价格相对较低的特点,最好是通过尿液细菌培养与药敏试验,选择适宜的抗菌药。对症治疗主要是利尿消肿,可用利尿药促进水肿液或体液容量超负荷动物体内水的排出,调节水、电解质平衡。

第一节 肾脏疾病

一、肾炎

肾炎(nephritis)是肾小球、肾小管或肾间质组织的炎症性疾病。按病程分为急性肾炎和慢性肾炎;按发生部位分为肾小球肾炎、肾小管肾炎及间质性肾炎。临床特征是肾区敏感、疼痛,尿量减少,尿液中出现病理产物。各种动物均可发病,马、猪、犬、猫多见。

【病因】肾炎的病因尚未完全阐明,认为主要与感染、毒物等因素有关。

1. 感染因素 继发于某些传染病,如流感、炭疽、传染性胸膜肺炎、结核病、猪瘟、猪丹毒、口蹄疫、犬瘟热及钩端螺旋体、链球菌感染等。此外,也可由邻近器官的炎症蔓延而引起,如肾盂肾炎、子宫内膜炎等。

2. 毒物因素 内源性毒物,如胃肠炎、肝炎、腹膜炎及大面积烧伤等疾病经过中所产生的毒素和组织分解产物;外源性毒物,如某些药物(尤其抗菌药)、有毒植物、霉败饲料及其他有毒物质(如汞、砷、铅、磷、斑蝥素等)。

动物营养不良、过度劳役、长途运输、受寒感冒等,均可成为诱发因素。

【发病机理】多数肾炎是免疫介导性疾病。一般认为,免疫机制是肾小球病的始发机制,在炎症介质(如补体、白细胞介素、活性氧等)参与下,最后导致肾小球损伤和产生临床症状。在慢性进展过程中也有非免疫、非炎症机制参与。

1. 免疫机制 已经证明,细胞免疫和体液免疫都参与肾炎的发生,体液免疫主要指循环免疫复合物(CIC)和原位免疫复合物。①体液免疫:通过两种方式形成肾小球内免疫复合物(IC)。一是循环免疫复合物沉积,主要是某些外源性抗原(如致肾炎链球菌的某些成分)或内源性抗原(如天然 DNA)可刺激机体产生相应抗体,在血液循环中形成 CIC,CIC 在某些情况下沉积或为肾小球所捕捉,并激活炎症介质后导致肾炎发生。多个抗原、抗体分子交叉连接所构成的网络样 IC,单核-巨噬细胞系统吞噬功能和/或肾小球系膜清除功能降低及补体成分或功能缺陷等原因使 CIC 易沉积于肾小球而致病。二是原位免疫复合物形成,主要是血液中游离抗体(或抗原)与肾小球固有抗原(如肾小球基底膜抗原或脏层上皮细胞糖蛋白)或已种植于肾小球的外源性抗原(或抗体)相结合,在肾局部形成 IC,并导致肾炎。原位 IC 形成或 CIC 沉积所致的肾小球免疫复合物,如为肾小球系膜所清除,或被单核-巨噬细胞、局部浸润的中性粒细胞吞噬,病变则多可恢复。若肾小球内 IC 持续存在或继续沉积形成,或机体针对肾小球内免疫复合物中免疫球蛋白产生自身抗体,则可导致病变持续和进展。②细胞免疫:研究表明,T 淋巴细胞、单核细胞等在肾小球肾炎发生中发挥一定作用。

2. 炎症机制 炎症介导系统可分为炎症细胞和炎症介质两大类,炎症细胞可产生炎症介质,炎症介质又可趋化、激活炎症细胞,各种炎症介质间又相互促进或制约,形成一个十分复杂的网络关系。炎症细胞包括单核-巨噬细胞、中性粒细胞、嗜酸性粒细胞及血小板等,炎症细胞可产生多种炎症介质,造成肾小球炎性病变。此外,有些炎症细胞(如激活的巨噬细胞)

还可直接分泌细胞外基质（ECM）成分，产生抑制 ECM 分解的蛋白酶并发挥激活成纤维细胞的作用等，与肾小球、间质慢性进展性损伤相关。肾小管固有细胞（如系膜细胞、内皮细胞和上皮细胞）具有多种免疫球蛋白和炎症介质受体，能分泌多种炎症介质和细胞外基质，主动参与肾小球免疫介导性炎症的发生、发展。已经证实的具有重要致炎作用的炎症介质包括：补体、凝血纤溶因子、血管活性肽、白细胞三烯、激肽、生物活性肽（血管活性肽、生长因子）、生物活性酯（前列腺素类）、血管活性胺、活性氧、活性氮等。

3. 非免疫机制 免疫介导性炎症在肾小球病致病中起主要作用和起始作用，在慢性进展过程中存在非免疫机制的参与，有时成为病变持续、恶化的重要因素。未病变的肾单位可产生血流动力学改变，促进肾小球硬化。另外，大量蛋白尿可作为一个独立的致病因素参与肾的病变过程。

【临床症状】

1. 急性肾炎 精神沉郁，食欲减退，体温升高。肾区疼痛，触诊肾区敏感，背腰拱起，站立时四肢叉开或集于腹下，运步困难，步态强拘。尿量减少，尿色浓暗，严重时无尿。血压升高，脉搏强硬，第二心音增强；病程较长时，可出现血液循环障碍和全身静脉淤血。有的在眼睑、胸腹下出现水肿。严重者呈尿毒症，全身衰竭，四肢无力，意识障碍或昏迷，呼吸困难，全身肌肉阵发性痉挛。

尿液检查，蛋白质含量增加，尿沉渣中有透明、颗粒和红细胞管型，并有红细胞、肾上皮细胞、白细胞、病原菌等。

2. 慢性肾炎 多由急性肾炎发展而来。全身衰竭，疲乏无力，食欲减退，消化不良，逐渐消瘦。后期，眼睑、胸前、腹下或四肢末端出现水肿，严重时可发生体腔积液或肺水肿。

尿液检查，尿量不定，相对密度升高，蛋白质含量增加；尿沉渣中有大量肾上皮细胞，透明管型、颗粒和上皮管型，少量红细胞和白细胞。

3. 间质性肾炎 初期尿量增多，后期减少。血压升高，心脏肥大，心搏动增强，主动脉第二心音增强。随着疾病的发展，出现心力衰竭，皮下水肿。大动物直肠检查和小动物肾区触诊，可摸到肾体积缩小、有坚硬感，但无疼痛表现。

尿液检查，有少量蛋白质和红细胞、白细胞、肾上皮细胞，有时可发现透明管型、颗粒管型。

【病程与预后】急性肾炎病程持续 1~2 周，及时治疗，预后良好。病程拖长，多转为慢性肾炎，可持续数月乃至数年，不易治愈。重症病例，多死于尿毒症。间质性肾炎经过缓慢，预后多不良。

【诊断】根据病史、临床症状，结合尿液检查和肾功能检查，即可初步诊断。诊断依据：①临床表现肾区敏感、疼痛，尿量减少，伴有眼睑、胸腹下水肿；②尿液检查，呈蛋白尿，尿沉渣中有大量红细胞、白细胞、上皮细胞，并可见各种管型；③血清尿素氮、肌酐含量升高；④X 线、超声波检查，肾增大；⑤必要时可进行肾活检；⑥本病应与肾病进行鉴别。

【治疗】治疗原则主要是去除病因，加强护理，消炎利尿，抑制免疫反应，对症疗法。

1. 加强护理 将患病动物置于温暖、干燥、阳光充足且通风良好的畜舍内，并给予充分休息。供给低盐、低蛋白日粮。

2. 抗菌消炎 可选用青霉素、链霉素、氨苄西林、头孢菌素、喹诺酮类等，肌内注射。

3. 抑制免疫与炎症反应 主要用肾上腺皮质激素（如醋酸泼尼松、泼尼松龙、氢化可的松、地塞米松等）、抗肿瘤的药物（如环磷酰胺、氮芥等）。

4. 利尿消肿 有明显水肿时，应及时使用利尿剂，如氢氯噻嗪、呋塞米等。

5. 对症治疗 当心脏衰弱时，可用强心剂，如安钠咖、樟脑磺酸钠或洋地黄制剂。出现尿毒症时，可用 5% 碳酸氢钠注射液、11.2% 乳酸钠注射液，静脉注射。

【预防】加强饲养管理，防治动物受寒、感冒，以减少病原微生物的感染。保证饲料品质，禁止饲喂有刺激性或发霉、变质、腐败的饲料。对急性肾炎的患病动物应及时采取有效的治疗措施，彻底消除病因以防复发或转为慢性肾炎。

二、肾病

肾病（nephrosis）是肾小管上皮发生弥漫性变性、坏死的一种非炎性疾病。临床特征是大量蛋白尿，水肿，低蛋白血症。各种动物均可发生，马、牛、犬、猫多见。

【病因】主要见于病原微生物感染、毒物和药物损害、肾缺血。

1. 感染 见于某些传染病的经过中，如马传染性贫血、流感、口蹄疫、结核病、猪丹毒、猪棒状杆菌病、传染性胸膜肺炎等。

2. 毒物和药物 毒物或药物对肾的损害可导致肾病。主要的毒物有重金属（砷、汞、镉、硒、有机铜等）、霉菌毒素（桔青霉素、赭曲霉素、伏马菌素等）、植物（含草酸盐的植物、栎树叶等）、动物毒素（斑蝥素、蛇毒等）、农药（除草剂、杀虫剂）、其他化学物（乙二醇、苯酚、四氯化碳、氯仿等）、内源性毒素（如血红蛋白、肌红蛋白、高钙血症等）。引起肾损伤的药物有抗肿瘤药、氨基糖苷类药物、头孢菌素类药物、磺胺药、四环素、喹诺酮类、莫能菌素、噻苯达唑、维生素 K_3、血管紧张素转换酶抑制剂、利尿药、抗炎药、免疫抑制剂等。

3. 缺血 主要是肾局部组织缺血。急性局部缺血常见于严重的循环衰竭，如休克、脱水、大失血及急性心力衰竭；慢性局部缺血常见于充血性心力衰竭等。

【发病机理】肾病的发生因病因不同而有差异。主要是体外侵入的有害物质或机体生命过程中产生的各种代谢产物经肾排出时，由于肾小管对尿液的浓缩作用，致上述毒物含量增加，对肾小管上皮产生强烈的刺激作用，使之发生病变，严重时可发生坏死。肾局部组织缺血可引起肾血流动力学异常，肾皮质血流量减少，肾髓质充血，由于血管缺血，导致血管内皮损伤；缺氧使肾小管上皮细胞代谢障碍，细胞肿胀、变性、坏死，进一步使肾小管上皮脱落，管腔中管型形成。

【临床症状】肾病缺乏特征性的临床症状，一般症状与肾炎相似，但不出现血尿（尿沉渣中无红细胞）。

轻症者，仅呈现原发病固有的症状。尿中可见有少量蛋白质和肾上皮细胞。当尿呈酸性反应时，也可见少量管型。

重症者，食欲减退，周期性腹泻，逐渐消瘦、衰竭或贫血，并出现水肿和体腔积水。犬、猫还表现呕吐，腹泻，口腔溃疡。尿量少，相对密度升高，含大量蛋白质，尿沉渣有肾上皮细胞及透明、颗粒管型。血清尿素氮、肌酐、无机磷含量升高，白蛋白含量降低。

【病程与预后】轻症病例，消除病因后，预后良好；慢性病例病程较长，预后应慎重；出现全身水肿或尿毒症时，预后不良。

【诊断】根据病史、临床症状，结合尿液检查，即可诊断。本病应与肾炎进行鉴别。诊断依据：①临床表现水肿；②蛋白尿，尿沉渣中有肾上皮细胞、管型，无红细胞；③血清白蛋白含量降低，血清尿素氮、肌酐、无机磷含量升高；④必要时进行肾活检。

【治疗】治疗原则是消除病因，抗菌消炎，利尿消肿。

供给富含蛋白质的低盐日粮。感染因素，应选择抗菌药（见肾炎的治疗）；中毒因素，应采取相应的治疗措施（见中毒性疾病）；利尿消肿，可选用利尿剂。抗炎、抗过敏，可用糖皮质激素。

第二节 尿路疾病

一、膀胱炎

膀胱炎（cystitis）是膀胱黏膜及黏膜下层的炎症性疾病。临床特征是尿频和尿痛，尿液中出现较多的膀胱上皮细胞、脓细胞、血液、磷酸铵镁结晶。按炎症的性质，可分为卡他性、纤维蛋白性、化脓性和出血性，临床上以卡他性膀胱炎多见。各种动物均可发生，牛、马、犬、猫常见。

【病因】主要由病原微生物的感染、邻近器官炎症的蔓延、理化因素的损伤等引起。

1. 病原微生物的感染 除可继发于某些特定的传染病外，主要是肾棒状杆菌、大肠杆菌、化脓隐秘杆菌、葡萄球菌、链球菌、绿脓杆菌、变形杆菌等，经血液循环或尿路感染。

2. 邻近器官炎症的蔓延 见于肾炎、输尿管炎、尿道炎，尤其母畜的阴道炎、子宫内膜炎等，极易蔓延至膀胱而引起本病。

3. 理化因素的损伤 主要见于使用导尿管、膀胱镜检查等过程中损伤膀胱黏膜；也见于膀胱结石、膀胱肿瘤、尿液在膀胱滞留时的分解产物、某些药物等刺激膀胱黏膜。

【发病机理】病原菌侵入膀胱的途径有尿源性（经尿道逆行进入膀胱）、肾源性（经肾后行进入膀胱）和血源性（经血液循环进入膀胱）。进入膀胱的病原微生物或其他致病因素，可直接作用于膀胱黏膜；另外，当尿潴留时，还可由于尿液的异常分解，形成大量氨及其他有害产物，对黏膜产生强烈刺激，从而引起膀胱组织发生炎症。炎性产物、脱落的膀胱上皮细胞以及坏死组织等混入尿中，引起尿液成分的改变，尿中出现脓液、血液、上皮细胞和坏死组织碎片等。此种变质的尿液又为病原微生物的繁殖创造良好条件，从而促进炎症的发展。由于膀胱黏膜遭受炎性产物的刺激，致使膀胱兴奋性和紧张性升高，收缩频繁，患病动物频频排尿，呈现疼痛性排尿。若对黏膜的刺激过强，则极易引起膀胱括约肌的反射性痉挛，导致排尿困难或尿闭。炎性产物被黏膜吸收后，则出现全身症状。

【临床症状】急性膀胱炎，主要表现排尿频繁和疼痛，患病动物频频排尿或呈排尿姿势，但尿量较少或呈点滴状流出；排尿时疼痛不安。严重者，因膀胱颈部黏膜肿胀、膀胱括约肌挛缩而引起尿潴留或尿闭，患病动物呻吟，疼痛不安，公畜阴茎频频勃起，母畜阴门频频开张。经直肠触压膀胱，患病动物疼痛不安，膀胱通常空虚，但尿液潴留时膀胱高度充盈。

全身症状通常不明显，若炎症波及深部组织，可有体温升高，精神沉郁，食欲减退或废绝症状。严重的出血性膀胱炎，也可有贫血现象。

卡他性膀胱炎时，尿液混浊，尿中含有大量黏液和少量蛋白；化脓性膀胱炎时，尿中混有脓液；出血性膀胱炎时，尿中含有大量血液或血凝块；纤维蛋白性膀胱炎时，尿中混有纤维蛋白膜或坏死组织碎片，并有氨臭味。

尿沉渣检查，有大量红细胞、白细胞、脓细胞、膀胱上皮细胞及病原菌；在碱性尿液中，可发现有磷酸铵镁及尿酸铵结晶。

慢性膀胱炎，症状与急性膀胱炎相似，但程度较轻，无排尿困难现象，病程较长。

【病程与预后】卡他性膀胱炎，经及时合理的治疗，可迅速痊愈，预后良好。严重者可继发肾盂肾炎、膀胱麻痹，使病情复杂，多预后不良。

【诊断】根据特征性临床症状，结合尿液检查，即可诊断。诊断依据：①表现尿急、尿频、尿痛的临床症状；②尿液检查，尿沉渣中有血细胞、脓细胞、膀胱上皮细胞、病原菌；③必要时进行膀胱镜、超声波、X线检查；④本病应与膀胱麻痹、尿道炎、尿结石等进行鉴别。

【治疗】治疗原则是加强护理，抗菌消炎，对症治疗。

抗菌消炎可选用尿液中药物浓度高的广谱抗菌药，最好在尿液细菌培养和药敏试验的基础上选择适宜的抗菌药，常用青霉素、氨苄西林、头孢菌素类、喹诺酮类药物等，一般需要连续用药2周以上。根据病情和实际情况，可用口服、肌内注射。母畜可用导尿管将尿液导出后，用生理盐水冲洗膀胱，并向膀胱内注入抗生素或0.1%高锰酸钾溶液、0.1%乳酸依沙吖啶（雷佛诺尔）溶液。

二、尿道炎

尿道炎（urethritis）是尿道黏膜的炎症性疾病。临床特征是尿频，尿痛，尿淋沥。各种动物均可发生，犬、牛、马和猪多见。

【病因】主要是尿道的细菌感染所致。见于邻近器官的炎症蔓延，如膀胱炎、包皮炎、阴道炎及子宫内膜炎等；在导尿时，导尿管未彻底消毒，或操作不规范导致黏膜损伤，也见于尿结石的机械刺激或药物的化学刺激损伤黏膜，继发细菌感染。

【临床症状】患病动物表现尿频，尿痛，尿淋沥，此时公畜阴茎勃起，母畜阴唇不断开张，严重时有黏液性或脓性分泌物不时自尿道口流出。尿液混浊，混有黏液、血液或脓液。有时排出坏死、脱落的尿道黏膜。触诊或导尿检查时，患病动物有疼痛表现，并抗拒或躲避检查。

【病程与预后】尿道炎通常预后良好，但当发生尿路阻塞或形成瘢痕组织引起尿道狭窄时，可造成尿闭或继发膀胱破裂，则预后不良。

【诊断】根据尿频、尿痛和尿淋沥等特征性的临床症状，即可诊断。尿沉渣检查，有白细胞和细菌，无管型和肾上皮细胞、膀胱上皮细胞，可为诊断提供依据。必要时，进行尿液细菌分离鉴定。

【治疗】治疗原则是消除病因，抗菌消炎。治疗方法参见膀胱炎。

三、尿石症

尿石症（urolithiasis）是尿液中的某些矿物质析出盐类结晶，在尿路形成结石的一种代谢性疾病，又称尿结石。临床特征是排尿困难，腹痛，血尿。按发生部位，分为肾结石、输尿管结石、膀胱结石和尿道结石。各种动物均可发生，主要发生于公畜，牛、羊、犬和猫多见，牛、羊最常阻塞部位为阴茎乙状弯曲后部和尿道开口处。

【病因】尿石症的成因尚不十分清楚，它的发生与以下因素有关。

1. 饲料因素 日粮配合不当是诱发本病的最重要因素。饲喂精饲料（尤其谷物为主，含磷多）比例过高，常引起舍饲的肉公牛和公羊发病，严重时发病率高达40%～60%；一般认为，饲喂钙磷比为1:1或高镁的饲料，尿石症的发病率最高。牧草中含草酸盐、雌激素、二氧化硅，放牧的反刍动物容易发病，而且无明显的性别和年龄差异；我国江苏南通棉区习惯对水牛饲喂"棉籽饼、棉秸秆、稻草"搭配的饲料，常发生尿结石；猫饲喂商品日粮中镁含量偏高，容易诱发尿结石；犬、猫偏食鸡肝、鸭肝等也易引起尿结石。另外，饲料中维生素A缺乏可导致尿路上皮组织角化，脱落的上皮细胞常成为结石的核心，促进尿石形成。

2. 饮水因素 饮水不足是尿石形成的另一重要因素。动物饮水不足，导致尿液浓缩，尿液中矿物质过饱和，易于析出结晶而形成结石。饮水中矿物质含量高，比饮水不足可能更易诱发本病。

3. 感染和其他因素 肾和尿路感染时，炎性产物、脱落的上皮细胞及细菌团块等，甚至泌尿系统手术的缝线，均可成为尿石形成的核心物质。变形杆菌感染时，可将尿素分解成氨，导致尿液pH升高，利于碳酸盐、磷酸盐的沉积。pH降低的酸性尿，有利于草酸盐的沉淀。另外，排泄进入尿液的磺胺类、四环素类药物，也可作为结石形成的核心。

【发病机理】尿石症形成的机理比较复杂，主要是营养代谢紊乱，可能与多种因素有关。①基质：有机蛋白核心物质有助于尿石的形成；炎症产物中的浓稠物质、脱落的上皮细胞、蛋白质沉淀物、炎性渗出物及细菌团块均可构成一种胶体基质，成为结石的核心，有利于无机盐类的析出和附着。②结晶抑制剂：尿液中无机或有机结晶抑制剂不足或功能失调，有利于溶质形成结晶。③沉淀结晶因子：尿中的某些溶质有利于结晶生成，这些溶质使炎症局部的氢离子浓度、渗透压等理化条件发生了改变，使正常时能保持无机盐类为溶解状态的保护性胶体发生改变，促进了无机盐的析出。

只要尿液中形成尿石的成分有足够高的浓度、结晶通过尿路的时间够长，就可形成尿结石。尿结石的形成，除特定的结石（鸟粪石结石、胱氨酸结石、尿酸盐结石）外，也必须存在其他有利于结晶的条件（如适宜的pH）。这些条件受病原微生物、日粮、肠道吸收、尿量、排尿次数、治疗药物和遗传的影响。尿结石的化学成分受饲料品种的影响，而且因家畜种类不同常不一致。

犬尿结石主要是磷酸铵镁（鸟粪石）结石、草酸钙结石、尿酸盐结石、胱氨酸结石、二氧化硅结石、磷酸钙结石、黄嘌呤结石。犬最常见的尿路结石由鸟粪石组成，其发生与尿路感染葡萄球菌属或变形杆菌属细菌所产生的脲酶有关，脲酶分解尿素释放出氨，在适宜的碱性环境中就可形成不溶性的磷酸铵镁。高钙尿症常导致草酸盐结晶和形成结石，这是由于肠道过度吸收钙（吸收性高钙尿症）、肾不能保存钙（肾漏出性高钙尿症）或骨骼过度动员钙（重吸收性高钙尿症），而使肾钙廓清率增加。犬尿酸铵结石的形成依赖于尿液中尿酸盐和铵的浓度，饲喂高动物蛋白的日粮可导致排泄酸性代谢产物，尿氨增多，尿液中高浓度的氨和尿酸盐结合成不溶性的尿酸铵。犬肾结石几乎全是由胱氨酸组成，健康犬可重吸收尿液中97%的胱氨酸，某些犬具有肾小管重吸收胱氨酸的遗传缺陷，肾小管可排泄滤过大量胱氨酸，甚至还可分泌胱氨酸，胱氨酸是相对不溶性的氨基酸，在高浓度条件下可沉淀形成结石。

猫的尿结石很小，类似沙子，或因含有大量牙膏样有机质而呈凝胶状，主要成分是草酸钙、磷酸铵镁和尿酸盐。猫结石的形成与饲喂的日粮有关，鸟粪石结石可能与尿路感染产脲酶的细菌有关。食用含高嘌呤前体的物质（特别是肝）易发结石，可能与尿液呈强酸性和浓缩尿有关。

马的尿结石主要由各种水合形式的碳酸钙组成，偶见磷酸钙结石和鸟粪石结石。碳酸钙结石有两种形式，一种是由从脆到硬、黏度不一的盐和黏蛋白的凝结物，常呈黄色椭圆形或不规则形，表面粗糙或呈针状，质地柔软，手术取出时往往会破碎；另一种结石表面光滑，呈白色，质地坚硬，不易破碎。这两种形式的结石，化学成分几乎没有差异。正常马尿液中含有大量黏蛋白，可作为晶体黏附的黏合剂，当饲喂矿物质含量高的饲料或饮水，可提高尿中溶质的浓度，从而促进结晶和沉淀。

舍饲的反刍动物，饲喂钙磷比为1∶1或高镁的饲料，尿石症的发病率最高，主要是增加尿液中磷的排泄量；当动物蛋白质和镁摄入量同时增加时，尿液中除了磷酸盐外，氨和镁的含量也增加，在适宜的碱性环境下，就可生成大量的、不溶性的磷酸铵镁，并在肾或尿路中析出。富含二氧化硅土壤上生长的牧草，硅含量很高，某些牧草中二氧化硅含量达4%~5%，放牧的反刍动物容易发生二氧化硅结石。当尿液较少时，硅酸排泄浓度可达到饱和水平的5倍，很容易形成沉淀。

尿石形成的原始部位主要是肾（肾小管、肾盏、肾盂），以后可转至膀胱，并在膀胱中继续增大。肾小管内的尿石多固定不动，但肾盂或膀胱中的尿石则可移行至输尿管及尿道等部位而发生阻塞。当尿石的体积超过这些管腔的内径时，可引起尿路不同程度的阻塞，刺激尿路黏膜，引起局部黏膜损伤、炎症、出血，敏感性增强，尿路平滑肌痉挛收缩，呈肾性腹痛；患病动物排尿困难，表现尿痛，尿液呈点滴状或细流状流出。完全阻塞则发生尿闭，膀胱由于积尿而充盈，可造成膀胱麻痹，甚至膀胱破裂和尿毒症。

【临床症状】尿石体积小、数量少时，一般无明显的临床症状。

主要的症状是排尿障碍，弓背努责，频频举尾，排尿时间延长，有的尿液呈点滴状或细流状流出，甚至无尿；腹痛，有时排血尿。结石部位及器官损伤程度不同，其临床症状有一定差异。牛尿石最常发生于乙状弯曲末端，羊在乙状弯曲部和尿道突，马在膀胱和尿道，犬、猫可发生于肾、输尿管、膀胱、尿道。

结石位于肾盂时，动物肾区疼痛，运步强拘，步态紧张，有血尿。当结石移行至输尿管并发生阻塞时，动物腹痛剧烈。膀胱结石时，表现尿频、尿痛、血尿、膀胱敏感性增高。当尿道不完全阻塞时，动物排尿痛苦且排尿时间延长，尿淋沥，有时有血尿。当尿道完全阻塞时，则出现尿闭或肾性腹痛现象，动物频频举尾，屡做排尿动作但无尿排出；尿道外部触诊敏感、疼痛。长期尿闭，可导致尿毒症或发生膀胱破裂，膀胱破裂时尿液大量流入腹腔，可出现下腹部腹围迅速对称性膨大，穿刺流出有尿味的液体。犬、猫尿结石完全阻塞尿道 36 h 以上，可引起尿毒症，表现精神沉郁，食欲废绝，呕吐，腹泻，脱水，甚至昏迷，可在 72 h 内死亡。

【病程与预后】大动物尿结石形成早期，经过积极治疗有一定效果。结石一旦形成并形成堵塞，需要手术治疗。继发膀胱破裂或尿毒症时，预后慎重。

【诊断】根据病史、临床症状，即可初步诊断。尿液检查包括晶体镜检、细菌培养和药敏试验。诊断依据：①表现排尿困难、腹痛、血尿等临床症状；②大动物输尿管结石、膀胱结石，可通过直肠检查触诊到结石；公畜的尿道结石可通过触诊尿道而发现异常；③在疾病早期进行尿液检查，可发现红细胞、中性粒细胞、无机盐类结晶等；④超声波、X 线、膀胱镜检查，可确定结石的部位及大小。

【治疗】治疗原则是消除结石，控制感染，对症治疗。当有尿石可疑时，可通过改善饲料组成，减少日粮中结石成分的摄入量，给予大量饮水，必要时可投服利尿剂使尿量增多，以降低尿液晶体浓度，减少晶体析出。必要时可用尿道肌肉松弛剂，如 2.5% 的氯丙嗪注射液，肌内注射。

犬、猫的部分尿石症，如鸟粪石结石、尿酸盐结石、胱氨酸结石，可以通过调整日粮组成（主要是降低蛋白质、嘌呤等）、改变尿液的 pH、减少尿中溶质的含量、配合抗菌药物，达到溶解尿石的目的。碱化尿液，可在日粮中添加碳酸氢钠、柠檬酸钾等。

对于阻塞性尿石症，手术治疗是最常用的方法。

【预防】本病的关键是预防。①对舍饲的反刍动物，确保日粮中钙磷比例为 2∶1；饲喂浓缩料时，必须适当补充钙。还可在日粮中加入高达 4% 的氯化钠，以促进尿液中钠离子和氯离子增加，从而增加水的摄入来稀释尿液，降低尿液中矿物质的饱和度。②饲料中添加氯化铵可使尿液酸化，能颉颃磷酸铵镁结晶的形成，剂量为牛 50～80 g/头，羊 5～10 g/只。③保证充足的饮水可稀释尿液中盐的浓度，并保持尿中胶体与晶体的平衡，减少其析出沉淀的可能性，从而预防尿石生成。④犬、猫应饲喂商品日粮。

四、其他疾病

疾 病	病 因	临床症状	诊 断	治 疗
肾盂肾炎 (pyelonephritis)	肾盂黏膜和肾实质的炎症性疾病。主要是大肠杆菌、葡萄球菌、链球菌、肾棒状杆菌等条件致病性环境常在菌感染，多数由膀胱炎上行蔓延所致。临床特征是肾区敏感、尿频、尿痛、血尿或脓尿。各种动物均可发生，乳牛常发于分娩、泌乳高峰期，母猪常发生在妊娠期	食欲不振，轻度发热或体温正常，频频排尿，尿淋沥，血尿和脓尿。拱背站立，行走时背腰僵硬。中小动物，腹部触诊可感知肾体积增大，敏感性增高。大动物直肠检查可触及肾肿大，按压时疼痛不安。母畜生产性能降低。尿沉渣检查有大量脓细胞、红细胞、白细胞、肾盂上皮细胞、肾上皮细胞、少量管型（透明、颗粒管型）以及磷酸铵镁和尿酸铵结晶	根据病史、临床症状，结合尿液的变化，即可诊断。必要时进行尿液细菌分离鉴定和药敏试验	治疗原则是抗菌消炎。通常选用青霉素、氨苄西林、喹诺酮类药物，一般需要治疗 3～5 周

(续)

疾 病	病 因	临床症状	诊 断	治 疗
膀胱麻痹 (paralysis of the bladder)	膀胱平滑肌的收缩力减弱或丧失，导致尿液不能随意排出而潴留于膀胱的一种疾病。主要是中枢神经系统的损伤及支配膀胱肌肉的神经机能障碍所致。临床特征是不随意排尿、膀胱充盈且无疼痛反应。常见于牛、犬	排尿反射减弱或消失，膀胱高度充盈时排出少量尿液；触压膀胱，高度充盈，尿液呈细流状喷射而出。膀胱括约肌麻痹时，尿失禁，尿呈点滴状或细流状排出	根据病史、临床症状，即可诊断	消除病因，对症治疗。主要针对原发病，可应用0.1%硝酸士的宁注射液，肌内注射，及时导尿防止膀胱破裂

第三节 尿 毒 症

尿毒症（uremia）是由于肾功能不全或肾衰竭，导致代谢产物和毒性物质在体内蓄积而引起的一种自体中毒综合征。临床特征是衰弱无力，意识障碍，脉搏细弱，呼吸困难，甚至昏迷。各种动物均可发生。

【病因】 尿毒症不是一种独立的病，而是一组临床综合征。见于各种引起肾功能衰竭的疾病后期，如肾炎、肾病、肾结石、膀胱结石、尿道阻塞等。

【发病机理】 由于肾的三大功能丧失，导致体内水、电解质和酸碱平衡失调，体内蓄积毒物和内分泌功能障碍。①水、电解质和酸碱平衡失调：主要是水、钠潴留，发生水肿、高血压和心力衰竭；高钾血症导致代谢性酸中毒；还表现高磷血症、低钙血症。②体内蓄积有毒物质：主要是不能充分排泄代谢废物（蛋白质和氨基酸代谢物）和不能降解某些内分泌激素，致使其蓄积在体内而起毒性作用。包括小分子含氮物质（胍类、尿素、胺类、吲哚类等蛋白质代谢物）、中分子毒性物质（不能降解的甲状腺素、细胞代谢紊乱产生的多肽）、大分子毒性物质（肾降解和排泄能力下降所致的生长激素、β_2微球蛋白、溶菌酶等）。③肾的内分泌功能障碍：如不能产生红细胞生成素、骨化三醇等，而产生贫血、骨营养不良。

【临床症状】 初期，仅表现食欲减退，饮水增多，精神沉郁，腰背僵硬，腹泻。随着疾病的发展，出现食欲废绝，呕吐，意识障碍，嗜睡，昏迷，瞳孔缩小，肌肉痉挛，呼吸困难，严重时表现陈-施二氏呼吸，呼出的气体有尿味；反射消失，昏迷，严重者衰竭而死亡。

血清尿素氮、肌酐含量显著升高，表现代谢性酸中毒、高磷血症、低钙血症。

【病程与预后】 本病的后期常引起多器官衰竭，预后不良。

【诊断】 根据病史、临床症状，结合血液和尿液检查，即可诊断。诊断依据：①具有泌尿系统疾病的病史；②表现衰弱无力、意识障碍、脉搏细弱、呼吸困难，甚至昏迷等临床症状；③血清尿素氮、肌酐含量进行性升高，血清钾含量升高、HCO_3^-浓度降低，呈代谢性酸中毒；④尿液检查，蛋白尿，尿沉渣中有肾小管上皮细胞、管型等；⑤X线、超声波检查对确定原发病具有重要的作用。

【治疗】 治疗原则是加强护理，治疗原发病，对症治疗。

改善日粮组成，减少日粮中的蛋白质和氨基酸，补充维生素。在治疗原发病的基础上，强心、补液、纠正酸中毒。

第六章 神经系统疾病

概 述

一、神经系统的组成与功能

神经系统是机体最广泛、最精密的控制系统，也是机体的指挥机构，由脑、脊髓及遍布全身的神经所组成。神经系统通过全身的各类感受器感受体内和体外各种刺激和改变，做出各种反应，调节和控制全身各器官系统的活动，使得动物有机体成为一个整体。在神经系统的调节和控制下，各器官系统相互制约、协调、完成统一的生理功能，不仅保持机体与外界的平衡，还维持机体各器官的协调统一。神经系统由神经组织构成，神经组织由神经元和神经胶质细胞组成。构成神经系统的基本结构和功能单位是神经元，它是一类高度特化的细胞，具有感受刺激和传导冲动等功能。神经元由胞体和突起构成，突起分为树突和轴突。神经元的树突和胞体是接受神经冲动的部位，轴突是将神经冲动传至远处的结构。神经元借轴突与另一神经元的树突和胞体建立联系，组成复杂的神经网络。

神经系统按部位不同分为中枢神经系统和外周神经系统两部分。中枢神经系统包括脑和脊髓；外周神经系统按机能不同，可分为躯体神经（主要调节骨骼肌运动）和内脏神经（主要调节内脏器官活动）。这两种神经又各有其中枢和外周部分，外周部分又分为感觉（传入）神经和运动（传出）神经。内脏的传出神经包括交感神经和副交感神经两类。

当动物机体受到强烈的外界和内在因素刺激，尤其是对神经系统有着直接危害作用的致病因素侵害时，神经系统的正常反射或运动机能就会受到影响或遭到破坏，从而引起病理变化，导致神经功能障碍甚至丧失。

二、神经系统疾病的病因

引起神经系统疾病的病因极为复杂，可归纳为以下几方面。

1. 感染性因素 病原微生物感染及寄生虫的侵害是神经系统疾病最为常见的病因。引起神经系统功能障碍或疾病的细菌、病毒、寄生虫很多，有些专门侵害神经系统，主要是直接作用、产生毒素或导致败血症等引起神经系统的损伤。如破伤风毒素选择性地作用于脊髓前角运动神经细胞，引起肌肉的强直性痉挛；肉毒毒素选择性地作用于眼神经和咽神经；披膜病毒、黄病毒、疱疹病毒等可引起神经细胞坏死、噬神经现象和血管周围积聚炎性细胞；狂犬病病毒感染神经细胞可致动物死亡；朊病毒可致慢性神经细胞退化和空泡化；犬瘟热病毒可致神经胶质细胞受损；脑多头蚴主要寄生在动物脑内。

2. 毒物因素 大多数外源性化学物质进入机体后可通过血脑屏障，损害中枢神经系统的功能与结构，并对神经系统的毒性作用具有一定选择性。常见的毒物包括农药（如有机磷、溴鼠胺、氨基甲酸盐类、除虫菊酯类、甲脒类、磷化锌等），饲料毒物（氨化饲料、非蛋白氮等)，药物(抗组胺药、可卡因、呋喃西林、巴比妥类药、阿维菌素类、大麻、阿片、哌嗪等)，金属(铅、钠等)，霉菌毒素(震颤毒素A、伏马菌素)，植物(毒芹属植物、马利筋属植物、醉马草、车菊属植物、山黧豆属植物及含硫胺素酶、色胺生物碱的植物)。

3. 营养代谢性因素 某些营养物质缺乏(如维生素A、维生素E、维生素B_1、维生素B_6、泛酸、硒、铜缺乏)可引起神经系统功能和结构的损伤。体内的某些代谢紊乱(如乳牛酮病、肝性脑病、低血糖、低钙血症、低钠血症、低钾血症、尿毒症、高脂蛋白血症、糖尿病、甲状腺功能减退、甲状腺功能亢进等)也可引起神经细胞水肿及神经元膜通透性改变，引起细胞及组织的兴奋性改变。

4. 物理因素 某些物理因素(如创伤、打击、手术、日光照射、电击、热应激、长途运输等)可直接造成神经系统的损伤。

5. 先天性与遗传性因素 有些神经系统的疾病呈先天性或家族性，在出生或出生后几年内表现相应的临床症状，如溶酶体储积症、脊髓性肌萎缩症、猫遗传性高乳糜粒血症神经病、马高血钾性周期性麻痹等。

6. 肿瘤性因素 神经系统的肿瘤可引起严重的损伤，如胶质细胞瘤、脑膜瘤、松果腺瘤、脉络丛乳突瘤、淋巴细胞瘤、血管肉瘤等。

三、神经系统疾病的主要临床症状

神经系统疾病的主要临床表现包括意识障碍、感觉障碍、运动障碍和植物性神经机能紊乱等。意识障碍表现为精神兴奋和精神抑制；感觉障碍主要表现为感觉减弱及消失，感觉过敏和感觉异常等；运动障碍分为中枢性和外周性两类，主要临床表现是强迫运动，共济失调，痉挛，麻痹。

植物性神经分为交感神经和副交感神经，控制着不随意运动，调节一些最重要的生命过程，如物质代谢、热的产生和扩散、血液循环、呼吸、消化、泌尿、造血等。神经中枢存在于大脑、脑干和脊髓中，凡具有平滑肌的各个器官和腺体都同时分布有副交感神经和交感神经。二者具有相反的作用，但它们的机能并不是对抗的而是协调的，在大脑皮质的调节下，健康动物二者之间维持平衡状态。病理状态下，交感神经和副交感神经作用的平衡被破坏，产生各种异常状况。交感神经异常兴奋时，心搏动亢进，外周血管收缩，血压上升，肠蠕动减弱，瞳孔扩大，出汗增加，高血糖。副交感神经异常兴奋时，呈现与前者相颉颃作用的症状，即心动徐缓，外周血管紧张性下降，血压降低，贫血，肠蠕动增强，腺体分泌增多，瞳孔收缩，低血糖等。交感神经、副交感神经紧张性均亢进时，动物出现恐怖感，精神紧张，心搏动亢进，呼吸加快或呼吸困难，排粪与排尿障碍，子宫痉挛，发情减退等症状。当出现植物性神经系统疾病时，不仅导致运动和感觉障碍，而且各器官的自主神经机能出现障碍，主要的机能变化为呼吸、心跳的节律异常，血管运动神经的调节异常，吞咽、呕吐、消化液、肠蠕动、排泄和视力等方面的调节异常。

四、神经系统疾病的诊断技术

神经系统疾病存在物种、年龄和品种特异性，疾病的诊断，主要根据病史、临床症状，尤其是针对运动功能、感觉功能、神经反射、植物性神经功能等检查获得的资料，结合实验室血液理化指标的测定和病理学检查，必要时进行脑脊液的检查，进行全面分析。X线、超声波、脑电图、肌电图、CT和MRI等检查对确定颅内和脊髓病变的部位、性质、大小具有重要意义。病原学和血清学检查、相关毒物检查，可为确定病因提供依据。

五、神经系统疾病的治疗原则

神经系统疾病的治疗原则是去除病因，治疗原发病，降低颅内压，解痉镇静，恢复神经系

神经系统疾病

第六章

统的调节机能，对症治疗。对于感染引起的疾病，应合理应用抗菌药。降低颅内压，主要是脑部肿瘤、手术后或疾病过程中，大脑皮层水肿引起神经功能紊乱，应及时应用抗水肿药，如 20% 甘露醇注射液、50% 葡萄糖注射液等，一般甘露醇不能用于脊髓损伤。解痉镇静，对精神兴奋的患病动物，应合理应用安定药、镇静药和镇痛药，安定药可减轻兴奋和引起无嗜睡的安定；镇静药对神经系统有更强的作用，能产生嗜睡和催眠；镇痛药可减轻疼痛，对内脏和骨骼、肌肉系统的镇痛效果更为显著。实际上，这些神经系统性药物可根据剂量产生不同的效果，如安定药也有镇静效果，镇静药也能产生镇痛效果。严重肌肉痉挛的动物，应选用肌肉松弛药。对非病原引起的中枢神经系统炎症，可用非甾体抗炎药或糖皮质激素类药等。神经系统疾病的精心护理十分重要，过度兴奋的动物避免造成意外伤害；截瘫或四肢瘫痪的动物需要躺卧于垫子上，定时翻身，以免发生褥疮；后肢瘫痪的动物应及时导尿，必要时进行适当按摩，供给高营养的日粮和充足的饮水。

第一节 脑及脑膜疾病

一、脑膜脑炎

脑膜脑炎（meningoencephalitis）是脑软膜及脑实质的炎症性疾病，能导致严重的脑机能障碍。临床特征是兴奋与抑制交替出现，并伴有运动失调。各种动物均可发生，马、牛、犬、猫多见。

【病因】主要是感染、毒物或免疫介导所致。①引起感染的绝大部分细菌是机会致病菌，如巴氏杆菌、葡萄球菌、链球菌、大肠埃希菌、放线杆菌、梭菌、沙门菌、肺炎克雷伯菌、李氏杆菌、溶血性曼氏杆菌、副猪嗜血杆菌、流感嗜血杆菌等。②可引起脑膜脑炎的真菌包括粗球孢子菌、组织胞浆菌、新型隐球菌、曲霉菌、念珠菌等。③可以引起非化脓脑膜脑炎的病毒主要是嗜神经病毒，如狂犬病病毒、腺病毒、疱疹病毒、细小病毒、布尼亚病毒、慢病毒、虫媒病毒、麻疹病毒、囊膜病毒等。④可引起脑膜脑炎的寄生虫包括弓形虫、新孢子虫、脑炎微孢子虫、牛焦虫、小泰勒虫、犬恶丝虫、犬蛔虫、腹腔丝虫、圆线虫、皮蝇幼虫等。⑤可引起脑膜脑炎的毒物包括伏马菌素、食盐、铅等。⑥犬的肉芽肿性脑膜脑炎由免疫介导发生，特征是单核细胞和中性粒细胞浸润；犬的嗜酸性粒细胞性脑膜脑炎具有免疫学基础。

除此之外，能降低机体抵抗力的不良因素，如受寒感冒、过度疲劳、长途运输、热应激等均可成为发病诱因。

【发病机理】病原微生物或有毒物质沿血液循环或淋巴途径侵入，或因外伤或邻近组织炎症的直接蔓延扩散进入脑膜及脑实质，引起脑软膜及大脑皮层外表血管充血、渗出、蛛网膜下腔炎性渗出物积聚。炎症进入脑实质，引发脑实质出血、水肿，炎症蔓延至脑室，炎性渗出物增多，发生脑室积水。由于蛛网膜下腔炎性渗出物聚积，脑水肿及脑室积液，造成颅内压升高，脑血液循环障碍，致使脑细胞缺血、缺氧和能量代谢障碍，产生脑机能障碍，加之炎性产物和毒素对脑实质的刺激，产生一系列的临床表现。

【临床症状】由于炎症的部位、性质、持续时间、动物种类以及严重程度不同，临床表现也有较大差异。初期，精神沉郁，食欲减退，行为异常。多数病情发展急剧，体温升高，颈部僵硬，感觉过敏，呼吸急促，脉搏增数；精神高度沉郁，头低耳耷，不听呼唤，目光凝视，呆立不动，反应迟钝。有的突然兴奋不安，横冲直撞，共济失调，转圈运动，抽搐；兴奋与沉郁交替发生。疾病后期，意识丧失，出现陈-施二氏呼吸，四肢麻痹，站立不稳，角弓反张，甚至昏迷。有的还表现头颈倾斜，眼球震颤，失明，口唇歪斜，眼睑、耳下垂，吞咽障碍，听觉减退等。

血液学检查，细菌性脑膜脑炎时，白细胞数增多，中性粒细胞比例升高，核左移。脑脊液检查，白细胞、中性粒细胞和单核细胞增多，蛋白质含量增加；寄生虫与真菌性脑膜脑炎，嗜酸性粒细胞增多。

【病理变化】急性脑膜脑炎，脑软膜小血管充血、水肿，有小出血点。蛛网膜下腔和脑室的脑脊液增多，混浊，含有蛋白质絮状物；脉络丛充血，灰质和白质充血，有散在小出血点。严重者脑实质坏死、软化，并有巨噬细胞、中性粒细胞和浆细胞浸润。

【病程与预后】本病的病情发展急剧，病程长短不一，一般3～4 d，严重者在24 h内死亡。本病的死亡率较高，预后不良。

【诊断】根据病史、临床症状，结合血液和脑脊液实验室检查，可初步诊断。诊断依据：①表现兴奋、抑制、共济失调等临床症状；②脑脊液细胞学、病原学检查，细菌性脑膜脑炎，脑脊液蛋白质含量、白细胞数增多，可分离到病原；寄生虫与真菌性脑膜脑炎，嗜酸性粒细胞增多；③小动物可用MRI、CT检查，确定病变部位和性质。

本病应与引起严重脑功能障碍的传染病和中毒病进行鉴别。

【治疗】治疗原则是加强护理，抗菌消炎，降低颅内压和对症治疗。

1. 加强护理 将患病动物置于安静、通风的环境中，避免各种刺激。若患病动物有体温升高、颅顶灼热时，可采用冷敷头部进行物理降温。

2. 抗菌消炎 应选择能穿过血脑屏障的广谱抗菌药，如氨苄西林、头孢菌素类、甲硝唑、四环素、喹诺酮类、复方磺胺加甲氧嘧啶等药物，使用时要高于一般剂量，使中枢神经系统达到足够的药物浓度。虽然糖皮质激素禁用于感染性脑膜脑炎，但在十分严重的病例，可高剂量、短期应用地塞米松、醋酸泼尼松等药物。

3. 降低颅内压 对于急性脑水肿病例，颅内压升高时，大动物视体质状况可先放血1 000～3 000 mL，再用等量的10%葡萄糖注射液并加入40%的乌洛托品50～100 mL，静脉注射。也可选用25%山梨醇注射液、20%甘露醇注射液，静脉注射。可应用ATP和辅酶A等，促进新陈代谢。

4. 对症治疗 动物狂躁不安时，可用安定、苯巴比妥、盐酸氯丙嗪等，肌内注射。还可以进行强心、补液、补充营养等辅助治疗。

二、日射病与热射病

日射病与热射病（insolation and siriasis）是高温和湿度较大的环境所致的动物急性中枢神经机能严重障碍的疾病，又称中暑。临床特征是体温调节中枢障碍，汗腺功能衰竭，水、电解质丧失过多。各种动物均可发病，牛、马、犬及家禽多发。

【病因】高温和高湿环境是致病的主要原因。日射病主要发生在炎热的季节，动物躯体（尤其是头部）受到强烈的日光照射，导致脑及脑膜充血和脑实质的急性病变，而引起严重的中枢神经系统机能障碍；常见于夏天户外剧烈运动、阳光暴晒时。热射病是在气温高、湿度大的环境，动物产热多、散热少，体内积热而引起严重的中枢神经系统机能紊乱性疾病；常见于夏季圈舍通风不良，无降温设施，过度拥挤，密闭的车、船长途运输等。一般认为，在外界温度高于32 ℃、相对湿度大于60%的环境中，动物长时间运动或无降温措施时，缺乏对高热环境适应者，极易发病。另外，饮水不足，体质虚弱，被毛丰厚，体躯肥胖，幼龄及老龄动物，容易发病。

【发病机理】下丘脑体温调节中枢控制产热和散热，使体内产热和散热平衡，以维持正常体温的相对恒定。正常情况下，产热主要来自体内氧化代谢，运动和寒战也能产生热量；体温升高时，皮肤血管扩张、血流量增加，皮肤通过辐射、蒸发、对流、传导等方式进行散热。虽然都是高温对机体的危害，但日射病和热射病的发病机制有一定差异。

日射病主要是动物头部持续受到强烈日光照射，引起头部血管扩张，脑及脑膜充血，颅顶温度和体温急剧升高，导致神志异常；并因阳光中紫外线的光化作用，脑神经细胞发生炎性反应和组织蛋白分解，脑脊液增多，颅内压升高，引起中枢神经调节功能障碍。

热射病的发生是由于外界环境潮湿闷热，首先反射性引起大量出汗，一些汗腺不发达的动物，主要通过加快呼吸，促进散热。但因产热多、散热少，产热与散热不能保持相对平衡，导致体温升高，对细胞造成直接损伤，引起广泛性器官功能障碍。高热能快速导致大脑和脊髓细胞死亡，继发脑水肿和局部出血、颅内压升高，甚至昏迷。皮肤血管扩张引起血液重新分配，同时心排血量增加，加重心负荷；高热还可引起心肌缺血、坏死，发生心律失常、心功能减弱或心力衰竭，使心排血量降低，皮肤血管的血流量减少影响散热。高热使肺血管内皮损伤，引起肺充血、水肿，影响呼吸功能。大量出汗，导致水、钠丢失，由于脱水、心血管功能障碍，可发生急性肾功能衰竭。由于直接热损害和胃肠道血管灌注减少，可引起缺血性胃肠损伤，并发生不同程度的肝坏死和胆汁淤积。由于热应激和脱水，严重者可出现不同程度的弥散性血管内凝血。

【临床症状】中暑的症状突然发生，日射病症状以脑部损伤为主，而热射病以全身器官衰竭为主。

日射病表现惊恐、烦躁不安，眼球凸出，呼吸急促，心力衰竭，共济失调，卧地不起，痉挛抽搐，昏迷，终因痉挛、呼吸衰竭而死亡。

热射病表现体温升高（40~44 ℃），皮温高，全身出汗，神志异常，剧烈喘息，心跳加快，心音增强，心律不齐，黏膜发绀，晕厥倒地。羊惊恐不安；猪表现头颈贴地，口吐白沫，痉挛抽搐；鸭表现虚弱无力，步态蹒跚，心力衰竭，后期，神志昏迷，痉挛，多因衰竭而死亡。

【病理变化】脑及脑膜高度淤血，并有出血点；脑组织水肿，脑脊液增多；肺充血、水肿，胸膜、心包膜及胃肠黏膜有出血点和轻度炎症病变，血液暗红色且凝固不良。肝、肾和骨骼肌变性。

【病程与预后】本病突然发生，病情急剧，因脑组织及全身各器官组织广泛损伤、功能衰竭，多预后不良。

【诊断】根据病史，结合临床症状，不难诊断。诊断依据：①夏季直接日晒，环境高温、高湿等病史；②患病动物突然表现惊恐不安、共济失调、呼吸急促、心力衰竭的临床症状；③本病应与肺充血和水肿、心力衰竭、脑膜脑炎等疾病进行鉴别。

【治疗】治疗原则是去除病因，加强护理，促进散热，对症治疗。

将患病动物置于通风良好的低温环境，可用冷水冲洗或冷敷、灌肠；大动物可适度静脉放血，同时静脉注射等量生理盐水，促进机体散热。当患病动物烦躁不安和痉挛时，可灌服或直肠灌注水合氯醛，或肌内注射2.5%盐酸氯丙嗪注射液。对症治疗包括脑水肿可用20%甘露醇注射液，静脉注射；心力衰竭、酸中毒可强心、补液、纠正酸中毒。

三、其他疾病

疾 病	病 因	临床症状	诊 断	治 疗
脑脓肿（brain abscess）	脑组织的化脓性炎症。主要由相邻组织器官的化脓性炎症蔓延所致。链球菌、放线杆菌、金黄色葡萄球菌、李氏杆菌、巴氏杆菌及某些真菌感染所致的脑膜炎，都可转化为脑脓肿。各种动物均可发病，常见于1岁以内的幼龄动物	脑脓肿的位置和大小不同，症状有差异。主要表现精神沉郁，呆立不动，失明，体温高或正常。兴奋或沉郁交替出现，共济失调，惊厥。有的眼球震颤，头偏斜，转圈或倒地，瘫痪或偏瘫。有的咀嚼、吞咽困难，流涎	根据病史、临床症状，可初步诊断。大动物主要通过病理学诊断。小动物CT、MRI检查可为诊断提供帮助	尚无特效疗法，参考脑膜脑炎的治疗方法。疗效一般较差，容易复发

(续)

疾病	病因	临床症状	诊断	治疗
脑软化（encephalomalacia）	脑灰质或脑白质发生变质性病理变化的疾病。各种动物均可发生，幼龄动物多发。主要见于反刍动物疯草、硫、有机汞、铅、硒中毒、硫胺素、铜缺乏；马霉玉米、蕨类中毒；猪有机胂、食盐中毒、硒缺乏；禽维生素E缺乏等	初期食欲减退，精神沉郁，步态不稳，共济失调，视力丧失，眼球震颤，肌肉震颤，角弓反张。有的眼睑与瞳孔反射消失。有的口唇麻痹，吞咽困难。后期卧地不起、昏迷，甚至死亡	根据病史、临床症状，可初步诊断。实验室病因学分析，可为诊断提供帮助。病理学检查即可确诊	尚无特效疗法，主要是去除病因，对症治疗。反刍动物硫胺素缺乏，可肌内注射硫胺素
肝性脑病（hepatic encephalopathy）	严重肝病引起代谢紊乱所致的中枢神经系统功能失调综合征。主要是血氨浓度升高对中枢神经系统的毒性作用。临床特征是意识障碍，行为失常和昏迷。常见于肝硬化后期、门脉异常、肝衰竭等。机体脱水、低钾血症、低血糖、便秘、胃肠道出血、饮食高蛋白物质及某些药物，可促进发病。各种动物均可发病	症状多样。精神沉郁，食欲减退或废绝，呕吐，反应迟钝，虚弱无力，头低耳聋，盲目徘徊，共济失调，失明，流涎，呆立。有的出现攻击行为，癫痫发作，甚至昏迷。门脉高压或低蛋白血症时，出现腹水，腹部膨大	根据血氨升高，肝病的病史，中枢神经功能紊乱的临床症状，可初步诊断	尚无有效疗法，主要是对症治疗。停止高蛋白饮食，纠正脱水、电解质和酸碱平衡。口服益生菌可以减少氨的产生

第二节 脊髓疾病

一、脊髓炎及脊髓膜炎

脊髓炎及脊髓膜炎（myelitis and meningomyelitis）是脊髓实质、脊髓软膜和蛛网膜的炎症性疾病。脊髓炎及脊髓膜炎可同时发生，有的以脊髓实质炎症为主、炎症波及脊髓膜，而有的以脊髓膜炎症为主、炎症蔓延至脊髓实质。临床特征是感觉过敏，运动机能障碍，肌肉萎缩。各种动物均可发病，多见于马、羊、犬。

【病因】主要是病原微生物感染、有毒植物及霉菌毒素中毒所致，如马传染性脑脊髓炎、乙型脑炎、流感、伪狂犬病、脑脊髓丝虫病、败血症、脓毒症等，萱草根、山黧豆及霉菌毒素中毒，椎骨骨折、脊髓挫伤、断尾等也可诱发本病。

【临床症状】因炎症部位、范围和程度不同，临床症状有一定差异。

脊髓炎为主，表现精神不安，肌肉震颤，脊柱僵硬，运步强拘，易于疲劳和出汗。局灶性脊髓炎，仅表现脊髓节段所支配相应部位的皮肤感觉过敏或减退和局部肌肉萎缩。弥漫性脊髓炎，多数炎症发生在脊髓的后段并迅速向前蔓延，动物的后肢、臀部及尾的运动障碍、感觉麻痹，反射机能消失，直肠括约肌麻痹，导致排粪、排尿失常。横断性脊髓炎，表现相应脊髓节段所支配区域的皮肤感觉、肌肉张力和神经反射减弱或消失；而发生炎症的脊髓节段后侧的肌肉张力增强、腱反射亢进等；患病动物共济失调，后肢轻瘫或瘫痪。分散性脊髓炎，由于个别脊髓传导径受损，表现相应的局部皮肤感觉消失及肌肉麻痹。

脊髓膜炎为主，表现脊髓膜刺激症状。脊髓背根受刺激，躯体的某一部位出现感觉过敏，触摸被毛或皮肤，动物骚动不安、弓背、呻吟等；当脊髓腹根受刺激，则出现背、腰和四肢姿势的改变，如头向后仰，曲背，四肢伸展，运步紧张、小心，步幅缩短；叩诊脊柱或触摸四肢，可引起肌肉痉挛性收缩，肌肉战栗等。随着疾病的发展，刺激症状逐渐消退，表现感觉减弱或消失。

【病程与预后】本病病程与病变性质及部位有关。动物卧地不起，可在数天死亡。有的病情可逐渐恶化，预后不良。病情较轻者，经适当治疗，可望痊愈，但病程缓慢，可持续数月。

【诊断】根据病史、临床症状，即可诊断。诊断依据：①接触毒物或感染的病史；②表现感觉过敏、运动机能障碍的临床症状；③小动物可用 MRI、CT 检查，确定病变部位和性质；④本病应与脑膜脑炎、脑脊髓丝虫病等进行鉴别。

【治疗】加强护理，消炎止痛，对症治疗。

消炎止痛，可用安乃近注射液、巴比妥钠等，可配合用糖皮质激素类药物，如地塞米松、醋酸泼尼松等。增强脊髓的反射机能，可用 0.2% 盐酸士的宁注射液，皮下注射。细菌感染，应用广谱抗菌药，如氨苄西林、头孢菌素类、甲硝唑、四环素、喹诺酮类等。

二、脊髓挫伤及震荡

脊髓挫伤及震荡（contusion and concussion of spinal cord）是因外力作用导致脊柱骨折或脊髓损伤的疾病。临床特征是脊髓节段性运动障碍，感觉障碍，排粪、排尿障碍。脊髓组织病变明显为脊髓挫伤，病变不明显为脊髓震荡。各种动物均可发病，常见于马、牛、犬、猫。

【病因】外力作用是本病发生的主要原因，常见于突然跌倒，重力负荷，体重过大的公畜配种，交通事故，骨质疏松或骨营养不良的动物自发性骨折，难产等。

【发病机理】由于脊髓受到损伤，或因出血、压迫，使脊髓的一侧或个别神经乃至脊髓全横断，通向中枢与外周神经束的传导中断，受损害部位的神经细胞机能完全丧失，其所支配的感觉机能缺失，运动机能麻痹，泌尿生殖器官和直肠机能也出现障碍，受腹角支配的效应区反射机能消失，肌肉发生变性和萎缩。

当脊髓与脊髓膜出血，或椎骨变形时，脊髓组织及其神经根可受到直接压迫与刺激，引起相应部位产生分离性感觉障碍，即表层组织的感觉及温觉障碍，而深层组织感觉机能保持正常。脊髓颈膨大部出血时，前肢肌肉萎缩性麻痹，伴发分离性感觉障碍，而后肢发生痉挛或轻瘫。脊髓膜出血，使神经根受到刺激，即引起相应部位痉挛或疼痛。

【临床症状】因脊髓受损伤的部位和程度不同，症状有差异（图 6-1）。

第 1~5 颈椎脊髓（C_1~C_5）全横断损伤，支配呼吸肌的神经核和延髓呼吸中枢联系中断，动物呼吸停止，迅速死亡；半横径损伤时，头、颈不能抬举而卧地，四肢轻瘫或瘫痪，四肢肌肉张力和反射正常或亢进，损伤部后方痛觉减退或消失，排粪、排尿障碍。

第 6 颈椎至第 2 胸椎脊髓（C_6~T_2）全横断损伤，呼吸不中断，呈现以膈肌运动为主的呼吸运动（膈呼吸），共济失调，四肢轻瘫或瘫痪，前肢肌肉张力和反射减弱或消失，肌肉萎缩。后肢肌肉张力和反射正常或亢进，排粪、排尿障碍。

第 3 胸椎至第 3 腰椎脊髓（T_3~L_3）损伤，后肢运动失调，轻瘫或瘫痪，后肢肌肉张力和反射正常或亢进，尾、肛门张力和反射正常，损伤部后方痛觉减退或消失，粪尿失禁。

第 4 腰椎至第 1 荐椎脊髓（L_4~S_1）损伤，尾、肛门、后肢肌肉张力和反射减弱或消失，排尿失禁，顽固性便秘，后肢轻瘫或瘫痪，共济失调，肌肉萎缩，损伤部后方痛觉减退或消失。

第 1~5 荐椎脊髓（S_1~S_5）损伤，后肢趾关节着地，尾感觉消失、麻痹，尿失禁，肛门松弛。

第 1~5 尾椎脊髓（Cy_1~Cy_5）损伤，尾感觉消失、麻痹。

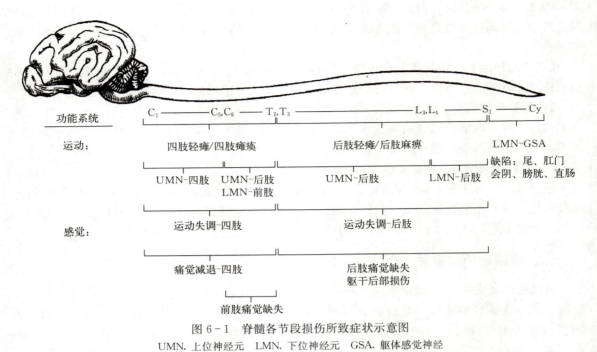

图 6-1 脊髓各节段损伤所致症状示意图
UMN. 上位神经元　LMN. 下位神经元　GSA. 躯体感觉神经
C. 颈椎　T. 胸椎　L. 腰椎　S. 荐椎　Cy. 尾椎

【病程与预后】一般病例，大动物在 1~2 d 内死亡。小动物病程可延续数天，常因继发褥疮、败血症、肺炎或膀胱炎导致死亡。病情较轻者，经适宜治疗，可痊愈。

【诊断】根据病史、临床反射检查，可初步诊断，X 线、CT、MRI 检查可确定损伤部位。本病应与马伏马菌素中毒、肌红蛋白尿症、脊髓肿瘤、脊髓寄生虫侵袭等进行鉴别。

【治疗】治疗原则是加强护理，改善神经机能，对症治疗。

加强护理，限制活动，减少对脊髓的刺激。对于截瘫或四肢瘫痪的动物需要躺卧于垫子上，定时翻身，以免发生褥疮，后肢瘫痪的动物应及时导尿，必要时进行适当按摩；供给高营养的日粮和充足的饮水。

疼痛明显时可应用镇静剂和止痛药，如安乃近、水合氯醛、盐酸吗啡等。缓解脊髓水肿，可用地塞米松、泼尼松等。兴奋脊髓，可用硝酸士的宁注射液，皮下或肌内注射。针灸对改善神经机能有一定作用。

第三节　神经系统其他疾病

一、癫痫

癫痫（epilepsy）是大脑某些神经元异常放电引起的暂时性脑机能障碍。临床特征是反复发生短暂的意识丧失，强直性与阵发性肌肉痉挛。各种动物均有发生，多见于犬、猫、羊、猪和犊牛。

【病因】原发性和继发性两种。原发性癫痫主要是先天性或遗传性因素所致，多发生于某些品种的犬，可能会遗传，如比格犬、金毛猎犬、德国牧羊犬等；马也有先天性家族性癫痫。继发性癫痫多见于脑部疾病和引起脑组织代谢障碍的一些全身性疾病，如脑病（脑膜炎、脑水肿、脑肿瘤等）、中毒（有机磷、铅、汞等中毒）、传染病（犬瘟热、狂犬病、伪狂犬病等）、营养代谢病（维生素 A 缺乏、低血糖、低钙血症等）。

此外，惊吓、过劳、超强刺激、恐惧、应激等都是癫痫发作的诱因。

【临床症状】本病的特点是突发性、短暂性和反复性。按临床表现，分为大发作、小发作、局限性发作和精神运动性发作。

1. 大发作 发作前可见一些短暂的先兆症状，如皮肤感觉过敏，不断点头或摇头，反射消失，不听呼唤，异常鸣叫等。发作时，突然倒地，意识丧失，全身肌肉强直，角弓反张，四肢外伸，牙关紧闭，呼吸暂停，口吐白沫，强直性痉挛持续 10～30 s。接着出现阵发性痉挛，四肢游泳样运动，瞳孔扩大，流涎，排尿，排粪，被毛竖立。一般持续 1～2 min 即恢复正常。有的表现精神淡漠，定向障碍，不安，视力丧失，持续数分钟至数小时后恢复。

2. 小发作 短暂的意识丧失（几秒钟），头颈伸展，呆立不动，两眼凝视。很快恢复正常。

3. 局限性发作 肌肉痉挛仅限于身体的某一部分，如面部或某一肢体。局限性发作可发展为大发作。

4. 精神运动性发作 以精神状态异常为主要特征，如癔症、幻觉及流涎等。

【病程与预后】本病多呈慢性经过，可持续数年乃至终生，原发性癫痫很难治愈。继发者，若原发病治愈，癫痫可恢复，否则预后不良。

【诊断】根据病史、特征性的临床特征，即可诊断。X 线检查、超声波检查、脑电图检查、CT 检查、血液生化指标测定及病原学检查，可为确定病变部位和病因提供帮助。

【治疗】治疗原则是加强护理，镇静解痉，对症治疗。

癫痫发作时，应加强护理，防止发生意外损伤。镇静解痉，可用抗癫痫药，如安定、戊巴比妥钠、苯巴比妥等。小动物可在日粮中添加溴化钾。

二、膈痉挛

膈痉挛（diaphragmatic flutter）是膈神经受到异常刺激，兴奋性增高，致使膈肌发生痉挛性收缩的一种疾病。临床特征是躯干呈有节律的震颤。按膈痉挛与心脏活动的关系，分为同步膈痉挛和非同步膈痉挛，前者与心脏收缩相一致，后者则与心脏收缩不一致。常见于马和犬。

【病因】能使膈神经受到刺激的因素都可引起发病。常见于消化系统疾病（如胃肠过度膨满、胃肠炎症、消化不良、食管扩张等）、呼吸系统疾病（如纤维素性肺炎、胸膜炎等）、脑和脊髓的疾病（尤其是膈神经起始处的脊髓病）、毒物（细菌毒素、炎性产物、蓖麻子毒素）中毒、代谢病（泌乳搐搦、低钙血症、低钾血症）等。

【临床症状】动物腹部及躯干发生独特的有节律的震颤，尤其是胁腹部一起一伏有节律地跳动。同时，伴发急促的吸气，鼻孔附近可听到呃逆声。同步膈痉挛，腹部振动次数与心搏动相一致。非同步性膈痉挛，腹部振动次数少于心搏数。膈痉挛时，动物停止饮食，神情不安，头颈伸张，流涎。

【病程与预后】膈痉挛的持续时间，一般为 5～30 min，乃至半天，有的可持续几天，经过适当治疗，都能康复，一般预后良好。

【诊断】根据病史，结合胁腹部一起一伏有节律地跳动，即可诊断。必要时进行血清电解质测定。

【治疗】治疗原则是加强护理，消除病因，解痉镇静。

一般轻者可不治而愈。解痉镇静，可用 25% 硫酸镁注射液，静脉注射；也可口服水合氯醛。低钙血症时，可用 10% 葡萄糖酸钙注射液，静脉注射。

第七章 营养代谢性疾病

概 述

新陈代谢是机体生命活动的基础,包括物质的合成代谢和分解代谢两个过程。通过新陈代谢,机体与环境不断进行物质交换和转化,同时体内物质又不断进行分解、利用与更新,为机体生存、生长、发育、生殖和维持内环境稳定提供物质和能量。合成代谢时营养物质进入机体,参与机体众多的化学反应,在机体内合成较大的分子并转化为自身的物质。分解代谢时糖原、蛋白质和脂肪等大分子物质分解为小分子物质的降解反应,是产生能量的过程。中间代谢是营养物质进入机体后在体内合成和分解过程中的一系列化学反应。营养物质不足、过多或比例不当,均可引起营养疾病;中间代谢的某一环节出现障碍,则引起代谢疾病。营养疾病和代谢疾病关系密切,往往并存,彼此又有一定影响。

营养代谢病是营养疾病和代谢疾病的总称。营养疾病主要指日粮中糖类、蛋白质、脂肪、维生素、矿物质等营养物质不足、缺乏或比例失调引起的疾病。代谢疾病分为先天性和后天性两种,在畜牧业生产实践中,后者对动物的影响更严重。先天性代谢病见于犬和猫的某些罕见遗传性疾病,这类疾病影响中枢神经系统,由于神经元溶酶体内储积大量的异常酶底物,阻碍了它们的功能而发病。后天性代谢疾病又称获得性代谢病或与生产有关的疾病,这类疾病的绝大多数与生产或管理有关,使体内一个或多个代谢过程发生改变,导致内环境紊乱而引起疾病。对高产动物(乳牛、多胎羊、蛋鸡)危害较大,可引起巨大的经济损失。如为了提高生产性能,使机体特殊营养需要量增加,超过了动物维持生理浓度所需特殊营养的代谢储备量,加之管理不当而发生代谢疾病,常见的有低钙血症、低镁血症、低血糖等。另外,动物有较高的代谢需要时,一旦饲料营养摄入减少就会发生代谢紊乱,如乳牛酮病、肥胖母牛综合征等。生产中的营养疾病和代谢疾病关系密切,它们之间没有明显的差异。一般认为,营养缺乏是长期的,只有通过日粮补充才能改善,代谢疾病往往是急性状态,动物对补充所需要的营养物质反应明显。因此,不难看出营养代谢病从病因上讲主要是日粮中营养物质不全、数量及其比例不当的问题,从发病机理上讲主要是代谢问题。随着集约化养殖业的发展,群发性动物营养代谢病日趋严重,特别是亚临床型所致的生长发育缓慢和生产性能降低是造成经济损失的主要原因。因此,了解动物营养代谢病发生的基本规律和诊断方法,对这类疾病的监测预报、早期诊断、预防和治疗均具有重要意义。

一、营养代谢病的主要病因

机体对各种营养物质均有一定的需要量、允许量和耐受量,因此营养代谢病可因一种或多种营养物质不足、过多、比例不当或中间代谢的某一环节出现障碍而引起。

1. 营养物质摄入不足 主要见于日粮不足、品种单一、品质不良、营养不平衡及饲养不当等使机体缺乏某种营养物质。如我国大面积的土壤低硒、低铜、低锌导致的当地牧草及饲料

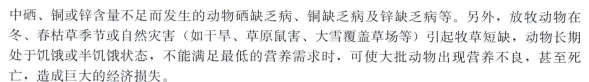

中硒、铜或锌含量不足而发生的动物硒缺乏病、铜缺乏病及锌缺乏病等。另外，放牧动物在冬、春枯草季节或自然灾害（如干旱、草原鼠害、大雪覆盖草场等）引起牧草短缺，动物长期处于饥饿或半饥饿状态，不能满足最低的营养需求时，可使大批动物出现营养不良，甚至死亡，造成巨大的经济损失。

2. 营养物质摄入过剩 主要是以提高动物生产性能为目的，供给高营养的饲料，导致营养过剩而发生的代谢性疾病。如乳牛干乳期日粮中蛋白质过多、糖类不足是酮病发生的主要原因；集约化养鸡场饲喂动物性饲料过多以及日粮高钙，容易发生鸡痛风病。

3. 营养物质消化吸收障碍 主要见于动物患某些影响消化吸收的慢性疾病，如慢性胃肠炎、肝病及胰腺疾病等，影响机体对一些营养物质的消化吸收。另外，日粮中某些物质过多或比例不当影响机体对另一些营养物质的吸收，如日粮中植酸过多易与许多金属元素形成植酸盐，降低机体对这些元素的吸收；日粮中钙磷比例不当可发生骨营养不良。

4. 营养物质需要量增加 动物在妊娠、泌乳、产蛋和生长发育阶段对各种营养物质的需要量明显增加，此时若不补充，则不能满足机体的需要而发生代谢紊乱。在我国北方，多数放牧动物（如羊、牦牛、骆驼等）妊娠后期及泌乳早期主要在枯草期和青草初期，牧草青黄不接，经常处于营养不良状态，容易发生流产或导致仔畜成活率低、幼畜生长发育缓慢。

5. 饲料中存在抗营养物质 饲料中存在一些能使其营养价值降低的物质，称为抗营养物质或抗营养因子。如豆科植物中的胰蛋白酶抑制因子，与小肠中的胰蛋白酶结合，生成无活性的复合物，导致肠道对蛋白质的消化、吸收及利用能力下降，同时可使胰腺肥大和增生，影响消化和吸收功能；游离棉酚与蛋白质结合成复合物，降低蛋白质的消化率；植物中的单宁与蛋白质、糖类和消化酶类形成复合物，干扰消化过程，影响能量、蛋白质和其他营养物质的消化利用率，降低单胃动物的生产性能；植酸能与多种金属离子螯合，形成稳定的、不易分解的螯合物，降低这些矿物元素的生物利用率；草酸在消化道与钙结合形成不溶性草酸钙，影响机体对钙的吸收利用；硫苷能干扰甲状腺利用碘；硝酸盐和亚硝酸盐可氧化、破坏胡萝卜素；某些鱼、虾、蛤类体内含有硫胺素酶能分解维生素 B_1。

二、营养代谢病的临床特点

营养代谢病种类繁多，发病机理复杂，一般缺乏特征性的临床症状，但与其他疾病相比，具有以下显著的特点。

1. 群发性和地方流行性 许多营养代谢病在一个养殖场或某一地区呈群发性，不同动物品种均有发病，症状基本相同或相似。在养殖场常见于日粮配合不当，过量使用饲料添加剂，饲养管理粗放，导致机体吸收的营养物质不能满足动物生长发育和生产性能的需要，或引发体内某些代谢紊乱而发病，严重者造成大批死亡。放牧动物主要见于牧草中某些营养物质不足或比例不当，如我国许多地区为低硒地区，动物硒缺乏在这些地区呈地方流行性，同时人的克山病也时有发生；我国高山草原牧草钙磷比例严重失调，同时锌、硒和铜含量也不能满足放牧动物营养的需要。放牧动物在牧草短缺时，可造成大批发病，甚至死亡。

2. 发病与生理阶段和生产性能有关 某些营养代谢病发生在不同的生理阶段，如缺铁性贫血主要发生于仔猪，白肌病主要发生在犊牛和羔羊，地方性共济失调仅侵害1～2月龄的羔羊，高产乳牛在产后容易发生低血钙性瘫痪、酮病等。

3. 病程较长，发病缓慢 营养代谢病的发生从病因作用到表现临床症状，往往需要数周、数月甚至更长的时间。一般直到体内组织器官机能和结构改变，才出现临床症状。

4. 缺乏特征症状 许多营养代谢病缺乏特征性的临床症状，主要表现精神沉郁、食欲不振、消化障碍、生长发育停滞、贫血、异嗜、生产性能下降、生殖机能紊乱等，容易与一般的营养不良、寄生虫病或中毒病相混淆。因此，营养代谢病的诊断必须通过详细的流行病学调查、饲草料分析、体内相关指标的测定及预防和治疗效果综合判断。

5. 无传染性 虽然营养代谢病在养殖场或一定区域大批发病，但没有传染性。患病动物除继发感染外，体温一般在正常范围内或偏低，这是营养代谢病早期群发时与传染性疾病的一个显著区别。当供给缺乏的营养或改善机体的代谢状况，疾病可在短期内恢复。

6. 某些代谢疾病与遗传因素有关 动物代谢疾病的易感性在品种、个体之间有一定的差异，如犬和猫可发生先天性代谢病，更赛牛容易发生酮病，而娟姗牛生产瘫痪的发病率明显高于其他品种。

三、营养代谢病的诊断技术

营养代谢病缺乏特征性的临床症状，病因复杂，多数仅表现生长发育缓慢、生产性能降低等亚临床症状，同时由于机体免疫功能降低，还容易继发一些传染病和寄生虫病，给临床早期确诊带来许多困难。因此，营养代谢病的诊断不能停留在临床症状和病理变化上，必须依靠详细的流行病学调查、饲草料分析、临床检查、病理学检查、实验室相关指标的测定及预防和治疗试验等进行综合诊断，要尽可能找出病因和诱因、发病的主要环节、疾病的发展阶段等。

1. 流行病学调查 主要调查与疾病有关的一些情况，为进一步检查提供依据。如发病季节，发病率，死亡率，发病的年龄，生产性能，疫苗免疫情况，主要的临床表现，日粮来源、组成、加工和储藏情况，饲养管理状况，环境卫生状况，发病后采取的措施及效果等。

2. 饲草料分析 对于怀疑与某些矿物质、维生素缺乏有关的疾病，分析日粮中相关的营养成分，并与动物营养标准比较，可为诊断提供依据。分析测定结果时要注意与该物质有颉颃作用的其他物质的含量，以便做出准确的判断。如日粮中钼含量过多，影响机体对铜的吸收；日粮中钙磷比例直接影响机体对钙磷的吸收和利用。

3. 临床检查 通过详细的临床检查，了解疾病的主要损害部位和程度，确定疾病的性质。有些营养代谢病有比较典型的临床症状，可初步诊断。如钙磷代谢障碍主要表现跛行和骨骼变形，锌缺乏常发生皮肤角化不全和鳞屑，维生素A缺乏的早期表现是夜盲症，新生仔猪铁缺乏发生贫血等。

4. 病理学检查 有些营养代谢病表现特征性的病理变化，根据尸体剖检和组织学检查可初步确诊。如犊牛和羔羊硒缺乏主要表现骨骼肌颜色变淡；鸡痛风关节腔内有尿酸盐沉积，内脏器官、输尿管等处有尿酸盐沉积；皮肤角化不全和母畜所产幼畜脑室积水、先天性失明可能为维生素A缺乏所致；骨骼变软、骨质疏松主要是钙磷代谢障碍引起。

5. 实验室相关指标的测定 根据病因分析和病理变化，采集有关样品（如血液、尿液、乳汁、被毛、组织等）进行某些营养物质和相关生理生化指标及代谢产物的测定，为诊断提供辅助手段。如维生素、矿物质缺乏可测定体内生物样品中这些营养物质的含量，硒缺乏时血液和组织中谷胱甘肽过氧化物酶的活性明显降低，铜缺乏可测定血浆铜蓝蛋白含量和超氧化物歧化酶活性。有些疾病需要进行代谢试验，如糖耐量试验。对遗传性疾病还可进行基因诊断。

6. 防治试验 对某些营养缺乏性疾病，在疾病高发区选择一定数量的患病动物和临床健康动物，通过补充缺乏的营养物质，观察治疗和预防效果，进一步验证病因。

7. 动物试验 许多营养代谢病病因复杂，为了确定疾病的病因和发病机理，根据实验室分析结果人工复制动物模型，需要严格控制日粮中的可疑营养物质，通过动物试验以证明其是否能够产生与自然病例相同的临床症状和病理变化，从而为建立诊断提供可靠的依据。有些动物试验需要经过较长的时间才能复制成功，有的在整个实验过程中会受到一些意想不到的因素影响，因此，必须严格控制试验条件，才能确保试验成功。

四、营养代谢病的防治原则

解决生产中有关营养代谢病问题的关键是迅速确诊，在疾病发生之前或高发季节做出预测，可以避免巨大的经济损失。营养代谢病预防的关键是加强饲养管理，保证供给全价日粮，特别是高产动物在不同的生产阶段，应根据机体的生理需要，及时、准确、合理地调整日粮结构和营养组成。同时，应定期对畜群进行营养代谢病的监测，做到早期预测、预报，为进一步采取措施提供依据。

对区域性矿物质代谢障碍性疾病，可采取综合防治措施（如改良土壤、植物喷洒、饲料调换、日粮添加等）提高饲草料中有关元素的含量。反刍动物微量元素缺乏性疾病可通过投服含有微量元素的缓释丸剂，在瘤胃和网胃中缓慢释放机体必需的微量元素而达到预防疾病发生的目的。放牧动物季节性营养不良的预防，可采取人工种草、补饲精料、舍饲、季节性驱虫和发展季节性畜牧业等措施。

第一节　糖、脂肪及蛋白质代谢性疾病

一、乳牛酮病

乳牛酮病（ketosis in dairy cows）是乳牛体内酮体异常蓄积所致的代谢性疾病。临床特征是食欲减退，体重减轻，呼出丙酮味的气体，产乳量下降，间有神经症状；临床病理学特征是酮血，酮尿，酮乳，低血糖。本病多发生于产犊后的第一个泌乳月内，尤其在产后2周，不同胎次的乳牛均可发病。产乳量高的个体、产乳量高的品种发病较多。无明显的季节性，冬春季节发病较多。

【病因】 主要是能量负平衡所致。按原因可分为原发性和继发性。原发性酮病发生在体况良好、具有较高的泌乳潜力、饲喂高品质日粮的乳牛，因能量代谢紊乱，体内酮体生成增多所致。继发性酮病，因其他疾病（如皱胃变位、创伤性网胃腹膜炎、子宫炎、乳腺炎等）引起食欲下降，血糖浓度降低，导致脂肪代谢紊乱，酮体产生增多所致。下列因素在发病中起重要作用。

1. 高产乳牛　乳牛产犊后的4~6周已出现泌乳高峰，但其食欲恢复和采食量的高峰在产犊后8~10周出现。因此在产犊后10周内食欲较差，能量和葡萄糖的来源本来就不能满足泌乳消耗的需要，假如乳牛产乳量高，势必加剧这种不平衡。研究表明，根据乳牛摄食糖类及从泌乳中排出乳糖的情况，每天适合的产乳量为22 kg。假如每天产乳34 kg，则全部血液中葡萄糖都将被乳腺所摄取。1头泌乳乳牛，每天可排出乳糖1 225 g，而2个单糖（葡萄糖加半乳糖）分子通过氧桥相连才缩合成1个双糖（乳糖）。所以，高产乳牛酮病的发病率较高。

2. 日粮中营养不平衡和供给不足　饲料供应过少，品质低劣，品种单一，日粮不平衡，或者精料过多，粗饲料不足，而且精料属于高蛋白、高脂肪和低糖类饲料，使机体的生糖物质缺乏，引起能量负平衡，产生大量酮体而发病。单纯饲喂含生酮物质丁酸较多的青贮饲料，或甜菜丝（粕）在饲料中的比例过大，均可发病。

3. 产前过度肥胖　干乳期供给能量水平过高，母牛产前过度肥胖（体况指数≥3.75），严重影响产后采食量的恢复，同样会使机体的生糖物质缺乏，引起能量负平衡，产生大量酮体而发病。由这种原因引起的酮病称消耗性酮病。根据调查，有相当一部分乳牛场习惯于将干乳牛和泌乳牛混群饲养，使干乳牛采食较多的精料，引起母牛产前过度肥胖，这是引起乳牛酮病的主要原因之一。

另外，饲料中缺乏钴、碘、磷等矿物质，可使牛群发病率增加。寒冷、饥饿、过度挤乳等应激因素均可促进本病的发生。

【发病机理】 本病发生的关键是血糖浓度下降所致的脂肪酸氧化和酮体生成异常。反刍动物通过消化道直接吸收的单糖（葡萄糖、半乳糖）远不能满足能量代谢的需要，葡

萄糖主要由丙酸通过糖异生途径转化而来。丙酸是在瘤胃消化的过程中产生的，同时还产生乙酸和丁酸，三者统称为挥发性脂肪酸（VFA）。一般认为，乙酸、丙酸、丁酸三者比例为70：20：10。凡是造成瘤胃生成丙酸减少的因素，都可能使血糖浓度下降，如由于某些原因（如产前过度肥胖）致产前、产后采食量减少，前胃消化功能下降时，挥发性脂肪酸产生减少，饲料中糖类供给不足，或精料太多、粗纤维不足，都可造成丙酸生成不足。有试验表明，母牛分娩后需70 d左右，采食量和消化功能才能达到峰值。精料在瘤胃内产生三酸（乙酸：丙酸：丁酸）的比例为59.6：16.6：23.8，多汁饲料为58.9：24.9：16.2，干草为66.6：28.0：5.4。可见，青草或青干草饲料产生丙酸最多，生糖效果最好。放牧乳牛酮病发生率远低于舍饲牛，可能与此有关。丙酸须先转化为丙酰辅酶A，在维生素B_{12}的参与下，转化为琥珀酰辅酶A，然后经糖异生合成所需要的葡萄糖。

母牛产乳量过高，引起体内糖消耗过多、过快，造成糖供给与消耗间的不平衡，也可使血糖浓度下降。母牛产后40 d内即可达到泌乳高峰，泌乳高峰出现越快、产乳越多的牛，越易患酮病。一般认为，乳牛在围产期内分泌状态发生明显改变，从妊娠末期进入泌乳早期时，血浆胰岛素水平下降，生长激素水平升高，而分娩时两种激素水平都会发生急剧的波动。另外，甲状腺激素、雌激素及糖皮质激素等也发生不同程度的变化。妊娠末期内分泌状态的改变和干物质采食量的减少均会影响乳牛的代谢，导致脂肪从脂肪组织和糖原从肝的动员，在分娩前2~3周至2~3 d，血浆非酯化脂肪酸（游离脂肪酸，NEFA）浓度增加2倍以上，产犊时又急剧增加，通常超过1.0 mEq[①]/L。产犊后游离脂肪酸浓度下降较快，但仍高于产前水平。产后泌乳的能量需要量远远超过了能量采食量，因此乳牛分娩时极易发生酮病。可认为该病是干物质采食量下降和游离脂肪酸浓度升高引起的代谢紊乱。

肝是糖异生的主要场所，原发性或继发性肝病，都可能影响糖的异生作用，使血糖浓度下降。尤其是肝脂肪变性，肥胖母牛脂肪肝发生时，常可引起肝糖原储备减少，糖异生作用减弱，最终导致酮病发生。当动物缺乏钴时，不仅因维生素B_{12}合成减少，影响丙酸代谢和糖生成，还因为缺钴时瘤胃微生物生长发育不良，影响了前胃的消化功能，丙酸产生更少，糖生成作用呈恶性循环。

血糖浓度下降是发生酮病的中心环节。当血糖浓度下降时，脂肪组织中脂肪的分解作用大于合成作用。脂肪分解后生成甘油和游离脂肪酸，甘油可作为生糖先质转化为葡萄糖以弥补血糖的不足，而游离脂肪酸则因脂肪组织中缺乏α-磷酸甘油，不能重新合成脂肪。游离脂肪酸进入血液引起血液中游离脂肪酸浓度升高。长时间血糖浓度低下，引起脂肪组织大量分解，不仅血液中游离脂肪酸浓度升高，也引起肝内脂肪酸的β-氧化作用加快，所生成大量的乙酰辅酶A因得不到足够的草酰乙酸，不能进入三羧酸循环，沿着合成乙酰乙酰辅酶A的途径，最终形成大量酮体（β-羟丁酸、乙酰乙酸和丙酮）。此外，脂肪酸在肝内生成三酰甘油，因缺乏足够的极低密度脂蛋白（VLDL）将它运出肝，蓄积在肝内引起肝脂肪沉积，使糖异生障碍，脂肪分解随之加剧，酮体生成过多现象呈恶性循环，导致血液、乳汁和尿液中酮体含量增加，超过一定水平就可发生酮病。

在动用体脂的同时，体蛋白也加速分解。其中生糖氨基酸可参加三羧酸循环而供能，或经糖异生合成葡萄糖入血；生酮氨基酸因没有足够的草酰乙酸，不能经三羧酸循环供给能量，而经丙酮酸的氧化脱羧作用，生成大量的乙酰辅酶A和乙酰乙酰辅酶A，最后生成酮体。在脂肪水解、体蛋白分解过程中，因体内草酰乙酸的浓度不足或其可利用性下降而使脂肪酸及生酮氨基酸增加，肝活组织穿刺后草酰乙酸浓度测定证实了这点。

当肝内草酰乙酸充足时，瘤胃中所生成的乙酸和丁酸可转变成乙酰辅酶A后进入三羧酸循

注：①mEq即毫克当量，表示某物质和1 mg氢的化学活性或化合力相当的量。

环,并释放能量。当血糖浓度下降到草酰乙酸缺乏时,乙酸和丁酸可转变成乙酰乙酸及β-羟丁酸,成为体内的酮体。正常情况下,体内酮体数量较少,可被肝外组织如骨骼肌、心肌所利用,也可在皮下合成脂肪或由乳腺合成乳脂。如果体内酮体生成太多,超过上述组织对酮体的利用能力,可造成酮体在体内蓄积(图7-1)。

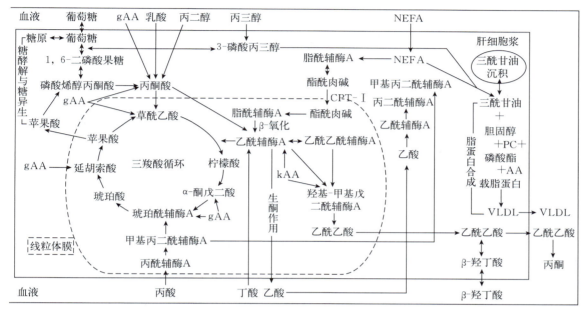

图7-1 乳牛酮病和脂肪肝发生的示意图

AA:氨基酸　CPT-Ⅰ:肉毒碱脂酰转移酶Ⅰ　gAA:生糖氨基酸　kAA:生酮氨基酸
NEFA:游离脂肪酸　PC+:磷脂酰胆碱及其他组分　VLDL:极低密度脂蛋白

激素调节在这一过程中起重要作用,乳牛围产期内分泌状态发生明显的改变(表7-1)。反刍动物能量代谢主要受胰岛素的调控,胰岛素作为葡萄糖调节激素刺激组织对葡萄糖的利用,降低肝糖异生作用。胰岛素也是脂代谢调节激素,刺激脂肪生成、抑制脂肪分解。胰高血

表7-1 乳牛围产期体内激素的变化

激素	妊娠中期	妊娠后期	泌乳早期
黄体酮	↑	(↓)	↓
胎盘催乳素	—	↑	↓
雌激素	—	↑	↓
催乳素	—	(↑)	↑
生长激素	—	(↑)	↑
糖皮质激素	—	—/↑	↑
瘦素	↑	↓/↑	↓
胰岛素	—	↓/↑	↓
胰高血糖素	—	—	↑?
甲状旁腺激素	—	—/↑	↑
1,25-(OH)$_2$D$_3$	—	—/↑	↑
降钙素	—	—/↓	↓

注:↑为增加,↓为降低,—不明显,同时2个符号为可能发生其一。

糖素是胰岛素的反调节激素。二者的抵消效应在葡萄糖的稳态控制中发挥核心作用。胰岛素和胰高血糖素的比值低，可刺激脂肪组织的分解和肝的生酮作用。血糖和丙酸降低可使血清胰岛素含量降低。乳牛在早期泌乳阶段，由于血糖下降，胰高血糖素分泌增多，胰岛素分泌减少，胰岛素和胰高血糖素的比值降低，处于脂肪分解状态。在能量代谢中起重要作用的长链脂肪酸及其辅酶 A 只有通过以下转运系统才能进入线粒体基质进行 β-氧化：脂肪酸首先转化为长链脂酰辅酶 A，进入线粒体的速度受到肉碱棕榈酰转移酶的调节，而胰岛素可直接或间接抑制肉碱棕榈酰转移酶的活性。胰岛素和胰高血糖素比值降低，该酶的活性受到抑制，使长链脂肪酸进入线粒体减少，脂肪氧化供能降低。生长激素也间接发挥了调控作用，促进脂肪分解，这也是决定产乳量的最重要因素。甲状腺功能低下、肾上腺皮质激素分泌不足等，与疾病发生也有密切关系。疾病初期在催乳素的作用下，乳腺泌乳量仍可维持正常，因而把外源性和内源性产生的糖源源不断地转化为乳糖。随着疾病的发生和发展，母牛食欲减退，机体消瘦，消化功能减弱，产乳量也随之下降。

酮体本身的毒性作用较小，但高浓度的酮体对中枢神经系统有抑制作用，加上脑组织缺糖而使病牛呈现嗜睡，甚至昏迷症状。当丙酮还原或 β-羟丁酸脱羧后，可生成异丙醇，使病牛兴奋不安。酮体还有一定的利尿作用，引起病牛机体脱水，粪便干燥，迅速消瘦，因消化不良以至拒食，病情迅速恶化。

【临床症状】主要发生在产犊后几天至几周内，临床上表现消耗型酮病和神经型酮病两种类型。消耗型酮病占 85% 左右，但有些病牛，两种类型的症状同时存在。

1. 消耗型酮病　表现食欲减退和采食精料减少，甚至拒绝采食青贮饲料，一般可采食少量干草。体重迅速下降，很快消瘦，腹围缩小。产乳量明显下降，乳汁容易形成泡沫，但一般不发展为无乳。因皮下脂肪大量消耗使皮肤弹性降低。粪便干燥，量少，有时表面附有一层油膜或黏液。瘤胃蠕动减弱甚至消失。排出的气体、尿液和乳汁中有酮气味，加热时更明显。

2. 神经型酮病　突然发病，初期表现兴奋，精神高度紧张，不安，大量流涎，磨牙空嚼，顽固性舔吮饲槽或其他物品；视力下降，走路不辨方向，转圈或无目的漫游，有时横冲直撞。有的患病动物全身肌肉紧张，步态跟跄，站立不稳，四肢叉开或相互交叉；有的震颤或痉挛，吼叫，感觉过敏。这些神经症状间断地多次发生，每次持续 1~2 h，然后间隔 8~12 h 重复出现。这种兴奋过程一般持续 1~2 d 后转入抑制期，患病动物表情淡漠，反应迟钝，不愿走动和采食，精神高度沉郁；严重者不能站立，头屈向颈侧，昏睡。少数轻症患病动物仅表现精神沉郁，头低耳耷，对外界刺激的反应性下降。

有些牛发生亚临床型酮病，症状不明显，一般在产后 1 个月内发病，病初血糖含量下降不显著，尿酮浓度升高，后期血液酮体浓度升高，产乳量稍有下降。

患酮病的牛不仅乳产量急剧减少，造成明显经济损失，而且常伴发子宫内膜炎，引起繁殖功能障碍，休情期延长，人工授精率下降。

实验室检查，表现低血糖症、高酮血症、高酮尿症和高酮乳症。血糖浓度从正常时的 2.8 mmol/L 降至 1.12~2.24 mmol/L。因其他疾病造成的继发性酮病，血糖浓度通常在 2.24 mmol/L 以上，甚至高于正常。血液酮体主要测定 β-羟丁酸（BHB）含量，正常乳牛血清 BHB 含量<1.0 mmol/L，亚临床酮病时 BHB 含量 1.0~1.4 mmol/L，临床型酮病 BHB 含量 2.5~10.0 mmol/L。干乳期血清 NEFA 含量<0.4 mmol/L，产后<0.7 mmol/L。

【病程与预后】大多数病例，血液中酮体浓度与临床症状的严重程度成正比。病程较长者，还伴有肝脂肪变性。若母牛仍能采食，随着产乳量减少，糖耗损缓和，体内能量代谢渐趋平衡，酮病可自然康复。长期厌食的牛，由于瘤胃微生物区系改变，可引起持久性消化不良。原发性酮病除了因病程长和发生脂肪肝恢复较慢外，一般预后良好。继发性酮病的预后，主要根据原发病而定。

【诊断】根据病因、临床症状，即可初步诊断，血糖、血清 BHB 和 NEFA 含量测定可为诊断提供帮助。诊断依据：①产犊后不久发病；②临床表现食欲减退，体重减轻，产乳量下降，呼出气体有丙酮味；③实验室检查，血糖含量<2.8 mmol/L、BHB 含量>1.0 mmol/L、NEFA 含量>0.7 mmol/L；乳汁、尿液中含有酮体。

本病应与皱胃变位、创伤性网胃腹膜炎等进行鉴别。

【治疗】治疗原则是调整日粮组成，恢复血糖浓度，降低血液酮体含量，对症治疗。

首先根据病因调整饲料组成，增加糖类饲料及优质牧草含量。采用药物治疗和减少挤乳次数相结合可取得良好的效果。

1. 替代疗法 静脉注射 50% 葡萄糖注射液 500 mL，对大多数母牛有明显效果，但须重复注射，否则可能复发。重复给予丙二醇或甘油，剂量为每次 500 g，每天 2 次，连用 2 d；随后每天 250 g，连用 2~10 d，灌服或饲喂，效果很好。

从理论上说，丙酸钠也有较好的治疗效果，每天口服 120~240 g，但作用较慢。另外乳酸钙、乳酸钠和乳酸铵都有一定疗效。

2. 激素疗法 对于体质较好的病牛，用促肾上腺皮质激素肌内注射。也可用糖皮质激素，如地塞米松、泼尼松等。必要时可配合应用胰岛素。

3. 其他疗法 维生素 B_{12} 肌内注射，有一定的辅助治疗效果，尤其是对钴缺乏的病牛。还包括镇静、纠正酸中毒、健胃助消化等。

【预防】在乳牛围产期，应对牛群定期监测血清、尿液 BHB 含量，及时采取措施，预防酮病的发生。通过营养管理来预防酮病，可取得较好的效果。对高度集约化饲养的牛群，要严格防止在泌乳结束前牛体过肥，全泌乳期应科学地控制牛的营养摄入。在为催乳而补料之前，能量供给以能满足其需要即可；在产前 4~5 周应逐步增加能量供给，直至产犊和泌乳高峰期；在增加饲料摄入过程中，不要轻易更换配方，即使微小的变化也会影响其适口性和食欲。随着乳产量增加，用于促使产乳的日粮也应增加；浓缩饲料应保持粗料和精料的合理比例，其中精料中粗蛋白含量不超过 18% 为宜，糖类以磨碎玉米为好，因它可避开瘤胃发酵作用而被消化，并可直接提供葡萄糖。在产乳高峰期时，要避免一切干扰其采食量的因素，要定时饲喂精料，同时应适当增加运动；应供给品质优良的干草或青贮饲料。一些饲料添加剂，如烟酸、丙酸钙、丙酸钠、丙二醇、胆碱等，在产前 3 周使用可有一定的预防效果；莫能菌素（200~300 mg/d）可用于预防亚临床酮病。

二、家禽痛风

家禽痛风（poultry gout）是嘌呤代谢障碍，尿酸盐在组织器官内沉积而形成的一种疾病。临床特征是运动迟缓，关节肿大，跛行，厌食，衰弱及腹泻，高尿酸血症。按尿酸盐沉积的部位，分为内脏型痛风和关节型痛风。内脏型痛风是尿酸盐沉积在内脏器官表面，关节型痛风是尿酸盐沉积在关节腔及其周围。本病多发于鸡，火鸡、孔雀、水禽（鸭、鹅）、鸽等也可发生。

【病因】病因比较复杂，能使尿酸生成过多或排泄障碍的因素均可导致本病的发生。

1. 尿酸生成过多 饲料中蛋白质尤其核蛋白和嘌呤碱含量过高，如动物的内脏（胸腺、肝、肾、脑、胰腺）、肉屑、鱼粉及熟鱼，或大豆粉、豌豆等作为蛋白质来源，且所占比例过高，如鱼粉用量超过 8%，饲料中粗蛋白含量超过 28% 时，由于核酸和嘌呤的代谢终产物尿酸生成太多，可引起尿酸症。

2. 尿酸盐排泄障碍 主要是肾损伤，见于病原（如传染性支气管炎病毒、传染性法氏囊病毒、败血性支原体、沙门菌、隐孢子虫、组织滴虫等）感染、药物和毒物（如磺胺类和氨基糖苷类药物，铬、镉、铊、铅等重金属，草酸盐，霉菌毒素等）中毒、维生素 A 缺乏、非产蛋鸡日粮钙含量超过 3% 等。

另外，尿酸代谢遗传缺陷、老龄、纯系品种、运动不足、饮水不足、受凉、孵化时湿度太高等，均可促进痛风的发生。

【发病机理】尿酸是嘌呤代谢的终产物，体内20%的尿酸来源于富含嘌呤的日粮，80%来源于体内嘌呤生物合成。家禽90%的尿酸最终由肾小管分泌和排出。血液中尿酸的平衡取决于嘌呤的吸收、生成、分解和排泄。家禽体内缺乏精氨酸酶，在代谢过程中产生的氨不能被合成为尿素，而是先合成嘌呤、次黄嘌呤、黄嘌呤，再形成尿酸。饲料中含蛋白质尤其是核蛋白越多，体内产生的氨就越多，只要体内含钼的黄嘌呤氧化酶充足，生成的尿酸也就多。如果尿酸生成的速度快于泌尿器官的排泄，就可引起尿酸盐血症。近年来认为，肾原发性损伤是发生痛风的基础，痛风是禽肾功能衰竭的结果。当肾小管和输尿管等发生炎症、阻塞时，尿酸排泄受阻，尿酸盐就蓄积在血液中。因此，凡能引起肾及尿路损伤或尿液浓缩、尿排泄障碍的因素，都可促进尿酸盐血症的形成。但并非所有肾损伤都能引起痛风，如肾小球肾炎、间质性肾炎等很少伴发痛风。这与尿酸盐生成的多少，尿路通畅程度有密切关系。

当禽类饲料中蛋白质和核蛋白含量过高，或肾功能损伤，尿酸排泄障碍时，体内大量蓄积尿酸，可使血液中的尿酸水平达到595～952 μmol/L（正常为89.3～178.5 μmol/L）。由于尿酸在水中溶解度甚低，当血浆尿酸量超过380.8 μmol/L时，尿酸即以钠盐形式在关节、软组织、软骨和内脏的表面及皮下结缔组织沉积下来，而引起一系列临床和病理变化。

【临床症状】本病多呈慢性经过，病禽精神沉郁，食欲减退，逐渐消瘦，冠苍白，羽毛蓬乱，行动迟缓，周期性体温升高，心跳加快，排白色尿酸盐尿。临床上以内脏型痛风为主，关节型痛风较少。

1. 内脏型痛风　胃肠道症状明显，表现腹泻，粪便呈白色，食欲下降，鸡冠发白，贫血，生长缓慢，多因肾功能衰竭而死亡。

2. 关节型痛风　一般呈慢性经过，运动障碍，跛行，不能站立，腿和翅关节肿大，跗、趾关节尤为明显（二维码7-1）。初期肿胀柔软而痛，以后逐渐形成硬结节性肿胀。后期结节软化破溃，流出灰黄色干酪样物质，局部形成溃疡。

【病理变化】内脏型痛风，胸腔、腹腔和心脏的浆膜面上可见粉末状尿酸盐沉着（二维码7-2）。病变严重时，心、肝、脾、肾和肠系膜表面可完全被白色尿酸盐所覆盖。肾肿大，色淡，外表面呈现雪花样花纹（二维码7-3），切面可见白色尿酸盐小点和小条；输尿管扩张，管腔内含有石灰样沉着物（二维码7-4）；有的一侧肾、输尿管萎缩，另一侧肾代偿性增大，输尿管变粗（二维码7-5）。

关节型痛风，趾、腿部关节因尿酸盐沉着和炎症而肿胀，关节软骨、关节间隙、周围结缔组织、滑膜、腱鞘、韧带、骨骺等部位，都可见尿酸盐沉着（二维码7-6）。沉着部位的组织发生变性、坏死，周围发生炎性水肿和白细胞浸润，初期表现局部肿胀，后期结缔组织增生，形成致密、坚硬的结节（痛风结节）。关节中沉积尿酸盐时，可使关节变形和形成尿酸结石。

【诊断】根据病史、临床症状，结合病理变化，即可诊断。诊断依据：①饲料中蛋白质含量过高，或肾损伤的病史；②表现运动迟缓、关节肿大、跛行、厌食、衰弱、腹泻等临床症状；③剖检可见内脏器官表面，或关节有大量尿酸盐沉着；④血浆尿酸量高于380.8 μmol/L；⑤必要时可进行尿酸盐染色法检查。

【治疗】尚无特效疗法，主要是防止高尿酸血症和促进尿酸盐排出，可试用苯溴马隆、磺砒酮、别嘌醇等。对病禽使用各种类型的肾肿解毒药，可促进尿酸盐的排泄，对体内电解质平衡的恢复有一定的作用。

【预防】根据家禽生长发育和生产需要，合理调配饲料，不宜过多饲喂动物性蛋白饲料，控制鸡饲料中粗蛋白的含量在20%左右，减少动物性下脚料供给，禁止用动物腺体组织作为饲料原料。调整日粮中钙磷比例，肉用仔鸡饲料中钙含量不宜超过1%，小母鸡饲料中钙含量

二维码7-1

二维码7-2

二维码7-3

二维码7-4

二维码7-5

二维码7-6

不宜超过1.2%,磷含量不宜超过0.8%。添加维生素A和维生素B_{12},均有一定的预防作用。笼养鸡适当增加运动、供给充足饮水,可降低本病的发病率。

三、禽脂肪肝出血综合征

禽脂肪肝出血综合征(fatty liver hemorrhagic syndrome in birds)是高能量日粮引起的以肝脂肪变性为特征的营养代谢性疾病,又称脂肪肝综合征。临床特征是过度肥胖和产蛋减少。主要发生于蛋鸡,特别是笼养蛋鸡的产蛋高峰期,平养的肉用型种鸡也有发生。

【病因】本病的发生与许多因素有关,主要包括遗传因素、饲料因素、药物和毒物因素等。

1. 遗传因素 不同品种的禽对本病的敏感性有差异,高产蛋鸡发病率高,主要是高产常常伴随着高水平雌激素代谢,可刺激肝脂肪的合成。

2. 饲料因素 采食量过大、能量过剩是导致发病的主要因素。主要是饲喂高能量低蛋白日粮,高蛋白低能量饲料也可造成脂肪的蓄积;也见于胆碱、含硫氨基酸、维生素B和维生素E缺乏。

3. 药物和毒物因素 某些药物和化学物质可引起脂肪肝,如四环素、环己烷、蓖麻碱、砷、铅、银、汞、霉菌毒素等。

另外,运动不足,各种应激因素(如高温、惊吓、突然停电等),均可促进本病发生。

【发病机理】发病机理目前仍不十分清楚。理论上可能是4个因素单独或共同作用所致:①从饲料中摄取的能量过多及脂肪组织动员增加,游离脂肪酸过多进入肝,超过肝的负荷和处理能力;②肝细胞合成游离脂肪酸增加和糖类转化为三酰甘油增多;③脂肪酸在肝细胞线粒体β-氧化分解利用减少;④肝合成脂蛋白能力减弱,致使肝中三酰甘油向血液释放减少,破坏了肝细胞、脂肪细胞、血液之间脂肪代谢的动态平衡,引起肝细胞三酰甘油的合成与分泌失去平衡,导致以中性脂肪为主的脂质在肝细胞过度沉积,形成脂肪肝。脂肪在肝细胞大量沉积引起肝细胞变性、坏死,肝血管壁破裂而发生出血。另外,发病初期卵巢机能还处于活跃状态,产蛋相关的代谢和体能应激,可能是引起致命性出血的原因。

【临床症状】病初无特征性症状,只表现过度肥胖(二维码7-7),其体重比正常高出20%,体况良好的产蛋禽更易发病,常突然死亡。全群产蛋率下降(产蛋率常由80%以上降低至50%以下),有的停止产蛋。喜卧、腹下软绵下垂,冠和肉髯褪色,甚至苍白。严重者嗜睡、瘫痪。当拥挤、驱赶、捕捉或抓提方法不当时,引起强烈挣扎,甚至突然死亡。易发病鸡群中,月均死亡率可达2%~4%,但有时可高达20%~30%。

二维码7-7

血液化学检查,血清胆固醇、钙、雌激素含量明显升高。

【病理变化】剖检,肝肿大、边缘钝圆、油腻、呈黄色(二维码7-8),表面有出血点和白色坏死灶,质地易碎如泥样,切面有脂肪滴附着。腹腔有大量脂肪沉积。肝破裂时,腹腔内有大量凝血块或肝包膜下可见到小的出血区,也有较大的血肿(二维码7-9、二维码7-10)。镜检,肝细胞肿大,胞质充满大小不等的脂肪滴;脂肪弥漫分布于肝小叶,使肝小叶失去正常结构,形似脂肪组织。

二维码7-8

【诊断】根据病史、临床症状,结合病理学变化,即可诊断。诊断依据:①产蛋高峰期,临床表现过度肥胖、产蛋减少等症状;②剖检可见严重的脂肪肝,腹腔有大量脂肪沉积,腹腔出血;③本病应与鸡脂肪肝和肾综合征进行鉴别。

二维码7-9

【治疗】本病无特效疗法,一般在饲料中加入胆碱,剂量为22~110 mg/kg,治疗一周,有一定效果。也可在每吨日粮中补加氯化胆碱1 000 g,维生素E 10 000 IU,维生素B_{12} 12 mg,肌醇900 g,连续喂10~15 d。

二维码7-10

【预防】降低日粮能量水平,或改变饲喂方式,限制能量摄入,监测家禽体重。用大麦、小麦替代日粮中的玉米,也有预防作用。有病史的养殖场,可在日粮中添加硒、维生素E和其他抗氧化剂。加强饲养管理，避免各种应激刺激。

四、母牛肥胖综合征

母牛肥胖综合征（fat cow syndrome）是妊娠期过度肥胖，肝脂肪过量蓄积所致的代谢性疾病，又称牛妊娠毒血症或牛脂肪肝病，临床特征是食欲废绝，精神沉郁，衰弱，酮血症。主要发生于围产期，乳牛常发生于产后，肉牛发生于产前，肥胖和怀双胎的牛最易发病。

【病因】本病主要是饲养管理不当引起。乳牛产前停乳时间过早，或在干乳期，甚至从上一个泌乳后期开始，饲喂高能日粮，如大量饲喂谷物或青贮玉米，使能量摄入过多，造成妊娠母牛过度肥胖，在分娩、产犊、泌乳、气候突变等应激作用下易发生本病。另外，在前胃弛缓、创伤性网胃炎、皱胃变位、骨软病、生产瘫痪及某些慢性传染病等疾病发生过程中，可继发脂肪肝。

【发病机理】围产期乳牛肝脂肪含量普遍增加（由正常的小于3%增加到3%~5%），一旦出现代谢紊乱，就容易发生严重的脂肪肝（新鲜肝脂肪含量超过5%）。怀双胎的肉牛在妊娠后期以及乳牛分娩以后随着产乳量增加，机体对能量需要增加，但干物质采食量下降，再加上泌乳、分娩等应激刺激，造成能量负平衡（NEB），脂肪动员是围产期乳牛能量负平衡的必然结果。脂肪分解一方面弥补糖异生作用降低所引起的能量不足，另一方面释放大量非酯化脂肪酸（游离脂肪酸，NEFA）进入血液和肝。NEFA通过三个途径代谢，一是被乳腺利用合成乳脂，二是被外周组织作为能源利用，三是在肝重新酯化成三酰甘油储存在肝及构成极低密度脂蛋白从肝输出。乳牛肝通过三羧酸循环氧化脂肪的能力有限，过量动用体脂导致肝NEFA不完全氧化，乙酰辅酶A增加，生成酮体。乳牛肝生成极低密度脂蛋白的能力不足，大量动用体脂导致肝不能有效地通过极低密度脂蛋白输出重新酯化成的三酰甘油，造成脂肪在肝蓄积，发生脂肪肝。与正常乳牛相比，肥胖母牛分娩后肝脂肪含量和血液NEFA水平明显增加。脂肪动员产生大量的NEFA，使体液和肝组织中NEFA浓度升高，加速酮体生成。组织利用酮体必须消耗草酰乙酸，在草酰乙酸缺乏的条件下，酮体利用率降低，导致低血糖症、高NEFA血症和高酮血症。

【临床症状】乳牛表现异常肥胖，脊背展平，毛色光亮。产后几天内呈现食欲减退，甚至废绝，产乳量下降等症状。母牛虚弱，躺卧，体内酮体增加，严重酮尿。经用治疗酮病的措施常无效。肥胖牛群还经常出现皱胃变位、前胃弛缓、胎衣滞留、难产等疾病。部分牛呈现神经症状，如举头、头颈部肌肉震颤，心动过速，后期昏迷、衰竭而死亡。

肉牛常于产犊前表现不安，易兴奋，运步不协调，粪便少而干，心动过速。如在产犊前2个月发病，常有10~14 d的食欲减退或废绝，精神沉郁，躺卧，呼吸加快，流鼻液等症状。后期排黄色稀粪、恶臭，衰弱，严重者昏迷，在安静中死亡。

实验室检查，血清NEFA、β-羟丁酸（BHB）含量升高，血清天门冬氨酸氨基转移酶（AST）、鸟氨酰基转移酶（OCT）和山梨醇脱氢酶（SDH）活性升高，血清钙含量降低。尿液出现明显的酮体和蛋白。

【病理变化】肝轻度肿大，呈黄白色，脆而油润，肝细胞呈严重的脂肪变性。肾小管上皮脂肪沉着，肾上腺肿大、色黄。

【病程与预后】病程一般7~10 d，早期诊断治愈率较高，后期治疗效果不佳，死亡率高。

【诊断】根据病史、临床症状，结合实验室检查，即可诊断。诊断依据：①乳牛产后、肉牛产前发病，具有饲喂高能日粮的病史；②表现异常肥胖，食欲废绝，精神沉郁，衰弱等临床症状；③血清酮体、NEFA、BHB含量及AST、OCT、SDH活性升高，血清钙含量降低，尿液中出现酮体；④肝超声波检查，可判断脂肪肝的程度；⑤必要时进行肝穿刺活检；⑥本病应与皱胃变位、卧地不起综合征、酮病、胎衣滞留和生产瘫痪等进行鉴别。

【治疗】尚无有效的治疗方法。对有食欲者,应采取综合治疗措施,口服丙二醇、胆碱,静脉滴注葡萄糖、钙制剂、镁制剂,补充电解质溶液,纠正酸中毒。可用胰高血糖素,剂量为15 mg/d,皮下注射;精蛋白锌胰岛素,200 IU/次,皮下注射,2次/d。配合用促肾上腺皮质激素、糖皮质激素、维生素B_{12}等。

【预防】本病死亡率高,经济损失大,主要采取预防措施。妊娠后期母牛应分群饲养,密切观察牛体重的变化,防止过度肥胖;避免日粮急剧的变化,不饲喂适口性差的饲料,预防围产期疾病,控制环境应激等,使妊娠母牛干物质采食量达到最大,可有效预防本病的发生。另外,经常监测血液中葡萄糖及酮体浓度,对血液中酮体浓度升高、葡萄糖浓度下降的病牛,除应按酮病治疗外,还应注意使动物有一定食欲,防止体脂过多动用。及时治疗产后某些疾病,如皱胃变位、子宫内膜炎、酮病等。当血糖浓度下降时,除静脉注射葡萄糖外,还应使用丙二醇促进其生糖作用,对减少体脂动员有一定意义。围产期补充丙二醇、莫能菌素、氰钴铵素(维生素B_{12})等,对预防本病具有一定效果。

五、马麻痹性肌红蛋白尿病

马麻痹性肌红蛋白尿病(paralytic myoglobinuria in horses)是糖代谢障碍,乳酸在肌肉大量蓄积,导致肌肉变性的代谢性疾病,又称氮尿症或劳累性横纹肌溶解症。临床特征是后躯运动障碍,臀部、股部肌肉肿胀、僵硬,肌红蛋白尿。主要见于营养良好的成年马剧烈运动后。

【病因】马休闲期饲喂过多富含糖类的饲料,使肌肉中的肌糖原大量增加。运动过量是发病的主要原因。饲料中钠、硒、维生素E缺乏及钙磷比例失调,均可诱发本病。另外,有些马即使轻微运动,也会反复发病,主要是遗传因素,如Ⅰ型多糖储积肌病、Ⅱ型多糖储积肌病等。

【发病机理】马肌糖原蓄积的特点是于休闲后第三天起,肌糖原蓄积猛增,一周后逐渐减少,约14 d时,迅速减少。肌糖原蓄积的部位,以活动剧烈和发达的肌肉最多,如臀部、股部的肌肉。马在短期休闲后突然剧烈运动,由于氧供应不足,肌糖原大量酵解,产生大量乳酸,使肌肉酸度升高,造成肌纤维肿胀、变性、坏死,特别是后肢的肌肉肿胀。病马首先会发生运动障碍,同时肌纤维肿胀、变性使肌红蛋白析出并通过血液循环到达肾,在肾小球滤过而排出红褐色的肌红蛋白尿。肌肉水肿引起坐骨神经和其他腿部神经受压,导致股直肌和股肌继发神经性变性坏死。另外,肌红蛋白通过肾时会对肾产生损伤,引起肾炎。

【临床症状】突然重役或剧烈运动后15~60 min出现症状。大量出汗,步态强拘,不愿走动。如早期立即停止运动,症状可在几小时内消失。大多数呈进行性发展,卧地不起,最初呈犬坐姿势,随后侧卧。病马痛苦不安,不停挣扎,企图站立。后期严重者呼吸急促,脉搏细而硬,体温升高(可达40.5 ℃)。股四头肌和臀肌强直,硬如木板。尿液呈深棕褐色,有的不排尿。食欲和饮欲正常。病情较轻者,无肌红蛋白尿;表现跛行,运步困难,蹲伏地上。躺卧时间较长时,可发生尿毒症和褥疮性败血症。

【病程与预后】出现跛行后立即停止运动,可在2~4 d内逐渐康复;仍能站立者,一般预后良好;卧地不起者,多预后不良。

【诊断】根据病史、临床症状,结合尿液肌红蛋白测定,即可诊断。诊断依据:①具有休闲后剧烈运动的病史;②突然发生后躯运动障碍,大量出汗,肌肉震颤,腰部和臀部肌肉肿胀、僵硬,肌红蛋白尿等临床症状;③血清肌酸激酶、乳酸脱氢酶、天冬氨酸氨基转移酶活性升高,可作为辅助诊断依据;④遗传性的可通过肌肉活组织检查和基因检测进行诊断;⑤本病应与蹄叶炎、血红蛋白尿进行鉴别。

【治疗】治疗原则是加强护理,缓解焦虑和肌肉疼痛,纠正水、电解质和酸碱平衡。

加强护理，立即停止运动，尽量让病马保持站立，必要时可辅助以吊立；躺卧的患病动物应铺有垫草。剧烈疼痛者，可用镇静剂，如保泰松、酮洛芬、甲苯噻嗪等。纠正水、电解质和酸碱平衡，可用复方氯化钠注射液、5%葡萄糖氯化钠注射液，配合5%碳酸氢钠注射液，静脉注射；也可用口服补液盐，胃管灌服。为防止肌肉进一步损伤，可用皮质类固醇类药物，如氢化可的松、醋酸泼尼松等。

六、犬猫肥胖症

肥胖症（obesity）是体内脂肪组织过度蓄积所致的代谢性疾病。一般认为体重超过正常值的15%就是肥胖。临床特征是体态丰满，皮下脂肪丰富，容易疲劳。肥胖是犬、猫最普遍的营养健康问题。

【病因】主要是摄入脂肪、糖类过多，运动不足。也见于内分泌障碍，如甲状腺功能减退、肾上腺皮质功能亢进、垂体肿瘤、胰岛素分泌过多、绝育等。另外，也与品种和年龄有关，某些品种容易肥胖，如腊肠犬、比格犬、可卡犬等；随着年龄的增长，代谢率降低，肌肉组织减少，脂肪组织增加。

【发病机理】由于机体的总能量摄取超过消耗，剩余部分以脂肪的形式蓄积，导致脂肪组织增加。脂肪组织可产生激素、蛋白因子和脂肪细胞因子等信号物质，许多脂肪细胞因子的表达、产生和释放进一步促进肥胖，同时引起持续性轻度炎症，增加氧化应激，可引起骨关节炎、糖尿病等许多慢性疾病。肥胖可引起寿命缩短、生活品质下降、免疫功能降低，肺和心血管疾病、关节炎、糖尿病、脂肪肝等发病率增加，麻醉的死亡率升高。

【临床症状】体态丰满，皮下脂肪丰富，用手不易触摸到肋骨，不愿活动，行动缓慢，不耐热，易疲劳，喘息。轻度肥胖，有的出现消化不良，性欲降低和皮炎。严重肥胖，呼吸困难，心悸，脉搏增数。内分泌异常引起的肥胖，可见皮肤病变和脱毛。

【诊断】根据病史，临床症状，结合体重超过正常体重的15%以上，即可确诊。

【治疗】治疗原则是降低体重，使其达到理想的体况评分。主要是限制饮食，饲喂高蛋白、低糖类和低脂肪的食物，逐渐增加运动量。减少饲喂量和次数，可以每天饲喂平时量的60%~70%，分3或4次定时定量饲喂。饲喂高纤维、低能量全价减肥处方食品，以每周减少体重的1%左右为宜。一旦达到标准体重，确定并供给必要的维持食量。运动结合能量限制是肥胖管理的最佳方式。疾病所致的肥胖，应治疗原发病。

七、低血糖症

低血糖症（hypoglycemia）是血液中葡萄糖含量低于正常的一种营养代谢病。临床特征是虚弱，体温下降，肌肉无力，昏睡，甚至惊厥。常见于新生仔猪和犬，其他动物在某些疾病过程中，也可出现低血糖症。仔猪主要发生于1周龄以内，死亡率高达50%~100%。

【病因】吃不到初乳是仔猪低血糖的主要原因，新生仔猪在出生后第1周糖异生作用不健全，其体内糖的来源主要靠母乳中的乳糖。常见于母猪无乳或拒绝喂乳，仔猪出生时虚弱、同窝仔猪过多，也见于圈舍潮湿阴冷。

3月龄前的幼犬，多因母乳不足、受凉、饥饿或胃肠机能紊乱而引起。妊娠母犬多因产仔过多，以致营养需求增加及分娩后大量泌乳所致。成年犬多因慢性消耗性疾病或肿瘤而引起。

【临床症状】同窝仔猪中的大多数都可发病。仔猪病初多有不安，发抖，被毛逆立，尖叫，不吮乳；怕冷，肌肉震颤。四肢软弱无力，卧地不起，体温下降，呼吸加快，心率减慢，体表感觉迟钝或消失。后期出现神经症状，惊厥，咀嚼，流涎，角弓反张，眼球震颤，痉挛性收缩，昏迷而死亡。血糖含量显著降低，血清非蛋白氮含量升高。

幼犬精神沉郁，步态不稳，头面部肌肉抽搐，全身阵发性痉挛，很快陷入昏迷状态。母犬发生低血糖时，肌肉痉挛，步态强拘，全身强直性或间歇性痉挛，体温升高，呼吸急促，心跳加快。

【诊断】根据病史、临床症状，结合血糖含量测定，即可诊断。

【治疗】治疗原则是加强护理，迅速提高血糖含量。冬季气温低时要注意保温。仔猪一般用10%～20%葡萄糖注射液20 mL腹腔注射，3～4次/d，连用2～3 d，效果很好。对轻症的可灌服葡萄糖水，10～25 g/d。幼犬可用10%葡萄糖注射液，母犬可用20%葡萄糖注射液，静脉注射，也可配合用醋酸泼尼松。

八、黄脂病

黄脂病（yellow fat disease）是脂肪组织发生炎症和脂肪细胞内沉积蜡样质色素的营养性疾病，又称黄膘病。特征是脂肪组织外观呈黄色，并伴有特殊的鱼腥臭味或蛹臭味，只有在屠宰或剥皮时才被发现。多发于猪，水貂、狐狸、猫、马驹、鼬鼠等也可发生。

【病因】主要是饲料中不饱和脂肪酸含量过高，同时维生素E或其他抗氧化剂缺乏。猪用变质的鱼粉、鱼肝油下脚料等或鱼类加工时的废弃物、蚕蛹等饲喂，易发生黄脂病。饲喂比目鱼、鲑、鲱等的副产品最易发病，因为这些鱼体内脂肪中80%是不饱和脂肪酸。饲喂含天然黄色素的饲料，如胡萝卜、黄玉米、南瓜等，有时也发病。

【临床症状】猪生前很难诊断，表现被毛粗乱，倦怠，衰弱，黏膜苍白，食欲减退，增重缓慢。严重者呈现低色素性贫血。屠宰或死后剖检，皮下可闻到一股腥臭味，加热时或炼油时异味更明显，体内脂肪呈黄色或淡黄褐色。

小水貂断乳后不久即可发病，有的突然死亡。表现精神委顿，目光呆滞，食欲下降，有时便秘或腹泻，粪便逐渐由白色变成黄色以至黄褐色，被毛蓬松，不爱活动。有的表现特征性不稳定的单足跳，随后完全不能运动，严重时后肢瘫痪。如在产仔期常伴有流产、死胎、胎儿吸收和新生仔孱弱，易死亡。在生皮时期，存活者黄色脂肪沉积，并出现血红蛋白尿。

【病理变化】猪体脂呈黄色或淡黄褐色，骨骼肌和心肌呈灰白色；肝呈黄褐色，有明显的脂肪变性。组织学检查，脂肪细胞间有蜡样物质沉积，大小如脂肪细胞。貂皮下、肠系膜脂肪呈黄色或土黄色；脂肪细胞坏死，细胞间充满蜡样物质，脂肪中含有抗酸染色色素。

【诊断】主要根据脂肪呈黄色的病理学变化，即可诊断。本病应与黄疸进行鉴别。

【治疗】去除病因，立即更换优质、营养丰富的全价日粮。补充维生素E具有一定的效果。

第二节 常量元素代谢性疾病

一、佝偻病

佝偻病（rickets）是幼龄动物维生素D缺乏或钙、磷代谢障碍所致的骨营养不良性疾病。临床特征是生长发育缓慢，异嗜，跛行及骨骼变形。本病常见于犊牛、羔羊、仔猪、幼犬和雏禽。

【病因】主要是维生素D和磷缺乏所致。舍饲的母畜长期采食未经太阳晒过的饲草，同时光照不足，皮肤中的7-脱氢胆固醇不能转变成维生素D_3，导致乳汁中维生素D不足，是哺乳幼畜主要的病因。幼畜佝偻病主要发生在断乳之后，犊牛、羔羊主要是饲草料中磷缺乏及舍饲时光照不足；仔猪、雏禽见于日粮中维生素D缺乏，也可因钙缺乏、磷过多使钙磷比例失调所致。也见于发生消化不良和肝肾疾病时，动物维生素D的吸收及转化利用受到影响，造成机体维生素D缺乏。

【发病机理】机体的钙代谢过程中，必须有维生素D的参与，维生素D无论是经小肠吸收还是皮肤合成的，本身并无生物活性，必须在肝细胞线粒体内 25-羟化酶系统的作用下，变成 25-羟基维生素 D_3，再在肾近曲小管上皮细胞的线粒体内经羟化酶的作用，生成 1,25-二羟维生素 D_3，才具有活性。在正常情况下，1,25-二羟维生素 D_3、甲状旁腺激素、降钙素三者相互配合，通过对骨组织、肾和小肠的作用，适应环境变化，调节血钙浓度的相对恒定（图 7-2）。维生素 D 具有促进钙、磷吸收，利于骨骼钙化，促进成骨的作用，其溶骨作用可使骨质不断更新，但总的趋势是促进钙磷吸收和成骨作用。饲料中的钙、磷和维生素 D 缺乏时可引起发育骨中的骨样组织和软骨组织母质钙化不全，成骨细胞钙化延迟，骨骺软骨增生，骨骺板增宽，骨干和骨骺软骨钙化不全，骨骼中的钙含量明显减少；在正常负重下长骨弯曲，骨骺膨大，关节明显增大，同时反射性地引起甲状旁腺分泌增强，动员骨钙以维持血钙水平，导致骨基质不能完全钙化，骨样组织增多。

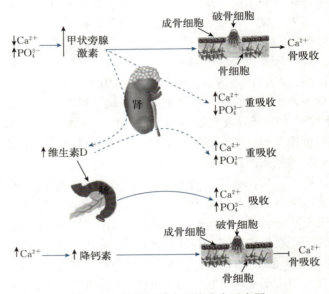

图 7-2 机体钙磷内环境稳态示意图

【临床症状】各种动物佝偻病的临床症状基本相似，主要表现为精神轻度沉郁、不活泼，食欲下降，消化不良，异嗜，消瘦，生长发育缓慢，经常卧地，被毛粗糙、无光泽，换毛延迟。出牙期延长，牙齿形状不规则，齿质钙化不足，排列不规则，容易磨损。关节肿胀易变形（二维码 7-11），快速生长的骨端增大，弓背，负重的长骨出现畸形而表现跛行，严重的步态僵硬，甚至卧地不起。四肢骨骼发生变形呈现明显的 O 型或 X 型（二维码 7-12、二维码 7-13），骨质松软、容易发生骨折，肋骨与肋软骨之间的结合处有串珠状凸起。

仔猪有的后肢麻痹，由于牙病变，常出现采食困难、咀嚼障碍。有的贫血和腹泻，病程较长的容易发生呼吸道和消化道感染。

雏禽表现喙变形，易弯曲，俗称"橡皮喙"；胫、跗骨易弯曲，胸骨脊（龙骨）弯曲成 S 状；肋骨与肋软骨交界处及肋骨与胸椎连接处呈球形膨大，排列成串珠状；腿软弱无力，常以飞节着地，关节增大，严重者瘫痪。

X 线检查，骨密度降低，骨干骺端膨大，负重骨骼弯曲变形，长骨末端出现"羊毛状"或"蛾蚀状"。

【病程与预后】佝偻病多呈慢性经过，病程较长，病情较轻者，早期治疗，一般可康复。严重的病例，即使体质恢复，骨骼的变形也难以完全恢复，多被淘汰。

【诊断】根据病史、临床症状，结合 X 线检查，必要时进行血清钙、磷含量和碱性磷酸酶活性测定，综合分析。诊断依据：①幼龄动物；②表现生长发育缓慢，四肢骨变形，跛行，关节肿大，肋骨与肋软骨连接处膨大等临床症状；③血清磷、维生素 D 含量降低，血清碱性磷酸酶活性升高，血清钙含量正常或轻度降低；④X 线检查，骨密度降低，骨干骺端膨大，长骨弯曲，长骨末端出现"蛾蚀状"。

本病应与风湿性关节炎、骨折、慢性氟中毒、犊牛铜缺乏症等进行鉴别。

【治疗】对佝偻病的治疗主要是补充维生素 D 和应用钙磷制剂。补充维生素 D 常用鱼肝油、维生素 AD 注射液，内服或肌内注射；雏禽主要通过饲料饲喂。同时每天应保证有充足的阳光或紫外线的照射。补充钙、磷可选用维丁胶性钙、葡萄糖酸钙、磷酸二氢钠等，或在饲料中添加乳酸钙、磷酸钙、骨粉、鱼粉等。

【预防】预防本病的关键是供给全价营养，注意适宜的钙磷比例［(1～2)∶1］，补充充足的维生素 D 并增加光照。犬、猫用高品质的商品日粮。

二、骨软病

骨软病（osteomalacia）是成年动物钙磷缺乏或比例不当所致的骨营养不良性疾病。临床特征是异嗜，跛行，骨骼变形，自发性骨折，生产性能下降。病理学特征是骨质进行性脱钙，未钙化骨基质增多。各种动物均可发生，常见于高产乳牛、绵羊、猪、蛋鸡。

【病因】饲料中钙磷缺乏、比例失调和（或）维生素 D 不足是引起本病的主要原因。一般认为，麸皮、米糠、高粱、豆饼及秸秆含磷较丰富，而谷草、红茅草则含钙较丰富。动物种类不同，在致病因素上也有一定的差异。

放牧的反刍动物主要是牧草磷含量较低，容易发生磷缺乏。舍饲的肉牛、乳牛、羊因饲料中钙磷比例不当（主要是磷含量较高），容易发生钙缺乏。另外，肝和肾患病，可影响维生素 D 的活化，造成钙磷的吸收和成骨作用障碍；日粮中蛋白质、脂类、锌、铜、锰、钼、氟、镁等不足或过多也影响本病的发生。

【发病机理】饲料中钙、磷含量不足，小肠吸收钙、磷的机能发生紊乱，或因妊娠、泌乳造成钙、磷消耗过多，均可使血液中钙、磷含量下降，间接地刺激甲状旁腺激素的分泌，导致骨骼中的钙盐被溶解以维持血液钙的正常水平，而骨骼发生明显的脱钙，呈现骨质疏松。同时这种疏松结构又被过度形成的未钙化的骨样基质和缺乏成骨细胞的纤维样组织所代替，骨骼的正常结构发生改变，硬度、密度、韧性、负重能力都降低，使骨骼脆弱、变形、肿大，骨骺表面粗糙不平。

【临床症状】临床上呈慢性经过，各种动物症状基本相似，首先表现为消化机能紊乱，异嗜，跛行和骨骼变形、牙齿磨损较快等。

病初表现异嗜，如舔食墙壁、泥土，啃咬砖瓦、石块，采食被粪、尿污染的垫草等异物。逐渐出现运动障碍，表现为步态僵硬，拱背站立，跛行；四肢关节肿大、疼痛，后肢呈 X 形，肋骨与肋软骨结合部肿胀，尾椎骨移位变软，最后几枚椎体常消失；骨盆变形，严重者可发生难产；易发生骨折和肌腱附着部撕脱；额骨穿刺阳性。马、猪和山羊头骨变形，上颌骨肿胀，易突发骨折。禽类表现产蛋率下降，蛋破损率增加，站立困难或发生瘫痪，胸骨变形。

血清碱性磷酸酶活性显著升高，血清钙含量多无明显变化，血清磷含量降低，血清游离羟脯氨酸含量升高。X 线检查，骨密度降低，皮质变薄，髓腔增宽，骨小梁结构紊乱，骨关节变形。

二维码 7-14

二维码 7-15

二维码 7-16

【病理变化】眼观，全身大部分骨骼出现柔软、弯曲（二维码 7-14）、变形，骨质疏松（二维码 7-15），管状骨骨皮质变薄、骨髓腔变大（二维码 7-16）。镜检，骨组织中类骨组织和纤维组织大量增生，骨质疏松，骨板呈网状，其间的哈佛管管腔显著扩张，骨质甚至被吸收，骨膜增厚，骨小梁减少；原有的骨小梁与骨髓腔间隙被大量增生的类骨组织与纤维组织所替代或填充。

【病程与预后】发生缓慢，病程较长，数周、数月不等，如能早期治疗，多数可以痊愈。如果已发生骨骼变形，则很难完全康复。

【诊断】根据病史、临床症状，结合血清相关指标测定和X线检查，必要时进行饲料钙、磷分析，即可诊断。诊断依据：①饲料中维生素D、钙、磷不足或比例失调；②表现异嗜、跛行、骨骼变形、生产性能下降等临床症状；③血清碱性磷酸酶活性升高，血清钙含量正常或降低，血清磷含量降低，血清游离羟脯氨酸含量升高；④X线检查，骨密度降低，皮质变薄，髓腔增宽；⑤本病应与风湿病、关节炎、慢性氟中毒、蹄病等进行鉴别。

【治疗】治疗原则是改善饲养管理，供给全价饲料，补充钙、磷和维生素D。可用骨粉、磷酸氢钙、磷酸二氢钠等。配合应用维生素D、维生素AD，效果更好。

【预防】根据动物不同生理阶段对矿物质营养的需要，及时调整饲料中钙磷比例及维生素D含量是预防本病的关键。有条件的可实行户外晒太阳和适当运动。

三、纤维性骨营养不良

纤维性骨营养不良（osteodystrophia fibrosa）是机体钙磷代谢紊乱所致的骨组织溶解吸收后被增生的纤维组织替代的一种代谢性疾病。临床特征是异嗜、跛行、骨骼变形和容易骨折。主要发生于马属动物，猪、羊、犬和猫等也有发生。

【病因】日粮中矿物质不平衡是引起本病的主要原因，常见于牧草中草酸盐含量过多，饲料钙含量不足、磷含量过高（如谷类饲料），导致钙磷比例失调。犬、猫见于甲状旁腺功能亢进。

【临床症状】初期表现异嗜，跛行，拱背，面骨及四肢关节增大，尿液澄清透明。马出现交替跛行是本病早期的特征，下颌骨下缘和齿槽缘局部肿大，随后变软，有的因下颌骨疏松而使牙齿松动，影响咀嚼。鼻甲骨隆起，导致面骨对称性的增大，呈圆桶状外观，严重时影响呼吸，又称"大头病"。用穿刺针在额骨极易刺入。猪症状与马相似，严重者不能站立和行走，骨关节和面部肿大、变形。犬可见面骨肥厚，鼻腔狭窄，牙齿松动甚至脱落，齿龈溃疡。

X线检查，骨骼密度普遍降低，颅骨表面粗糙，骨质密度不均。实验室检查，若犬原发性甲状旁腺功能亢进，则血清钙、甲状旁腺激素（PTH）含量和碱性磷酸酶活性升高，血清磷含量降低；若肾继发性甲状旁腺功能亢进，则血清磷、PTH含量和碱性磷酸酶活性升高，血清钙含量降低。

【诊断】根据病史、临床症状，结合日粮中钙、磷含量分析，即可确诊。X线检查可为诊断提供依据。

【治疗】主要是调整日粮钙、磷比例（1∶1），补充钙剂（如石粉、葡萄糖酸钙、乳酸钙、碳酸钙），增加优质豆科干草。严重者，可用10%葡萄糖酸钙注射液，静脉注射；钙化醇注射液，肌内注射。犬和猫应加强营养，补充蛋白质、钙、磷和维生素D。

四、笼养蛋鸡疲劳症

笼养蛋鸡疲劳症（cage layer fatigue）是由饲料中维生素D及钙磷缺乏或饲料中钙磷比例严重失调所致的骨营养不良性疾病，又称笼养蛋鸡骨质疏松症。临床特征是站立困难，骨质疏松，骨骼变形，易发骨折。主要发生于产蛋母鸡，在产蛋高峰期更易发生，发病率为2%~20%。

【病因】主要是日粮中钙、磷或维生素D不足，产蛋期间日粮中正常的钙磷比例为5∶1，如果过高或过低，均可造成钙的摄入量不足。维生素D缺乏，致使体内1,25-二羟维生素D_3形成减少，从而影响钙、磷的吸收。另外，笼养密度过高、肠道疾病，均可诱发本病。

【发病机理】 产蛋鸡对钙的需要量非常大,每产一枚蛋需钙 2~2.5 g,按一只母鸡年产蛋 250 枚计,需钙 500~625 g(相当于碳酸钙 1 250~1 562.5 g),比体内全部钙储备高出 25~31 倍。在产蛋期,母鸡对日粮中钙的利用率为 45%~55%,若以平均利用率为 50%计,则一只鸡在一个产蛋年需采食碳酸钙 2 500~3 125 g 供其形成蛋壳用。

一般来说,鸡的蛋壳多是在晚上形成,骨骼作为钙的储存器释放出钙供蛋壳形成之用。而当蛋壳形成之后,这些损失的钙又在白天得到补充。因此,日粮中必须要有足量的钙,并且钙与磷的比例要适宜,同时还应有丰富的维生素 D,才能确保骨钙的补充和蛋壳的形成。而当日粮中钙、磷缺乏或比例严重失调及维生素 D 缺乏时,势必造成肠道吸收的钙少于用于形成蛋壳所动用的骨钙。为满足蛋壳的形成,必然会过多地动用骨中的钙,进而动用肌肉中的钙,同时在这一过程中常伴发尿酸盐在肝、肾内的沉积,引起母鸡新陈代谢紊乱,包括脂肪代谢障碍,使钙代谢处于负平衡,最后导致骨质疏松,骨骼变形,在临床上出现站立不稳或不能站立等症状。

【临床症状】 病初表现轻度站立不稳,喜蹲伏。随着病情发展,站立不稳,跛行,甚至不能站立而侧身躺卧或蹲伏于笼内,接近食槽或饮水器很困难。继而出现麻痹,两腿伸直,严重者死亡。触诊病鸡可发现肋骨、胸骨变形,有的鸡出现股骨或胫骨、腓骨骨折或断翅。当肋骨骨折时,呼吸困难;椎骨骨折时,出现瘫痪。鸡群的产蛋率下降,软壳蛋增加,蛋的破损率增高,种蛋孵出的雏鸡有的出现喙变软,用手能随意扭曲(二维码 7-17、二维码 7-18)。病鸡血清碱性磷酸酶活性明显升高。

二维码 7-17

【病理变化】 胸骨变形、变软,胸骨的龙骨突呈 S 状弯曲(二维码 7-19),肋间隙增宽,肋骨头形成串珠状结节(二维码 7-20、二维码 7-21)。长骨、脊椎骨容易发生骨折,长骨骨皮质变薄,骨髓腔扩大。甲状旁腺增大。有的肝肿大,胆囊充盈。肾盂有时呈现急性扩张,肾实质囊肿,甚至有尿酸盐沉着。关节呈痛风性损伤。组织学检查,骨质疏松,正常骨小梁结构破坏。

二维码 7-18

【诊断】 根据病史、临床症状,结合病理学检查,即可诊断。诊断依据:①笼养蛋鸡产蛋高峰期发病;②表现站立困难、软壳蛋增加等临床症状;③剖检可见骨质疏松、骨折;④日粮中钙、磷、维生素 D 测定含量或比例异常;⑤血清碱性磷酸酶活性显著升高。

二维码 7-19

【治疗】 将病鸡从鸡笼内移到地面,供给全价日粮,接受日光照射和给予辅助性运动,同时注射维丁胶性钙。对于多处骨折或没有治疗价值的病鸡,应尽早淘汰。

对已发现病鸡的鸡群,应立即调整日粮中的钙、磷含量,将钙含量提高到 3.5%以上,钙、磷比应为 5:1,并且添加丰富的维生素 D。

【预防】 根据蛋鸡不同的生长发育阶段(育雏期、育成期、产蛋期),给予合理的全价日粮。在产蛋期应注意钙在日粮中的含量不应低于 3%,尤其在开产前至少 1 周日粮中钙含量达 4.0%,而且钙磷比例应为 5:1,50%以上钙的颗粒要以大颗粒(3~5 mm)的形式供给。笼养蛋鸡的密度不宜过大,让其有一定的运动空间。注意鸡舍的饮水、饲料卫生,以预防肠道疾病的发生。

二维码 7-20

二维码 7-21

五、牛血红蛋白尿症

牛血红蛋白尿症(bovine haemoglobinuria)是一种低磷血症所致的以血管内溶血和血红蛋白尿为特征的代谢性疾病。临床特征是血红蛋白尿,贫血,黄疸,低磷血症。多发生于乳牛和水牛,乳牛主要发生于产后 2~4 周,水牛可在产后几个月发病。

【病因】 病因尚不明确,主要是地域性土壤、牧草、饲料中磷缺乏,或饲料中钙磷比例失调造成磷不足。也见于摄入某些植物(如甜菜、青绿燕麦、埃及三叶草、苜蓿,以及油菜、甘蓝等十字花科植物等);偶尔见于铜缺乏。另外,环境、分娩、泌乳和高产等应激因素,

【临床症状】红尿是最明显的症状，排尿先呈红色，后呈茶色至酱油色。体温、呼吸、脉搏、食欲一般无明显变化。进一步发展，贫血加重，食欲减退，产乳量下降，心跳加快，虚弱。黏膜苍白、黄染，浅表静脉怒张，末端部位冰凉。

实验室检查，红细胞数、血红蛋白含量、红细胞比容等指标均降低；尿潜血试验阳性，尿沉渣中常无红细胞。血清磷含量降低。

【诊断】根据病史、临床症状，结合实验室检查，即可诊断。诊断依据：①有产犊、饲喂低磷饲草料或十字花科植物的病史；②表现血红蛋白尿，黏膜苍白、黄染等临床症状；③血清磷含量降低；血液学检查，红细胞数、血红蛋白含量、红细胞比容降低；④本病应与血尿及其他溶血性疾病如焦虫病、钩端螺旋体病、慢性铜中毒、牛慢性蕨中毒、某些药物中毒（如吩噻嗪）等进行鉴别。

【治疗】去除病因，提高血磷浓度。更换含磷丰富的饲料（可添加骨粉、豆饼、麸皮、花生饼、米糠等）。常用20%磷酸二氢钠注射液，静脉注射。有条件的可输血。补充维生素A和复合维生素B，特别是与造血有关的叶酸、维生素B_{12}等，有一定的辅助治疗效果。严重者，应及时补充血容量和能量。

六、反刍动物低血镁搐搦

反刍动物低血镁搐搦（hypomagnesemia tetany in ruminants）是各种原因导致血镁浓度下降的代谢性疾病，又称反刍动物青草搐搦或青草蹒跚。临床特征是兴奋不安，肌肉痉挛，惊厥，呼吸困难。主要发生于泌乳母牛和母绵羊，犊牛、肉牛、水牛、黄牛和山羊也可发生，致死率很高。

【病因】本病的发生与血镁浓度降低有直接关系，主要是牧草或日粮中镁含量低，或存在干扰镁吸收的因素。①牧草中镁含量低：见于土壤低镁、大量使用钾肥和氮肥或酸性土壤上生长的牧草，也见于冷季型生长茂盛的牧草、幼嫩的青草、谷物幼苗（燕麦、大麦）等。②镁吸收降低：反刍动物对幼嫩多汁牧草中的镁吸收率非常低；饲料中过量的脂肪、钙、植酸、草酸、碳酸根离子及胃肠道疾病（如腹泻）、胆道疾病均可影响机体对镁的吸收；肾小管对镁的重吸收降低（见于甲状旁腺功能降低或甲状腺功能亢进等）。

另外，泌乳高峰期的牛、羊对镁的需求量大，更易发病。寒冷、潮湿、长途运输、运动等，易诱发本病。

【发病机理】镁是许多酶的辅助因子及激活剂。Mg^{2+}能与二磷酸腺苷（ADP）、三磷酸腺苷（ATP）相螯合，为许多酶促反应所必需。Mg^{2+}在ATP或ADP的焦磷酸盐和酶分子间呈桥式结合，它对ATP酶的活化作用就是通过这种复合物实现的，ATP酶可利用此复合物转移高能磷酸基。当缺镁时，则影响Mg^{2+}-ATP螯合物的形成，使许多有关酶的酶促反应降低。在葡萄糖的酵解过程中，参加反应的酶，如磷酸己糖激酶、磷酸甘油激酶和丙酮酸激酶等都需要镁作为激活剂，当镁缺乏时，这些酶的催化作用减弱，使糖酵解受到影响。在三羧酸循环过程中，参加反应的酶如异柠檬酸脱氢酶、α-酮戊二酸脱氢酶、琥珀酸硫激酶等需要镁作为激活剂，当缺镁时，这些酶的催化作用减弱，使糖的有氧氧化受到影响。这些都会严重地影响细胞的能量代谢过程和能量的供给，进而引起一系列新陈代谢紊乱，甚至危及动物的生命。此外，动物体内的DNA聚合酶和RNA聚合酶需要Mg^{2+}作为激活剂，当缺镁时，同样影响DNA和RNA的合成。

机体吸收的镁主要储存在骨骼中，很难动员进入血液。体内镁的恒定就依赖镁的需要与肠道吸收之间的动态平衡，当肠道吸收的镁低于需要量后，这种动态平衡被破坏。Mg^{2+}可抑制运动神经-肌肉接头以及自主神经末梢乙酰胆碱的释放，对神经-肌肉有抑制作用，降低其兴奋性和收缩性。脑脊髓液中镁含量的降低是启动搐搦的重要因素。Mg^{2+} 与 Ca^{2+} 具有竞争进入轴突前膜的作用，血镁浓度降低，Ca^{2+} 进入增多，释放乙酰胆碱增多，导致肌肉兴奋；镁影响肌细胞钙的转运，低镁可激发钙从肌浆网中释出，使肌肉收缩；骨骼肌收缩需要 ATP，而能量产生和利用的一系列过程中酶的激活均需 Mg^{2+} 参与，低镁导致能量供应不足。当血清镁和钙浓度降低，特别是脑脊髓液镁含量降低时，神经兴奋性增加，表现感觉过敏，精神兴奋，肌肉强直性痉挛。牛血清镁浓度低于 0.33 mmol/L 时，将出现低血镁搐搦的临床症状。

【临床症状】主要发生于茂盛青草或青绿谷物的牧场放牧的动物，根据病程分为 4 型。

1. 最急性型 常无明显的临床症状而突然死亡。

2. 急性型 突然停止采食，兴奋不安，耳扇动，甩头，哞叫，肌肉震颤，放牧时还会出现疾走或狂奔。行走时，步态蹒跚，跌倒，四肢强直，呈阵发性痉挛，牙关紧闭，口吐白沫，眼球震颤，瞳孔扩大，瞬膜外露。体温升高，呼吸急促，心悸，心音增强，多在 1 h 内死亡。

3. 亚急性型 病程 3~5 d，食欲减退或废绝，产乳量下降，表现恐惧和感觉过敏。前躯震颤，步样强拘或高跨步，对触诊和响声敏感。

4. 慢性型 呆滞、反应迟钝，步态跟跄，食欲减退，瘤胃蠕动减弱，产乳量降低，肌肉震颤，感觉过敏，后期感觉消失，瘫痪。

血清镁含量降低，牛血清镁含量低于 0.5 mmol/L、绵羊低于 0.2 mmol/L，尿液中镁低于 0.4 mmol/L，即可出现抽搐。脑脊液镁含量降低（正常高于 0.8 mmol/L），血清钙含量降低。

【诊断】根据病史、临床症状，结合血清镁含量测定，即可诊断。诊断依据：①放牧或饲喂幼嫩多汁的牧草；②突然出现兴奋不安，肌肉痉挛，惊厥，呼吸困难等症状；③脑脊液、血清、尿液镁含量降低；④本病应与狂犬病、破伤风、急性肌肉风湿、酮病和生产瘫痪等疾病进行鉴别。

【治疗】钙、镁制剂同时应用具有良好的治疗效果，常用 10% 葡萄糖酸钙注射液、5% 氯化钙注射液、10% 硫酸镁注射液等。症状缓解后，可口服氧化镁。

七、母牛卧地不起综合征

母牛卧地不起综合征（downer cow syndrome）是泌乳乳牛以"卧地不起"为特征的一种临床综合征，又称爬卧母牛综合征。临床特征是长时间躺卧，不能站立。主要发生于围产期的乳牛。

【病因】主要是低钙血症或损伤所致。低钙血症见于产后瘫痪，损伤包括四肢骨折、髋骨脱臼、肌腱或韧带撕裂、脊柱骨折、大腿肌肉或关节周围组织损伤等，也包括分娩等引起的坐骨神经、闭孔神经损伤。也见于乳腺炎、子宫炎所致的毒血症。

【发病机理】由于产前、产后血钙浓度下降，母牛处于低血钙性生产瘫痪，如不能及时治疗，或钙剂用量不足，则母牛长时间躺卧于地，局部血管受压迫。体型越大，压迫越重，血管受压时间过长，局部形成缺血性坏死最终引起肌纤维细胞膜通透性增加，使细胞内钾离子外溢，并被排泄。又因母牛产后应激，采食甚少可造成轻度低钾血症和肌细胞内钾离子浓度下降，动物常无法站立。本病最主要起因是生产瘫痪，而此过程中，躺卧时间过长造成腿部肌肉损伤是引起本病发生的根本原因。

在卧地不起综合征中，有的出现局灶性心肌炎，造成心动过速，节律不齐，甚至静脉注射钙剂也反应迟钝。反复使用钙剂治疗，则可加重心肌炎症。另外，本病还伴有蛋白尿，可能与肌肉损伤时肌蛋白释放有关。

【临床症状】临床上分为有警觉反应和丧失警觉反应两类。有警觉反应，主要是局部神经或肌肉骨骼损伤所致，病牛保持胸式爬卧，神志清醒，反应敏捷，精神状态、体况正常，食欲、饮水正常或减退，继发性肌肉损伤较轻。后肢叉开可能是闭孔神经麻痹、髋关节脱位或股骨、胫骨骨折。无警觉反应，主要是代谢疾病、毒血症所致，病牛长期侧卧，不能保持胸式爬卧，精神沉郁，反应迟钝，呻吟，食欲废绝，四肢伸展或后肢屈曲，粪便干燥，尿少、赤黄。

实验室检查，大多呈低钙血症、低磷血症、低镁血症，血清肌酸激酶（CK）、天门冬氨酸氨基转移酶（AST）、乳酸脱氢酶（LDH）活性升高。

【病程与预后】对于病情较轻者，精心治疗和护理，大约有50%的病牛可于4 d内能站立，如7 d以上仍不能站立时，大多归于死亡。有些牛如心肌炎较重，也可能在发病后48～72 h内死亡。

【诊断】根据病史、临床症状，结合实验室检查，即可诊断。诊断依据：①发生在围产期，或有生产瘫痪的病史；②临床表现卧地不起；③经过2次钙剂治疗后24 h不能站立；④本病的关键是确定病因，直肠检查对子宫内膜炎、骨盆骨折、髋关节脱臼等有诊断意义；⑤血清生化指标的检查，有助于判断病情。

【治疗】主要是针对原发病进行治疗，同时协助乳牛站立、给予较厚的柔软垫料和加强护理。对钙制剂疗效不明显的产后瘫痪，应监测血液常量元素的水平，及时补充钾、磷和镁。躺卧的病牛，根据病情，还可采取抗炎、补液、补充电解质和能量等治疗措施。对于病情严重者，应及早淘汰。

第三节　微量元素缺乏病

一、硒-维生素E缺乏病

硒-维生素E缺乏病（selenium and /or vitamin E deficiencies）是机体硒或（和）维生素E单独缺乏或共同缺乏所致的一类疾病的总称。由于硒和维生素E在机体抗氧化作用中的协同性，且二者缺乏的病理变化极为相似，临床上统称为硒-维生素E缺乏病，或硒-维生素E缺乏综合征。病理学特征是骨骼肌和心肌发生变性、坏死，肝营养不良等。各种动物均可发病，其病理特征因动物种类不同而有一定的差异（表7-2），主要见于牛、羊、猪、家禽和马。

表7-2　各种动物硒-维生素E缺乏病的表现

动物种类	表现
牛	营养性肌营养不良、胎衣滞留
羊	营养性肌营养不良、繁殖障碍
猪	"桑葚心"、肝营养不良、肌营养不良、渗出性素质、贫血
马	营养性肌营养不良、幼驹腹泻、肌红蛋白尿
禽	渗出性素质、胰腺纤维化、肌胃变性、脑软化、肌营养不良

【病因】主要是日粮中硒和维生素E含量不能满足机体的需要。饲料中硒含量与土壤中可利用的硒水平密切相关。一般认为，饲草料中硒含量≥0.1 mg/kg能满足动物对硒的需要量，≤0.05 mg/kg可引起动物发病。因此，低硒环境（土壤）是硒缺乏病的根本原因，低硒饲料是直接病因，水-土壤-食物链是基本的致病途径。

维生素E缺乏，主要是饲料中维生素E含量不足，如秸秆、块根饲料；饲料加工、储存不当造成维生素E被破坏；饲料中含过量不饱和脂肪酸（如鱼肝油、猪油、豆油等），发生酸败时可产生过氧化物，促使维生素E氧化；机体维生素E需要量增加时，未及时补充，如动物生长、妊娠、饲喂高脂肪日粮、日粮中含硫氨基酸缺乏等。

营养代谢性疾病
第七章

另外，炎热、寒冷、拥挤、噪声、长途运输等应激因素，可增加机体对硒、维生素 E 的需要，容易诱发本病。

【发病机理】硒和维生素 E 是天然的抗氧化剂。维生素 E 的抗氧化作用是通过抑制多价不饱和脂肪酸产生的游离根对细胞膜的脂质过氧化而体现。硒的抗氧化作用是通过谷胱甘肽过氧化物酶（GSH-Px）清除不饱和脂肪酸实现的，GSH-Px 能清除体内产生的过氧化物和自由基，保护细胞膜免受损害。体内活性氧自由基主要包括超氧阴离子（$O_2^-\cdot$）、羟自由基（$\cdot OH$）、无机的过氧化氢（H_2O_2）、有机的脂质过氧自由基（$ROO\cdot$）等。

生理情况下，机体在代谢过程中不断产生自由基，但形成量极少，寿命也短，不构成对机体的危害。即使有所增加，由于机体具有自由基清除系统，生成速度和清除速度保持相对平衡，也不会造成严重的损害。自由基清除系统包括低分子清除剂（如维生素 E、维生素 A、维生素 C、还原型谷胱甘肽等）、酶清除剂（超氧化物歧化酶、过氧化氢酶、GSH-Px 等）。当机体硒和维生素 E 缺乏时，自由基的产生或清除失去了平衡和稳态，这些化学性质十分活泼的自由基对机体迅速作用，破坏蛋白质、核酸、糖类和花生四烯酸的代谢，脂质过氧化物的自动分解产物丙二醛（MDA）可以和多种物质发生交联而引起广泛损害。另外，自由基使细胞脂质过氧化发生链式反应，破坏细胞膜，造成细胞结构和功能的损害。肌肉组织、胰腺、肝、淋巴器官和微血管是遭受损伤的主要组织器官。

【临床症状】因动物种类不同，疾病的特征有一定差异。

1. 反刍动物　主要表现肌营养不良，又称白肌病。急性一般不表现前驱症状而突然死亡。亚急性多以机体衰弱，心力衰竭，运动障碍，呼吸困难和消化机能紊乱为特征；精神沉郁，呼吸、脉搏加快，不愿走动，喜卧，重者站立不稳，容易跌倒；后期生长发育停滞，心功能不全，运动障碍，发生顽固性腹泻。继发感染时体温升高，多数保持食欲。成年母牛胎衣滞留，产乳量下降。母羊繁殖率降低。

2. 猪　主要表现肝营养不良和"桑葚心"，肝营养不良常发生于断乳前后的仔猪，桑葚心在体况良好的育肥猪多发。急性肝营养不良多见于生长发育迅速、体况良好的仔猪，预先没有任何症状突然死亡；存活猪多表现呼吸困难，黏膜发绀，食欲不振，腹泻，虚弱；一般体温正常，心率加快，节律不齐。

出现"桑葚心"的动物一般无前驱症状而死亡；存活猪多表现呼吸困难，发绀，躺卧，在该病暴发时，约 25% 的猪表现轻微的食欲不振和反应迟钝。运动、恶劣的天气或运输等应激因素将促进其急性死亡。

3. 马　成年马表现后躯麻痹，运动障碍，步态不稳，步态蹒跚，心跳加快，肌红蛋白尿；严重者卧地不起，体温正常，后躯、后肢、肛门和阴户等部位水肿。幼驹以消化不良和顽固性腹泻为特征，排稀糊状或水样粪便，混有脱落的肠黏膜和血液，迅速脱水，患病动物精神沉郁，走路摇晃，心力衰弱，心率加快，最终衰竭而死亡。

4. 雏禽　主要表现渗出性素质，精神沉郁，不愿活动，胸部、腹部皮下血管充盈呈轻微红紫色，很快出现典型的渗出性素质变化。胸部、腹部皮下出现淡蓝绿色水肿样变化；大腿、颈部、翼下也发生水肿，这种变化在 12～24 h 迅速扩散，严重者可遍及全身。穿刺皮肤有淡蓝绿色液体流出。后期，全身状况恶化，精神高度沉郁，闭目缩颈，伏卧不动。食欲减退或废绝，生长发育停止，体重下降。起立困难，运步障碍，排绿色或白色稀粪或水样粪便，最终衰竭死亡。

二维码 7-22

【病理变化】肌营养不良，主要的病变部位在骨骼肌、心肌和肝。骨骼肌色淡（二维码 7-22），出现局限性的发白或发灰的变性区，呈鱼肉状或煮肉状（白肌病），双侧对称，以肩胛部、胸背部、腰部及臀部肌肉变化最明显。心肌扩张、变薄，心内膜下肌肉层呈灰白色或黄白色的条纹及斑块（"虎斑心"）。镜检，肌纤维颗粒变性、透明变性或蜡样坏死以及钙化和再生（二维码 7-23）。透明变性时肌纤维肿胀，嗜伊红性增强，横纹消失。蜡样坏死的肌纤维常崩

二维码 7-23

解成碎块或变成无结构的大团块，着色较深，可发生钙化、核浓缩或碎裂。肌间成纤维细胞增生。肝肿大，切面有槟榔样的花纹，也称"槟榔肝"。肾充血、肿胀，肾实质有出血点和灰色斑状灶。猪、鸡可见脑膜有出血点和脑软化。

二维码 7-24

仔猪肝营养不良，肝体积增大（二维码 7-24），呈斑驳状，切面具有特征性肉蔻状外观，肝表面粗糙不平。病理组织学表现为急性期肝细胞严重变性坏死（二维码 7-25），消退期坏死的肝小叶有白细胞浸润，慢性期肝组织萎缩、纤维化。

二维码 7-25

猪"桑葚心"，心肌扩张，心室容积增大，沿心肌纤维走向发生多发性出血而呈紫色，心内膜下密布出血点，使心外观似桑葚，心肌间有灰白或黄白色条纹状变性或斑块状坏死区；胸腔、腹腔大量积液。病理组织学表现为心肌呈变性、营养不良性钙化，间质出血、水肿和炎性细胞浸润。

雏禽渗出性素质，水肿部位皮下积聚淡蓝绿色胶冻样渗出物或淡黄绿色纤维蛋白凝结物，其量不等，渗出物吸收后常与皮肤粘连，或局部皮肤增厚，剥离困难。颈部、腹部及股内侧有不同程度的淤血斑。肌肉松弛、柔软、色淡，胸肌、腿肌有白色条纹状变性、坏死区。胰腺变性，甚至纤维化。

【诊断】根据病史、临床症状，结合硒含量、血液 GSH-Px 测定及病理学检查，必要时进行补充硒和维生素 E 疗效观察，即可诊断。诊断依据：①土壤硒含量低于 0.5 mg/kg，日粮硒含量低于 0.1 mg/kg；②血液 GSH-Px 活性降低，组织硒含量降低（表 7-3）；血清维生素 E 低于 2.0 mg/L，牛、羊肝维生素 E 分别低于 5 mg/kg 和 2 mg/kg；③肌营养不良的患病动物，血清肌酸激酶、天门冬氨酸氨基转移酶活性升高；④特征性的病理变化；⑤补充硒和维生素 E 有治疗和预防效果。

表 7-3 动物红细胞 GSH-Px 活性和体内 Se 水平

动物品种	临床状况	GSH-Px (μmol/g, Hb)	血清 Se (mg/L)	肝 Se (mg/kg, DM)	肾皮质 Se (mg/kg, DM)
牛	正常	19.0~36.0	0.08~0.30	0.90~1.75	3.5~5.3
	临界	10.0~19.0	0.03~0.07	0.45~0.90	1.4~3.5
	缺乏	0.2~10.0	0.02~0.025	0.07~0.60	0.6~1.4
羊	正常	60~180	0.08~0.50	0.90~3.50	3.2~10.5
	临界	8~30	0.03~0.05	0.52~0.90	2.5~3.9
	缺乏	2~7	0.006~0.03	0.02~0.35	0.2~2.1
猪	正常	100~200	0.12~0.30	1.40~2.80	5.3~10.2
	缺乏	<50	0.05~0.06	0.10~0.35	1.4~2.7
马	正常	30~150	0.14~0.25	1.05~3.50	2.5~7.0
	缺乏	8~30	0.008~0.055	0.14~0.7	0.9~4.0

二维码 7-26

【治疗】应用硒制剂进行治疗。0.1%亚硒酸钠溶液，剂量每千克体重 0.1 mg Se，肌内注射或皮下注射，10~20 d 重复一次；病情严重者，每 5 d 一次。维生素 E，剂量每千克体重 10~15 IU，肌内注射。也可在饲料中添加硒和维生素 E，分别达到 0.1 mg/kg 和 100 IU/kg。配合使用维生素 A、B 族维生素、维生素 C 及其他对症疗法。

二维码 7-27

【预防】预防本病的关键是满足机体硒和维生素 E 的需要。主要是日粮中添加硒，硒含量 0.1 mg/kg 即可满足动物对硒营养的需要，乳牛的营养需要量是 0.3 mg/kg。低硒地区放牧的反刍动物，可用微量元素缓释丸（二维码 7-26），投入瘤胃和网胃中，使其缓慢释放微量元素，供机体利用；也可用微量元素舔砖（二维码 7-27），挂在圈舍墙壁或投放在草场上，让其自由舔食。也可在母畜妊娠期补硒，妊娠中后期可用最低剂量注射 1~2 次，产后再补充 1 次，以提高乳汁中硒含量；母猪产前 2~3 周，肌内注射 5 mg 硒和 500~1 000 IU 维生素 E，具有良好的预防效果。

二、铜缺乏病

铜缺乏病（copper deficiency）是动物体内铜含量不足所致的营养代谢性疾病。临床特征是贫血，腹泻，运动失调，被毛褪色。羔羊主要表现运动障碍，又称摆腰病或地方性共济失调。铜缺乏病呈地方流行或群发性，常见于牛、羊，猪、马、骆驼、鹿、家禽、犬等也可发生。

【病因】分原发性和继发性两类。

1. 原发性铜缺乏病 主要是土壤缺铜或土壤中铜的可利用性低，而使牧草和饲料中铜含量不能满足机体需要。一般认为，饲料中铜低于 3 mg/kg 可引起发病，10 mg/kg 以上能满足动物的需要。

2. 继发性铜缺乏病 动物对铜的摄入量是足够的，但机体对铜的利用发生障碍。见于：①钼与铜具有颉颃性，日粮中钼含量过高，可妨碍铜的吸收和利用。通常认为，铜∶钼应高于 2∶1，但当饲料中铜不足时，钼含量 3~10 mg/kg 即可出现临床症状；②饲料中锌、镉、铁、铅和硫酸盐等过多，影响铜的吸收，造成机体铜缺乏；③饲草中植酸盐含量过高，可与铜形成稳定的复合物，降低动物对铜的吸收；④反刍动物饲料中的蛋氨酸、胱氨酸、硫酸钠、硫酸铵等含硫物质过多，经过瘤胃微生物的作用均可转化为硫化物，与钼共同形成一种难溶解的铜硫钼酸盐（$CuMoS_4$）复合物，降低铜的利用。

【发病机理】铜是机体许多酶的组成成分，铜缺乏时含铜酶活性降低。铜是细胞色素氧化酶的辅基，起电子传递的作用，保证 ATP 的正常合成；缺铜时，细胞色素氧化酶的活性降低，脑中儿茶酚胺的水平也降低，ATP 的生成减少，使磷脂合成障碍，髓磷脂合成也受到抑制，造成神经系统脱髓鞘，这是羔羊摆腰病的主要原因；因中枢神经细胞代谢障碍，临床表现运动失调。铜是赖氨酰氧化酶和单胺氧化酶的辅基，缺铜时，酶的活力降低，骨中胶原交叉连接不良，胶原成熟受到影响，降低了骨胶原的稳定性和强度，因而骨质比较脆弱，容易发生骨折、骨骼畸形和骨质疏松，还可导致主动脉张力明显降低，心肌脆性增加，心肌能量供应障碍，引起动物的心血管疾病。铜是酪氨酸酶的辅基，酪氨酸酶可催化酪氨酸的羟化过程而产生多巴，多巴氧化生成苯二酮，可促进黑色素的增加；铜缺乏动物酪氨酸酶的活力降低，使酪氨酸转化为黑色素的过程受阻，因而皮肤、毛发色泽减退；铜缺乏还可引起角化作用的破坏，使皮肤和毛发在生长和外观上都发生改变；羊毛的数量和品质下降，羊毛变直、强度降低。血浆铜主要以铜蓝蛋白的形式存在，铜可促进胃肠道铁的吸收，铁吸收后转变成 Fe^{3+} 并形成铁蛋白而储存起来，还原为 Fe^{2+} 后释放到血浆中，进入血流中的铁必须再氧化成 Fe^{3+} 与铁传递蛋白相结合才能向骨髓等造血部位转移，这一反应受血浆铜蓝蛋白的调控，缺铜后细胞可用的铁减少，网织细胞中血红蛋白的合成受到影响而发生贫血。铜锌超氧化物歧化酶（CuZn-SOD）广泛分布于动物机体内，在清除体内自由基方面具有重要的作用。

【临床症状】主要表现被毛变化，骨骼的异常，贫血和运动障碍。

成年反刍动物，被毛的变化很明显，被毛稀疏、粗糙、缺乏光泽、弹性降低、颜色变浅，成年牛红色和黑色毛变成白色和棕色毛，黑牛眼周围被毛更加明显，似戴白框眼镜，故有"铜眼镜"之称（二维码 7-28）。绵羊被毛柔软、光滑、失去天然弯曲，黑毛颜色变浅；羊毛的这些变化是最早的症状，在亚临床铜缺乏可能是唯一的症状。有的表现骨骼弯曲，关节僵硬和肿大，易发骨折。后期出现贫血，大多数呈低色素小红细胞性贫血。母畜常表现发情症状不明显，不妊娠或流产，乳牛产乳量下降。幼龄动物生长受阻。

腹泻是牛和羊继发性铜缺乏的症状之一，排出黄绿色或黑色水样粪便，极度衰弱，腹泻的

二维码 7-28

严重程度与条件因子钼的摄入量成正比。

羔羊铜缺乏，主要危害 1~2 月龄的羔羊，早期两后肢呈"八"字形站立，驱赶时后肢运动失调，跗关节屈曲困难，球节着地，后躯摇摆，极易摔倒，快跑或转弯时更加明显（二维码 7-29），呼吸和心率增加。严重者做转圈运动，或呈犬坐姿势，后肢麻痹，卧地不起，最后死于营养不良。

二维码 7-29

【病理变化】眼观，患病动物表现贫血，可视黏膜苍白，尸体消瘦。肝、脾、肾等组织出现广泛性含铁血黄素沉着。脑白质灶性溶解、破坏并出现空洞，大脑水肿，脑回变平，有波动感。病变多为双侧性。镜检，病变部大脑结构破坏，神经细胞凝固性坏死或细胞溶解，形成液化性坏死灶，神经纤维脱髓鞘。心肌纤维有程度不等的变性、坏死和纤维化。

【诊断】根据病史、临床症状，结合日粮、体内铜含量分析，即可诊断。诊断依据：①表现贫血、腹泻、运动失调、被毛褪色等临床症状；②血液学检查，呈低色素小细胞性贫血；③原发性铜缺乏，日粮铜含量<3.0 mg/kg，继发性铜缺乏，日粮中的铜：钼<2:1；④体内铜含量降低（表 7-4）；⑤病理学检查，脑脊髓软化、神经元变性及神经纤维脱髓鞘，心肌变性和纤维化等；⑥补铜有治疗和预防效果。

表 7-4 动物体内铜含量测定

动物	组织	正常	临界	缺乏
牛	血浆（μmol/L）	10~20	3~9	<8
	肝（μmol/kg, DW）	380~1 600	160~380	<160
	被毛（mg/kg）	6.6~10.4	4~8	1.8~3.4
绵羊	血浆（μmol/L）	10~20	3~9	1.6~3.2
	肝（μmol/kg, DW）	350~3 140	100~300	10~100
鹿	血浆（μmol/L）	>8	5~8	<5
	肝（μmol/kg, DW）	>400	240~400	<240

【治疗】主要是补充铜，可用硫酸铜，成年牛 8~10 g，犊牛 4 g，羊 1~2 g，口服，每周一次。也可在日粮中添加铜，使硫酸铜的水平达 25~30 mg/kg，连喂两周效果显著。

【预防】日粮中添加硫酸铜，最低铜水平为牛 10 mg/kg，羊 5 mg/kg，成年鸡 7 mg/kg 以上，雏鸡 12 mg/kg 以上，但拌料必须要均匀，以防混合不匀而引起铜中毒。在妊娠中后期口服硫酸铜，按正常剂量减半，每周一次，能预防幼龄动物铜缺乏病，也可在幼龄动物出生后口服铜制剂。国外用氧化铜短针装入胶囊投放在反刍动物的瘤胃和网胃中，缓慢释放铜。经口投放长效含硒、铜、钴的微量元素缓释丸，在瘤胃和网胃中缓慢释放微量元素。牛和羊可用矿物质添加剂制成的舔砖，一般羊用硫酸铜含量为 0.25%~0.5%，牛用含硫酸铜 2%。有条件的可在饮水中添加硫酸铜，让动物自由饮用。

三、锌缺乏病

锌缺乏病（zinc deficiency）是动物机体内锌含量不足所致的一种营养代谢病。临床特征是生长停滞，饲料利用率降低，皮肤角化不全，骨骼发育异常，繁殖机能障碍。各种动物均可发生，常见于猪、羊、犊牛、鸡等。

【病因】主要是饲草料锌含量不足。土壤锌含量低于 30 mg/kg，饲草料低于 20 mg/kg 即可发病；草食动物和家禽，锌需要量为 40~100 mg/kg。饲料中钙含量过高影响动物对锌的吸收，饲料中 Ca:Zn 在（100~150）:1 较为适宜；一般认为，猪饲料中钙含量达 0.5%~1.5% 时，锌含量 30~40 mg/kg 容易发生锌缺乏症；乳牛日粮中含钙 0.3% 时，锌需要量为

45 mg/kg，每增加 0.1% 的钙，需补锌 16 mg/kg。另外，铜、铁、锰、镉、钼等元素与锌具有颉颃作用，其含量过高影响锌吸收。饲料中植酸含量过高，易与锌形成不溶解和难吸收的化合物，导致动物对锌的利用率降低而发生继发性锌缺乏病。

【发病机理】锌是体内许多金属酶的组成成分，现已发现含锌的酶类超过 200 种，与人和动物有关的含锌酶大约 100 种。由于锌主要存在于蛋白质及各种金属酶中，因此，细胞内锌含量直接调节着这些酶的活性，也就控制着各种代谢过程，特别是蛋白质、糖和脂肪的代谢过程，以及核酸的合成和降解作用。由此可见，机体锌缺乏时，由于含锌酶及需锌酶的活性降低，干扰机体正常的代谢、生长发育、内分泌及免疫等生理生化机能，导致机体发生一系列的病理变化。锌参与角质生成，动物锌缺乏可发生脱毛及皮肤角化不全，严重者发生皮炎。锌与骨骼发育密切相关，缺锌妨碍软骨生成和阻止正常的钙化过程，生长的家禽可发生骨短粗症，仔猪股骨变小，犊牛后肢弯曲、关节僵硬等。锌对生殖生理有重要影响，锌缺乏对公畜性器官的发育、精子的生成和母畜的整个繁殖过程均会产生不利的影响。锌参与维生素 A 的代谢，影响维生素 A 从肝中动员，可发生夜盲症。另外，锌是参与免疫的一个重要元素，体内锌含量减少可引起免疫功能低下，对疾病易感性增加。

【临床症状】特征症状为生长停滞，饲料利用率降低，皮肤角化不全，骨骼发育异常及繁殖机能障碍。因动物种类不同而有一定差异。

猪主要表现皮肤损伤，皮肤出现红斑、丘疹，真皮过度角化而形成鳞屑和龟裂，并伴有褐色的渗出和脱毛，严重者真皮结痂，主要发生在腹部、大腿和背部。这种损伤与疥螨病极为相似，但主要的区别是补锌后损伤能快速愈合。食欲下降，生长缓慢，严重时有腹泻、呕吐，甚至死亡。另外，缺锌影响猪繁殖机能，如母猪产死胎，公猪睾丸变小。

反刍动物早期表现采食量减少，生长率、饲料转化率和繁殖性能降低。皮肤角化不全，牛主要发生在头部、鼻孔周围、阴囊和大腿内侧，泌乳牛乳头也发生角化不全，泌乳量减少。口腔溃疡，流涎。步态僵硬，腹泻。有的流泪，出现夜盲症。羊还表现脱毛，毛变脆、失去弯曲，皮肤变厚、起皱、发红。

家禽采食量减少，生长缓慢，羽毛发育不良、卷曲、蓬乱、折损或色素沉着异常，皮肤角化过度，表皮增厚，以翅、腿、趾部明显。长骨变粗、变短，跗关节肿大。产蛋减少，产软壳蛋。孵化率下降，胚胎畸形，主要表现为躯干和肢体发育不全。

犬在唇、眼周围、下颌、肢端、阴囊、阴户等部位的皮肤角化不全，形成鳞屑，色素沉着，有的结痂。

【诊断】根据病史、临床症状，结合日粮和体内锌含量测定，进行综合分析。诊断依据：①表现皮肤角化不全，繁殖性能障碍；②日粮锌含量<20 mg/kg，或存在影响锌吸收的因素；③牛血清锌含量 0.6～1.0 mg/L 为轻度缺乏，0.4～0.6 mg/L 为严重缺乏；绵羊血清锌含量<0.39 mg/L；④补锌有治疗和预防效果；⑤本病应与疥螨病和渗出性表皮炎进行鉴别。

【治疗】补锌可用硫酸锌、氧化锌。猪饲料中锌含量加至 50 mg/kg（添加硫酸锌或碳酸锌 200 mg/kg），并使钙含量维持在 0.65%～0.75% 的水平，连续饲喂 3～5 周。牛、羊可口服硫酸锌或氧化锌，剂量为每千克体重 1.0 mg，连用 10～15 d。配合应用维生素 A 效果更好。

【预防】保证日粮中锌含量能满足机体的需要，适当限制钙水平。生长猪日粮钙含量应控制在 0.5%～0.6%，同时锌含量 30～50 mg/kg。乳牛日粮锌含量应达 30～60 mg/kg。

四、锰缺乏病

锰缺乏病（manganese deficiency）是动物体内锰含量不足导致的一种营养代谢病。临床特征是生长缓慢，骨骼发育异常，繁殖机能障碍。各种动物均可发生，常见于家禽，其次为仔猪、犊牛、羔羊等。

【病因】原发性锰缺乏主要是土壤和牧草中锰含量不足。一般认为，土壤锰含量低于 3 mg/kg，活性锰低于 0.1 mg/kg 即为缺锰。各种动物因品种不同对锰的需要量差异较大，牛、羊、马 20～40 mg/kg，猪 2～10 mg/kg，禽类 30～60 mg/kg。生产中玉米-豆饼型饲料最容易发生锰缺乏。也有报道，牧草锰含量低于 80 mg/kg，牛不能维持正常的生殖能力，低于 50 mg/kg 则可发生不孕症。也有人认为，饲料锰低于 20 mg/kg 时，方能引起母牛不发情，受胎率降低，公牛精液品质降低。日粮中钙、磷、铁、钴含量过高，影响锰的吸收和利用，可发生继发性锰缺乏病。

【发病机理】锰是机体的必需微量元素，构成体内多种酶的活性基团或辅助因子，又是某些酶的激活剂，参与体内多方面的物质代谢。锰是骨骼有机基质合成所必需的，锰缺乏时糖基转移酶类的活性下降，构成软骨组织的主要成分黏多糖的合成受损，影响骨骼的正常发育，哺乳动物表现生长停滞，骨骼长度缩短，前腿弯曲，骨骼内磷酸酶活性降低；禽类出现骨短粗症。缺锰可影响动物的繁殖机能，表现为睾丸变小，卵巢功能障碍，乳汁分泌不足，习惯性流产以及幼龄动物死亡率升高；蛋鸡表现产蛋率和孵化率降低，蛋壳品质下降，孵化的雏鸡发生软骨营养不良。锰参与胆碱的生物合成，影响脂质的代谢，锰缺乏使猪发生过量脂肪沉积和背部脂肪增厚。

【临床症状】猪表现骨骼生长缓慢，跗关节肿大，腿弯曲和变短，跛行，肌肉无力，体内脂肪增加，发情不规律，乳腺发育不良，胎儿吸收或生产弱小的仔猪，泌乳减少。有些仔猪出现共济失调。

反刍动物表现发情率和首次受精率低；新生动物先天性骨骼畸形，生长缓慢，骨骼发育异常，关节肿大，腿弯曲，有的出现共济失调和麻痹。公畜则精子畸形，并出现关节周围炎，跟腱跛行，犬坐姿势。

二维码 7-30

家禽表现骨短粗症或滑腱症（二维码 7-30），特征是胫骨和跗骨关节增大，胫骨弯曲向外扭转，长骨缩短变粗（二维码 7-31），腓肠肌腱从侧方滑离跗关节，行动困难，不能负重，似蹲伏于跗关节上，有的两腿弯曲并向外展开（二维码 7-32）。蛋鸡表现产蛋率和孵化率下降，蛋壳品质下降。孵出的雏鸡营养性软骨营养不良，如腿变短、水肿、头圆似球形、上下腭不成比例而成鹦鹉嘴、腹部膨大。有的共济失调，运动不稳。

二维码 7-31

【诊断】根据病史、临床症状，结合日粮和体内锰含量测定，补充锰元素的效果，即可诊断。诊断依据：①表现生长缓慢、骨骼发育异常、繁殖机能障碍等临床症状；②日粮中锰含量低于需要量，或日粮中钙、磷等含量过高；③健康牛肝和血液锰含量分别为 12 mg/kg 和 0.18～0.19 mg/L，低于 3.0 mg/kg 和 0.05 mg/L 为缺乏；④补充锰有治疗和预防效果。

【治疗】补充锰有良好的效果。牛、羊可用口服硫酸锰，剂量分别为 2～4 g 和 0.5 g；家禽可用 0.05% 高锰酸钾溶液，饮水。

二维码 7-32

【预防】反刍动物可将硫酸锰制成舔砖，让动物自由舔食。鸡和猪日粮中锰含量应维持在 50～100 mg/kg 和 40 mg/kg 的水平。

五、钴缺乏病

钴缺乏病（cobalt deficiency）是因饲料中钴含量不足使维生素 B_{12} 缺乏所致的一种慢性消耗性疾病。临床特征是食欲减退，极度消瘦，贫血。主要发生于牛、羊。

【病因】主要原因是土壤、饲料中缺钴。当土壤中钴含量低于 0.17 mg/kg 时，牧草中钴含量极低，易发病。日粮中能满足机体需要的钴含量为 0.5～1.0 mg/kg。

【发病机理】钴是维生素 B_{12} 的组成成分，其作用主要是以维生素 B_{12} 和辅酶形式储存于肝，发挥其生物学作用。摄入的钴由反刍动物瘤胃微生物合成维生素 B_{12}，钴缺乏时维生素 B_{12} 合成减少，胸腺嘧啶核苷酸合成受阻，此时红细胞只是体积增大而不能正常成熟，导致巨幼细胞性贫血；影响消化机能，造成食欲减退、体重减轻等；还可导致反刍动物能量代谢障碍，使机体消瘦、虚弱，事实上是致死性能量饥饿。

【临床症状】反刍动物在低钴草场放牧4~6个月，逐渐出现症状。食欲减退，体重减轻，虚弱，消瘦，贫血。异嗜，黏膜苍白。泌乳量减少至停止，羊毛产量下降，毛脆而易断。后期繁殖功能下降，腹泻，流泪，特别是绵羊因流泪过多而使面部被毛潮湿黏结，这是严重缺钴的表现。

【诊断】根据病史、临床症状，结合钴和维生素B_{12}含量测定，综合分析。诊断依据：①临床表现食欲减退，贫血，消瘦；②土壤、牧草钴含量较低；③正常绵羊血清维生素B_{12}和钴含量分别为1.0~3.0 μg/L和0.17~0.51 μmol/L，血清维生素B_{12}含量0.2~0.25 μg/L、钴含量0.03~0.41 μmol/L为钴缺乏；正常牛肝钴含量>0.12 mg/kg，低于0.05 mg/kg为钴缺乏；血清和尿液甲基丙二酸（MMA）、亚胺甲基谷氨酸（FIGLU）含量升高；④补充钴和维生素B_{12}有治疗和预防效果。

【治疗】口服钴制剂或补充维生素B_{12}，均有良好的治疗效果。可用氯化钴、硫酸钴等，羊每天1 mg钴，牛7~10 mg，口服，连用1周。也可肌内注射维生素B_{12}。

六、碘缺乏病

碘缺乏病（iodine deficiency）是动物机体摄入碘不足引起的一种慢性营养代谢病。临床特征是甲状腺肿大，流产，死产。各种动物均可发生，常见于猪、牛、羊、家禽。

【病因】分原发性和继发性。

1. 原发性碘缺乏病 饲料和饮水碘含量不足，与土壤密切相关，土壤中碘含量因土壤类型而异。当土壤中碘含量低于0.2~2.5 mg/kg，饮水中碘低于5 μg/L，饲料中碘低于0.3 mg/kg时，即可发生碘缺乏。

2. 继发性碘缺乏病 饲料中含有颉颃碘吸收和利用的物质。白菜、甘蓝、油菜、菜籽饼、菜籽粉、花生粉、豆粉、芝麻饼、豌豆及三叶草等，含有较高含量的硫氰酸盐、葡萄糖异硫氰酸盐、糖苷花生二十四烯苷、含氰糖苷、甲巯咪唑、甲硫脲等致甲状腺肿物质，具有降低甲状腺聚碘的作用，或干扰酪氨酸碘化过程；氨基水杨酸、硫脲类、磺胺类、保泰松、丙硫氧嘧啶等药物具有致甲状腺肿作用；此外，由于钙摄入过多干扰肠道对碘的吸收，抑制甲状腺内碘的有机化过程，加速肾的排碘作用，也可致甲状腺肿。

【发病机理】甲状腺激素的分泌是复杂的生物学过程，受下丘脑分泌的促甲状腺素释放因子（TRF）和垂体分泌的促甲状腺激素（TSH）控制。当碘摄入不足或甲状腺聚碘障碍时，甲状腺激素合成和释放减少，血液中甲状腺激素浓度降低，对腺垂体的负反馈作用减弱，使腺垂体分泌TSH，甲状腺滤泡上皮细胞增生，目的在于加速对碘的摄取、促进甲状腺激素的合成及释放。甲状腺激素能抑制腺垂体TSH的分泌。如动物长期处于碘缺乏状态，使得TSH持续作用于甲状腺，则甲状腺体积不断增大，从而导致甲状腺肿大。另外，碘缺乏时甲状腺上皮细胞分泌的胶质碘化物含量下降，可利用的活性激素碘（T_4、T_3）浓度降低，影响了上皮细胞吞饮吸收，以致胶质停留于滤泡腔内，形成胶性甲状腺肿。滤泡腔过度增大，可引起胶质外溢，刺激周围腺组织，导致纤维结缔组织增生包围而成为胶性结节。

甲状腺激素具有调节物质代谢和维持正常生长发育的作用，碘缺乏时由于甲状腺素合成和释放减少，幼龄动物生长发育停滞，全身脱毛，青年动物性成熟延迟，成年动物生产、繁殖性能下降。胎儿发育不全，出现畸形。甲状腺激素还可抑制肾小管对钠、水的重吸收，甲状腺机能减退时，水、钠在皮下间质内潴留，并与黏多糖、硫酸软骨素和透明质酸的结合蛋白形成胶冻样黏液性水肿。

【临床症状】主要表现甲状腺明显肿大，生长发育缓慢，脱毛，消瘦，贫血，繁殖力下降。

1. 马　繁殖障碍，公马性欲减退，母马不发情，妊娠期延长，常生出死胎。新生幼驹体质虚弱，死亡率高，被毛生长正常，生后3周即可触诊到甲状腺稍肿大，多数不能自行站立，甚至不能吮乳，前肢下部过度屈曲，后肢下部过度伸展，中央及第三跗骨钙化缺陷，造成跛行和跗关节变形。严重缺碘地区，成年马甲状腺肿大，尤其是纯血品种和轻型马更明显。

2. 牛　繁殖障碍，母牛不发情，常发生流产或死胎，公牛性欲下降。新生犊牛甲状腺肿大，生长缓慢，衰弱无力，全身或部分脱毛，骨骼发育不全，四肢骨弯曲变形致站立困难，严重者以腕关节触地，皮肤干燥、增厚且粗糙。有时甲状腺肿大，可压迫喉部引起呼吸和吞咽困难，最终由于窒息而死亡。

3. 羊　成年羊甲状腺肿大，流产，发情率与受胎率下降，其他症状不明显。新生羔羊表现虚弱，广泛脱毛，不能吮乳，呼吸困难。甲状腺增大至5.0~15 g（正常为1.3~2.0 g），皮下轻度水肿，四肢弯曲，站立困难，甚至不能站立。

4. 猪　妊娠母猪胎儿吸收、流产、死亡，预产期推迟。初生仔猪全身少毛、无毛，体质极弱。颈部皮肤发生黏液性水肿，皮肤增厚，颈部粗大，甲状腺肿大。脱毛现象在四肢最明显，存活仔猪嗜睡，生长发育不良，由于关节、韧带软弱致四肢无力，走路时躯体摇摆。

5. 鸡　雏鸡甲状腺肿大，压迫食管可引起吞咽障碍，气管因受压迫而移位，吸气时常会发出特异的笛声。公鸡睾丸变小，性欲下降，鸡冠变小，母鸡产蛋量下降。

【诊断】根据病史、临床症状，结合血清甲状腺激素测定和病理学检查，即可诊断。有条件的可以行甲状腺X线、超声波检查。诊断依据：①成年动物繁殖障碍，新生幼龄动物体质虚弱、脱毛、四肢骨骼异常；②日粮、饮水中碘含量不足，或饲料中含有颉颃碘吸收和利用的物质；③甲状腺肿大，甲状腺激素含量下降；④补充碘有治疗和预防效果。

【治疗】补碘是有效的治疗措施。可将碘盐添加在日粮中，碘含量达0.007%。也可口服碘化钾，母羊280 mg/只，羔羊20 mg/只，每天1次。

【预防】低碘地区，日粮中补碘是有效措施。满足动物需要的日粮碘含量为（mg/kg，DM）：非妊娠乳牛0.33，妊娠和泌乳乳牛0.45，绵羊0.1~0.8，山羊0.2~0.8，肉牛0.5。

第四节　维生素缺乏病

一、维生素A缺乏病

维生素A缺乏病（vitamin A deficiency）是动物体内维生素A及胡萝卜素不足或缺乏所致的营养代谢病，临床特征是上皮角化、夜盲、繁殖机能障碍，各种动物均可发生，主要见于牛、猪、家禽。

【病因】分原发性和继发性两类。

1. 原发性维生素A缺乏病　维生素A以维生素A原（胡萝卜素）的形式存在于各种青绿饲料中，主要是饲草料中维生素A或胡萝卜素绝对缺乏，造成动物吸收不足。常见于：①舍饲动物长期饲喂含胡萝卜素低的饲草料，如劣质干草、棉籽饼、甜菜渣、未完全成熟而收获的玉米、某些豆科牧草（如苜蓿和大豆，含脂肪氧合酶，如不迅速灭活，可破坏大部分胡萝卜素）；②饲料加工、储存不当造成胡萝卜素被破坏；③机体对维生素A需求增加，如高产乳牛、蛋种鸡产蛋期。另外，体内维生素A的储存也影响机体对维生素A的需求，肝和脂肪组织中维生素A和胡萝卜素的储存能满足6个月或更长时间机体的需要。

2. 继发性维生素A缺乏病　饲料中维生素A或胡萝卜素充足，但动物采食量降低或消化、吸收及代谢受到干扰，在组织水平上发生维生素A缺乏。寄生虫感染，肝和肾病及饲料中霉菌毒素、磷酸盐、硝酸盐、亚硝酸盐含量过多，中性脂肪和蛋白质不足，均可影响维生素 A 的吸收，而发生维生素 A 缺乏。

【发病机理】维生素 A 对昏暗光线下视力所必需的视紫红质再生、骨骼的正常生长以及维持上皮组织的完整性都是必需的，维生素 A 缺乏主要引起机体上述机能的紊乱。

健康动物视网膜中色素上皮细胞摄取视黄醇，经酶的异构化作用将其转化为 11-顺式视黄醇，与细胞视黄醇结合蛋白（CRBP）结合转运到视网膜的杆状细胞或视锥细胞（禽类）的外段，然后在酶的作用下氧化，转变为视细胞的生色基团 11-顺式视黄醛，与不同的视蛋白组成视色素。杆状细胞或视锥细胞本身是一种暗光感受器，在光线较暗时，11-顺式视黄醛转化为视紫红质或视紫蓝质（禽类），在光线亮时，再转化为全反式视黄醛，从而触发一系列的蛋白质构型改变，使视细胞膜电位发生变化并传递给大脑产生视觉。说明视黄醛和视黄醇之间有氧化还原转化，并且它们的顺式和反式结构之间也有同分异构的转化（图 7-3）。当维生素 A 不足或缺乏时，必然引起 11-顺式视黄醛的补充不足，视紫红质合成减少，对弱光敏感性降低，动物在阴暗的光线下呈现视力减弱或夜盲。

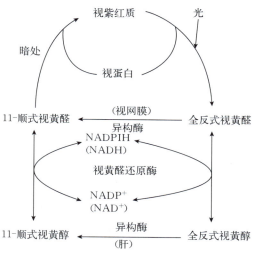

图 7-3 维生素 A 在视觉中的作用

维生素 A 维持成骨细胞和破骨细胞的正常位置和活动。维生素 A 缺乏使软骨内骨的生长受阻，过量维生素 A 造成骨不能正常生长。视黄醇和维生素 A 酸作用于成骨细胞，除影响骨骼合成外，还影响细胞中 1,25-二羟维生素 D_3 受体水平、细胞形态与结构、碱性磷酸酶以及 25-羟基维生素 D_3-24 羟化酶的活性，造成骨成形失调，特别是骨的细致造型不能正常进行。这种作用对大多数部位影响很小，但可造成神经系统严重损伤，由于骨骼生长迟缓和造型异常使颅腔脑组织过度拥挤，大脑变形和脑疝形成，脑脊液压力升高，临床上出现视乳头水肿，共济失调和晕厥等特征性的神经症状。

维生素 A 对上皮的正常形成、发育及维持十分重要。表面蛋白主要是糖蛋白，糖蛋白的合成需要脂类、糖作为中间体，其中脂类大多为多萜醇和视黄醇。体内视黄酸转变生成视黄醇磷酸，是单糖穿越膜脂双层的载体，主要是将结合在视黄醇磷酸上的单糖转移至糖蛋白上。当维生素 A 缺乏时，黏膜细胞中的糖蛋白生物合成受阻，改变了黏膜上皮的正常结构，导致所有的上皮细胞萎缩，特别是具有分泌机能的上皮细胞被复层角化上皮细胞取代。主要见于唾液腺、泌尿生殖道、眼旁腺和牙齿，上皮的这些变化导致出现胎盘变性、眼干燥、角膜变化等临床症状。

维生素 A 缺乏时因大脑蛛网膜绒毛的组织通透性减弱和大脑硬脑膜的结缔组织基质增厚，使脑脊髓液吸收障碍，导致脑脊髓液压力升高，在临床上出现惊厥等症状，这是犊牛维生素 A 缺乏的早期症状之一，它比眼变化更灵敏。

维生素 A 在胎儿生长过程中是器官形成的一种必需物质，维生素 A 缺乏可引起胎儿发生许多先天性损害，特别是脑积水和眼损害。

维生素 A 与机体的免疫功能有关，维生素 A 缺乏将不同程度地影响淋巴组织，主要是胸腺严重萎缩、鸡法氏囊过早消失，影响淋巴细胞分化。同时，机体对抗原的反应性下降，抗体的生成减少，病原体易于侵入。另外，维生素 A 还影响机体非抗原系统的免疫功能，包括吞噬作用，外周血液淋巴细胞的捕捉和定位，天然杀伤细胞的溶解，维持白细胞溶菌酶的活性以

及提高黏膜屏障抵抗有害微生物侵入机体的能力。维生素 A 酸通过改变细胞表面的结构来增加细胞表面受体的表达,从而增强天然杀伤细胞的活性。维生素 A 还能增强巨噬细胞的功能。维生素 A 缺乏,机体的抵抗力降低,增加了动物对各种病原的易感性。

【临床症状】各种动物维生素 A 缺乏的症状极为相似,只是在组织和器官的表现程度上有些差异。

1. 夜盲 在昏暗的环境下看不见东西是除猪以外的所有动物早期症状之一。患病动物在弱光下盲目前进,行动迟缓,碰撞障碍物。猪则在血浆中维生素 A 降至很低时才出现夜盲症。

2. 眼干燥 又称"干眼病",特征为角膜增厚及云雾状形成,常见于犊牛和犬。其他动物则眼角流出稀薄的浆液、黏液样分泌物,随之角膜角化、增厚、形成云雾状,失去光泽,有时出现溃疡。鸡因鼻孔和眼有黏液性分泌物,上下眼睑常被分泌物黏合,结膜覆以干酪样物质,最后角膜软化,眼球下陷,甚至穿孔。动物干眼病可继发结膜炎、角膜炎、角膜溃疡及穿孔,最后使整个眼球发炎。

3. 皮肤变化 皮肤表皮、皮脂腺、汗腺和毛囊上皮角化使皮肤干燥、脱毛,严重时发生继发性皮炎。猪主要表现脂溢性皮炎,全身表皮分泌褐色渗出物。牛皮肤上附有大量麸皮样鳞屑,蹄干燥,表面有鳞片和许多纵向裂纹。鸡食道和咽部的黏液腺与导管化生为复层鳞状上皮,且上皮不断角化和脱落,与分泌物混合可阻塞管腔,导致食道和咽部黏膜表面分布许多黄白色颗粒状小结节,又称脓痘性咽炎和食管炎。

4. 繁殖机能障碍 公母畜繁殖受损。公畜影响精子形成,精液品质下降,青年动物睾丸显著小于正常。母畜受胎不受影响,但因胎盘变性导致流产、死胎和生产羸弱的幼畜,并常发生胎衣滞留。同时,可引起胎儿畸形,如犊牛先天性失明、脑室积水,仔猪无眼或眼畸形,也可出现腭裂、兔唇、副耳、后肢畸形、皮下囊肿、肾异位、心脏缺损,有的生殖器官发育不全。

5. 神经症状 颅内压升高出现惊厥,视神经管受压引起失明,外周神经根损害表现共济失调、步态紊乱、肌肉麻痹等。

【病理变化】缺乏特征性的眼观变化,主要为被毛粗乱,皮肤异常角化。泪腺、唾液腺及食道、呼吸道、泌尿生殖道黏膜发生鳞状上皮化生,鸡咽、食道黏膜有黄白色小结节状病变。镜检,典型的上皮变化是柱状(立方状)上皮萎缩、变性、坏死分解,并被化生的鳞状角化上皮替代,腺体的固有结构完全消失。在犊牛、猪和羔羊,腮腺主导管发生明显变化,杯状细胞被鳞状上皮取代,并发生角化。呼吸道黏膜的柱状纤毛上皮发生萎缩,化生为复层鳞状上皮,并角化,有的病例形成伪膜和小结节,导致小支气管被阻塞。由于骨骼发育异常,犊牛视神经孔狭窄而使视神经萎缩和纤维化。另外,肾盂和泌尿道其他部位脱落的上皮团块可沉积钙盐,形成尿结石。幼龄动物由于软骨内成骨受到影响和骨成形失调,出现长骨变短和骨骼变形。

【诊断】根据病史、临床症状,结合体内维生素 A 测定,即可诊断。诊断依据:①表现上皮角化、夜盲、繁殖机能障碍等特征性的临床症状;②日粮中维生素 A 或胡萝卜素含量不足,或存在影响吸收的因素;③血浆维生素 A 低于 0.18 $\mu mol/L$(正常 0.88 $\mu mol/L$),肝维生素 A 和胡萝卜素的临界水平分别为 2 mg/kg 和 0.5 mg/kg(正常分别为 60 mg/kg 和 4 mg/kg);④动物结膜涂片检查,角化上皮细胞数目增多;⑤病理组织学检查,典型的上皮变化是柱状(立方状)上皮萎缩、变性、坏死分解,被化生的鳞状角化上皮替代,腺体的固有结构完全消失;⑥补充维生素 A 具有治疗和预防效果。

本病与某些疾病有相似的临床症状,应注意鉴别。牛应与低血镁搐搦、铅中毒、狂犬病等进行鉴别,鸡应与白喉型鸡痘、传染性支气管炎、传染性鼻炎等进行鉴别,猪应与伪狂犬病、病毒性脑脊髓炎、食盐中毒、有机砷中毒、有机汞中毒等进行鉴别。

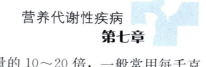

【治疗】应立即用维生素 A 制剂治疗，剂量为每日需要量的 10～20 倍，一般常用每千克体重 440 IU（133 μg）皮下注射，对急性病例疗效迅速；但对于慢性病例不可能完全康复，应尽早淘汰。

【预防】有效途径是供给青绿饲料或胡萝卜。日粮中维生素 A 含量应满足动物最低需要量，剂量为每千克体重 40 IU；在实际饲料配制中，根据动物妊娠、泌乳和生长发育的需要，维生素 A 允许量一般比最低需要量高 50%～75% 或更多。

二、维生素 B_1 缺乏病

维生素 B_1 缺乏病（vitamin B_1 deficiency）是体内维生素 B_1 缺乏或不足所引起的一种营养代谢病，临床特征是共济失调、痉挛、后肢麻痹等神经机能障碍，多见于雏禽、犊牛、羔羊等，偶尔见于猪、牛、羊、马、兔等。

【病因】维生素 B_1 又称硫胺素，广泛存在于植物性饲料中，谷物、米糠、麦麸、青绿饲料及酵母中含量丰富。反刍动物的瘤胃、马的盲肠和其他动物的大肠中的微生物能合成维生素 B_1，但除猪以外，动物体内不能储存，必须经常由日粮供给；幼龄动物尤其是犊牛于 16 周龄前，瘤胃还不具备合成维生素 B_1 的能力，须从母乳或饲料中摄取。本病的发生主要是长期饲喂缺乏维生素 B_1 的饲料，体内维生素 B_1 合成障碍或某些因素影响其吸收和利用。①日粮缺乏：幼龄动物，初乳或母乳以及代乳品中维生素 B_1 含量不足。②合成障碍：饲喂低纤维高糖或蛋白质严重缺乏的饲料，长期大量应用抗生素等，使消化道微生物区系紊乱，维生素 B_1 合成障碍。③吸收减少或需要量增加：慢性胃肠疾病、高热等，维生素 B_1 吸收减少而消耗增多；动物的应激、母畜泌乳和妊娠及幼龄动物生长发育阶段，机体对维生素 B_1 的需要量增加。④饲料中含硫胺素颉颃剂：饲料中添加吡啶硫胺素，抑制硫胺素的焦磷酸化，使之很快从尿中排出；日粮中含有抗硫胺素的物质，如马、牛采食羊齿类植物（蕨菜、问荆、木贼）过多，用过量生鱼饲喂猫、犬及貂等动物，因其中含有大量硫胺酶，可破坏硫胺素。

【发病机理】维生素 B_1 是体内多种酶系统的辅酶，能促进氧化过程，调节糖代谢。对促进生长发育、维持正常代谢、保持神经和消化机能的正常具有重要意义。维生素 B_1 在细胞内的功能主要是通过辅酶实现的。肝中的硫胺素在 ATP 存在时，经酶催化形成具有代谢活性的焦磷酸硫胺素（TPP），参与糖代谢，催化 α-酮戊二酸和丙酮酸氧化脱羧作用。

葡萄糖是脑和神经系统的主要能源。当维生素 B_1 缺乏时，α-酮戊二酸氧化脱羧障碍，中间产物丙酮酸和乳酸分解受阻而在组织内大量蓄积，加上能量供应不足，对脑和中枢神经系统产生毒害作用，严重时引起皮质坏死而呈现痉挛、抽搐、麻痹等神经症状。糖代谢障碍进而影响脂类代谢，维生素 B_1 缺乏时脂质合成减少，髓鞘完整性被破坏，导致中枢和外周神经系统损害，引起多发性神经炎。

维生素 B_1 能促进乙酰胆碱的合成，抑制胆碱酯酶对乙酰胆碱的分解。当维生素 B_1 缺乏时，乙酰胆碱合成减少，同时胆碱酯酶活性升高，导致乙酰胆碱分解加快，胆碱能神经兴奋传导障碍，胃肠蠕动缓慢，消化液分泌减少，引起消化不良。

维生素 B_1 缺乏，细胞呼吸障碍，ATP 合成减少，能量供应不足，心肌弛缓，引起心功能不全或心力衰竭，骨骼肌紧张性减退，甚至萎缩。

【临床症状】主要表现食欲减退，生长受阻，多发性神经炎等症状，但因动物品种不同而有一定差异。

1. 反刍动物　主要发生于犊牛和羔羊，表现食欲减退，运动失调，不能站立，严重腹泻，脱水。因脑灰质软化（大脑皮质坏死）表现神经症状，如易兴奋，痉挛，四肢抽搐呈惊厥状，倒地后牙关紧闭，眼球震颤，角弓反张。严重者呈强直性痉挛，可在 12～72 h 昏迷死亡。

2. 禽　雏鸡日粮中硫胺素缺乏 1 周即可出现明显症状。表现厌食，消瘦，消化障碍，角弓反张，头向后仰呈"观星状"，进行性肌肉麻痹，开始于趾部屈肌，继而波及腿、翅和颈部伸肌，以致双腿不能站立，双腿挛缩于腹下，躯体压在腿上。鸡冠常呈蓝紫色，后期出现强直性痉挛，1～2周衰竭死亡。

3. 猪 呕吐，腹泻，体重下降，心脏衰弱，呼吸困难，黏膜发绀。步态不稳或跛行，严重时肌肉萎缩引起瘫痪。有些病例体温下降，突然死亡。

4. 马 衰弱乏力，食欲减退，体重下降，采食、吞咽困难，心脏衰弱，脉搏加快，节律不齐，共济失调，不能站立。严重时阵发性惊厥，后期昏迷死亡。

5. 犬、猫及貂 病初食欲不振，呕吐，胃肠炎，消瘦，贫血，心脏肥大，缩期杂音，水肿。运动机能障碍，肌纤维震颤，个别肌群麻痹，最后全身麻痹，躺卧，头向后仰，直至死亡。

6. 家兔 肌肉松弛，共济失调，麻痹，抽搐，昏迷而死亡。

【诊断】根据病史、临床症状，结合血液硫胺素测定，即可诊断。诊断依据：①幼龄动物突然出现共济失调、痉挛、后肢麻痹等神经症状；②有缺乏硫胺素的病史；③血液硫胺素含量25～30 μg/L（正常80～100 μg/L），血液丙酮酸含量60～80 μg/L（正常20～30 μg/L）；④补充维生素B_1有明显的治疗和预防效果。

【治疗】补充维生素B_1，疗效显著。可用盐酸硫胺、丙酸硫胺、呋喃硫胺，肌内注射。因维生素B_1代谢较快，应每隔3 h给药一次，连用3～4 d。配合应用其他B族维生素，效果更好。

改善饲养管理，调整日粮组成，提供富含维生素B_1的全价饲料，如优质青草、发芽谷物、麸皮、米糠或饲用酵母等；犬、猫应增加肝、乳、肉的供给；幼龄动物给予足量的全乳或酸乳，也可在日粮中补加硫胺素，剂量为5～10 mg/kg，或按每千克体重30～60 μg计算。

【预防】预防本病主要是加强饲养管理，饲喂富含硫胺素的日粮，根据动物的生理需要及时在日粮中添加或补充硫胺素。

三、维生素B_2缺乏病

维生素B_2缺乏病（vitamin B_2 deficiency）是动物体内维生素B_2不足或缺乏所致的营养代谢病，临床特征是生长缓慢、皮炎、家禽的肢麻痹、胃肠道及眼损伤。主要发生于猪、家禽，偶见于反刍动物和野生动物。

【病因】维生素B_2又称核黄素，广泛存在于酵母、干草、麦类、大豆及青绿饲料中，胃肠道微生物能大量合成，特别是反刍动物不需在饲料中添加。维生素B_2缺乏不多见，主要与以下因素有关：①长期饲喂维生素B_2缺乏的日粮，或过度煮熟的饲料；②动物患胃肠、肝、胰等疾病，维生素B_2的吸收、转化、利用障碍；③长期、大量使用抗生素或其他抑菌药物，影响维生素B_2的合成；④应激、妊娠、泌乳及生长发育阶段，均会增加核黄素的需要量，若不及时补充，容易造成缺乏。

【发病机理】核黄素主要以黄素单核苷酸（FMN）和黄素腺嘌呤二核苷酸（FAD）等辅酶形式存在于动物体内，血液中有一半的辅酶是与白蛋白和球蛋白结合存在。FAD和FMN是体内多种酶的辅基（酶），与酶蛋白一起形成黄素蛋白，参与一系列重要的生化反应，催化蛋白质、脂肪、糖的代谢，促进氧化还原过程，并对中枢神经系统营养、毛细血管的机能活动具有重要影响。此外，核黄素在体内还具有促进维生素C的生物合成、维持红细胞的正常功能和寿命、参与生物膜的抗氧化作用、影响体内储存铁的利用等生物学功能。因此，维生素B_2缺乏时会引起一系列的病理变化。

【临床症状】主要表现眼、皮肤和神经系统的变化。一般表现精神不振，食欲减退，生长发育缓慢，体重减轻，皮肤增厚、脱屑、皮炎，被皮粗糙，局部脱毛。眼流泪，结膜和角膜发炎。外周和中枢神经系统髓鞘退化，动物出现共济失调、痉挛、麻痹、瘫痪等神经症状。同时由于胃肠黏膜受损，表现消化不良、呕吐、腹泻、脱水。

1. 犊牛 口角、唇、颊、舌黏膜充血发炎，流涎，流泪，脱毛，腹泻，食欲减退，生长发育缓慢，有时呈现全身性痉挛等神经症状。

2. 猪 母猪妊娠流产、早产或不妊娠，所产仔猪孱弱，皮肤秃毛，皮炎，结膜炎，腹泻，前肢水肿变形，步态不稳，卧地不起。幼龄猪生长缓慢，皮肤粗糙呈鳞状脱屑或脂溢性皮炎，被毛脱落，白内障，步态僵硬，严重者四肢轻瘫。

3. 雏鸡 衰弱，生长迟滞，消化不良，呆立不动，驱赶时共济失调。腿肌萎缩，行走困难，多以跗关节着地而行，爪内曲，呈"曲爪麻痹症"（二维码7-33）。严重缺乏时，臂神经和坐骨神经肿大（二维码7-34），神经髓鞘退化。种蛋孵化率降低，胚胎发育不全，水肿，羽毛发育受损，出现"结节状绒毛"。

4. 马 急性卡他性结膜炎，畏光，流泪，视网膜和晶状体混浊，视力障碍。

5. 犬、猫 犬后肢、腹部发生鳞屑性皮炎，贫血，肌肉无力，眼有脓性分泌物，有的突发虚脱。妊娠母犬胎儿发育异常，出现先天性畸形，如并指（趾）、短肢、腭裂等。猫食欲减退，体重减轻，头部被毛脱落，有时出现白内障。

二维码7-33

二维码7-34

【诊断】根据病史、临床症状，结合血清维生素B_2含量测定、病理学检查，即可诊断。诊断依据：①表现皮炎、结膜炎、家禽的下肢麻痹等典型症状；②具有维生素B_2缺乏的病因；③血液和尿液维生素B_2含量降低；④表现角膜混浊，神经细胞脱髓鞘，雏禽坐骨神经、臂神经显著增粗等病理变化；⑤补充维生素B_2具有治疗和预防效果。

【治疗】应用维生素B_2制剂，肌内注射或口服。调整日粮组成，增加富含核黄素的饲料，如全乳、脱脂乳、肉粉、鱼粉、苜蓿、三叶草及酵母等，或给予复合维生素添加剂。

四、维生素B_6缺乏病

维生素B_6缺乏病（vitamin B_6 deficiency）是动物体内维生素B_6缺乏或不足所致的营养代谢病，临床特征是生长受阻、皮炎、癫痫样抽搐、贫血。见于幼龄反刍动物、猪和幼禽。

【病因】维生素B_6包括吡哆醇、吡哆醛和吡哆胺，动物日粮中通常含有足够的维生素B_6，成年反刍动物瘤胃微生物能合成维生素B_6满足机体需要，很少发生单纯性维生素B_6缺乏病。缺乏主要是因饲料加工、精炼、蒸煮及低温储藏等破坏维生素B_6，也见于日粮中含有维生素B_6颉颃剂和抗代谢产物，如硫基化合物、氨基脲、羟胺、亚麻籽饼中的亚麻素等。

【临床症状】

1. 猪 食欲减退，小红细胞低色素性贫血，癫痫样抽搐，共济失调，呕吐，腹泻，被毛粗乱，皮肤结痂，眼周围有黄色分泌物，视力减弱，胸、腹下及眼周发炎。

2. 鸡 雏鸡食欲减退，生长缓慢，痉挛等。蛋鸡产蛋率和孵化率均下降，羽毛发育受阻，痉挛，跛行。

3. 反刍动物 幼畜食欲减退，腹泻，抽搐。病理变化为外周神经脱髓鞘，贲门上部出血。

4. 家兔 耳部皮肤鳞片化，口鼻周围发炎，脱毛，痉挛，四肢疼痛，最后瘫痪。

【治疗】肌内注射维生素B_6或复合维生素B，均有良好的效果。也可在日粮中添加维生素B_6，各种动物的需要量为：雏鸡6.2～8.2 mg/kg，蛋鸡和肉鸡4.5 mg/kg，猪3 mg/kg。

五、维生素B_{12}缺乏病

维生素B_{12}缺乏病（vitamin B_{12} deficiency）是由于体内维生素B_{12}缺乏或不足所引起的营养代谢病。临床特征是物质代谢紊乱、生长发育受阻、造血机能及繁殖机能障碍等，常见于猪、禽和犊牛，其他动物少见。

【病因】维生素 B_{12} 又称氰钴胺（或钴胺素），缺乏的主要原因：①长期使用植物性饲料和维生素 B_{12} 含量低的代用乳；②饲料中钴、蛋氨酸或可消化蛋白缺乏，或长期大量使用广谱抗生素，体内维生素 B_{12} 生物合成明显下降；③慢性胃肠疾病，影响维生素 B_{12} 的吸收和利用；④幼龄动物体内合成的维生素 B_{12} 尚不能满足需要，有赖于从母乳中摄取，母乳不足或维生素 B_{12} 含量低下，极易引起缺乏。

【临床症状】动物一般表现食欲减退，生长缓慢，发育不良，可视黏膜苍白，皮肤湿疹，神经兴奋性增高，触觉敏感，共济失调，易继发肺炎、胃肠炎等。因动物品种不同临床症状有一定差异。

1. 猪　食欲减退或废绝，生长缓慢，皮肤粗糙，背部有湿疹样皮炎。消瘦，贫血，黏膜苍白。消化不良，异嗜，腹泻，对应激敏感。运动障碍，后躯麻痹，卧地不起，多有肺炎等继发感染。母猪缺乏时，产仔数明显减少，仔猪活力减弱，易发生流产、死胎、胎儿发育不全、胎儿畸形。

2. 牛　异嗜，营养不良，衰弱乏力，可视黏膜苍白，产乳量明显下降。犊牛食欲减退，生长缓慢，皮肤、被毛粗糙，肌肉弛缓无力，共济失调。

3. 禽　笼养鸡发病较多，雏鸡表现食欲减退，生长发育缓慢，贫血，脂肪肝，死亡率增加。蛋鸡产蛋量下降，孵化率降低；胚胎发育不良，孵化 17 d 左右因畸形而死亡；孵出的雏鸡弱小且多呈畸形。

【诊断】根据病史、临床症状，结合日粮钴、维生素 B_{12} 含量分析，血液学检查呈巨细胞性贫血，即可诊断。

【治疗】维生素 B_{12} 肌内注射，效果良好。调整日粮组成，供给富含维生素 B_{12} 的饲料，如全乳、脱脂乳、鱼粉、肉粉、大豆副产品等，也可补加氯化钴等钴化合物。对贫血严重者，可应用抗贫血素，如葡聚糖铁钴注射液、叶酸或维生素 C 制剂。

六、泛酸缺乏病

泛酸缺乏病（pantothenic acid deficiency）是由于动物体内泛酸缺乏或不足所致的营养代谢病，临床特征为生长缓慢、皮肤损伤、神经功能紊乱、消化机能障碍和肾上腺功能减退。各种动物均可发生，主要见于猪和家禽。

【病因】泛酸广泛分布于动植物体内，苜蓿干草、花生饼、酵母、米糠、绿叶植物、麦麸等含量丰富。反刍动物瘤胃可以合成足够的泛酸，单胃动物的大肠也能合成一定量的泛酸，但大肠对泛酸的吸收能力较差。日粮中泛酸含量 5～15 mg/kg 即可满足生长和繁殖的需要。泛酸缺乏主要见于玉米-豆饼型日粮，这种日粮泛酸含量较低；饲料加工不当，如加热可使泛酸大量损失。

【临床症状】

1. 猪　食欲减退，生长缓慢，眼周围有黄色分泌物，咳嗽，流鼻液，被毛粗乱，脱毛，皮肤干燥有鳞屑，呈暗红色的皮炎。运动失调，后肢僵硬，痉挛，站立时后躯发抖，严重时后腿紧贴腹部行走，出现所谓的"鹅步"。腹泻，直肠出血，有的发生溃疡性结肠炎。母猪卵巢萎缩，子宫发育不良，妊娠后胎儿发育异常。

2. 家禽　生长缓慢，饲料利用率降低，羽毛发育迟缓，全身羽毛粗糙卷曲，并且质脆易脱落。皮肤尤其是喙角及喙下部发生皮炎，爪间及爪底外皮脱落，并出现裂口，皮层变厚、角化，有的出现疣状凸出物。蛋鸡产蛋量下降，孵化率降低，胚胎可在孵化第 12～14 天死亡，且有水肿、皮下出血症状；雏鸡死亡率增加。

3. 反刍动物　幼龄动物表现食欲减退，生长缓慢，皮毛粗糙，皮炎，腹泻。成年牛眼和口鼻周围发生鳞状皮炎。

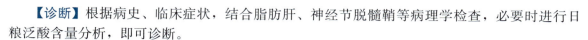

【诊断】根据病史、临床症状，结合脂肪肝、神经节脱髓鞘等病理学检查，必要时进行日粮泛酸含量分析，即可诊断。

【治疗】调整日粮结构，供给泛酸含量丰富的饲料。补充泛酸，效果良好，可用泛酸注射液，肌内注射。

七、烟酸缺乏病

烟酸缺乏病（nicotinic acid deficiency）是动物体内烟酸缺乏或不足所致的营养代谢病，临床特征为皮肤和黏膜代谢障碍、消化功能紊乱、被毛粗糙、皮屑增多和神经系统受损。主要发生于猪、家禽。

【病因】烟酸又称维生素 PP 或尼克酸，广泛分布于谷类籽实及副产品和蛋白质中。反刍动物瘤胃微生物可以合成烟酸；猪和家禽合成量少，不能满足机体的需要，必须由饲料补充供给。烟酸缺乏常见于长期饲喂玉米的动物，低蛋白日粮可促使发病。

【临床症状】仔猪表现食欲减退，生长缓慢，表皮出现脱落性皮炎，脱毛，腹泻，呕吐，后肢肌肉痉挛，唇、舌溃烂。发生正色素性贫血，结肠和盲肠有坏死性病变。

雏鸡表现生长缓慢，羽毛发育不全，舌和口腔炎症，胫跗关节肿大，弓形腿。母鸡体重减轻，产蛋量下降，孵化率降低。

【防治】日粮中添加烟酸，鸡和猪日粮中烟酸含量分别为 55～70 mg/kg 和 10～15 mg/kg 即可满足需要。

八、胆碱缺乏病

胆碱缺乏病（choline deficiency）是体内胆碱缺乏或不足而引起的营养代谢病，临床特征为生长缓慢、运动障碍、骨骼发育异常和脂肪肝。多见于雏禽、仔猪。

【病因】饲料中胆碱含量相当丰富，多数动物体内能合成足够数量的胆碱，一般不会出现胆碱缺乏病。胆碱缺乏，主要是饲料中缺乏蛋氨酸、丝氨酸等合成胆碱的原料所致。日粮蛋白质过多、叶酸和/或维生素 B_{12} 缺乏，均可增加胆碱的需要量，容易诱发本病。

【临床症状】仔猪表现生长缓慢，腿短，腹部下垂，被毛粗乱，虚弱，共济失调。红细胞数、血红蛋白含量和红细胞比容降低，血浆碱性磷酸酶活性升高。病理学检查发现脂肪肝，肾小管闭塞，肾小管上皮细胞变性、坏死。母猪缺乏时，采食量减少，受胎率和产仔率降低，所生仔猪生长发育不良。

雏禽表现生长受阻，胫骨短粗，跗关节点状出血，胫跗关节肿胀，跗骨扭曲、弯曲，关节软骨移位，行走困难。8 周龄以上的鸡不会发生胆碱缺乏。

【防治】供给胆碱丰富的全价日粮，如鸡和猪饲料中胆碱含量分别为 500～1 000 mg/kg 和 300 mg/kg，即可预防本病的发生。

九、生物素缺乏病

生物素缺乏病（biotin deficiency）是动物体内生物素缺乏或不足所致的营养代谢病，临床特征是皮炎、脱毛、蹄壳开裂。多发于家禽、猪、犊牛、羔羊。

【病因】生物素又称维生素 H，反刍动物的瘤胃和马、家兔的盲肠均可合成大量生物素，满足机体的需要。本病的发生主要是因饲料中生物素利用率低，如大麦、麸皮、燕麦等；饲料中存在生物素颉颃物，如生蛋清中的卵白素；长期饲喂磺胺或抗生素类药物，可引起生物素缺乏。

【临床症状】家禽主要表现生长缓慢，食欲减退，羽毛干燥、容易折断，趾、嘴和眼周围皮肤发炎。骨和软骨缺损，跖骨歪斜，长骨短而粗，易发生滑腱症。种蛋孵化率降低，出现胚胎畸形，包括"鹦鹉嘴"、软骨营养障碍、短肢畸形及并趾。肉用仔鸡可发生脂肪肝和肾病综合征。

仔猪表现脱毛，口腔黏膜炎症、溃烂。皮肤干燥、粗糙，有褐色分泌物和溃疡。蹄底和蹄面皱裂。

反刍动物发生脂溢性皮炎，皮肤出血，脱毛，后肢麻痹。

家兔等啮齿动物出现皮炎，脱毛，共济失调，被毛褪色。

【防治】可口服或肌内注射生物素，猪和鸡日粮中生物素含量分别为 350～500 μg/kg 和 100～150 μg/mg，可满足机体的需要。

十、叶酸缺乏病

叶酸缺乏病（folacin deficiency）是动物体内叶酸缺乏或不足所致的营养代谢病，临床特征是生长缓慢、造血机能障碍、繁殖性能降低。多见于猪、家禽，幼龄反刍动物偶发。

【病因】叶酸广泛存在于绿色植物和豆类及动物产品中，反刍动物的瘤胃和单胃动物的肠道微生物可合成叶酸。缺乏是由于长期饲喂叶酸含量较低的谷物性饲料，或鱼粉和肉粉为主的饲料；日粮中蛋白质和脂肪水平提高及生长快速的动物，对叶酸的需要量增加；长期服用磺胺类药物或抗生素，使肠道微生物合成叶酸的能力降低。

【临床症状】主要表现食欲减退，消化不良，腹泻，生长缓慢，皮肤粗糙，脱毛，巨幼红细胞低色素性贫血，白细胞和血小板减少。雏鸡羽毛形成受阻，有色羽毛褪色。雏火鸡后期出现特征性颈部瘫痪，头颈伸直，低头凝视。母猪繁殖障碍，出现受胎率和泌乳量降低。母鸡产蛋减少，孵化率低，胚胎畸形。

【防治】雏禽可在饮水中加入叶酸，40～50 mg/L。成年家禽可皮下或肌内注射 150 mg 叶酸。动物饲喂以鱼粉和肉粉为主要蛋白质原料的日粮，或饲料颗粒化后，在日粮中添加叶酸或补充叶酸含量较高的其他饲料。雏鸡日粮叶酸添加 1.0 mg/kg 即可满足需要。

十一、维生素 K 缺乏病

维生素 K 缺乏病（vitamin K deficiency）是动物体内维生素 K 缺乏或不足而引起的一种出血性疾病。多见于禽类和猪，笼养鸡、雏鸽多发。

【病因】维生素 K 广泛存在于绿色植物中。维生素 K 可由畜禽胃肠道的细菌合成，反刍动物瘤胃内细菌可大量合成并被吸收；非反刍动物在肠道的后段合成，吸收、利用很低；而食粪动物（兔、鼠等）因自食其粪便，故可充分利用其体内合成的维生素 K；鸡、鸽的肠道后段虽能合成一些维生素 K，但不能满足其需要且吸收利用率也低（特别是笼养不能与粪便接触的情况下）。因此，维生素 K 缺乏主要见于：①饲料中维生素 K 缺乏或饲料中存在维生素 K 颉颃物（如草木樨等豆科牧草发霉时产生的双香豆素），降低了维生素 K 的活性；②长期过量地向日粮中添加磺胺类药物、广谱抗生素，破坏了肠道微生物正常区系，抑制了维生素 K 的合成；③肝病和胃肠疾病时，脂肪类物质消化吸收障碍使维生素 K 吸收减少；④维生素 K 不易通过胎盘输送给胎儿，幼龄动物肠道内共生菌也较少，自身合成维生素 K 的能力较差，易发生维生素 K 缺乏。

【临床症状】雏鸡血凝时间显著延长，1 周后全身各部位经常出血，皮下组织（特别是胸部、腿部和腹部）发生血肿。腹腔、胃肠道也发生出血，贫血，冠、肉髯苍白、干燥。

雏鸽比成年鸽易发病且病情较重。皮下出血并形成血肿，羽毛被染红，皮肤呈紫色肿胀。血凝时间长达 8～10 min。有的咯血和吐血，精神不振，虚弱，采食量少，口渴，呼吸加快，严重者死亡。

仔猪敏感性增加，贫血，厌食，衰弱和凝血时间显著延长。

【防治】可用维生素 K_1 治疗，肌内注射。也可在日粮中添加甲萘醌，或按 3~8 mg/kg 在日粮中添加。有吸收障碍的病例，口服维生素 K 制剂时需同时服用胆盐。同时给予钙制剂可增强疗效。

第五节　营养代谢有关的其他疾病

一、肉鸡腹水综合征

肉鸡腹水综合征（ascites syndrome in broilers）是在各种病因作用下，快速生长的幼龄肉鸡腹腔积聚大量浆液性液体的疾病，又称肉鸡肺动脉高压综合征（pulmonary hypertension syndrome，PHS）。病理学基础是肺动脉高压、右心室肥大、心脏衰竭、肝硬化，其发生发展的中心环节是肺动脉高压。临床特征是不愿活动、呼吸困难、黏膜发绀、腹部膨大。本病在生长快速的家禽品系多发，主要危害肉鸡、肉鸭、火鸡、蛋鸡、雉鸡、鸵鸟、观赏禽类也可发生。肉鸡最早发生于 3 日龄，多见于 4~6 周龄肉鸡，雄性比雌性发病多且严重，寒冷季节发病率和死亡率均高，高海拔地区比低海拔地区多发，不具有流行性而常呈现群发性。

【病因】病因复杂，涉及环境、营养、遗传等多种因素。

1. 环境因素　引起缺氧的因素，均可导致该病的发生。如高海拔、通风不良（鸡舍内空气中二氧化碳、一氧化碳、氨气等气体或有毒烟尘的浓度过高）、寒冷刺激等。

2. 营养因素　主要见于：①采食高能量、高蛋白日粮及采食量增加，这是因为采食量增加和高能量、高蛋白提高了生长速度，增加了机体对氧的需要量，促使了肉鸡腹水综合征的发生；②钠离子摄入过多导致血容量增加，引起本病发生，家禽摄入过多钠离子时，其血浆渗透压、尿液渗透压、离子浓度和尿液流量均受影响，其中血浆渗透压、血浆钠离子、钾离子和氯离子均有升高；③日粮中维生素 E、硒、维生素 D 缺乏或钴含量过高等，均可诱发本病。

3. 遗传因素　本病与选育快速生长的肉鸡品种有关，机体在代谢过程中，对氧的消耗量达到其心肺功能所能供氧的临界点，使机体极易处于氧饥饿状态。①生长迅速：肌肉组织增长过多，体内代谢加速，对氧的需要量增加，而心肺供氧不足造成体内相对性缺氧，这是本病发生的主要原因。如果通过限饲来控制肉鸡的生长速度，减缓体内代谢率，可明显地降低发病率。②有限的肺容量：家禽的肺是固定和镶嵌于胸肋骨中，在呼吸过程中毛细血管几乎不能扩张；快速生长和肌肉增加需要较高的供氧需求时，无法适应血流量的增加，血流通过肺受到限制，肺血管阻力增加，极易引起肺动脉高压。

4. 其他因素　呼吸系统疾病、影响呼吸的疾病、毒物和药物（霉菌毒素、芥子酸及磺胺类、呋喃类药物等），均可诱发本病。

【发病机理】本病的发病机理仍不十分清楚。目前认为，本病发生发展的中心环节是肺动脉高压。一些增加基础代谢率的因素（如寒冷、运动、甲状腺功能亢进、肌肉增加、过食等），引起组织细胞对氧的需求量增大，反射性导致心输出量增加，结果使肺动脉压升高。随着肉鸡快速生长和肌肉增加，肺相对于体重的比例越来越小，由于体内代谢加快，导致循环和组织相对性缺氧，红细胞和血容量增加，血液变黏稠，红细胞变形性降低。更重要的是肺血管收缩，血管内皮细胞增生，血管壁平滑肌细胞及成纤维细胞增殖。因血管壁增厚，管腔变窄，血管阻力增大，同时肺小动脉密度减小，引起肺动脉高压。进而发展为右心肥大、扩张、衰竭，后腔静脉压升高，损伤肝细胞，血浆渗漏，产生腹水。在初始阶段，右心室壁增厚，随后开始伸展和扩张，随着疾病的发展，扩张的右心室始终不能将所有的回流静脉血液全部泵入肺，当过量的血液停滞于处于舒张期的右心室时，右心室容积代偿性增大。随着肺动脉高压的持续发展，肺血流速度加快，血氧含量减少，心脏收缩力量减弱，右心室发生充血性衰竭。全身静脉扩张，静脉血液不能有效地被泵入肺，导致静脉血液滞留于扩张的静脉管内，进一步促使肝血管充血，使血浆从肝表面漏出，大量腹水的形成又压迫腹腔气囊，导致呼吸严重障碍。

另外，自由基的大量产生可能在本病的发生中起重要作用。由于快速生长的肉鸡其基础代谢及对氧的需要量剧增，使肉鸡处于相对缺氧状态。在各种病因的作用下，肉鸡代谢增强和需氧量增加，从而进一步加剧了肉鸡的相对性缺氧，缺氧使机体产生的各种自由基进入周围组织中，一方面大量损耗组织中的抗氧化物质，另一方面通过细胞膜的脂质过氧化作用使细胞膜的通透性增加而导致组织损伤。通过日粮中添加维生素C、维生素E、硒等抗氧化剂，能显著降低发病率。

【临床症状】主要表现生长缓慢，食欲减退或废绝，体重下降，精神倦怠，羽毛蓬乱，鸡冠发紫，腹部下垂、膨大（二维码7-35），有波动感，腹部皮肤暗紫色，呼吸困难，步态蹒跚，不愿活动（二维码7-36），捕捉时常突然死亡。

二维码7-35

二维码7-36

血液学检查，红细胞比容、血容量、红细胞数升高，红细胞变形性下降，血液黏度增加。

【病理变化】腹部膨隆，腹部皮肤变薄，触之有波动感。剖检，腹腔内有大量黄色或淡红色液体（50~400 mL），混有淡黄色胶冻样纤维素凝块（二维码7-37）。心脏肥大，质地柔软，右心明显扩张（二维码7-38）；心包积有大量黄色液体，轻度混浊，少数发生心包粘连。肝肿大、边缘钝圆，有的肝萎缩、表面凹凸不平，常附有一层灰白或淡黄色胶冻样纤维素性渗出物，有的漂浮在腹水中（二维码7-39、二维码7-40）。肺严重淤血、水肿，细支气管充血。肾淤血、肿大，有时出血。

二维码7-37

镜检，可见心肌纤维增粗，肌浆中有大量蛋白性小颗粒，或局灶性肌溶解，溶解灶呈不规则状或空泡状。心肌间严重淤血，并有富含蛋白质、炎性细胞、红细胞的渗出物蓄积。肺组织大片凝固性坏死，肺充血、出血和水肿，次级支气管周围的平滑肌肥大；肺细小动脉血管中膜普遍增厚，弹力纤维增生，内膜增厚，血管管腔狭窄，使阻力段血管延长；同时肺小动脉密度降低。肝被膜增厚，肝窦扩张，肝细胞变性、坏死，常见淋巴细胞和异嗜性粒细胞聚积，肝小叶结缔组织增生。肾小球淤血，基底膜增厚，有散在性淋巴细胞聚积。

二维码7-38

【诊断】根据病史、临床症状，结合病理剖检，即可诊断。诊断依据：①快速生长的家禽；②表现呼吸困难、黏膜发绀、腹部膨大的临床症状；③血液学检查，红细胞数、红细胞比容升高；④剖检腹腔有大量渗出液，右心肥大、肝肿大，或肝萎缩、表面凹凸不平。

【治疗】尚无特效疗法，目前使用草药、利尿药、助消化药、抗菌药及向饲料中添加维生素C、维生素E、硒等对症治疗，可减轻症状和较少死亡，但不能完全康复。因此，本病一旦发生应尽早淘汰。

二维码7-39

【预防】降低生长速度、限制采食量、控制环境条件是预防的关键。①加强饲养管理：调整鸡群密度，防止拥挤，保证鸡舍通风换气，严格控制鸡舍温度、湿度，预防传染病的发生，合理配合日粮（低蛋白和低能量），限饲控制生长速度等。②药物预防：饲料中添加0.015%的呋塞米、1%的精氨酸以及抗氧化剂、血管和支气管扩张剂、强心剂、辅酶Q及草药等，均有一定作用。③品种选育：通过对肉鸡肺动脉高压及腹水症的抵抗力和易感性，进行品种选育。

二维码7-40

二、异食癖

异食癖（allotriophagia）是各种原因所致动物采食行为异常的一种临床综合征。临床特征是喜食平常不应吃的东西，如粪、尿、骨、土、石、砖、木、塑料和毛等，还有母畜吃胎衣、仔畜，禽类啄癖等。各种动物均可发生。

【病因】病因多种多样，主要与饲养管理不当和患某些疾病有关。

1. 营养物质缺乏　饲料中蛋白质、矿物质和维生素缺乏均可引起，常见于钙、磷、钠、铜、钴、锰、硒、铁、碘、硫等元素缺乏，B族维生素缺乏，纤维饲料不足等。

营养代谢性疾病 第七章

2. 消化系统疾病 常见于慢性胃炎、慢性胰腺疾病、慢性肝炎及消化道大量感染寄生虫。腹膜炎、胃炎引起的慢性腹痛也可出现异食。

3. 中枢神经系统的功能紊乱 见于狂犬病、乳牛神经型酮病等。

4. 饲养管理 主要见于动物饲养密度过大、光照不足、噪声过大、潮湿、有害气体过多、限制活动等,动物为克服应激或恶劣环境中产生的"厌烦"情绪,而出现的此行为。常见于集约化养殖,如禽类啄肛、啄羽等同类相残,猪和犬咬尾症。

【临床症状】主要表现为动物对异物产生浓厚的兴趣,一般多以消化不良开始,接着出现味觉异常和异食。不同动物发生异食癖时所喜食的异物不尽相同。猪啃食砖头、水泥、泥土、煤灰、尿液及互相啃咬尾、耳。牛则喜采食砖头、墙土、骨骼、布片、皮革、金属片、绳索、木料、塑料、石头、尿液等。马可能采食沙石、污物、树皮、骨骼等。羊、兔、猫等动物采食自身或其他动物的被毛。猪、猫、兔等动物食胎衣、仔畜。笼养家禽啄食同类身体,主要啄食肛门周围、羽毛、头部及脚趾等。放牧家畜寻找采食异物。犬常吞食木棒、骨骼和青草。

患病动物易惊恐,对外界刺激的敏感性增高,随病情发展反应变迟钝。被毛粗乱无光泽,皮肤干燥、弹性减退。口腔干燥,初期多便秘,后期腹泻,或便秘、腹泻交替出现。贫血,逐渐消瘦,严重者发生衰竭而死亡。动物常见的异食癖有以下几种。

1. 羊食毛症 病羊啃食其他羊或自身被毛,以臀部最严重,而后扩展到腹部、肩部等部位(二维码7-41)。被啃食羊只,轻者被毛稀疏,重者大片皮肤裸露,甚至全身净光,最终因寒冷而死亡。有些病羊出现掉毛、脱毛现象。病羊逐渐消瘦,食欲减退,消化不良。也可发生消化道毛球梗阻,表现肚腹胀满,腹痛,甚至死亡(二维码7-42)。病羊还可啃食毛织品等。

二维码7-41

2. 猪咬尾、咬耳症 常见于集约化猪场,处于应激状态下的生长猪群多发。被咬猪的尾和耳常出血(二维码7-43)。耳被咬时,容易反击,尾被咬时不容易反击,因此尾的伤害比耳严重。有的病例尾被咬至尾根部,严重者引起感染或败血症最终死亡。群体中一只猪被咬并处于弱势时,有时还可能被多只猪攻击,若未能及时发现和制止常造成严重的伤亡。母猪还可食胎衣。

二维码7-42

3. 皮毛动物自咬症 貉、水貂和狐多发。发病前主要表现精神紧张,采食异常,易惊恐。发病时或于原地不断转圈,或频频往返奔走于小室之间,狂暴地啃咬自己的尾、后肢、臀部等部位,并发出刺耳尖叫声。轻者咬掉被毛、咬破皮肤,重者咬掉尾、咬透腹壁、流出内脏。可反复发作,常因外伤感染而死亡。

4. 禽啄食癖 主要发生于高密度饲养的家禽。根据家禽的啄食嗜好不同,可分为啄羽癖、啄头癖、啄趾癖、啄肛癖、啄肉癖、啄蛋癖等(表7-5)。

二维码7-43

表7-5 禽啄食癖类型及临床特征

类型	临床症状
啄羽癖	开始时,往往从尾、翅等部位啄取,然后扩展到啄食全身羽毛,以致羽毛不整齐或全身无毛。被啄食的家禽,常发生皮肤出血、感染。严重时,啄食癖可发展为啄趾、啄肛、啄肉,甚至出现死亡。鸡群表现生长缓慢,产蛋量下降
啄头癖	啄食彼此头部的恶癖,多见于笼养的断喙鸡群,即使分笼饲养,当鸡笼网眼较大时,鸡仍可将头伸过铁丝笼相互啄食对方的头部
啄趾癖	啄食彼此的脚趾或自己脚趾的恶癖,见于圈养的雏鸡和幼龄斗鸡。被啄的脚趾出血、肿胀,行走时出现跛行,严重者不能站立而蹲伏
啄肛癖	啄食肛门及肛门以下腹部的一种严重恶癖,被啄肛的鸡,肛门受伤、出血,常常造成贫血。严重时则啄穿腹壁,将肠管等脏器拉出,在肛门附近形成一个空洞,并造成死亡
啄肉癖	啄食体表有创伤或体弱病鸡的肌肉。被啄的鸡遍体鳞伤,甚至最后只剩下骨架,而皮肤和肌肉全部被啄食掉
啄蛋癖	成年鸡啄食彼此产下的蛋或啄食自己产下蛋的一种恶癖

【病程与预后】 异食癖多呈慢性经过,对患病早期和轻症动物,若能及时改善饲养管理,采取适当的治疗措施很快就会好转,否则病程可达数月甚至更长。也可因破布、毛发、塑料袋等阻塞消化道,或尖锐异物导致胃肠道穿孔而引起死亡。

【诊断】 根据临床症状诊断并不困难,但要确定病因必须进行详细的临床检查,根据有些特征症状,结合实验室检查、营养分析,进行综合评价。

【防治】 对严重异食癖的动物,应隔离饲养。根据病因,进行相应的治疗。日粮中添加矿物质和维生素,有辅助治疗效果。预防的关键是供给全价日粮,改善饲养环境,减少各种应激因素。

根据动物的营养需求,喂给全价配合饲料。日粮必须满足动物对各种营养物质基本的生理需求,保证动物最优的生长和生产性能;日粮配方还需要考虑动物的年龄、性别、品种,以及妊娠、泌乳和运动等因素。多喂青草和品质好的干草、青贮料,补饲富含维生素的麦芽、酵母等饲料,不喂发霉变质的饲料。

保持良好的圈舍环境,圈舍内温度和湿度适宜,通风良好,避免强光照射。家禽用红光灯照明或用红塑料围住灯泡或用红布遮挡在窗户,室内墙壁涂成红色,可有效地防止啄癖。实行全进全出,避免猪多次混群,将来源、体重、体质、性情和采食习惯等方面接近的动物组群,群体不宜过大。保证合理的饲养密度,提供足够的活动空间、清洁的饮水和采食空间。

定期驱虫,以防寄生虫侵袭诱发异食癖。雏鸡适时断喙是减少啄食癖发生和减轻损伤的有效措施。仔猪出生后一周剪牙、断尾,可有效降低咬尾、咬耳的损伤。

第八章 中毒性疾病

概 述

有毒化学物质进入机体,达到中毒量而产生损害的全身性疾病称为中毒病,引起中毒的化学物质称为毒物。随着养殖业生产向集约化和产业化发展,动物中毒病已成为危害动物健康的主要疾病之一,造成巨大的经济损失,并直接影响动物源性食品的质量和安全。随着细胞生物学和分子生物学技术的不断发展及广泛应用,从分子水平揭示毒物与生物机体的相互作用,特别是研究生物大分子的作用机制和生物体对毒物的效应,为中毒病的防治和化学物危险度的评价提供了重要的理论依据。

一、毒物与中毒

1. 毒物 在一定条件下,任何物质(固体、液体、气体)进入动物机体,干扰或破坏机体的正常生理机能,导致暂时或持久的病理过程,甚至危害生命者,都应该称为毒物。一种物质是否有毒,主要取决于动物接受这种物质的剂量、途径、次数及动物的种类和敏感性等因素。

2. 毒素 由活的生物有机体产生的一类特殊物质,按来源分为植物毒素、动物毒素、霉菌毒素和细菌毒素四类。其中细菌毒素与人类食品安全关系密切,分为细菌内毒素和细菌外毒素。

3. 毒物的分类 根据来源分为内源性毒物和外源性毒物。内源性毒物是指机体内的代谢产物,可通过自体解毒和排泄途径排出,正常情况下不引起明显病理变化。外源性毒物是指从自然环境中进入动物机体的毒物,是引起动物中毒病的主要原因,可分为饲料毒物、植物毒素、霉菌毒素、细菌毒素、农药及农用化学品、药物与饲料添加剂、环境污染毒物、动物毒素、有毒气体、工业化学品、辐射物质以及军用毒剂等。

4. 毒性 毒性是指毒物对动物机体的损害能力,反映毒物剂量与机体反应之间的关系。毒性的强弱,通常采用某种物质导致实验动物产生某种毒性反应所需要的剂量来说明。剂量(或浓度)越小则表示毒性越强。毒性反应用动物的致死量或某种病理变化来表示,一般常用半数致死量(LD_{50})表示。

5. 中毒 中毒是毒物进入机体后产生毒性作用、引起组织细胞功能或结构异常而导致的相应病理过程。由毒物引起的疾病称为中毒病。

兽医临床上根据中毒病的病程分为急性、亚急性和慢性三种类型。急性中毒是动物在短时间内(几分钟至24 h内)一次或多次接触或摄入较大剂量的毒物而引起的中毒,通常病情紧急,症状严重,往往可导致动物因生命器官的急性功能障碍迅速死亡或突然死亡。慢性中毒是动物在较长时间内(一般指30 d以上)连续摄入或吸收较小剂量的毒物,导致毒物在体内逐渐蓄积而引起的中毒过程,病程发展缓慢,症状逐渐加重。介于两者之间的称为亚急性中毒。

二、中毒病的常见病因

动物中毒的原因很多，大致分为自然因素和人为因素两个方面。

1. 自然因素　包括无机物和有机物两大类。

（1）无机物：主要是来源于地壳的矿物元素（如硒、氟、砷、铅、镉、钼、铋、铊等），这些矿物元素在土壤中一般以动物不能利用的形式存在，但能通过植物或饮水而引起动物中毒。

（2）有机物：主要包括有毒植物、霉菌毒素、动物毒素及藻类等。植物中毒具有明显的地域性和季节性，多数有毒植物具有一种令人厌恶的异味或含有刺激性液汁，正常情况下家畜往往拒食这些植物，当其他牧草缺乏或严重饥饿时，动物才被迫采食有毒植物。常见的有毒植物中毒主要有疯草中毒、萱草根中毒、栎树叶中毒等。霉菌毒素中毒主要是某些霉菌侵染农作物、食品、饲料和牧草，在一定的温度、湿度条件下，产生霉菌毒素而引起的中毒。动物毒素中毒主要是一些爬行动物、节肢动物等（如毒蛇、毒蜘蛛、蝎、蜂、斑蝥等）产生的毒素通过咬伤、蜇伤皮肤进入动物体内引起的中毒。

2. 人为因素　主要是指工业污染及农药、化肥和灭鼠药管理不善或使用不合理，药物或饲料添加剂使用不当以及使用劣质饲料和饮水等。还包括偶尔发生的人为投毒等行为。

（1）工业污染：工厂排放的废水、废气及废渣中的有害物质，未经有效处理，污染附近的水源、土壤、牧草而引起人和动物中毒。常见的工业"三废"、无机物砷、铅、镉、汞、氟、钼、铜、铬等，有机物酚类、氰化物、乙醇等；此外，某些放射性物质、化工厂的毒气泄漏（如氯气）及天然气井喷外泄的大量硫化氢气体等均可造成大批人和动物中毒死亡。

（2）农药、化肥和杀鼠药：农药包括杀虫剂、杀菌剂、杀螨剂、灭软体动物剂以及植物生长调节剂等，在农业生产中因使用和管理不当而污染环境，动物大量摄入或在体内蓄积造成不同程度的毒性损害。动物摄入过量的化肥或饮用施用化肥的农田水也可引起中毒。摄入灭鼠药及毒死的鼠或其他动物的尸体，均可引起动物中毒。

（3）药物：大多数药物是选择性毒物，如果用药过量、给药速度过快、长期用药及药物配伍不当等，均可引起毒性反应。如正常剂量的硼葡萄糖酸钙，如果注射速度太快，就能致牛中毒死亡。

（4）饲料添加剂：饲料添加剂的种类繁多，除营养性添加剂外，其中大部分属药品、化学品的管理范围（如生长促进剂、驱虫保健剂、饲料品质改良剂、饲料保藏剂等）。目前，畜牧业生产中饲料添加剂被广泛应用，且使用时间长，几乎贯穿畜禽饲养的全过程，若不按规定使用，即用量过大、应用时间过长或混合不当等均可引起某些毒副作用，严重时导致动物大批中毒，甚至死亡。

（5）饲料毒物：主要是指饲料调制或储存不当，产生有毒物质，如植物中的硝酸盐在一定温度和湿度下转化为亚硝酸盐、草木樨中的香豆素在霉菌感染后转变为具有毒性的双香豆素等；或饲料原料中含有一定毒性成分的农副产品，在饲料配制或饲喂之前未经脱毒处理，如菜籽饼、棉籽饼、亚麻籽饼、酒糟等导致中毒。

（6）家庭用品：主要是指日常生活中常用的化学品，包括腐蚀剂（如酸、碱）、漂白剂、洗涤剂、溶剂、电池、驱虫剂（樟脑丸、卫生球）、消毒剂、装修材料（油漆、涂料）等，在使用过程中或储存不当，使动物接触而发生中毒。

三、毒物代谢

毒物代谢研究的是毒物进入机体后的吸收、分布、生物转化与排泄等体内过程的动态规律。

1. 毒物的吸收 吸收是毒物通过不同途径进入血液的过程。毒物的吸收途径有消化道、呼吸道、皮肤、黏膜等，经消化道摄入是动物中毒最常见的途径。

2. 毒物的分布 毒物进入血液后，大部分与血浆蛋白，特别是白蛋白（或球蛋白）结合，少数呈游离状态。与蛋白结合紧密的毒物，不易透过细胞膜进入靶器官而产生毒性作用，也影响其储存、生物转化及排泄过程。血浆中结合的毒物与游离的毒物保持着动态平衡，已结合的毒物可被结合力更强的毒物所取代而游离出来。

毒物在体内各组织、器官中的分布数量由毒物透过细胞膜的能力及其与各组织器官的亲和力而定。肝具有细胞通透性高、内皮细胞不完整等生理特点，因而可使血液中大部分毒物，甚至与蛋白结合的毒物进入。肝、肾等组织的细胞内还含有特殊的结合蛋白，它们与毒物有很强的亲和力，能把血浆中已结合的毒物夺过来，因而是毒物在体内进行生物转化和排泄的主要器官。脂肪是各种脂溶性毒物的重要储存组织，脂/水分配系数高的毒物都可储存在脂肪中，如各种有机氯和有机磷农药等。脑组织含脂较多，一般水溶性或极性强的毒物不易通过血脑屏障，而脂溶性毒物易扩散到脑和神经组织引起神经症状。

3. 毒物的生物转化 毒物吸收进入体内后，经过水解、氧化、还原和结合等一系列代谢过程，其化学结构和毒性发生一定的改变，称为毒物的生物转化或代谢转化。毒物通过生物转化，其毒性减弱或消失称解毒或生物失活；有些毒物通过生物转化可生成新的毒性更强的物质，称为致死性合成或生物活化。如氟乙酸盐在代谢过程中转变成氟柠檬酸后，竞争性抑制乌头酸酶的活性；对硫磷、乐果等经过生物转化后变成毒性更强的对氧磷和氧乐果；不少致癌物质，如3,4-苯并芘及各种芳香胺也要通过代谢转化后才具有致癌性。

4. 毒物的排泄 进入体内的毒物，绝大多数经代谢转化后，可通过各种不同的途径排出体外，也有部分毒物以原形排泄。毒物排泄的途径有泌尿系统、消化系统、呼吸系统、胆汁、乳汁、汗腺和皮肤等。经泌尿系统和消化系统排泄是毒物排泄最主要的途径。

四、中毒病的临床特点

动物中毒病属临床普通病的范畴，但又不同于一般的器官系统疾病，其发病具有一定的特殊性，特别是群发性的急性中毒，在短时间内可造成严重的损失。一般中毒病具有以下特点。

1. 普遍性 几乎所有的国家和地区都有动物中毒病的报道，只是由于地理、气候、物种、环境的不同在中毒病的类型上有所差异。

2. 群发性 在同样饲养管理条件下许多动物突然同时发病，临床症状相同或相似。

3. 地域性 某些有毒植物中毒、环境污染及矿物元素中毒等，均具有明显的地域性。

4. 季节性 某些中毒病的发生具有明显的季节性，如有毒植物中毒与植物有毒部位的生长季节、动物采食时间有直接关系，霉菌毒素中毒与霉菌的生长条件、饲料储存的条件有关。

5. 无传染性 尽管中毒病可大群或呈地方性发生，但无传染性，不接触毒物的动物不会发病。

6. 无体温反应 发病动物体温一般正常或低于正常。

7. 经济损失严重 主要因直接死亡、降低畜禽产品（乳、肉、蛋、毛）的数量和品质、降低繁殖率（如导致流产、死胎、弱胎、不妊娠等）、增加疾病防治开支等造成巨大的经济损失。

五、中毒病的诊断技术

兽医临床上，只有快速、准确地诊断中毒病，才能采取有效的治疗和预防措施。大多数中毒病缺乏特征性的临床症状，根据临床资料难以得出结论。因此，中毒病的诊断应按照一定的程序进行综合分析，主要包括病史调查、临床检查、病理学检查、毒物检验、动物试验和治疗性诊断等。

1. 病史调查 详细了解与中毒有关的流行病学资料是做出准确诊断的关键。调查的内容包括：①发病情况：了解中毒病发生的时间、地点、畜种、年龄、性别、发病数、死亡数及发病后的主要症状等；②饲养管理：了解饲料的来源、组成及加工、储存方法，饲喂制度，药物使用及动物接触外源化学物的情况等，对急性中毒应特别了解发病前最后一次进食的时间、地点及饲草料的品种、批次、成分、颜色、气味等，是否有发霉变质或加工不当，有毒饲料是否脱毒，饲料是否被农药污染或是否饲喂使用过农药的牧草及用农药拌过的剩余种子，杀鼠药的毒饵投放地点，使用药物是否过量等；③周围环境：了解附近工厂"三废"的排放情况，主要的污染物及对环境的污染状况，特别是对牧草和水源的污染，了解地理环境知识，如自然环境引起的地方性氟中毒、硒中毒、钼中毒等。

2. 临床检查 大多数中毒病缺乏特征性的临床症状，但仔细的临床检查可为诊断提供重要的线索。有些中毒病通过临床症状可初步诊断，如氟中毒。常见中毒病的临床症状及诊断意义见表8-1。

表8-1 常见中毒病的临床症状及诊断意义

组织器官	临床症状	临床意义
皮肤黏膜	黏膜发绀	亚硝酸盐、菜籽饼、马铃薯、尿素等中毒
	感光过敏	荞麦、苜蓿、金丝桃、猪屎豆、三叶草、蕈孢菌素、蚜虫等中毒
	黄疸	黄曲霉毒素、四氯化碳、砷、铜、磷、吩噻嗪、羽扇豆、狗舌草等中毒
消化系统	呕吐	砷、镉、铅、钼、汞、磷、锌、安妥、硫黄、水杨酸盐、灭鼠灵、蓖麻籽、杜鹃花属、毒芹属、马铃薯素、单端孢霉烯族化合物等中毒
	流涎	砷、铜、磷、氰化物、有机氯、有机磷、草酸盐、士的宁、氯化钠、毒芹属、杜鹃花属、马铃薯素、毛果芸香碱、槟榔碱、毒扁豆碱、流涎胺等中毒
	口渴	铬酸盐、砷、氯化钠等中毒
	腹泻	四氯化碳、铬酸盐、氯酸盐、砷、镉、铅、钼、汞、亚硝酸盐、棉酚、栎树叶、蓖麻籽、马铃薯素、霉菌毒素等中毒
	腹痛	黄曲霉毒素、铵盐、亚硝酸盐、氯酸盐、磷化锌、砷、铜、铅、汞、强酸和强碱、栎树叶、夹竹桃、杜鹃花属等中毒
神经系统	运动失调	黄曲霉毒素、铵盐、亚硝酸盐、氯酸盐、磷化锌、砷、汞、钼、氯化钠（猪）、磷化锌、四氯化碳、棉酚、一氧化碳、巴比妥酸盐、氯丙嗪、烟碱、蕨、蓖麻籽、毛茛属、疯草、杜鹃花属及蛇毒等中毒
	肌肉震颤	阿托品、煤油、有机氯、有机磷、亚硝酸盐、氯化钠（猪）、铅、钼、磷、士的宁、棉酚、紫杉属、毒芹属、蕨、蛇毒、震颤毒素等中毒
	痉挛与惊厥	氯化钠（猪）、有机氯、有机磷、有机氟、亚硝酸盐、草酸盐、酚、硫化氢、咖啡因、士的宁、安妥、紫杉属、麦角、伏马菌素、一氧化碳等中毒
	麻痹	有机磷、氰化物、烟碱、一氧化碳、铜、硒、磷等中毒
	昏迷	氰化物、烟碱、一氧化碳、氯丙嗪、有机氯、有机磷、有机氟、巴比妥酸盐、磷化锌、酚、硫化氢、乙二醇、低聚乙醛、烟碱、马铃薯素等中毒
眼	瞳孔扩大	阿托品、巴比妥酸盐、士的宁、铁杉属、毒芹属、蛇毒等中毒
	瞳孔缩小	有机磷、阿片类、麦角、拟胆碱药、巴比妥类、水合氯醛、毒蕈等中毒
	失明	黄曲霉毒素、阿托品、铅、汞、硒、氯化钠（猪）、油菜、麦角、萱草根、疯草等中毒
	流泪	催泪性毒剂、刺激性气体、糜烂性毒剂等中毒
其他	血尿	氯酸盐、铜、汞、灭鼠灵、甘蓝、毛茛属、洋葱、栎树叶、蕨属、油菜等中毒
	呼吸困难	铵盐、阿托品、一氧化碳、安妥、氰化物、亚硝酸盐、硫化氢、铬酸盐、煤油、有机磷、草酸盐、硫黄、灭鼠灵、紫杉属、铁杉属等中毒
	贫血	镉、铜、铅、甘蓝等中毒

3. 病理学检查 病理学检查包括尸体剖检和组织学检查，对中毒病的诊断有重要价值。尸体剖检应注意以下几点。

（1）皮肤和黏膜的色泽：亚硝酸盐中毒时，皮肤和黏膜均呈现暗紫色（发绀）。氢氰酸中毒或氰化物中毒时，黏膜为樱桃红色，皮肤则呈桃红色。小动物磷中毒时可出现黄疸，而反刍动物黄疸则主要发生在羽扇豆中毒、狗舌草中毒和慢性铜中毒。

（2）胃肠道：主要检查消化道残留的未被消化或吸收的毒物，内容物的气味、颜色，消化道黏膜的变化等。采食有毒植物时胃内可发现叶片或嫩芽。犬、猫胃内发现鼠尸体，可怀疑为杀鼠药的二次中毒。氰化物中毒有苦杏仁味，有机磷中毒时有大蒜臭味，酚中毒时有石炭酸味。有些毒物可使胃内容物颜色发生变化，如磷化锌将内容物染成灰黑色，铜盐将内容物染成蓝色或灰绿色，二硝基甲酚和硝酸盐将内容物染成黄色。强酸、强碱、重金属盐类及斑蝥、芫花等可引起胃肠道的充血、出血、糜烂和炎症变化。

（3）血液：主要检查血液的颜色、凝固性及出血情况。氰化物和一氧化碳中毒时血液为鲜红色，亚硝酸盐中毒则为酱油色或暗褐色。砷、氰化物及亚硝酸盐中毒时血液均凝固不良。草木樨、敌鼠、灭鼠灵、华法林等中毒时，全身可出现广泛性出血。

（4）肝和肾：肝是机体主要的解毒器官，肾是毒物排出的主要器官。在大多数中毒过程中，肝和肾发生不同程度的病理损伤。如黄曲霉毒素、重金属、苯氧羧酸类除草剂及氨中毒时，肝出现肿大、充血、出血和变性变化；栎树叶、氨、斑蝥等中毒时，肾出现炎症、肿胀、出血等病变。

（5）肺和胸腔：安妥中毒时肺水肿和胸腔积液是特征性的病理变化。尿素或氨中毒时，呼吸道黏膜发生充血、出血，肺充血、出血和水肿。各种有毒气体（如二氧化硫、一氧化碳）、挥发性液体（如苯、四氯化碳）、液态气溶胶（如硫酸雾）吸入性中毒时均可表现气管和肺的炎症性病变。

（6）骨骼和牙齿：慢性氟中毒时，牙齿表现对称性斑釉齿和过度磨损，有的外观呈"波状齿"，骨骼呈白垩色、表面粗糙、外生骨疣，肋骨疏松易骨折，下颌骨肿胀等。

病理组织学检查主要是借助显微镜观察组织细胞的病变。外源化学物引起细胞损伤的性质有退行性病变或增生性病变，损害的主要靶器官为肝、肾、心和神经等。一些植物毒素可破坏磷脂代谢酶，导致慢性、渐进性神经元肿大并伴有代谢产物积聚的空泡变性，如家畜疯草中毒；牛黄曲霉毒素中毒，肝损害的表现是纤维化硬变、胆管上皮增生、胆囊扩张，最后形成广泛性硬化，在家禽还会形成肝癌结节；牛栎树叶中毒时，出现肾近曲小管变性和坏死，管腔中有透明管型和颗粒管型，也有的表现为肾小球性肾炎；猪食盐中毒时，出现典型的嗜酸性粒细胞脑膜炎。

4. 毒物检验 毒物检验利用化学和物理方法，对进入动物体内的有毒物质进行分离、鉴定，查清毒物种类及中毒原因，为中毒病的诊断、急救和预防提供科学依据。毒物检验既要求迅速，又应力求准确。由于引起动物中毒的毒物种类很多，中毒的原因复杂，为避免检验工作中的盲目性，必须在检验前对疾病的发生、发展情况及患病动物所处的环境等有足够的了解，才能得出有无中毒的可能和可能是何种毒物中毒的结论。

毒物检验时首先应采集可疑的草、料、饮水及机体可能摄入的可疑物质，同时，必须采集患病动物的呕吐物、排泄物（粪、尿）、血液及尸体样品，如采集胃肠及其内容物和肺、肝、肾、脑、骨等器官和组织。

毒物检验一般分为定性检验和定量检验两种。定性检验结果必须结合临床症状、病理剖检及病史进行综合分析。如有些毒物虽被检出为阳性，但并非是真正的致病原因，如F、Se、Cu及硝酸盐以少量存在时并不能引起相应的中毒。一般认为，饲料中不存在的毒物（如农药、杀鼠剂等）只要定性检测阳性就有诊断意义，对饲料中添加的物质（如矿物元素、有机肥制剂

等）必须进行定量分析；而定性结果阴性也不能做出否定的结论，因为有些毒物可在体外挥发、分解，或在体内经过代谢转化、排出而不被检出。若检出的毒物是自然界或机体组织中的正常成分，必须经含量测定，如果含量属于正常范围，即可做出否定的结论，如该毒物并不是自然界或机体中应有的成分，仍应做出肯定的结论。定量检验结果，不仅可作为确诊中毒病的可靠依据，而且对判定预后有重要意义。如氨中毒时，血氨氮值在 20 mg/L 以内者，则虽病情严重但仍可能治愈，而达到 50 mg/L 以上者往往死亡。因此，完成检验后，必须慎重、客观、全面地考虑一切有关因素，然后再做结论。

5. 动物试验 动物试验（复制动物模型）是在试验条件下，采集可疑毒物或用初步提取物对相同动物或敏感动物进行人工复制与自然病例相同的疾病模型，通过对临床症状、病理变化的观察及相关指标的测定和毒物分析等，与自然中毒病例进行比较，为诊断提供重要依据。由于影响中毒的因素很多，动物个体对毒物的敏感性差异很大，有时复制动物模型不一定成功。因此，在动物试验过程中要尽可能控制条件，使试验结果真实、可靠。复制动物模型，对一些尚无特异的检测方法、有毒成分尚不明确、难以提取或目前不能进行毒物分析的中毒病的诊断（如某些有毒植物中毒、霉菌毒素中毒等），具有很重要的不可取代的价值。与此同时，通过治疗试验，可为自然中毒的防治提供依据。

实验动物应选择与自然中毒相同的动物，复制模型要有生物统计学意义的动物数量，并设立相应的对照组，其结果才能够如实反映实际中毒的情况，也可以选用家兔、小鼠、大鼠、豚鼠等实验动物。动物试验也是研究外源性化合物对生物体损害作用的主要手段。

6. 治疗性诊断 动物中毒性疾病往往发病急剧、发展迅速，在临床实践中不可能全面采用上述各项方法进行诊断，可根据临床经验和可疑毒物的特性进行试验性治疗，通过治疗效果进行诊断和验证诊断。治疗性诊断既适合于个别动物中毒，也适宜于大群动物中毒。在个别动物中毒时，应从小剂量开始为宜。大群动物中毒时，则先选部分病例进行试治，在确定有疗效时再扩大治疗范围。

六、中毒病的防治

（一）中毒病的治疗

动物中毒性疾病的治疗原则是除去毒源、阻止毒物进一步被吸收、促进毒物排出，应用特效解毒剂，进行支持和对症疗法。

1. 毒物排出 主要是针对还未被机体吸收的毒物采取有效措施，通过除去毒源、阻止和延缓毒物的吸收及促进毒物排出等措施，防止毒物继续侵害机体。

（1）除去毒源：立即停止饲喂和饮用一切可疑饲料、饮水，收集、清除甚至销毁可疑饲料、呕吐物、毒饵等，清洗、消毒饲饮用具、厩舍、场地。如怀疑为吸入或接触性中毒时，应迅速将动物撤离中毒现场。将中毒动物置于空气新鲜和安静舒适的环境，供给清洁饮水和优质饲草料，尽量营造有利于康复护理的条件。

（2）清除消化道毒物：可通过催吐、洗胃和下泻等措施，尽早、尽快地排出已进入胃肠道的毒物，以减少和阻止机体对毒物的继续吸收。①催吐：催吐是迅速排出进入胃内毒物的重要方法，在摄入毒物不久、毒物尚未被吸收时效果良好，临床上主要用于猪、犬和猫等容易发生呕吐的动物，多选用中枢性催吐剂，如阿扑吗啡、吐根糖浆等，也可用酒石酸锑钾、硫酸铜等刺激性催吐药。摄入腐蚀性毒物者，严禁催吐，否则催吐可能引起胃出血或食道、胃穿孔。②洗胃：一般在毒物进入消化道 4~6 h 以内者效果较好。病因不明时，最好用清洁常水洗胃，已明确毒物性质时，可选用针对性药液洗胃。③下泻：为加速毒物从胃肠道排出，应采用轻泻药或缓泻药进行治疗。通常可采用盐类或液状石蜡等泻剂，忌用强刺激性泻剂。油类泻剂多用于生物碱中毒，而不能用于脂溶性毒物（如有机磷化合物、酚类等）中毒，以免促进脂溶性毒物吸收。当毒物引起严重的腹泻时，则不必再应用下泻药。④灌肠：灌肠适用于毒物已摄入消化道超过 6 h，对抑制肠蠕动的毒物（如巴比妥类、吗啡类）及重金属中毒尤为重要。灌肠可连续多次使用温水、1%温肥皂水等。对腐蚀性毒物或患病动物极度虚弱时，严禁灌肠。

（3）阻止和延缓消化道对毒物的吸收：对已有腹泻症状或不宜急泻的病例，在洗胃之后，或投服下泻药之前，内服吸附剂、保护剂或沉淀剂，以阻止毒物从肠道吸收入血。①吸附剂：可选用活性炭或木炭末、白陶土、滑石粉等，能吸附胃肠中各种有毒物质。②保护剂：摄入腐蚀性毒物，为了保护胃肠黏膜，可用蛋清、牛乳、豆浆等。其附着于胃肠黏膜而形成保护性被膜，既能防止毒物被胃肠黏膜吸收，又可保护消化道黏膜免受毒物的刺激性侵害。③沉淀剂：有些化学物可与毒物作用，生成溶解度低、毒性小的物质随粪便排出，从而延缓或阻止机体吸收。常用的沉淀剂有鞣酸、碘化钾、依地酸钙钠（EDTACa - Na）、浓茶等。

（4）清除体表的毒物：通过皮肤吸收的毒物，应及时用大量清水洗涤接触部位的皮肤（忌用热水，以防加速吸收）。对脂溶性毒物的洗涤，可适当用 10%乙醇或肥皂水等有机溶剂快速局部擦洗，再用大量的清水冲洗干净。对于溅入眼内的毒物，立即用生理盐水或 1%硼酸溶液充分冲洗，滴抗菌眼药水（膏）等，以防感染。

（5）促进已吸收毒物的排出：如毒物已通过胃肠、呼吸道或皮肤黏膜等途径吸收入血，在应用解毒药的同时，应积极地采取措施促进毒物的排出。①利尿：大多数毒物可由肾排泄，因此利尿是促进毒物排泄的重要措施之一。常用的利尿剂有呋塞米、氢氯噻嗪（双氢克尿噻）、苄氟噻嗪等。②放血：对体壮病例和中毒初期动物，可用颈静脉穿刺放血法，使部分血液中的毒物随放血排出体外，放血量根据患病动物品种、大小和体况而定。放血后应及时输液补充血容量，有条件的可输血。③透析：适合于小分子毒物中毒，常用于动物的透析疗法包括血液透析、腹膜透析和结肠透析。

2. 特效解毒治疗 主要是通过某些药物特异性的对抗或阻断毒物的效应，虽然特效解毒药的应用属理想的解毒方法，但由于毒物多种多样，实际可用的特效解毒剂较少。常用的特效解毒药有以下几类。

（1）有机磷农药解毒药：有机磷化合物进入体内主要抑制胆碱酯酶的活性，致使胆碱能神经末梢释放的乙酰胆碱不被水解而蓄积，使胆碱能神经的传导紊乱，从而出现胆碱能神经持续兴奋的一系列症状。有机磷农药解毒药的主要作用是加速胆碱酯酶活性的恢复、对抗出现的中毒症状。胆碱酯酶复活剂有解磷定、双解磷、氯磷定、双复磷等。阿托品能与乙酰胆碱争夺胆碱受体，起到阻断乙酰胆碱的作用，称为生理颉颃剂。

（2）有机氟农药解毒药：乙酰胺（解氟灵）可竞争性解除剧毒农药有机氟化合物的中毒。因其化学结构与氟乙酰胺相似，能争夺酰胺酶，使氟乙酰胺不能脱氨产生氟乙酸，从而消除氟乙酰胺对机体三羧酸循环的毒性作用。

（3）高铁血红蛋白血症解毒药：小剂量（1~2 mg/kg）的亚甲蓝（美蓝）可使高铁血红蛋白还原为正常血红蛋白，用于治疗亚硝酸盐、苯胺、硝基苯等中毒引起的高铁血红蛋白血症。大剂量（10 mg/kg）则效果相反，可产生高铁血红蛋白血症。

（4）氰化物中毒解毒药：氰化物中毒主要是由于 CN^- 与体内细胞色素氧化酶中的三价铁牢固结合，从而阻断氧化还原过程中的电子传递，使组织细胞不能利用氧而引起细胞窒息而致死。一般采用亚硝酸盐和硫代硫酸钠解毒，适量的亚硝酸盐使血红蛋白氧化，产生一定量的高铁血红蛋白，后者与血液中的氰化物形成氰化高铁血红蛋白。高铁血红蛋白还能夺取已与氧化型细胞色素氧化酶结合的氰离子，氰离子与硫代硫酸钠作用，转变为毒性低的硫氰酸盐排出体外。

（5）金属中毒解毒药：此类药物多属螯合剂，常用的有依地酸钙钠、二巯基丙醇、二巯基丁二酸钠、二巯基丙磺酸钠及青霉胺等，可与组织中的重金属结合形成稳定而可溶的螯合物，再经肾排出。

3. 对症治疗 很多毒物至今尚无特效解毒疗法，对症治疗很重要，目的在于保护及恢复重要脏器的功能，维持机体的正常代谢。主要的措施包括预防和治疗惊厥、维持呼吸机能、维持体温、抗休克、调整电解质和体液平衡、增强心脏功能等。

（二）中毒病的预防

动物中毒性疾病不仅可造成巨大的经济损失，而且影响动物性食品的质量与安全。因此，必须全面掌握动物中毒性疾病的种类、发生规律及其流行特点，切实贯彻"预防为主"的方针，减少或预防中毒性疾病的发生。

1. 加强宣传教育 主要是加强全民的科技素质教育，宣传普及科学养殖、中毒病的防治及动物源性食品安全的知识，提高动物饲养者防范中毒病的意识。在放牧动物某些中毒病（如氟中毒、有毒植物中毒）多发地区，应根据实际情况指导农牧民采取禁牧、轮牧、限制放牧时间或脱毒利用等有效预防措施。

2. 规范兽药及饲料添加剂的使用 应严格执行兽药和饲料添加剂管理条例和安全使用规定，并逐步在养殖企业开展对饲料和动物源性食品中违禁药物和含量超标的药物实施监控，兽医临床上应严格按照《中华人民共和国兽药典》规定使用药物，从源头上杜绝兽药和饲料添加剂滥用对动物健康的危害。

3. 做好饲料加工、储藏 注意饲料的加工与调制，防止产生有毒物质。妥善储存饲料，严格控制环境的温度和湿度，防止发霉变质。对已经被霉菌污染的饲料或含有其他有毒物质的饲料，必须经过脱毒处理后才能使用。

4. 严格执行农药和灭鼠药使用规范 农药和灭鼠药要妥善保管，使用过程中应避免污染水源或饲料，严禁将喷洒过农药的植物或种子作为动物饲料。毒饵应放在安全地方，以免动物误食。毒死的鼠类尸体应妥善处理，防止造成肉食动物的二次中毒。

5. 改善生态环境 重视生态环境保护，通过治理工业"三废"，加强规模化养殖业及饲料加工业中的生态文明建设，切实控制重金属及其他污染物对环境的污染，减少环境污染物通过食物链对动物的影响。

第一节　饲料毒物中毒

饲料是发展畜牧业的物质基础，饲料中的各种营养物质为维持动物正常生命活动和最佳生产性能所必需。但是，饲料在生产、加工、储存和运输过程中都可能产生一些有毒有害物质与抗营养因子，它们对动物，甚至给人类带来多种危害和不良影响。轻者，可降低饲料中的营养价值，导致营养物质的消化、吸收障碍，引起畜禽产品的品质下降及影响动物的生长发育与生产性能；重者，可引起急性或慢性饲料毒物中毒，甚至引起死亡，并通过食物链危害人类的健康。饲料毒物主要是饲料中天然存在的或是饲料中的正常成分在加工过程中转化而产生的毒物，如棉籽饼毒、菜籽饼毒、光敏性物质、硝酸盐及亚硝酸盐、氢氰酸等。

一、硝酸盐和亚硝酸盐中毒

硝酸盐和亚硝酸盐中毒（nitrate and nitrite poisoning）是动物摄入过量含有硝酸盐或亚硝酸盐的植物或水引起的以高铁血红蛋白血症为特征的疾病，临床特征是呼吸困难、黏膜发绀、肌肉震颤、痉挛。各种动物均可发生，猪、牛多见。

【病因】硝酸盐还原菌可迅速将饲料植物中的硝酸盐还原为亚硝酸盐。因此，亚硝酸盐的产生，主要取决于饲料中硝酸盐的含量和硝酸盐还原菌的活力。各种鲜嫩青草、作物秧苗，以及叶菜类等均富含硝酸盐。在重施氮肥或农药的情况下，如大量施用硝酸铵、硝酸钠、除莠剂、植物生长刺激剂，可使菜叶中的硝酸盐含量增加。硝酸盐还原菌广泛分布于自然界，在环境温度 20～40 ℃、相对湿度 80% 以上时活力最强。青绿多汁饲料经日晒雨淋或堆垛存放而腐烂发热，以及用温水浸泡、文火焖煮并未及时搅拌，均可使硝酸盐还原菌活跃，产生大量亚硝酸盐而导致动物中毒。反刍动物瘤胃微生物可将硝酸盐转变成亚硝酸盐，引起亚硝酸盐中毒。运输、饥饿及饲料中糖类不足等，均可增加动物对硝酸盐和亚硝酸盐的易感性。

此外，动物饮用了氮肥施用过多的农田水、深井水以及垃圾、厕所附近的地面水，因含亚硝酸盐过多，也可造成中毒。偶尔将硝酸钠或硝酸钾误为氯化钠或硫酸镁使用时，可发生中毒事件。

【发病机理】饲料中的硝酸盐本身毒性较小，主要对消化道产生刺激作用，导致急性胃肠炎，动物因腹泻而发生虚脱。当硝酸盐转化成亚硝酸盐后，对动物的毒性显著增强。

1. 氧化作用 亚硝酸盐是一种具有强氧化作用的毒物，被吸收进入血液后可使氧合血红蛋白中的二价铁失去电子而被氧化成高铁血红蛋白。正常情况下，红细胞内的还原型辅酶Ⅰ、谷胱甘肽、抗坏血酸可将少量的高铁血红蛋白还原成血红蛋白。当大量的亚硝酸盐使机体红细胞内形成高铁血红蛋白的速度超过还原速度时，则形成大量的高铁血红蛋白，出现高铁血红蛋白血症，引起机体缺氧。当动物体内 20% 的氧合血红蛋白转变为高铁血红蛋白时就会出现中毒症状，高铁血红蛋白的含量达 30%～40% 可出现明显的中毒症状，达 75%～90% 即可出现严重的中毒症状，甚至发生死亡。

2. 血管扩张作用 亚硝酸盐可直接作用于血管平滑肌，有松弛平滑肌的作用，导致血管扩张，血压下降，外周循环衰竭。

3. 致畸、致突变作用 在一定条件下，亚硝酸盐可与仲胺或酰胺形成 N-亚硝基化合物，这类化合物具致癌性。亚硝酸盐还可以通过胎盘屏障进入胎儿红细胞，胎儿血红蛋白对亚硝酸盐特别敏感，常因发生胎儿高铁血红蛋白血症而导致死胎、流产、畸形和胎儿被吸收。

另外，亚硝酸盐可促进维生素 A 和胡萝卜素分解，并影响维生素 A 原的转化和吸收，增加机体对维生素 A 的需要量，长期可引起继发性维生素 A 缺乏。硝酸盐和亚硝酸盐还可致甲状腺肿大，使机体代谢紊乱。

【临床症状】动物一次摄入大量的硝酸盐，可直接刺激消化道黏膜引起急性胃肠炎，表现为流涎，呕吐，腹泻及腹痛。

亚硝酸盐中毒多为急性，中毒的严重程度、死亡率与饲料中的硝酸盐或亚硝酸盐的含量及采食量有关。

1. 猪 多在采食 30 min 内发病，最急性者无明显症状或稍呈不安，站立不稳，倒地死亡。急性病例呼吸困难，肌肉颤抖，呕吐，四肢无力，步态蹒跚，皮肤呈乌青色或蓝色，血液呈酱油色或巧克力色，黏膜发绀，心跳加快，脉搏增数、微弱，体温正常或降低，临死前有阵发性惊厥，蹦跳几次后倒地死亡。

2. 反刍动物 一般在采食后 5～6 h 发病，有的甚至延迟 1 周左右。流涎，瘤胃臌气，腹泻，呕吐，呼吸困难，肌肉震颤，步态蹒跚，严重者全身痉挛。牛、羊慢性中毒表现流产，分娩无力，虚弱，受胎率低，腹泻，抗病力降低，维生素 A 缺乏，甲状腺肿大，前胃弛缓，泌乳量减少。

3. 鸡 不安或精神沉郁，食欲减退，嗉囊膨大，站立不稳，两翅下垂，口黏膜与冠、肉髯发绀，口腔黏液增多。呼吸困难，体温正常，因窒息而死亡。

【病理变化】皮肤与可视黏膜发绀，腹部膨胀。血液呈酱油色、不凝固，在空气中长时间暴露也难转变成红色。肺充血、出血、水肿，气管和支气管内充满白色泡沫。肾淤血。胃肠明显臌气，内容物有硝酸样气味，胃肠黏膜充血、出血，胃黏膜易脱落；心外膜、心肌呈点状出血。反刍动物以瓣胃黏膜脱落明显，胃肠黏膜下组织呈淡红色或暗红色，小肠黏膜有出血性炎症。

【诊断】根据病史、临床症状，结合亚硝酸盐检测，即可诊断。诊断依据：①采食硝酸盐、亚硝酸盐含量高的饲草或饮水；②表现黏膜发绀，呼吸困难，痉挛等临床症状；③血液中高铁血红蛋白含量升高，牛可达 16.5～29.7 g/L（正常 1.2～2.0 g/L），血清、眼房水中硝酸盐和亚硝酸盐含量分别高于 20 μg/mL、0.5 μg/mL；④病理剖检可见血液呈酱油色，消化道黏膜充血、出血、脱落，肺充血、出血、水肿。

本病应与氢氰酸中毒，牛急性肺水肿、肺气肿，过敏反应和蓝藻类中毒等进行鉴别。

【治疗】特效解毒药为亚甲蓝（美蓝）和甲苯胺蓝。亚甲蓝剂量为猪每千克体重 1～2 mg，牛每千克体重 8～20 mg，配成 1％溶液，静脉注射；甲苯胺蓝剂量为每千克体重 5 mg，配成 5％溶液，静脉注射或肌内注射，必要时 2 h 后可重复用药。同时配合使用维生素 C 和高渗葡萄糖溶液疗效更好。

小剂量的亚甲蓝具有还原作用，进入体内后，即在还原型辅酶Ⅰ的作用下，转变为白色美蓝（还原型亚甲蓝），后者迅速将高铁血红蛋白还原成氧合血红蛋白，其本身又被还原为亚甲蓝。但在高浓度、大剂量时，还原型辅酶Ⅰ不足以使之变为白色美蓝，于是过多的亚甲蓝发生氧化作用，使氧合血红蛋白变为高铁血红蛋白，从而加剧高铁血红蛋白血症。故在用药抢救时，应特别注意用量。

在使用解毒剂的同时，可用 0.1％高锰酸钾溶液洗胃或灌服，对重症的病例应及时输液、强心，以提高疗效。

【预防】动物应避免在硝酸盐含量超过 1.0％（干物质）的草场上放牧。切实注意青饲料的采摘、运输与堆放，无论生熟青饲料，采用摊开存放，已腐烂的菜叶切勿喂猪。若熟喂，蒸煮时宜大火快煮并及时搅拌，凉后即喂，不要小火焖煮。对可疑饲料和饮水，应经检验无毒后再饲喂。接近收割的青饲料，不能再施用硝酸盐或 2,4-D 等化肥农药，以避免使饲料中硝酸盐或亚硝酸盐的含量升高。牛、羊在硝酸盐含量较高的草地放牧，逐步增加摄入量的方式有助于动物适应，饲料中应有充足的糖类。

二、氢氰酸中毒

氢氰酸中毒（hydrocyanic acid poisoning）是动物采食大量含氰苷的植物或青饲料经胃内酶的水解和胃液盐酸的作用，产生氢氰酸所致的中毒性疾病。临床特征是呼吸困难，黏膜鲜红，流涎，肌肉震颤，惊厥。各种动物均可发生，多见于牛、羊和猪。

【病因】主要是动物采食富含氰苷的植物或饲料所致，常见于采食高粱属植物（高粱、玉米幼苗）、亚麻（亚麻叶、亚麻籽、亚麻籽饼）、木薯、豆类（箭舌豌豆、海南刀豆、狗爪豆）、蔷薇科植物（桃、李、梅、杏、枇杷、樱桃等）、牧草（苏丹草、三叶草、芸薹属植物等）等。

【发病机理】植物中的氰苷本身是无毒的，但含氰苷的植物被动物咀嚼时，植物组织的结构遭到破坏，在有水分和适宜的温度条件及植物水解酶的作用下，即可产生氢氰酸。牛、羊的瘤胃微生物能促进植物中的水解酶释放和提高酶的活性。当氢氰酸进入机体后，氰离子能抑制细胞内呼吸酶（如细胞色素氧化酶等）的活性。氰离子能迅速地同氧化型细胞色素氧化酶的辅基三价铁结合，形成稳定的氰化高铁细胞色素氧化酶复合体，使其不能转变为具有二价铁辅基的还原型细胞色素氧化酶，从而丧失其传递电子和激活分子氧的作用，结果组织的氧化磷酸化过程受阻，细胞呼吸链中断，阻止了组织对氧的吸收，破坏了组织内的氧化过程，导致机体内的组织缺氧或细胞窒息。在此过程中，血液摄氧、运氧和携氧功能正常，但组织细胞不能从毛细血管的血液中摄取氧，使静脉血液氧含量高于正常，导致动脉和静脉血液颜色均呈鲜红色。由于中枢神经对缺氧特别敏感，并且氢氰酸在类脂质中溶解度较大，所以中枢神经系统首先受到损害，尤以血管运动中枢和呼吸中枢最为严重。临床上则表现为先兴奋而后抑制，呼吸麻痹等。

第八章 中毒性疾病

【临床症状】急性中毒发病迅速，大多数在采食后 10～15 min 即可发病。初期表现烦躁不安，呼吸急促，呻吟，肌肉震颤，腹痛，呕吐。牛、羊可伴发瘤胃臌气。随后呼吸极度困难，心率加快，流涎，流泪，站立不稳，张口伸颈，可视黏膜鲜红，口流白色泡沫状唾液，呼出气体有苦杏仁味。后期精神沉郁，行走摇摆，全身极度衰弱无力，倒地不起，体温下降，后肢麻痹，肌肉痉挛，甚至全身抽搐，瞳孔扩大，反射机能减弱或消失，心动徐缓，呼吸浅表，脉搏弱，终因心力衰竭和呼吸麻痹而死亡。

【病理变化】剖检，血液呈鲜红色、凝固不良，体腔和心包腔内有浆液性渗出物，心外膜及各组织器官的浆膜和黏膜有斑点状出血，实质器官变性。口鼻流出泡沫状液体，气管和支气管内充满大量淡红色泡沫状液体，支气管黏膜和肺充血、出血。切开瘤胃可闻到苦杏仁味，胃内容物呈碱性，皱胃和小肠有出血点。尸体不易腐败。

【诊断】根据病史、临床症状，结合饲料和体内氢氰酸含量分析，即可诊断。诊断依据：①采食含氰苷的植物；②表现呼吸困难、黏膜鲜红、流涎、肌肉震颤、惊厥等临床症状；③植物中氢氰酸含量高于 220 mg/kg，肌肉和肝分别达 0.63 mg/kg 和 1.4 mg/kg，瘤胃内容物超过 10.0 mg/kg；④剖检可见血液呈鲜红色，凝固不良，气管、支气管充满大量泡沫状液体，瘤胃内容物有苦杏仁味，实质器官出血、变性；⑤本病应与亚硝酸盐中毒、一氧化碳中毒、尿素中毒、急性肺水肿等进行鉴别。

【治疗】尽早应用特效解毒药——5%亚硝酸钠溶液，剂量每千克体重 10 mg，静脉注射；随后，再静脉注射 20%硫代硫酸钠溶液，剂量每千克体重 500 mg。反刍动物还可口服硫代硫酸钠，以解除残留在瘤胃中的氢氰酸。输氧有助于提高治疗效果。

【预防】尽量限用或不用氰苷含量高的植物饲喂动物。不可避免时，最好放在水中浸渍 24 h 或漂洗后再加工使用。严禁在生长含氰苷植物的地方放牧。以亚麻籽饼作饲料时，应经去毒处理（高温、盐酸处理）后再饲喂动物。

三、菜籽饼粕中毒

菜籽饼粕中毒（rape seed-cake poisoning）是动物摄入菜籽饼粕中的有毒成分所致的中毒性疾病，临床特征是胃肠炎、呼吸困难、血红蛋白尿、甲状腺肿大。各种动物均可发病，常见于猪、牛、家禽。

【病因】油菜是我国的主要油料作物之一（二维码 8-1），菜籽饼是油菜籽榨油后的副产品，是重要的蛋白质饲料来源。硫葡萄糖苷（又称芥子苷）广泛存在于十字花科的植物中，不同类型的油菜籽中含量有差异。我国目前种植的品种有白菜型、芥菜型和甘蓝型，均为高芥酸、高硫葡萄糖苷的"双高"品种。含有硫葡萄糖苷的植物都含有黑芥子酶，是一种水解酶。油菜籽粉碎后，黑芥子酶催化硫葡萄糖苷水解生成异硫氰酸盐、硫氰酸盐、噁唑烷硫酮、腈。另外，菜籽饼粕还含有芥子碱、芥子酸、单宁、植酸、硝酸盐、S-甲基半胱氨酸亚砜（SMCO）等有毒物质。

二维码 8-1

本病的发生是畜禽长期饲喂未脱毒处理的菜籽饼，或突然大量饲喂未减毒的菜籽饼。动物采食大量鲜油菜或芥菜，尤其开花结籽期的油菜或芥菜也可引起中毒。

【发病机理】硫葡萄糖苷的主要代谢产物异硫氰酸盐（主要包括异硫氰酸烯丙酯、3-丁烯基异硫氰酸酯）是芥子油类的刺激性化合物，具有辛辣味，可降低饲料的适口性，动物采食后刺激消化道黏膜引起胃肠炎、腹泻。异硫氰酸盐为挥发性毒物，吸收后从肺和肾排出，可引起支气管炎和肾炎，甚至肺水肿。

水解产生的噁唑烷硫酮、硫氰酸根离子是致甲状腺肿物质，或称为致甲状腺肿素。硫氰酸根离子与碘离子竞争使甲状腺捕捉碘减少，当饲喂低碘日粮时引起甲状腺肿大，补充碘可减轻这种毒性作用。而噁唑烷硫酮主要是抑制甲状腺腺泡细胞内的甲状腺过氧化物酶的活性，从而干扰甲状腺素的合成,这种作用不能通过补碘来颉颃。因此,当长期饲喂含有这些毒物的饲料,动物表现甲状腺肿大,生长发育缓慢,还可间接地影响成年动物的繁殖性能。

腈在动物体内可代谢为氰离子,引起细胞窒息,但症状发展缓慢。腈还可引起肝、肾损伤,并抑制动物生长。

硝酸盐可转化为亚硝酸盐,使红细胞内氧合血红蛋白转变为高铁血红蛋白,从而丧失携带氧的能力,造成机体缺氧。

S-甲基半胱氨酸亚砜在反刍动物瘤胃微生物作用下,代谢转化为二甲基二硫化物,氧化血红蛋白形成 Heinz-Ehrlich 小体,通过脾的网状内皮系统将其清除,同时因细胞膜的氧化损伤可引起溶血性贫血,临床上出现血红蛋白尿。这种溶血性贫血可发生于所有的反刍动物,但最容易发生在动物妊娠后期和产后阶段。

十字花科植物硫含量较高,可引起反刍动物脑灰质软化,轻度时表现"油菜目盲",严重时则出现狂躁不安等神经症状。

由于菜籽饼粕中含有挥发性的硫氰酸盐,饲喂乳牛可使牛乳中出现异味,用氢氧化钠处理饲料可预防这种异味的出现。鸡饲喂菜籽饼,芥子碱转化为三甲胺,由于褐壳蛋系鸡缺乏三甲胺氧化酶而积聚,蛋和肉出现鱼腥味。

【临床症状】一般表现为四种类型。消化型以精神沉郁、食欲减退或废绝、反刍停止、瘤胃蠕动减弱或停止、明显便秘为特征,泌尿型以血红蛋白尿、泡沫尿和溶血性贫血等为特征,呼吸型以肺水肿和肺气肿等呼吸困难症状为特征,神经型以失明("油菜目盲")、狂躁不安等神经症状为特征。

二维码8-2

各种动物中毒后表现食欲废绝,不安,流涎,呕吐,腹痛,便秘或腹泻,粪便中混有血液。咳嗽,鼻孔流出粉红色泡沫状液体,呼吸困难,有的出现皮下气肿。尿频,尿液呈红褐色或酱油色(二维码8-2),尿液落地时可溅起大量泡沫,迅速衰弱,精神沉郁,黏膜苍白、黄染。反刍动物还表现反刍减少或停止,瘤胃蠕动无力、次数减少,瘤胃臌气。乳牛产乳量和鸡产蛋量降低。严重的病例甲状腺功能减退,体温降低,耳尖及肢体末端冰凉,脉搏细弱,躺卧,全身衰竭,最后昏迷而死。

牛羊采食油菜类植物可突然发生失明,检查时双眼正常,瞳孔对光反应减弱,通常需要数周才能恢复。犊牛表现兴奋不安,乱奔乱撞,继而四肢痉挛、麻痹,站立不稳而跌倒,体温升高,脉搏快而弱,很快衰竭死亡。

慢性中毒时,可发生甲状腺肿大。妊娠母畜可导致妊娠期延长,新生仔畜甲状腺肿大,死亡率升高。动物体重下降,生长缓慢。有的感光过敏,患病动物表现背部、面部和体侧皮肤红斑、渗出及类湿疹样损害,动物因皮肤发痒而不安、摩擦,可引起进一步的损伤和感染。有的还伴有亚硝酸盐或氢氰酸中毒的症状。

二维码8-3

【病理变化】剖检,胃肠道黏膜充血、肿胀、出血。肝肿大、色黄(二维码8-3)、质脆;心苍白、黄染(二维码8-4)。胸腔、腹腔有浆液性、出血性渗出物,有的患病动物在头、颈、胸部皮下组织发生水肿。肾呈出血性炎症,有时膀胱积有血尿。肺水肿和气肿。甲状腺肿大。牛腹围增大,瘤胃黏膜脱落,呈弥漫性出血,网胃出血较重,瓣胃黏膜局限性出血。镜检,肺泡广泛破裂,小叶间质和肺泡隔有水肿和气肿,肝小叶中央细胞广泛性坏死。

二维码8-4

【诊断】根据病史、临床症状,结合饲料异硫氰酸盐含量分析,即可诊断。诊断依据:①饲喂未脱毒的菜籽饼、十字花科植物;②表现以胃肠炎、呼吸困难、血红蛋白尿、甲状腺肿大等为主的临床症状;③饲料及原料中相关毒物的测定,允许量为异硫氰酸盐(以异硫氰酸丙烯酯计,mg/kg)在菜籽饼粕中≤4 000,鸡配合饲料中≤500,生长肥育猪饲料中≤500;噁唑烷硫酮(mg/kg)在肉仔鸡、生长鸡配合饲料中≤1 000,产蛋鸡配合饲料中≤500;④剖检可见,胃肠道黏膜充血、肿胀、出血,肝肿大、色黄、质脆,肺水肿和气肿,甲状腺肿大。

【治疗】目前尚无特效解毒药物。立即停喂可疑饲料,大量采食应尽早用催吐、洗胃、下泻、保护胃肠黏膜等措施。严重者还应采用强心、利尿、补液、平衡电解质等对症治疗。

【预防】菜籽饼应去毒后作为饲料原料。用未经去毒的菜籽饼作为粗蛋白成分直接饲喂动物,必须控制饲喂量。一般认为,菜籽饼粕在饲粮中的限量为:生长鸡、肉鸡为5%~10%,蛋鸡、种鸡≤5%,生长肥育猪为8%~12%,母猪、仔猪≤5%。

四、棉籽饼粕中毒

棉籽饼粕中毒(cotton seed-cake poisoning)是动物采食大量含游离棉酚的棉籽饼而引起的中毒性疾病,临床特征是全身水肿、出血性胃肠炎、血红蛋白尿、肺水肿、肝和心肌变性坏死、公畜尿石症。各种动物均可发病,常见于犊牛、仔猪及家禽。

【病因】棉籽饼粕是棉籽榨油后的副产品,是一种很好的蛋白质饲料,但含有棉酚、环丙烯脂肪酸等有毒物质。残留在棉籽饼中的棉酚,一部分与蛋白质、氨基酸和磷脂等结合(主要是与赖氨酸结合),称为结合棉酚,另一部分为游离棉酚。游离棉酚的分子结构中具有多个活性基团(醛基和羟基),对动物有毒性作用,结合棉酚则对动物无毒性。动物长期或大量采食棉酚含量过高或未经脱毒的棉籽饼粕,可引起急性或慢性中毒。

棉籽饼粕还含有一定量的植酸和单宁,可降低动物对钙、锌等元素和蛋白质的消化与利用。另外,棉籽饼粕磷含量较高,钙含量较低,同时缺乏维生素A和维生素D,长期单纯饲喂可引起机体营养代谢紊乱,加之棉酚的毒性,使病情复杂化。

【发病机理】棉酚对动物产生毒性作用的机理还不十分清楚。一般认为棉酚的毒性主要有以下几方面。①具有直接损害作用,在消化道内可刺激胃肠黏膜,引起出血性炎症;吸收后损害心、肝和肾等实质性器官,使之发生变性、坏死。棉酚可抑制肝谷胱甘肽-S-转移酶的活性,降低肝对其他外源性化学物的解毒作用。②能增强血管通透性,促进血浆和血细胞渗入周围组织,使受害组织发生浆液性浸润和炎症,以及发生体腔积液。③可与铁螯合,影响血红蛋白合成,导致动物贫血。④能影响生殖功能使母畜流产,公畜精子畸形、死亡。⑤影响鸡蛋的品质。蛋黄中的铁离子与棉酚结合形成复合物,导致鸡蛋在储存过程中蛋黄变成黄绿色或红褐色;环丙烯脂肪酸可改变卵黄膜的通透性,使蛋黄中的铁离子透过卵黄膜而进入蛋清与伴清蛋白络合形成红色的复合物,导致蛋清变成桃红色;还可抑制脂肪酸去饱和酶的活性,使蛋黄中硬脂肪酸含量增加,蛋黄的熔点升高,硬度增加,加热后形成所谓的"橡皮蛋"。⑥棉籽饼粕中维生素A含量很低,长期饲喂可引起夜盲、尿石症。⑦还影响机体重要的酶促反应,降低氧化酶的活性,干扰机体的氧化过程,从而阻止血红蛋白携带氧的释放。

【临床症状】一般呈慢性经过,各种动物共同的表现为生长缓慢、精神沉郁、体重下降、食欲减退、虚弱、呼吸困难、心功能异常、对应激反应性增强、公畜尿石症等。反刍动物还表现下颌间隙、胸前、腹下水肿,出血性胃肠炎,血红蛋白尿,繁殖障碍,夜盲症等,后期出现肺水肿、心力衰竭。猪最明显的症状是呼吸困难、喘息,有的口腔流出泡沫液体、皮下水肿、体重减轻、逐渐消瘦。马以间歇性腹痛为主,便秘,粪便附有黏液或混有血液,血红蛋白尿。家禽食欲减退,体重减轻,翅下垂,腿无力,精神沉郁,腹泻。母鸡产蛋变小,蛋黄膜增厚,蛋黄呈茶色或深绿色,煮熟后的蛋黄坚韧有弹性,称"橡皮蛋",蛋清呈粉红色,蛋孵化率降低。

【病理变化】剖检,患病动物呈全身性的水肿变化,胸腔、腹腔和心包积聚大量淡红色液体。消化道黏膜呈明显的出血坏死性炎症变化。心扩张,心肌松软,心内膜、外膜有点状出血。肝充血、淤血、肿大,色灰黄或土黄,质脆。肺充血、淤血、出血、水肿,间质增宽,支气管内充满淡黄色泡沫样渗出物。肾脂肪变性,被膜下有出血点。膀胱有出血性炎症,常有暗红色尿液。鸡胆囊和胰腺增大,肝、脾和肠黏膜上有蜡质样色素沉着。镜检,肝小叶间质增生，肝细胞呈现退行性变化和坏死，主要病变在小叶中心，多见细胞混浊肿胀和颗粒变性，线粒体肿胀。肾小管上皮细胞肿胀、颗粒变性。心肌纤维排列紊乱，部分空泡变性和萎缩。

【诊断】根据病史、临床症状，结合饲料、组织中棉酚含量的测定，即可诊断。诊断依据：①有饲喂未脱毒棉籽饼的病史；②临床表现出血性胃肠炎、血红蛋白尿、呼吸困难，公畜表现尿石症；③日粮中游离棉酚的含量高于 100 mg/kg，绵羊肝和肾棉酚含量分别超过 10 mg/kg 和 20 mg/kg；④剖检发现体腔积液，肝小叶中心性坏死，心肌变性、坏死，消化道黏膜呈现出血坏死性炎症。

【治疗】尚无特效解毒药，患病动物应立即停喂含有棉籽饼粕或棉籽的日粮，给予青绿饲料或优质青干草补饲，必要时补充维生素 A 和钙磷制剂。缓解肺水肿和心脏损害是治疗本病的关键。

【预防】预防措施包括：①棉籽饼粕应去毒后作为饲料原料；②限制棉籽饼粕的饲喂量，我国饲料卫生标准规定，棉籽饼粕中游离棉酚允许量为≤1 200 mg/kg；配合饲料中游离棉酚允许量为肉用仔鸡、青年鸡≤100 mg/kg，产蛋鸡≤20 mg/kg，生长肥育猪≤60 mg/kg，国外反刍动物配合饲料中游离棉酚的允许量为成年动物≤500 mg/kg，犊牛≤100 mg/kg；③合理搭配，平衡营养，在饲喂棉籽饼粕时应在日粮中补充蛋白质、氨基酸（主要是赖氨酸）、钙、维生素 A 和维生素 D 等营养物质，也可供给青绿多汁饲料，如青草、青菜、胡萝卜等，以提高动物对棉酚的耐受性。

五、反刍动物瘤胃酸中毒

瘤胃酸中毒（ruminal acidosis of ruminants）是反刍动物过量采食富含糖类的饲料，并在瘤胃内发酵产生大量乳酸而引起的代谢性酸中毒，又称乳酸中毒、过食谷物等。临床特征是精神沉郁，瘤胃膨胀、内容物稀软，腹泻，严重脱水，共济失调，虚弱，卧地不起，乳酸血症。本病可发生于各种反刍动物，以乳牛、乳山羊、肉牛多见。

【病因】主要原因是突然大量采食富含糖类的饲料，如谷物饲料（玉米、大麦、燕麦、高粱、豆、稻谷等）、块根饲料（马铃薯、干薯、饲用甜菜）、酿造副产品（酒渣、豆腐渣、淀粉渣等）、面食品（生面团、面包屑等）、水果类（苹果、葡萄、梨等）、糖类及酸类化合物（淀粉、乳糖、果糖、蜜糖、乳酸、酪酸等）。

饲养管理不当是反刍动物采食过量糖类饲料的条件，如为了提高生产性能，突然增加精料，缺乏适应期；饲料加工调制不当，如谷物类饲料粉碎过细、青贮饲料酸度过大等；动物饥饿后自由采食；缺乏饲喂制度和饲喂标准，精料的饲喂量过于随意；霉败的粮食（如小麦、玉米、豆类等）人不能食用时，大量饲喂动物等。营养不良、应激状态（如围产期）等，可诱发本病。

【发病机理】临床上常见的瘤胃酸中毒有急性、亚急性和慢性三种。急性瘤胃酸中毒的特征是瘤胃乳酸大量积聚，pH 迅速降至 5.0 以下；亚急性瘤胃酸中毒的特征是瘤胃内有较多的乳酸积聚，长时间 pH 介于 5.5～5.8；而慢性瘤胃酸中毒，乳酸在瘤胃内蓄积很少，呈亚临床型。

反刍动物摄入过多易发酵的糖类饲料后，由于能量和碳源充足，几乎所有瘤胃微生物生长繁殖速度都加快，瘤胃总挥发性脂肪酸（VFA）浓度升高，pH 下降至 6.0 左右，瘤胃内产生乳酸的牛链球菌（*Streptococcus bovis*）数量明显增加，而利用乳酸的反刍动物新月单胞菌（*Selenomonas ruminantium*）、埃氏巨型球菌（*Megasphera elsdenii*）的增长速度相对缓慢，瘤胃内乳酸的产生超过了利用，使瘤胃 pH 进一步下降至 5.5。如果瘤胃产生的大量乳酸不能被瘤胃微生物利用，pH 降至 5.0 以下，则发生急性瘤胃酸中毒（图 8-1）。乳酸利用菌及其他大部分微生物的生长速度明显降低，细菌及纤毛虫的数量减少。

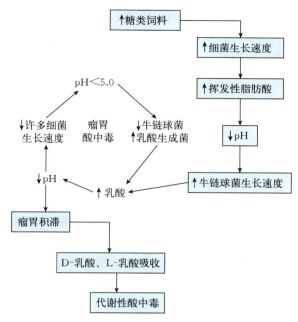

图8-1 急性瘤胃酸中毒的发生机理

瘤胃产生的乳酸和糖大量蓄积，可提高瘤胃内容物的渗透压，使大量体液进入瘤胃，造成内容物稀软，血液浓缩，机体脱水，心输出量减少，有效循环血量和灌流量减少，肾血流量减少，最终引起休克和死亡（图8-2）。同时，大量乳酸经胃壁吸收进入血液循环，超过了肝和其他组织代谢能力，可引起全身性酸中毒或代谢性酸中毒。高浓度的酸刺激瘤胃黏膜，引起瘤胃炎，降低了瘤胃活力，使上皮角化过度和不全角化，加之流向消化道的血液减少，均可使有

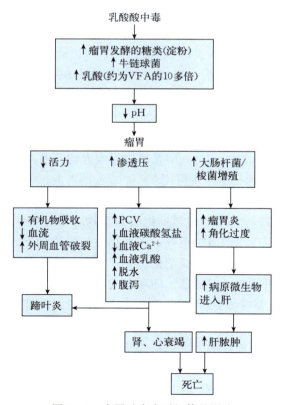

图8-2 瘤胃酸中毒对机体的影响

机酸的吸收减少，进一步降低瘤胃pH。另外，瘤胃液酸度升高，微生物死亡，产生大量的胺类物质，如组胺、酪胺、色胺等，吸收后导致末梢微循环障碍，使毛细血管通透性升高及小动脉扩张，引起蹄叶炎和中毒性瘤胃炎。瘤胃黏膜的损伤使一些细菌（如坏死杆菌）穿过瘤胃壁进入肝，引起脓肿。胺类物质、内毒素、酸中毒和脱水等因素可引起脑灰质软化。

当动物过量采食豆类饲料时，蛋白质在瘤胃内细菌的分解下产生大量氨。吸收后氨可直接作用于中枢神经系统，引起脑血管充血、兴奋性升高、视觉障碍。同时，瘤胃乳酸、挥发性脂肪酸含量增多。

【临床症状】本病通常呈急性经过，发病程度与饲料种类、性质、采食量有关。采食量越大，临床症状越严重。肉牛、役用牛、羊和鹿等以急性型为主，而乳牛以亚急性型为主。

急性型在大量采食糖类饲料后4~8 h发病，精神高度沉郁，食欲废绝，反刍停止，腹痛，腹部膨胀，触诊瘤胃内容物柔软，后期瘤胃积液，瘤胃蠕动音消失。呼吸急促，心跳加快，脉搏细弱。严重脱水，眼球下陷，皮肤弹性降低，黏膜发绀，血液浓稠，尿量减少或无尿。粪便稀软或水样，有酸臭味，粪便中混有未消化的饲料，有的排粪停止。有的表现兴奋不安，做狂奔或转圈运动，视觉障碍。严重者极度虚弱，双目失明，瞳孔扩大，卧地不起，角弓反张，昏睡或昏迷，终因休克和循环衰竭而死亡。

亚急性型表现为食欲不振，体重减轻，瘤胃运动减弱，产乳量降低，腹泻，蹄叶炎，全身症状轻微。

【诊断】根据病史、临床症状，结合瘤胃液pH测定，即可诊断。诊断依据：①饲喂过量富含糖类饲料的病史；②表现瘤胃膨胀、内容物稀软，腹痛，腹泻，严重脱水，共济失调，虚弱，蹄叶炎等临床症状；③瘤胃pH下降，急性瘤胃酸中毒可降至5.0以下，亚急性在5.5~6.5；瘤胃液乳酸含量高达50~150 mmol/L（牛参考值小于0.5 mmol/L）；④瘤胃纤毛虫活力降低，数量显著减少，严重者纤毛虫完全消失；⑤血液学检查，白细胞数增加、中性粒细胞比例升高、淋巴细胞比例下降，红细胞比容升高，血液乳酸含量升高；⑥本病应与瘤胃积食、生产瘫痪和其他原因引起的腹泻等疾病进行鉴别。

【治疗】治疗原则是迅速排出瘤胃内容物，纠正酸中毒和脱水，对症治疗。

1. 排出瘤胃内容物 尽量减少滞留和后送，清理胃肠，可防止酸中毒进一步发展。主要采取以下措施：①瘤胃冲洗：可用饱和石灰水或5%碳酸氢钠溶液洗胃，直至胃液接近中性；②洗胃后可口服泻剂、健胃剂（液状石蜡、鱼石脂、陈皮酊、大黄酊）；③瘤胃切开术：当瘤胃内容物很多，用胃管导胃无法排出时，应及早进行瘤胃切开术。

2. 纠正酸中毒和脱水 纠正酸中毒可用5%碳酸氢钠溶液；补充体液可用5%葡萄糖生理盐水或复方氯化钠注射液，静脉注射。

3. 对症治疗 如伴发蹄叶炎，可注射抗组胺的药物，如盐酸苯海拉明、异丙嗪、氯苯那敏（扑尔敏）等，配合蹄部冷水浴效果更好。防止休克，可用地塞米松、肾上腺皮质激素等。发生神经症状时，可用镇静剂。恢复胃肠消化机能，可给予健胃药和前胃兴奋剂。控制和消除炎症，可注射抗生素，如青霉素、链霉素、四环素或庆大霉素等。

【预防】预防本病的主要措施是控制糖类饲料的采食量，不能随意加料或补料。在肉牛、肉羊和乳牛等生产中，由高粗饲料向高精饲料转变要逐渐进行，通常需要2~4周的过渡期，并逐步提高精料水平，使瘤胃能逐渐适应饲料的变化。在肥育牛的精料中添加莫能霉素，能有效降低瘤胃中甲烷、挥发性脂肪酸和乳酸的产生，防止瘤胃酸中毒的发生。精料饲喂比例高的动物，可中和瘤胃产生的部分有机酸。在日粮中直接添加碳酸盐等缓冲剂和增加日粮中有效中性洗涤纤维的含量可起到预防作用。

第八章 中毒性疾病

六、光敏性饲料中毒

光敏性饲料中毒（photosensitive feed poisoning）是动物采食了含有光敏性物质的饲料后，无色素或浅色素皮肤在日光照射下通过复杂的生物学反应引起的一种急性皮炎，又称感光过敏或光敏作用。临床特征是局部皮肤红斑、丘疹、溃烂，并伴有奇痒。各种动物均可发生，常见于牛、羊、马、猪、家兔等。

【**病因**】分为原发性、继发性两类。

1. 原发性因素 动物采食含光动力物质的植物，被消化道吸收后，通过血液循环以原形分布到皮肤组织，当紫外线照射到无色素或浅色素的皮肤时发生反应，引起严重的皮炎。主要是含多酚类色素的植物，如荞麦属、金丝桃属植物（二维码8-5、二维码8-6）。另外，煤焦油衍生物（如多环芳香族烃类）、某些药物（如四环素类药、磺胺类药、局部麻醉药、抗惊厥药、吩噻嗪类药、解热镇痛抗炎药等），也可引起原发性感光过敏。

二维码8-5

2. 继发性因素 又称肝源性感光过敏，这种类型在临床上更为常见。反刍动物采食植物中的叶绿素经过前胃微生物的厌氧降解转化为叶红素，吸收后在肝排泄进入胆汁。当肝胆的排泄功能受损，叶红素聚积在循环血液中，通过皮肤时在紫外线的辐射下发荧光，并引起血管和皮肤的氧化损伤。这种剧烈的炎症反应主要发生在无色素皮肤。多种植物可损伤动物肝、胆管系统，如含双吡咯烷类生物碱（pyrrolizidine alkaloids，PAs）的植物（千里光属、猪屎豆属、天芥菜属、蓝蓟属）、蒺藜、羽扇豆、三叶草、紫花苜蓿、马缨丹属植物等，能引起胆汁排泄障碍，导致叶红素在血液中的蓄积，从而继发感光过敏。另外，也见于牛、猫的先天性卟啉病，南丘羊和考力代羊先天性感光过敏。

二维码8-6

【**发病机理**】光敏饲料引起感光过敏的机理还不十分清楚。一般认为，感光过敏的发生是机体吸收的或大量蓄积的光动力物质经血液到达皮肤，在日光，尤其是紫外线（波长为2 800～3 200 Å）照射下，吸收紫外线的光子，使其电子被激活，发生光化学氧化反应，部分氨基酸（如组氨酸、酪氨酸、色氨酸）最容易被氧化，氧化后引起血管内和周围细胞强烈的炎症反应，导致组织细胞损伤，局部细胞通透性增强，组织水肿，皮肤炎症。此外，光敏性物质还能与日光联合作用，使日光对皮肤的灼伤效应增加。另外，进入皮肤的光动力物质还可在日光（波长在3 200～4 300 Å）照射下，形成具有半抗原作用的物质，与载体（如蛋白质、多肽、黏多糖和其他生物大分子）共价结合，形成光抗原，作用后产生光抗体，当日光再照射时，皮肤产生变态反应。由此可见，光敏作用的发生必须是直射阳光照射到无色素沉着的皮肤，太阳未照射到的皮肤则不会发病。因此，面部、背部、蹄部多发，腹部少发。

二维码8-7

二维码8-8

【**临床症状**】初期表现畏光、流泪，无色素皮肤发红、肿胀和敏感性增加，症状在阳光直射时加重，阴雨天或阴暗处减轻。动物因瘙痒表现摇头，摩擦、啃咬。唇、眼和蹄冠部因血管丰富、被毛稀短而症状明显，白皮肤的动物面部、颈部、背部和四肢更明显（二维码8-7、二维码8-8）。绵羊因被毛覆盖，仅在耳、面部表现症状。乳牛乳房、乳头也发生。受损皮肤出现红斑，疼痛，水肿，血浆渗出，溃烂、结痂。严重者被毛和皮肤腐烂脱落，溃烂面可继发感染，导致化脓、坏死（二维码8-9、二维码8-10）。动物常伴有口炎、结膜炎、鼻炎和阴道炎。有的表现兴奋，尖叫，狂躁不安，震颤，运动失调，痉挛，麻痹，食欲废绝，体温升高。大多数停喂光敏饲料数日后，症状逐渐消失。继发性因肝损伤，不易恢复。

二维码8-9

【**诊断**】根据病史、临床症状，结合血清肝功能检查，即可诊断。诊断依据：①采食光敏性饲料的病史；②白色被毛动物在阳光照射下，无色素沉着的部位表现红斑、水肿、瘙痒、溃烂、结痂；有色素皮肤无明显症状；③采食某些植物造成肝、胆损伤者，血清谷氨酰转肽酶、山梨醇脱氢酶、碱性磷酸酶活性及直接胆红素含量升高；遗传性因素，可检查血液、尿液中的

二维码8-10

卟啉含量;④停止饲喂光敏饲料,症状逐渐消失。

【治疗】本病尚无特效药治疗。治疗原则是立即更换饲料,避免日光照射,应用抗过敏药及对症治疗。肝源性的患病动物,应供给高能量、低蛋白饲料,以减轻含氮物质对肝造成的负担。抗过敏药物可用异丙嗪、苯海拉明、氯雷他定、马来酸氯苯那敏等。也可用肾上腺皮质激素、葡萄糖酸钙或氯化钙注射液。

【预防】对无色素或浅色素皮肤的动物,避免饲喂光敏饲料或大量采食含双吡咯烷类生物碱及皂角苷的植物。必须饲喂含光动力物质的饲料时,应合理搭配,并避免阳光直射。

七、洋葱和大葱中毒

洋葱和大葱中毒(onion and welsh onion poisoning)是动物摄入洋葱或大葱引起的以血红蛋白尿为主要特征的一种中毒性疾病,各种动物均可发病,常见于犬和猫。

【病因】洋葱、大葱属于百合科葱属的植物,是人食用的蔬菜,因含有 N-丙基二硫化物的生物碱,对人无毒性,但可使动物红细胞破坏而发生血红蛋白尿症。这种生物碱在加热、烘干时不容易被破坏。动物中毒主要是摄入了洋葱、大葱或其制品而引起。动物的敏感性与品种有很大的关系,顺序为牛>马>犬>猪>绵羊>山羊。

【发病机理】洋葱和大葱中所含的 N-丙基二硫化物能降低红细胞内葡萄糖-6-磷酸脱氢酶的活性,干扰磷酸己糖途径,使不能有足够的磷酸脱氢酶和谷胱甘肽来保护红细胞免受氧化损伤,造成红细胞内氧化的血红蛋白沉淀物(变性的珠蛋白)形成海恩茨小体(Heinz body)。含有海恩茨小体的红细胞膜受损,导致红细胞通透性增加、变形性降低和抗原性改变,使红细胞的生命周期缩短,容易发生破裂。如果大量红细胞破裂,血红蛋白通过肾小球滤出,形成血红蛋白尿,并引起贫血。

【临床症状】主要表现为红色尿,严重者呈葡萄酒色、咖啡色或酱油色。病情较轻者,症状不明显,仅尿液呈淡红色。严重者食欲减退或废绝,精神沉郁,虚弱无力,走路摇晃;呼吸急促,心悸,脉搏细弱,黏膜苍白、黄疸;呼出的气体、尿液、粪便和乳汁中有洋葱味;严重者可死亡。

【诊断】根据病史、临床症状,结合血液学检查,即可诊断。诊断依据:①饲喂洋葱、大葱的病史;②临床表现贫血、血红蛋白尿;③血液学检查,红细胞数减少,血红蛋白含量、红细胞比容降低;血液生化检查,血清总胆红素、间接胆红素、尿素氮、肌酐含量显著增加,血清天冬氨酸氨基转移酶(AST)活性升高;④尿液检查,尿呈混浊暗红色,尿的相对密度明显增加;尿沉渣检查,可见大量红细胞碎片,有时可见白细胞、肾上皮细胞、膀胱上皮细胞、管型等;⑤本病应与血尿及其他溶血性疾病进行鉴别诊断。

【治疗】本病无特效治疗药物,治疗原则是强心、补液、抗氧化、促进血液中游离血红蛋白的排出。应立即停止饲喂洋葱或大葱,供给易消化、营养丰富的饲料。病情较轻者可自然恢复。病情较重者,强心、补液及补充能量可预防休克和脱水。抗氧化可用维生素C、维生素E、亚硒酸钠等。促进血液中游离血红蛋白的排出,可用利尿剂。应用碳酸氢钠可减轻血红蛋白对肾的损伤,配合应用复合维生素B可提高疗效。严重的贫血,可进行输血治疗。

【预防】犬、猫应严禁饲喂含洋葱、大葱的食物,尤其是给宠物饲喂人食用的小食品时要注意有无洋葱或大葱成分,避免食物中毒事件的发生。其他动物饲喂的洋葱量不应超过饲草料干物质的25%。

八、其他疾病

疾 病	病 因	临床症状	诊 断	治 疗
马铃薯中毒 (solanum tuberosum poisoning)	动物采食富含茄碱的马铃薯块茎或茎叶引起神经和消化系统机能紊乱为特征的中毒性疾病。用发芽的、皮变绿及发霉腐烂的马铃薯或开花至结果期的茎叶饲喂动物,极易造成中毒。各种动物均可发病	急性中毒,初期兴奋不安,烦躁或狂暴,腹痛,腹泻,呕吐。很快进入抑制状态,精神沉郁或呆滞,反应迟钝,步态不稳,共济失调,卧地不起。脉搏微弱,意识丧失,昏迷而死亡 慢性中毒,表现食欲减退或废绝,口黏膜肿胀,流涎,呕吐,腹痛,腹胀和便秘或腹泻,粪便中混有血液,体温升高,严重者全身衰弱,嗜睡。妊娠畜发生流产。有的出现皮肤湿疹,或水疱性皮炎	根据采食马铃薯的病史,结合神经系统、消化系统和皮肤的症状,即可初步诊断	尚无特效解毒药。应立即停喂马铃薯饲料,并尽快采取排出胃肠内容物、保护胃肠黏膜及对症治疗的措施
酒糟中毒 (distiller's grain poisoning)	动物长期采食大量酒糟,引起以腹痛、腹泻及神经机能紊乱等为特征的中毒性疾病。酒糟中含有乙醇、甲醇、杂醇油、醛类、酸类等,酒糟变质形成正丙醇、异丁醇、异戊醇等杂醇油。主要见于猪和牛	急性中毒,初期兴奋不安,心跳加快,呼吸急促;随后腹痛,腹泻,步态不稳,四肢麻痹,卧地不起,体温下降,因呼吸中枢麻痹而死亡 慢性中毒,表现消化紊乱,便秘或腹泻,黄疸,时有血尿,结膜发炎,视力减退甚至失明,出现皮疹和皮炎。骨质软化,母畜不妊娠,妊娠畜流产。牛还表现顽固性前胃弛缓,有时出现支气管炎	根据长期饲喂酒糟的病史,结合腹痛、腹泻、神经症状及剖检变化(如胃黏膜充血、出血,胃内容物中有乙醇味,可见残存的酒糟等),即可诊断	尚无特效疗法。立即停喂酒糟,用碳酸氢钠溶液灌服或灌肠,同时采取补液、强心及其他对症治疗措施
淀粉渣中毒 (starch dregs poisoning)	动物长期饲喂加工淀粉后的残渣,引起以消化机能紊乱、繁殖性能降低为特征的中毒性疾病。主要是淀粉渣含有亚硫酸盐。各种动物均可发病,多见于牛、猪	表现食欲减退,消化不良,渐进性消瘦,被毛粗乱无光泽,产乳量下降,腹泻或便秘,粪便中混有血液和黏液。母畜不育或流产。牛还可继发蹄叶炎,蹄冠肿胀,底壁溃疡化脓,跛行明显	根据饲喂淀粉渣的病史,结合胃肠炎、繁殖障碍等症状,血液丙酮酸浓度升高,维生素 B_1 含量下降,即可诊断	尚无特效解毒药。应立即停喂淀粉渣,并补充青绿饲料、维生素等,根据病情可采取催吐、缓泻、保护胃肠黏膜及对症治疗等措施
亚麻籽饼粕中毒 (linseed cake poisoning)	动物采食大量未经去毒的亚麻籽饼粕,发生以呼吸困难、流涎、肌肉震颤、腹痛和腹泻为特征的中毒性疾病。主要是含有氰苷、亚麻籽胶和抗维生素 B_6 因子等,若不经去毒处理而大量饲喂,则可引起动物中毒。各种动物均可发病	精神沉郁,不安,流涎,呼吸困难,脉搏快而微弱,剧烈腹痛和腹泻,有时尿闭。肌肉震颤,尤其肘部和胸前肌肉更明显,步态蹒跚。严重者卧地不起,四肢伸直,全身肌肉震颤,角弓反张,瞳孔扩大,昏迷,心力衰竭,呼吸麻痹而死亡。亚麻籽胶能胶黏禽喙而发生畸形,影响采食;还可引起大肠或肛门梗阻	根据饲喂亚麻籽或饼粕的病史,结合呼吸困难、流涎、肌肉震颤、腹痛、腹泻、血液鲜红色等临床症状,可初步诊断。必要时可进行氰化物分析	患病动物立即停喂可疑饲料,应用催吐、洗胃和下泻等排毒措施,并尽早应用亚硝酸盐和硫代硫酸钠进行特效解毒

第二节　霉菌毒素中毒

霉菌毒素中毒是指动物采食被霉菌污染的饲料后，发生的急性或慢性中毒性疾病。霉菌是真菌的重要组成部分，在自然界中广泛存在，种类繁多，目前已发现 45 000 多种，但绝大多数是非致病性霉菌，只有少数霉菌在基质（饲料）中能生长繁殖，并产生有毒代谢产物，这些产物统称为霉菌毒素（mycotoxin）。霉菌产生毒素的先决条件是霉菌污染基质并生长繁殖，其他条件包括基质（指谷类、食品、饲料等有机质）的种类、水分、相对湿度、温度以及空气流通情况等。因此，霉菌毒素对饲料或食物的污染因地理条件、生产和储存方法以及食品种类的不同而异。由于霉菌种类较多，其有毒代谢产物也多种多样，现已知的霉菌毒素有 200 多种。

一、黄曲霉毒素中毒

黄曲霉毒素中毒（aflatoxicosis）是动物采食被黄曲霉毒素污染的饲料而引起的中毒性疾病。临床特征是全身出血，消化机能紊乱，腹水，神经症状等。主要的病理学变化是肝细胞变性、坏死、出血，胆管和肝细胞增生。各种动物均可发病。长期小剂量摄入，还有致癌作用。

【病因】黄曲霉毒素（aflatoxin，AF）主要是黄曲霉（*Aspergillus flavus*）、寄生曲霉（*A. parasiticus*）等产生的有毒代谢产物，均为结构相似的二呋喃香豆素衍生物。在饲料和食物中最重要的自然污染物为黄曲霉毒素 B_1、B_2、G_1、G_2 和 M_1。中毒发生的原因主要是动物采食被上述产毒霉菌污染的花生、玉米、豆类、麦类、棉籽及其副产品。本病一年四季均可发生，但在多雨季节，温度和湿度又较适宜时多发，若饲料加工、储藏不当，易被黄曲霉菌所污染。

动物品种、性别、年龄及营养状况的不同，其敏感性有较大差异，幼年动物比成年动物易感，雄性动物比雌性动物（妊娠期除外）易感，高蛋白饲料可降低动物的敏感性。日粮中黄曲霉毒素的耐受量（$\mu g/kg$）为：幼禽≤50，成年家禽≤100，断乳仔猪≤50，肥育猪≤200，犊牛＜100，成年牛＜300。乳牛日粮中黄曲霉毒素含量为 $10\sim20\ \mu g/kg$，即可在乳汁中检测到代谢产物。

【发病机理】黄曲霉毒素被动物摄入后，可迅速经胃肠道吸收，随门静脉进入肝，经代谢而转化为有毒代谢产物，然后大部分经胆汁入肠道，随粪便排出，少部分经肾、呼吸和乳腺等排泄。吸收的黄曲霉毒素主要分布在肝，肝中含量可比其他组织器官高 $5\sim10$ 倍。毒素吸收约 1 周后，绝大部分随呼吸、尿液、粪便及乳汁排出体外。

黄曲霉毒素 B_1 在细胞内微粒体混合功能氧化酶催化下，进行羟化、脱甲基和环氧化反应。脱甲基形成 AFP_1，环氧化形成 $AFB_1-8,9-$环氧化物，羟化为 AFM_1、AFQ_1；其中 AFM_1 具有急性毒性，环氧化物具有急性毒性、诱变性和致癌性，环氧化后形成的环氧化物能与细胞内大分子物质 DNA、RNA 和蛋白质共价结合，从而对机体细胞或组织产生危害。黄曲霉毒素可直接作用于核酸合成酶而具有抑制信使核糖核酸（mRNA）合成的作用，并进一步抑制 DNA 合成。黄曲霉毒素可与 DNA 结合，改变 DNA 的模板结构，干扰 RNA 转录；还可改变溶酶体膜的结构，使 RNA 酶从溶酶体释放，从而增加了 RNA 的分解速率；也可刺激 RNA 甲基化酶而促进 RNA 的烷基化作用；因而使蛋白质、脂肪的合成和代谢障碍，线粒体代谢以及溶酶体的结构和功能发生变化。

肝是黄曲霉毒素的靶器官，急性中毒时，肝实质细胞变性坏死，胆管上皮细胞增生。慢性中毒时，动物生长缓慢，生产性能降低，肝功能和组织结构发生变化，肝脂肪增多，可发生肝硬化和肝癌。毒素也可作用于血管，使血管通透性增加，血管变脆并破裂而发生出血。毒素可抑制机体的免疫功能，降低机体的抗病力。另外，黄曲霉毒素通过改变维生素 D 的代谢和甲状旁腺激素的作用而影响钙、磷代谢。黄曲霉毒素中毒影响繁殖和产蛋，由于采食量减少，可间接导致成熟的公鸡精液量减少、睾丸质量减轻、睾酮含量下降；母鸡饲料报酬降低，产蛋量降低，因胚胎死亡而使孵化率下降；青年家禽性成熟延迟。

【临床症状】黄曲霉毒素是一类肝毒物质。动物中毒后以肝损害为主，同时还伴有血管通透性破坏和中枢神经损伤等，临床特征为黄疸、出血、水肿和神经症状。由于动物品种、性别、年龄、营养状况及个体耐受性、毒素剂量等的不同，黄曲霉毒素中毒的程度和临床表现也有显著差异。

1. 家禽 雏禽对黄曲霉毒素的敏感性较高，多呈急性中毒，死亡率很高。雏鸡表现食欲不振，嗜睡，生长发育缓慢，虚弱，翅下垂，凄叫，贫血，腹泻，粪便中带有血液。雏鸭表现食欲减退或废绝，生长缓慢，脱羽，鸣叫；腿和脚皮下出血呈淡紫红色，步态不稳，跛行，共济失调，角弓反张；面部、眼睑和喙部苍白，两眼流泪，周围潮湿脱毛（二维码8-11）。成年鸡、鸭的耐受性较强，急性中毒与雏禽相似；慢性中毒的初期症状多不明显，通常表现食欲减退，消瘦，不愿活动，贫血，病程长的可诱发肝癌。

二维码8-11

2. 猪 中毒可分急性、亚急性和慢性三种类型。急性型主要发生于2～4月龄的仔猪，尤其是食欲旺盛、体质健壮的猪，多数在临床症状出现前突然死亡。亚急性型体温升高1～1.5 ℃或接近正常，精神沉郁，食欲减退或废绝，口渴，粪便干硬呈球状，表面被覆黏液和血液；可视黏膜苍白，后期黄染。后肢无力，步态不稳，间歇性抽搐；严重者卧地不起，常于2～3 d内死亡。慢性型多发生于育成猪和成年猪，精神沉郁，食欲减退，生长缓慢或停滞，消瘦；可视黏膜黄染，皮肤表面出现紫斑；随着病情的发展，病猪表现神经症状，兴奋不安，痉挛，角弓反张等。

3. 牛 犊牛对黄曲霉毒素较为敏感，表现精神沉郁，耳部震颤，磨牙，口流泡沫；生长发育缓慢，鼻镜干燥，食欲不振；角膜混浊，失明，腹泻，粪便中混有血凝块和黏液，脱肛，里急后重，最后昏迷死亡。成年牛多呈慢性经过，表现厌食，磨牙，前胃弛缓，瘤胃臌气，间歇性腹泻，泌乳量下降，但死亡率较低；妊娠母牛早产、流产。

二维码8-12

4. 犬 初期食欲减退，精神沉郁，生长缓慢，逐渐消瘦，黄疸，出血性肠炎。

【病理变化】

1. 家禽 特征性的病变在肝。急性中毒时剖检肝肿大，色苍白变淡，广泛性出血和坏死（二维码8-12、二维码8-13），胆囊扩张。镜检，肝细胞呈严重的颗粒变性、脂肪变性和空泡变性，有散在的肝细胞坏死灶；鸭中毒的特征是卵圆细胞和胆小管明显增生。慢性中毒时剖检可见肝质地坚硬，色棕黄，表面粗糙呈颗粒状，或呈结节性肝硬化（二维码8-14、二维码8-15）。镜检，胆管上皮增生，有时肝组织几乎被增生的胆管所取代；在增生的胆管结节和肝小叶内有大量淋巴细胞浸润，并常形成淋巴小结；汇管区和中央静脉周围也有一定量的纤维结缔组织增生。

二维码8-13

二维码8-14

2. 猪 急性中毒剖检，主要表现中毒性肝炎和全身黄疸，同时伴有大量出血和液体渗出。肝肿大，呈苍白色或淡黄色以至砖红色，质脆；胆囊收缩，胆囊壁水肿、增厚。镜检，肝细胞严重颗粒变性、脂肪变性和空泡变性，甚至呈气球样变；肝小叶中心细胞坏死、出血，间质淋巴细胞浸润。亚急性和慢性中毒肝呈橘黄色或棕色，质地变硬，病程较长者出现肝硬化（二维码8-16），表面粗糙呈细颗粒状至结节状，胆囊缩小，有的出现肝癌。镜检，除脂肪变性和坏死外，肝细胞呈明显的玻璃样变，表现为胞质浓缩，深染伊红，或胞质中出现大小不一、浓染的透明圆珠（嗜酸性小体）；肝内有广泛的纤维结缔组织和胆小管增生，形成不规则的假小叶和再生的肝细胞结节；肝细胞内有胆色素颗粒。

二维码8-15

3. 牛 犊牛的主要病变是肝硬化、腹水和内脏器官水肿。肝质地坚硬，色苍白，出现散在出血斑；胆囊扩张。镜检，肝小叶结构破坏，小叶中央肝细胞坏死，结缔组织广泛增生，将残留的肝细胞分隔成孤立的团块，中央静脉常被结缔组织部分或完全堵塞；胆管上皮细胞显著增生，呈双行的细胞索状，鲜有管腔，散在于肝小叶内。

二维码8-16

【诊断】根据病史、临床症状，结合饲料黄曲霉毒素测定和病理学检查，即可诊断。诊断依据：①采食过被霉菌污染的饲料；②表现黄疸、出血、水肿和神经机能紊乱为主的临床症状；③饲料检测，黄曲霉毒素含量超过动物耐受量；④血清 ALT、AST、AKP、鸟氨酸氨甲酰转移酶（OCT）、异柠檬酸脱氢酶等活性升高，血清总蛋白、白蛋白、α-球蛋白及 β-球蛋白水平降低；⑤剖检，特征性的病变在肝，急性表现肝肿大，慢性主要病变是肝硬化；⑥必要时用可疑饲料进行动物试验。

【治疗】尚无特效疗法。应立即停喂霉败饲料，改喂富含糖类的青绿饲料和高蛋白饲料，减少或不喂含脂肪过多的饲料。一般轻型病例，不给任何药物，可逐渐康复。重症病例，应及时投服泻剂如硫酸钠、人工盐等，加速胃肠道毒物的排出。同时，采用保肝和止血疗法，如用 20%～50%葡萄糖溶液、维生素 C、10%葡萄糖酸钙或 5%氯化钙注射液。为了防止继发感染，可应用抗生素制剂，但严禁使用磺胺类药物。

【预防】预防本病的关键是饲料的防霉和去毒，禁止饲喂发霉饲料。预防饲草、饲料被黄曲霉菌及其毒素污染是根本措施，饲草收割时应充分晒干，且勿淋雨；饲料应置荫凉干燥处，勿使受潮；为了防止发霉，还可使用防霉剂，如丙酸钠、丙酸钙，饲料中添加 1～2 kg/t，可安全存放 8 周以上。对于霉变饲料或原料，可进行脱毒处理后利用；常用的脱毒方法有：连续水洗法、碱水或 5%～8%石灰水浸泡去毒法、物理吸附法（常用活性炭、白陶土、黏土、高岭土、沸石、蒙脱石等）和微生物去毒法。定期监测饲料，严格实施饲料中黄曲霉毒素最高允许量标准。

二、玉米赤霉烯酮中毒

玉米赤霉烯酮中毒（zearalenone poisoning）是指动物采食了被玉米赤霉烯酮污染的饲料而引起的中毒性疾病。临床特征是阴户肿胀，流产，乳房肿大，过早发情，慕雄狂等雌激素综合征。各种动物均可发病，主要见于猪，其次是牛、羊。

【病因】玉米赤霉烯酮（ZEN）是一种二羟基苯甲酸内酯类植物雌激素化合物，又称 F-2 毒素。是由镰刀菌属（*Fusarium*）的若干菌种产生的有毒代谢产物，其主要污染玉米、大麦、小麦、高粱、大米和小米，以玉米最普遍。中毒主要是摄入被玉米赤霉烯酮污染的饲料。

动物对玉米赤霉烯酮的毒性反应因品种不同而有差异。猪最敏感，2～5 月龄的猪，一次饲喂每千克体重 7.5～11.5 mg，4～5 h 可见精神沉郁，24 h 小母猪出现会阴部潮红和水肿；饲料含 25 mg/kg，可引起猪和牛不孕症；12.0 mg/kg 和 32.0 mg/kg 分别引起乳牛和母猪流产；牛饲料中含 5～75 mg/kg，食用 15～30 d 可引起阴户肿胀；绵羊每日摄入 25 mg 玉米赤霉烯酮，可导致排卵率和妊娠率下降；饲料中玉米赤霉烯酮含量为 100 mg/kg，可使火鸡产蛋下降。玉米赤霉烯酮是一种低毒性的毒素，对小鼠的 LD_{50} 为每千克体重 2～10 g。

【发病机理】ZEN 是一种二羟基苯甲酸内酯类植物雌激素化合物。进入动物体内被迅速吸收，在肠道和肝代谢为玉米赤霉烯醇，玉米赤霉烯醇有 α、β 两种异构体，进一步与葡萄糖醛酸结合成衍生物，β-玉米赤霉烯醇的雌激素活性比玉米赤霉烯酮高 3 倍，而 α-玉米赤霉烯醇的雌激素活性较低。

ZEN 主要发挥雌激素效应，能与 17β-雌二醇竞争性结合胞质雌激素受体，ZEN 与子宫雌激素受体的结合亲和力是雌二醇的 1/10。ZEN 通过影响雄性和雌性体内睾酮、雌二醇和黄体酮等类固醇性激素的合成和分泌来影响生殖能力，主要导致多种动物的雌激素过多症。以青年母猪最敏感，可使未性成熟的母猪外阴水肿、子宫增大、乳腺增生，甚至直肠和阴道脱出；通过抑制促卵泡激素（FSH）的分泌和释放，阻止排卵期前卵泡成熟，引起性成熟母猪的繁殖障碍，还可使妊娠母猪流产、死胎、新生仔猪死亡和僵尸等，泌乳母猪发情抑制、卵巢萎缩，断乳至发情的间隔变长。ZEN 能够诱导雄鼠生殖细胞凋亡。对公猪则表现为睾丸和附睾质量下降，性欲降低，血液睾酮浓度下降，甚至可以中断精子生成。有研究报道，ZEN 影响类固醇激素合成酶的表达是通过 Nur77 受体进行调控，Nur77 受体是核受体家族的一员，是一个重要的转录因子，可以调节类固醇合成酶基因的表达。因此，ZEN 调控类固醇酶的合成和活性可能通过细胞膜上雌激素受体和核受体共同协调完成。

ZEN 具有细胞毒性，并呈现明显的量效关系，且毒素含量越高，对细胞毒性越大。主要是抑制蛋白质和 DNA 的合成、影响细胞周期、调节蛋白的表达，使细胞周期紊乱，诱导细胞产生氧化应激反应，最终导致细胞凋亡，甚至死亡。ZEN 还具有免疫毒性和遗传毒性。因此，ZEN 的细胞毒性和氧化损伤是引起中毒的机理之一。

【临床症状】 主要表现雌激素综合征，引起假发情、不育和流产。

1. 猪　小母猪表现阴部充血和外阴肿大、流出黏液，甚至阴门哆开、乳腺增大，严重者阴道脱出；有的直肠脱出（二维码 8-17、二维码 8-18、二维码 8-19）。经产母猪繁殖力降低、不发情、胎仔数减少、胎儿变小、胚胎吸收，也可出现持续性发情或慕雄狂，假妊娠。青年公猪可见睾丸炎、睾丸萎缩、性欲降低、精液的数量和品质下降，性成熟前的小公猪或去势公猪表现乳腺增大、包皮水肿。

二维码 8-17

2. 牛　食欲减退，体重减轻，兴奋不安，敏感，慕雄狂。阴户肿胀，阴道黏膜潮红，流出黏液，屡取排尿姿势（二维码 8-20）。乳牛产乳量减少，青年牛乳腺增大、繁殖机能障碍，如不妊娠、妊娠后流产或死胎。

3. 绵羊　繁殖力下降，可降低排卵率和妊娠率，发情期延长，流产，早产。

4. 家禽　有一定的耐受性，火鸡敏感。表现产蛋减少，孵化率低下，法氏囊质量增加，输卵管扩张；公鸡睾丸肿大或萎缩，精子品质下降。

二维码 8-18

【病理变化】 主要在生殖系统，母猪阴唇、阴道、子宫黏膜水肿、坏死，子宫壁增厚，子宫角增大，卵巢发育不全或卵巢萎缩，卵巢囊肿，乳腺增大。公猪可见睾丸萎缩。镜检，子宫壁多层细胞肥大，乳腺小管增生和上皮增生，子宫颈和阴道可见鳞状上皮化生。

【诊断】 根据病史、临床症状，结合饲料玉米赤霉烯酮含量测定，即可诊断。诊断依据：①饲喂发霉的饲料，尤其是发霉玉米的病史；②临床表现阴户肿胀、流产、乳房肿大、过早发情、慕雄狂等特征性症状；③饲料中 ZEN 含量超过耐受量，青年母猪日粮中 ZEN 含量达 1 mg/kg，即可引起发情期生理和行为的变化；④必要时可用可疑饲料进行动物试验。

二维码 8-19

【治疗】 尚无有效的治疗药物。发病后应立即停用霉变饲料，供给青绿多汁的饲料。一般在更换饲料后 7～15 d 临床症状即可消失。对毒素还未完全吸收的患病动物，可口服活性炭和盐类泻剂。病情严重者，可通过大量补液促进毒物迅速排出，并采取保肝等措施。不发情母猪，可用前列腺素 $F_{2\alpha}$。

二维码 8-20

【预防】 饲料原料应晒干后妥善储藏，严防受潮而引起霉菌污染。饲料霉变后应减毒或去毒后再饲喂动物，常用浸泡法、碱化法、吸附法等。添加高于 NRC 标准 30%～40% 的蛋氨酸可降低玉米赤霉烯酮的毒性效应。

三、赭曲霉毒素中毒

赭曲霉毒素中毒（ochratoxins poisoning）是动物采食被赭曲霉毒素污染的饲料，导致以肾、肝损害为主的中毒性疾病，临床特征是多尿、烦渴、消化功能紊乱。各种动物均可发病，主要发生于家禽、猪。

【病因】 赭曲霉毒素是分子结构类似的一组化合物，其中赭曲霉毒素 A（OTA）毒性最强。常见的产毒菌种为曲霉属（*Aspergillus*）和青霉属（*Penicillium*）的部分真菌，主要污染玉米、大麦、黑麦、燕麦、荞麦、高粱和豆类等作物及其副产品，动物摄入可引起中毒。

赭曲霉毒素 A 相当稳定，饲料加工或食品烹调不能被破坏，猪、家禽非常敏感。猪每千克体重 1～2 mg 可引起中毒，日粮含 1 mg/kg 饲喂 3 个月可出现症状，饲料中 0.2 mg/kg 即可

引起肾损伤。家禽日粮中含 1 mg/kg 即可降低生长，并导致肾肿大；肉仔鸡日粮含 4 mg/kg 饲喂 2 个月，死亡率可达 42%。反刍动物的瘤胃微生物可降解赭曲霉毒素，因此牛有一定的耐受性，但犊牛瘤胃发育完全之前比较敏感，30 日龄的犊牛赭曲霉毒素 A 按每千克体重 0.1~0.5 mg/d，饲喂 30 d 可表现多尿、中枢神经抑制、体重减轻、脱水等；对犊牛的致死量为每千克体重 11~25 mg。

【发病机理】赭曲霉毒素 A 主要在小肠被吸收，吸收后随血液循环分布在各组织器官。最主要的作用是抑制蛋白质的合成，在苯丙氨酸-tRNA 合成酶反应过程中竞争苯丙氨酸，这种抑制在肾和脾比肝更敏感，相当于免疫抑制剂的作用，可降低淋巴细胞数量，并使免疫球蛋白合成较少。赭曲霉毒素 A 进入线粒体抑制线粒体呼吸过程，使线粒体缺氧、肿胀和损伤；增加肝细胞质中糖原的沉积；影响鸡凝血因子Ⅷ、Ⅴ和Ⅹ，增加出血倾向；具有一定的繁殖和发育毒性，通过胎盘影响胎儿组织器官发育。

【临床症状】临床表现因动物品种、年龄及毒素剂量的不同而有差异。

1. 家禽 雏禽表现精神沉郁、生长发育缓慢、消瘦、腹泻、脱水，有的表现神经症状、反应迟钝、站立不稳、共济失调、腿和颈肌呈阵发性纤维性震颤，甚至休克而死亡。肉鸡还表现免疫抑制、血凝障碍、骨质破坏，蛋鸡还表现贫血、产蛋减少。

2. 猪 食欲减退，烦渴，精神沉郁，脱水，多尿，尿液稀薄，蛋白尿甚至血尿；增重缓慢，饲料转化率降低，腹泻。妊娠母猪流产。

3. 犊牛 精神沉郁，生长缓慢，消瘦，食欲减退或废绝，腹泻，脱水；有的尿频，尿液相对密度低，蛋白尿。

【病理变化】剖检，鸡肾肿大、苍白，肝、胰腺苍白，输尿管、肾、心、心包、肝和脾有白色尿酸盐沉积；猪肾肿大、苍白，表面呈花斑样；犊牛肾苍白，肝细胞广泛性坏死。镜检，肾近曲小管变性，肾小管上皮萎缩，肾皮质间质纤维化，肾小管基底膜增厚，肾小球透明变性；鸡肾小管扩张，形成蛋白质和尿酸盐管型。

【诊断】根据病史、临床症状，结合饲料赭曲霉毒素 A 含量的测定、病理学检查，即可诊断。诊断依据：①饲喂发霉饲料的病史；②表现以多尿、烦渴、消化功能紊乱为主的临床症状；③测定饲料赭曲霉毒素 A 含量（高于动物耐受量），也可进行真菌分离培养与鉴定；④病理变化主要为肾和肝损伤，血清尿素氮、肌酐含量升高；⑤必要时用可疑饲料进行动物试验。

【治疗】本病尚无特效疗法。应立即停喂可疑饲料，并禁食，酌情选用人工盐和植物油等泻剂，以清除胃肠中有毒的内容物；内服鞣酸、矽碳银等保护肠黏膜；供给充足的饮水；给予容易消化、富含维生素的新鲜饲料。病情严重者应强心、补液、利尿，并采取保护肝功能和肾功能等措施。

【预防】主要是防止饲料被霉菌污染。玉米、大麦等饲料收割后要晒干，使水分含量低于 12%，同时要使用防霉剂，减少毒素的产生。已经产生毒素的饲料，应进行脱毒处理。

四、单端孢霉烯族化合物中毒

单端孢霉烯族化合物中毒（trichothecenes poisoning）是动物采食被该类物质污染的饲料，引起以呕吐、腹泻为特征的中毒性疾病。单端孢霉烯族化合物是一组主要由镰刀菌的某些菌种所产生的生物活性和化学结构相似的有毒代谢产物，具有蓓半萜环结构，在 9、10 位有不饱和键，12、13 位上形成环氧基，从真菌培养物和植物中已分离到 148 种，12,13-环氧基是其毒性的化学结构基础。天然污染谷物和饲料的主要是 T-2 毒素、HT-2 毒素、脱氧雪腐镰刀菌烯醇（DON）、二醋酸藨草镰刀菌烯醇（DAS）和雪腐镰刀菌烯醇（NIV）等。该类化合物为无色结晶，非常稳定，难溶于水，溶于极性溶剂，加热不会被破坏。

（一）T-2 毒素中毒

T-2 毒素中毒（T-2 toxin poisoning）是指动物采食了被 T-2 毒素污染的饲料而引起的

以呕吐、腹泻、血便为特征的中毒性疾病。各种动物均可发生，常见于猪、家禽、牛。

【病因】 T-2毒素由三线镰刀菌（*F. tricinctum*）、拟枝孢镰刀菌（*F. sporotrichioides*）、梨孢镰刀菌（*F. poae*）等产生，主要污染大麦、小麦、燕麦、玉米等。T-2毒素对动物的毒性与动物种类、年龄、毒素纯度、摄入途径和持续时间密切相关。猪饲料中T-2毒素含量为1.0 mg/kg即可引起采食量减少、体重减轻，2~3 mg/kg可使猪出现贫血，16 mg/kg可导致食欲废绝。犊牛每千克体重摄入T-2毒素0.3 mg（相当于10 mg/kg饲料），仅表现食欲下降；每千克体重摄入0.6 mg可导致食欲废绝，腹泻，体重减轻。雏鸡饲料中添加T-2毒素2~6 mg/kg，可引起采食量和体重下降；产蛋鸡饲喂含T-2毒素3 mg/kg的饲料，可见饲料消耗减少，产蛋量下降，蛋壳变薄；含T-2毒素2 mg/kg的饲料即可引起口腔损伤，产蛋量和饲料摄入量降低；鹅和鸭饲喂含T-2毒素25 mg/kg的大麦，可见食欲废绝，活动减少，严重的2 d内死亡。

【发病机理】 T-2毒素进入肠道形成各种不同的代谢产物，主要是HT-2毒素，很快被吸收进入血液，并继续在肝中代谢，由胆汁排出。T-2毒素具有广泛的生物学活性，进入消化道刺激黏膜，出现广泛性的炎症、坏死和溃疡，导致食欲减退或废绝，呕吐，腹泻，体重减轻，因肠道大量渗出使血容量降低引起休克。毒素被吸收后主要作用于增殖活跃的细胞，抑制蛋白质、DNA、RNA的合成，破坏氨基酸、核苷酸和葡萄糖的转运及Ca-K通道的活性，抑制线粒体和电子传递链的功能，使体内自由基增加而引起脂质过氧化损伤，诱导细胞凋亡，调节免疫反应，改变神经递质，诱导多种趋化因子和细胞因子的基因表达等。因此，T-2毒素对大多数组织细胞都具有毒性作用。①对心、肝、肾等实质器官均有一定的损伤。②可导致骨髓坏死、白细胞减少，使血小板再生、凝聚和释放障碍，对骨髓的损害呈不可逆性。③对红细胞膜产生毒性效应，引起红细胞膜的损伤，导致溶血。④具有免疫抑制作用，损伤脾及外周血淋巴细胞，降低机体的免疫应答能力。⑤具有繁殖毒性，T-2毒素能通过胎盘屏障，影响胎儿组织器官的发育和成熟；还具有一定的致畸和致癌性。

【临床症状】 主要表现采食量减少，甚至拒食，呕吐，腹泻，皮肤坏死，口腔黏膜损伤，胃肠道出血和坏死。因动物品种、摄入剂量和持续时间不同而有一定差异。

1. 猪 常急性发作，食欲不振，精神沉郁，步态蹒跚，鼻、唇、口角皮炎，舌和口腔黏膜溃疡与坏死，流涎。呕吐，腹痛，腹泻，皮炎，心搏动加快，肌肉痉挛。

2. 牛 急性中毒表现食欲不振，精神沉郁，步态蹒跚，唇、口腔黏膜溃疡与坏死，流涎。腹泻，脱水，血便。慢性中毒，犊牛生长发育迟缓。妊娠牛可流产和不育。

3. 家禽 雏鸡表现生长减慢，精神沉郁，羽毛松乱，消瘦，贫血。严重者卧地不起，有的呈佝偻病特征，翅部羽毛参差不齐。口腔、舌、喙部黏膜坏死、结痂，有的口腔闭合困难。蛋鸡采食量减少，产蛋率迅速下降，蛋壳变薄；严重者精神沉郁，躺卧，拒食，鸡冠和肉垂发绀，有的口腔黏膜溃疡、黄痂。

4. 马 狂躁不安，转圈，共济失调，痉挛，食欲减退，口腔溃疡。有时呕吐，腹痛，腹泻；呼吸困难，心律不齐；后期转为沉郁，全身乏力，肌肉震颤，昏迷。严重者体质虚弱，不能站立。

【诊断】 根据病史、临床症状，结合饲料霉菌毒素含量分析和病理学检查，即可诊断。诊断依据：①有饲喂被霉菌毒素污染的饲料的病史；②临床主要表现呕吐，腹泻，血便，口腔黏膜坏死、溃疡；③饲料中T-2毒素含量高于1.0 mg/kg；④血液学检查，白细胞数、红细胞数、血红蛋白含量等均降低，凝血酶原时间延长，血清蛋白质含量下降；⑤剖检表现消瘦，呈恶病质，消化道黏膜出血、坏死，实质器官变性、出血；⑥必要时用可疑饲料进行动物试验。

【治疗】 无特效解毒药物，治疗原则是一般解毒和对症治疗。应立即停止饲喂被霉菌污染的饲料，供给适口性好的优质饲料，提高饲料营养水平，尤其是蛋氨酸、维生素等。对症治疗

包括保护胃肠黏膜，补液，补充能量和维生素等。

【预防】防止饲料和饲料原料发霉是预防本病的关键。原料要晒干储藏，并保持环境干燥。霉菌毒素污染的饲料应脱毒后再饲喂动物，可用膨润土、沸石、漂白土等。

（二）脱氧雪腐镰刀菌烯醇中毒

脱氧雪腐镰刀菌烯醇中毒（deoxynivalenol poisoning）是动物采食被这种毒素污染的饲料而引起的以食欲废绝、呕吐为特征的中毒性疾病。各种动物均可发生，其中猪、犬、猫敏感，家禽、牛和羊有一定耐受性。

【病因】脱氧雪腐镰刀菌烯醇（DON）又称呕吐毒素，主要污染小麦、大麦、燕麦、玉米等粮食（饲料）及其制品，在谷物和饲料中污染含量为 0.05～40 mg/kg。猪对 DON 最敏感，饲料中含有极少量（低于 1.0 mg/kg）的 DON，就可引起采食量下降，达 10 mg/kg 则可完全拒食。反刍动物可耐受饲料中 10 mg/kg 的 DON，马可耐受 35～45 mg/kg，家禽可耐受 100 mg/kg。毒素主要刺激消化道黏膜，吸收后能抑制蛋白质、DNA、RNA 的合成，破坏细胞膜结构，刺激脂质过氧化反应，具有较强的免疫毒性作用。

【临床症状】主要表现食欲减退，呕吐，腹泻。

1. 猪 食欲废绝，呕吐，腹泻，血便，皮肤、黏膜红肿和坏死，体温下降。慢性中毒表现食欲减退，增重减慢，呈"僵猪"状。

2. 家禽 肉鸡表现呼吸困难，精神沉郁，离群呆立，平衡失调，反复吞咽，腹泻。鸭食欲减退，体重下降，雏鸭有呕吐症状。蛋鸡表现蛋壳品质异常，种蛋胚胎死亡率升高。

【诊断】根据病史、临床症状，结合饲料 DON 测定，即可诊断。

【治疗】本病无特效解毒药物。治疗原则是促进毒物排泄，保护胃肠黏膜，对症治疗。具体参考 T-2 毒素中毒。

（三）二醋酸藨草镰刀菌烯醇中毒

二醋酸藨草镰刀菌烯醇中毒（diacetoxyscirpenol poisoning）是指动物采食了被其污染的饲料而引起的以黏膜和皮肤损伤为特征的中毒性疾病。临床特征是黏膜溃疡，皮肤坏死，消化紊乱。各种动物均可发生，主要见于家禽、牛、猪。

【病因】主要是二醋酸藨草镰刀菌烯醇（DAS）污染谷类和饲料所致，DAS 毒性作用比 T-2 毒素强。DAS 对猪静脉注射的 LD_{50} 为每千克体重（0.376 ± 0.043）mg，肉仔鸡经口 LD_{50} 为每千克体重 4 mg。饲料中含一定量 DAS 可引起雏鸡采食量减少，增重减慢，口腔溃烂。DAS 与 T-2 毒素的化学结构和毒性作用非常相似。

【临床症状】

1. 牛 犊牛表现嗜睡，呕吐，血便，后躯麻痹。成年牛食欲减退或废绝，腹泻，产乳量降低，胃肠道损伤。

2. 猪 仔猪出现不同程度的口腔、齿龈、唇、舌等处的多发性增生性损伤，增重减慢，食欲减退或废绝。剖检，皮肤坏死，结膜炎和角膜损伤，小肠黏膜坏死、出血，肝、肾损伤。

3. 家禽 肉鸡生长减慢，佝偻病，精神沉郁，口腔黏膜坏死和溃疡，体重减轻，贫血，羽毛参差不齐。蛋鸡产蛋率明显下降，采食量减少或废绝，精神沉郁，蛋壳变薄；严重者躺卧，鸡冠和肉髯发绀，有的口腔黏膜溃疡。

【诊断】根据病史、临床症状，结合饲料 DAS 含量测定，即可诊断。

【治疗】本病尚无特效解毒药物，治疗原则及方法参考 T-2 毒素中毒。

（四）雪腐镰刀菌烯醇中毒

雪腐镰刀菌烯醇中毒（nivalenol poisoning）是由于动物采食了被该毒素污染的饲料而引起的以呕吐、腹泻、出血、神经机能紊乱和心功能障碍为特征的中毒性疾病。各种动物均可发生，主要见于猪和家禽。

【病因】主要是雪腐镰刀菌烯醇（NIV）污染谷物所致。NIV 属剧毒或中等毒性，急性毒性较 DON 和 T-2 毒素强。猪饲料中含一定量 NIV，饲喂 3 周，可引起胃肠道糜烂和肾病；雏鸡和蛋鸡饲料分别含 NIV 3～12 mg/kg 和 3～5 mg/kg，即可引起病理变化。NIV 摄入机体对黏膜有较强的刺激作用，吸收后发挥多方面的毒性作用。

【临床症状】猪主要表现采食量减少，体重减轻，食欲减退或废绝，呕吐，腹泻，出血，神经机能紊乱，皮肤组织坏死。家禽表现饲料消耗和增重降低，肌胃糜烂，体重减轻。

【诊断】根据病史、临床症状，结合饲料 NIV 含量测定，即可诊断。

【治疗】本病尚无特效解毒药物，治疗原则及方法参考 T-2 毒素中毒。

五、霉稻草中毒

霉稻草中毒（mouldy straw poisoning）是由于牛采食发霉稻草所致的一种中毒性疾病。临床特征是耳尖、尾端呈干性坏疽，蹄腿肿烂以至蹄匣和趾（指）骨脱落，俗称牛"蹄腿肿烂病"。主要发生于水牛，黄牛、乳牛也可发病。

【病因】主要是动物采食大量霉变稻草所致，发病有明显的季节性和地区性，因收割季节阴雨连绵，导致稻草发霉。在我国南方水稻主产区多发，于 10 月中旬开始发生，11～12 月达高峰，至次年 3～4 月自行停止。主要是镰刀菌属多种真菌（如三线镰刀菌、拟枝孢镰刀菌、犁孢镰刀菌等）侵染稻草，产生丁烯酸内酯及多种单端孢霉烯族化合物所致，丁烯酸内酯是致病的主要毒素。丁烯酸内酯对小鼠经口服 LD_{50} 为 275 mg/kg，经腹腔注射 LD_{50} 为 43.7～71 mg/kg；犊牛每天投服 22～31 mg/kg，可使尾发生红斑和水肿，投服 30～68 mg/kg 经 3～4 d 可引起死亡。

【发病机理】本病的发生机理仍不十分清楚。丁烯酸内酯被机体吸收进入血液，主要的毒害作用是引起动物末梢血液循环障碍。毒素作用于外周血管，使局部血管发生痉挛性收缩，并损害血管内皮细胞，以致血管增厚，管腔狭窄，血流缓慢和血栓形成，进而发生血管炎。由于局部血液循环障碍，引起局部组织淤血、水肿、出血和坏死。因皮肤屏障机能被破坏，继发细菌感染，使病情恶化，严重者球关节以下部分发生腐败或脱落。环境低温是本病重要的促发因素，低温有利于镰刀菌产生丁烯酸内酯，低温的作用，可使牛远端体表末梢血管收缩，血流缓慢，这更增强了毒物的作用，促使疾病的发生。

【临床症状】黄牛症状较轻，水牛症状明显、病程长。病初步态僵硬，轻度跛行，蹄冠部微肿，触压患部有热痛反应。数日后，肿胀明显并逐渐蔓延，皮肤发红、瘙痒、干燥甚至龟裂，渗出黄白色液体。进一步发展，皮肤破溃、出血、化脓和坏死，疮面久不愈合，具腥臭味；肿胀由蹄部蔓延至腕关节、跗关节时，跛行明显，病牛不愿行走，喜卧而不愿站立。耳尖、尾端呈干性坏死。后期蹄匣松动脱落，有的连指（趾）关节一起脱落。有的肢端肿胀消退后，发生干性坏疽。当坏死处被细菌感染时，皮肤破溃，流出黄红色液体，皮肤与骨骼分离，似穿长筒靴样。全身状况表现为精神沉郁，拱背，被毛蓬乱、无光泽，皮肤干燥。瘙痒，脱毛，严重者背部及后躯被毛脱光；皮肤有烂斑和少许丘疹。严重者卧地不起，最终衰竭死亡。妊娠母牛可发生流产、死胎、胎衣不下及阴道外翻等。

【诊断】根据病史、临床症状，结合饲草霉菌毒素含量测定，即可诊断。诊断依据：①有饲喂发霉稻草的病史，水牛敏感，具有季节性和地区性；②表现耳尖、尾端干性坏疽，蹄腿肿烂的特征性临床症状；③饲草中丁烯酸内酯含量较高；④本病应与坏死杆菌病、麦角中毒等进行鉴别。

【治疗】本病尚无特效疗法，主要是采取对症治疗。发病后应立即停止饲喂霉变稻草，更换优质的饲料，提供全价营养，同时注意保温。对症治疗包括促进局部血液循环，防止继发感染，促进疮口愈合。

六、伏马菌素中毒

伏马菌素中毒（fumonisins poisoning）是动物采食被伏马菌素污染的饲料所引起的中毒性疾病。伏马菌素可引起人和多种动物中毒，因动物种类不同毒素作用的靶器官有很大差异，在马属动物引起脑白质软化症，猪表现肺水肿，引起肉仔鸡急性死亡综合征，引起兔肾衰竭，并可诱发大鼠肝癌。

【病因】伏马菌素是由串珠状镰刀菌（Fusarium moniliforme）、多育镰刀菌（F. proliferatum）等产生的真菌毒素，是一组结构相似的双酯类化合物，已鉴定出15种不同的伏马菌素，其中伏马菌素 B_1（FB_1）和伏马菌素 B_2（FB_2）是自然界中最普遍、毒性最强的伏马菌素。伏马菌素主要污染玉米及其制品，偶尔在高粱、大米和豌豆中检出。所谓的马霉玉米中毒是由伏马菌素 B_1 所致的大脑白质软化或液化坏死，发生于驴、骡、马，其中以驴发病率较高，尤以壮龄和老龄的发病为多；本病的发生具有明显的季节性和地区性，我国多发生于东北、华北和西北等玉米主产区，在玉米收获后的9~10月为发病高峰，其他月份只有零星发生。伏马菌素 B_1 可导致猪肺水肿。马和猪饲料中伏马菌素含量分别超过 10 mg/kg 和 50 mg/kg 即可产生毒性作用，断乳仔猪饲料中伏马菌素超过 23 mg/kg 可导致猪肝损伤。牛和绵羊对饲料中伏马菌素的耐受量为 100 mg/kg，达 200 mg/kg 即可中毒。家禽日粮中伏马菌素达 200~400 mg/kg，即可出现食欲不振，体重减轻和骨骼发育异常。

【发病机理】伏马菌素在动物体内的作用比较复杂，机理仍不十分清楚，能损害肝，并使脂类特别是鞘脂类的水平改变，还可引起实验动物的肾损害，但主要是神经毒性，可引起马脑白质软化。神经鞘脂类主要构成细胞膜、脂蛋白（低密度脂蛋白）和其他脂质含量丰富的结构，复合神经鞘脂类在维持膜结构，特别是细胞表面的微结构域中发挥重要作用。二氢神经鞘氨醇具有细胞毒性，可导致细胞增殖；神经鞘氨醇是细胞转导途径的第二信使。伏马菌素与二氢神经鞘氨醇和神经鞘氨醇的结构极为相似，均为神经鞘脂类的长链骨架，因此是神经鞘脂类生物合成的抑制剂。FB_1 抑制二氢神经鞘氨醇 N -酰基转移酶的活性，该酶参与二氢神经鞘氨醇和神经鞘氨醇转化为神经鞘脂类的反应，最终使复合神经鞘脂类减少，而增加了组织游离鞘氨醇类碱、二氢神经鞘氨醇和神经鞘氨醇及代谢产物的含量（如二氢神经鞘氨醇-1-磷酸盐、神经鞘氨醇-1-磷酸盐等）。同时，FB_1 影响细胞信号蛋白的种类，如蛋白激酶C、丝氨酸/苏氨酸激酶，而这些细胞信号蛋白与细胞因子诱导、致癌作用和细胞凋亡等一系列细胞转导途径有关。马脑白质软化的发生与伏马菌素引起的神经鞘氨醇含量增加有关。可能是增加了血脑屏障的通透性，导致血管源性脑水肿，脑血管扩张充血，血管内皮肿胀，血管通透性增加，形成大量水肿液，导致组织坏死。

伏马菌素引起猪肺水肿的机理仍不十分清楚。伏马菌素可使血清、心肌神经鞘氨醇和二氢神经鞘氨醇含量升高，而神经鞘氨醇是重要的细胞第二信使，可抑制心肌 L 型钙离子通道，减少肌浆网 Ca^{2+} 的释放，降低心肌的收缩力，导致左心衰竭，引起肺水肿。另外，伏马菌素可损伤猪肝细胞膜，使膜碎片释放进入循环，附着在肺并被肺血管巨噬细胞吞噬，释放中性粒细胞激活物，改变毛细管通透性，发生肺水肿。

【临床症状】马中毒分为兴奋型、沉郁型和混合型三种，但混合型少见。

1. 兴奋型（狂暴型）多急性发作，突然发生兴奋，狂暴，两眼视力减弱或失明。当系于饲槽时，头部猛撞饲槽或围栏，四肢用力蹬地。有的挣断缰绳，盲目运动，步态踉跄，或猛向前冲，直至遇上障碍物被迫停止；就地转圈或顺墙行走，摔倒、起立，反复多次，嘴唇、眼眶和头部流血，甚至遍体伤痕。后因过度疲劳而倒地，四肢做游泳状划动，全身肌肉震颤，角弓反张，眼球震动，粪尿失禁，公畜阴茎勃起。多数病例数日后衰竭死亡，或转为慢性。

2. 沉郁型 多属慢性，精神高度沉郁，呆立，头低耳耷，两眼无神，饮食欲减退或废绝；

唇舌麻痹、松弛下垂，吞咽困难，不能咀嚼，流涎。视力减弱或失明，有的患病动物可长时间地固定某种异常姿势，不听驾驭，步态蹒跚，有时出现转圈运动或后退，全身或局部肌肉震颤。当遇坑沟或障碍物时，不能自行躲避而跌倒。排粪尿次数减少，肠音微弱，发病数日内死亡，或昏睡数日又逐渐好转而康复。

3. 混合型 患病动物兴奋和沉郁交替出现。马还可发生十二指肠炎/空肠炎，主要表现大量出血性胃内容物反流；病理变化为黏膜和黏膜下层水肿，绒毛上皮脱落，严重的病例绒毛萎缩和出血。

猪初期表现食欲减退，随后出现肺水肿、呼吸困难、黏膜发绀，最终因呼吸衰竭而死亡。猪一般在饲喂被伏马菌素污染的饲料后 7 d 左右出现肺水肿，停喂 48 h 后不再出现死亡；饲料中低剂量的伏马菌素仅造成肝损伤，发病缓慢。

【病理变化】马的病变主要在中枢神经系统。剖检，颅腔和脊髓腔有淡黄色透明的浆液积聚，脑膜和脑回血管扩张充血，并有出血斑点。特征变化为大脑白质区出现大小不等的液化性坏死灶，大脑皮层变软、水肿，脑回平坦。切开，坏死灶内含有灰黄色、凝固性、胶冻样、半透明的坏死组织，坏死组织出现类似豆渣样变化，坏死区及其周围出血。镜检，脑膜和脑内的血管扩张充血，血管内皮肿胀、增生，血管周围间隙显著增宽，积聚水肿液和红细胞（构成环状出血），液化灶中浸润了大量水肿液，组织疏松，坏死区内血管尚完好，无炎性细胞反应。但其邻近组织高度水肿，出现大片性胶质细胞浸润、增生。

猪剖检可见严重的肺水肿和胸腔积液，肺泡隔充血，小叶间隔显著增宽，无增生和纤维组织形成。胰腺局灶性坏死，腺泡细胞分解呈圆形。肝细胞肿大，肝索紊乱，小叶周围纤维样变。

【诊断】根据病史、临床症状，结合饲料伏马菌素测定和病理变化，即可诊断。诊断依据：①饲喂发霉玉米的病史；②马表现神经症状，猪表现呼吸困难；③饲料中伏马菌素含量超过动物耐受量；④病理学变化，马表现脑白质软化，猪肺水肿；⑤本病应与马脑脊髓炎（乙型脑炎）或引起猪呼吸困难的疾病进行鉴别。

【治疗】本病尚无特效疗法，治疗原则是加强护理、促进毒物排出、镇静和对症治疗。立即停喂发霉玉米，改饲优质草料；保持患病动物安静，避免刺激。降低脑内压可用 20% 甘露醇注射液，静脉注射；镇静可用盐酸氯丙嗪、地西泮等。猪中毒可采用促进毒物排出和对症治疗等措施。

【预防】产毒串珠镰刀菌分布广泛，本病预防的关键是玉米收获后要晒干储藏，防止玉米发霉，严禁用发霉的玉米饲喂动物。加工后的饲料应密封包装，也可在饲料中添加防霉剂。轻度发霉的饲料应脱毒处理后再饲喂动物，严重霉变的饲料应废弃。

七、其他疾病

疾 病	病 因	临床症状	诊 断	治 疗
杂色曲霉毒素中毒（sterigmatocystin poisoning）	动物采食被杂色曲霉毒素污染的饲料，引起以肝和肾坏死为主要特征的中毒病。杂色曲霉毒素主要由杂色曲霉等产生，属于氧杂蒽酮类化合物。各种动物均可发病，主要见于马属动物、羊	马精神沉郁，食欲减退或废绝，进行性消瘦。结膜黄染。后期出现神经症状，如头顶墙，无目的徘徊，有的视力减退以至失明。尿少色黄，粪球干小，表面有黏液。病程1~3个月 羊多为亚急性经过，初期食欲不振，精神沉郁，消瘦。逐渐出现结膜潮红，巩膜黄染，异嗜，虚弱，腹泻，尿色深黄。病程1~2个月	根据采食发霉饲草料的病史，结合肝和肾损伤的病理变化，血清肝功能酶活性升高，血清尿素氮、肌酐含量升高，饲料杂色曲霉毒素含量超过0.2 mg/kg，即可诊断	无特效疗法。应立即停止饲喂霉败草料，给予易消化的青绿饲料和优质牧草。并应充分休息，保持环境安静，避免外界刺激。药物治疗主要是增强肝解毒能力，恢复中枢神经机能，防止继发感染

(续)

疾 病	病 因	临床症状	诊 断	治 疗
黑斑病甘薯中毒（mouldy sweet potato poisoning）	动物采食感染了黑斑病的甘薯后，发生以急性肺水肿与间质性肺气肿、严重呼吸困难以及皮下气肿为特征的中毒病。毒素主要有甘薯酮、4-甘薯醇、1-甘薯醇、1,4-甘薯二醇和甘薯宁。各种动物均可发病，主要发生于牛。发病有明显的季节性，从10月到翌年4～5月间	精神不振，食欲减退或废绝，反刍障碍。全身肌肉震颤，呼吸困难，咳嗽。肺部听诊有干、湿啰音。有的肩胛、腰背部皮下发生气肿。前胃弛缓、瘤胃臌气，粪便干硬，被覆血液和黏液。心衰弱，脉搏增数，颈静脉怒张。后期高度呼吸困难，大量鼻液，口流泡沫性唾液；黏膜发绀，眼球凸出，瞳孔扩大，全身性痉挛，终因窒息而死亡。乳牛泌乳量显著减少，妊娠母牛往往发生早产和流产	根据采食黑斑病甘薯的病史，结合呼吸困难、肺部啰音、皮下气肿等症状，肺气肿及肺水肿等病变，不难诊断。必要时进行毒素检测。本病应与牛出血性败血症、牛肺疫等进行鉴别	本病尚无特效解毒剂。治疗原则是促进体内毒物的排出，缓解呼吸困难和对症治疗
霉变甘蔗中毒（mouldy sugarcane poisoning）	动物采食保存不当而霉变的甘蔗引起的以呕吐、腹泻、腹痛和神经机能紊乱为特征的急性中毒病。毒素为3-硝基丙酸，小鼠的LD$_{50}$为每千克体重65～121 mg。见于多雨、高温、高湿季节，各种动物均可发病	初期表现呕吐，腹痛，腹泻，流涎。随着疾病发展，肌肉震颤，阵发性抽搐，角弓反张，意识丧失，昏迷，因呼吸衰竭而死亡	根据采食霉变甘蔗的病史，结合呕吐、腹泻、腹痛和神经机能紊乱为主的临床症状，即可诊断。必要时测定3-硝基丙酸含量	尚无特效解毒药物，中毒后应尽快采取洗胃、阻止毒物吸收及对症治疗等措施
麦角生物碱中毒（ergot alkaloids poisoning）	动物采食被麦角生物碱污染的谷物所致的以末梢坏疽和泌乳降低为特征的中毒病。麦角菌主要寄生在麦类（黑麦、小麦、大麦、燕麦）和水稻、黑麦草、杂草及禾本科牧草花蕊的子房中（二维码8-21）。麦角生物碱主要有麦角胺、麦角克碱、麦角新碱。各种动物均可发病，主要见于牛、羊、猪和家禽	牛患病初期末梢部位表现发红，肿胀，皮温低下，脱毛，感觉减弱或消失，食欲降低，跛行，卧地不起。随后病变部呈蓝黑色，皮肤干燥，坏死区与健康组织之间出现明显的界限，末梢部位发生干性坏疽（二维码8-22），邻近坏死部位皮下出血、水肿。猪表现食欲减退，体重减轻，妊娠母猪乳房发育受阻，产后无乳，可导致早产，胎儿干性坏死，产仔数减少；有的在耳、鼻盘、后肢等部位发生坏疽（二维码8-23）。家禽主要表现采食减少，增重缓慢，喙、鸡冠和脚趾坏死，腹泻；有的鸡冠、肉髯、面部、眼睑出现水疱性皮炎，结痂；有的鸡冠和肉髯形成永久性萎缩和变形；跖骨和趾骨皮肤发生水疱和溃疡；雏鸡生长发育停滞，甚至死亡	根据食用麦角的病史，结合蹄部、耳尖、尾尖坏疽和泌乳降低的特征症状，家禽主要检查鸡冠、肉髯、脚趾，可初步诊断。确诊必须测定饲料中的麦角生物碱含量	尚无特效药物，中毒后应立即停喂可疑饲草饲料，供给优质全价饲料。将患病动物转移至温暖、干燥的环境。主要应采取措施控制继发细菌感染

二维码8-21

二维码8-22

二维码8-23

中毒性疾病
第八章

(续)

疾 病	病 因	临床症状	诊 断	治 疗
橘青霉素中毒（citrinin poisoning）	动物采食被该毒素污染的饲料所引起的以肾损伤为特征的中毒病。橘青霉素主要由橘青霉、鲜绿青霉、徘徊青霉等污染玉米、小麦、大麦、黑麦、稻米及其他饲料而产生。一般与赭曲霉毒素、展青霉素等共同存在，引起动物中毒。各种动物均可发病，主要见于猪和牛	猪慢性中毒表现卧地不起，耳、眼睑、四肢内侧皮肤由潮红变为蓝紫色；个别猪颈肌强直、流涎、呕吐等。急性中毒主要发生于断乳仔猪，除剧渴和多尿外，还出现肾源性水肿，皮下水肿，腰下两侧腹部鼓胀，共济失调，角弓反张 牛表现皮肤瘙痒，被毛脱落，丘疹性皮炎，食欲减退，体温升高（40~41.5℃），皮肤瘙痒摩擦导致损伤和出血；严重者可死亡	根据采食霉败饲料的病史，结合临床症状可初步诊断。确诊要测定饲料中橘青霉素含量，必要时进行动物试验	尚无特效解毒药，中毒后立即停喂可疑饲料，供给全价饲料。并采取促进毒物排出和对症治疗等措施
流涎胺中毒（slaframine poisoning）	动物采食被该毒素污染的饲草料所引起的以流涎为主要特征的中毒病。流涎胺是由红三叶草感染豆类丝核菌所产生的代谢产物。各种动物均可发病，主要见于牛、马和绵羊	主要表现过度流涎，流泪，食欲减退，腹泻，有时呈水泻，尿频，瘤胃臌气，僵硬。泌乳动物产乳量降低，妊娠动物流产。严重者可死亡	根据病史，结合流涎、流泪、瘤胃臌气等临床症状，即可诊断。必要时测定饲草料中流涎胺的含量，并进行动物试验	尚无特效解毒药，中毒动物应立即停喂可疑饲草料，供给新鲜优质饲草。主要采取促进毒物排出和对症治疗等措施

第三节 农药、灭鼠药与化肥中毒

农药是用于防治作物病虫害，清除杂草和促进植物生长的药物总称，包括杀虫剂、杀螨剂、杀菌剂、除草剂以及植物生长调节剂等。随着现代农业生产的发展，高效、低毒、低残留农药的应用越来越广泛。动物农药中毒主要是在使用农药过程中，农药污染土壤、空气、牧草、饲料和水源，或附着在其他物体上进入动物体内引起的中毒。我国的灭鼠剂品种位居世界第一，目前允许使用的有生物灭鼠剂、抗凝血灭鼠剂和磷化锌，中毒主要是由于毒饵放置不当，被畜禽误食；或肉食动物食入被毒死的鼠尸或其他动物尸体而二次、三次中毒。兽医临床上发生的化肥中毒，主要是在农业生产中广泛且大量应用的各种含氮化肥引起的中毒，常见的有氨中毒、非蛋白氮中毒和氨化饲料中毒。

一、有机磷农药中毒

有机磷农药中毒（organophosphate pesticides poisoning）是由于有机磷化合物进入动物体内，抑制胆碱酯酶的活性，导致乙酰胆碱大量积聚所致的中毒性疾病。临床特征是流涎，腹泻，肌肉痉挛。各种动物均可发病。

【病因】有机磷类化合物主要用于农业杀虫、环卫灭蝇、动物驱虫及灭鼠，根据大鼠经口的急性半数致死量（LD_{50}）可分为三类：①高毒类（$LD_{50} < 50$ mg/kg），如甲拌磷、对硫磷、甲胺磷、氧乐果等；②中毒类（LD_{50} 为 50~500 mg/kg），如敌敌畏、乐果、倍硫磷等；③低毒类（$LD_{50} > 500$ mg/kg），如敌百虫、辛硫磷、二嗪磷、马拉硫磷等。目前高毒类、中毒类有机磷农药大部分已禁用。动物中毒主要是药物保管不当、应用不慎或造成环境、饲料及水源污染所致，常见的原因有以下几方面。

1. 动物饲养管理粗放 动物采食、误食或偷食喷洒过农药不久的农作物、牧草、蔬菜类，或拌、浸有农药的种子。

2. 农药管理与使用不当 如在运输过程和保管中，包装破损使农药漏出污染地面，或污染饲料和饮水。在同一库房储存农药和饲料，或在饲料库中配制农药或拌种，造成农药污染饲料。

3. 饮水或饮水器具被有机磷农药污染 如在水源上风处或在池塘、水槽、涝池等饮水处配制农药，洗涤有机磷农药盛装器具和工作服等。农药厂排放废水可使局部地表水受到较严重的污染，使鱼类和其他水生动物中毒死亡。

4. 空气污染 农业、林业及环境卫生防疫工作中喷雾，动物吸入挥发的气体或雾滴可致中毒。

5. 作为兽药用量过大 有些有机磷化合物防治动物疾病引起中毒，如过量应用敌百虫等治疗皮肤病和内外寄生虫病而引起的中毒等。

6. 蓄意投毒 有时发生人为的蓄意投毒，造成动物中毒。

【发病机理】有机磷农药主要经胃肠道、呼吸道、皮肤和黏膜吸收，吸收后迅速分布于全身各脏器，其中以肝浓度最高，其次是肾、肺、脾等，肌肉和大脑最低。有机磷进入体内后，可抑制许多酶的活性，但主要是抑制胆碱酯酶。进入体内的有机磷化合物与乙酰胆碱酯酶的酯解部位结合，形成比较稳定的磷酰化胆碱酯酶（图8-3），失去分解乙酰胆碱的能力，导致内源性乙酰胆碱积聚，强烈、长时间地作用于胆碱受体，引起胆碱能神经传导功能紊乱，导致先兴奋后衰竭的一系列毒蕈碱样、烟碱样和中枢神经系统等症状，即胆碱能神经持续兴奋的一系列综合征。乙酰胆碱酯酶被抑制后，在神经末梢恢复较快，少部分在第二天可基本恢复；但红细胞中一般不能自行恢复。

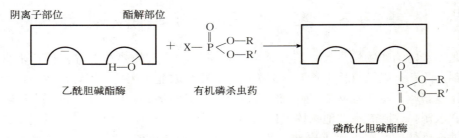

图8-3 乙酰胆碱酯酶形成磷酰化胆碱酯酶示意图

此外，有机磷化合物对中枢神经系统、神经节和效应器官可能有直接刺激作用，还具有抑制三磷酸腺苷酶、胰蛋白酶、胰凝乳蛋白酶活性的作用，因此常使病情复杂化和严重化，并使病程相应延长。有些有机磷农药有致突变性和遗传毒性，可能通过以下途径发挥作用：酶介导的生物转化代谢物转变成为高活性的自由基，直接形成加合物或通过烷基化损伤DNA；在代谢过程中产生的超活性氧化物诱导DNA链或染色体断裂；以上代谢物和氧化物启动了膜的脂质过氧化，反过来产生细胞毒性和遗传毒性。

【临床症状】有机磷农药中毒后，主要表现毒蕈碱样、烟碱样和中枢神经系统症状。

1. 毒蕈碱样症状（又称M样症状） 主要是副交感神经末梢兴奋所致，类似毒蕈碱的作用，即使平滑肌痉挛和腺体分泌增加。表现为腹痛，呕吐，流涎，流泪，流鼻涕，肠音亢进，粪尿失禁，心跳减慢，瞳孔缩小；支气管痉挛和分泌物增多，咳嗽，湿啰音，呼吸困难。

2. 烟碱样症状（又称N样症状） 乙酰胆碱在横纹肌神经肌肉接头处过多蓄积和刺激，类似烟碱样作用，出现肌纤维颤动和全身肌肉强直性痉挛（如上下眼睑、颈、肩胛、四肢肌肉发生震颤）。后期继发骨骼肌无力和麻痹，呼吸肌麻痹引起呼吸衰竭。交感神经节受乙酰胆碱的刺激，其节后交感神经纤维末梢释放儿茶酚胺使血管收缩，引起血压升高，心跳加快，并伴有心律失常。

3. 中枢神经系统症状 乙酰胆碱在脑内大量积聚，使中枢神经细胞之间的兴奋传递发生障碍，造成中枢神经系统的机能紊乱，表现为先兴奋不安、体温升高，后抑制、昏睡、惊厥或昏迷等。

反刍动物主要以毒蕈碱样症状为主，表现不安，流涎，鼻液增多，反刍停止，粪便带血，并逐渐变稀，甚至出现水泻。肌肉痉挛，眼球震颤，结膜发绀，瞳孔缩小，不时磨牙，呻吟。呼吸困难或迫促，呼出气体有大蒜味，听诊肺部有广泛湿啰音。心跳加快，脉搏增数，肢端发凉，体表出冷汗。最后因呼吸肌麻痹而窒息死亡。妊娠牛流产。

猪烟碱样症状明显，表现肌肉、眼球震颤，流涎。进而步态不稳，身躯摇摆，不能站立，病猪侧卧或俯卧（二维码8-24）。呼吸困难或迫促，部分病例可遗留失明和麻痹后遗症。

家禽病初表现不安，流泪，流涎。继而食欲废绝，腹泻，运动失调，肌肉震颤，瞳孔缩小，呼吸困难，黏膜发绀。最后倒地，两肢伸直抽搐，昏迷而死亡。（二维码8-25）

犬、猫表现流涎，呕吐，腹痛，腹泻，瞳孔缩小，呼吸困难，心动过速。严重者病初兴奋不安，体温升高，肌肉震颤，抽搐，躯干与四肢僵硬，很快转为肌肉无力、麻痹，终因呼吸抑制和循环衰竭而死亡。

血液胆碱酯酶活性降低，大多数致死性中毒血液胆碱酯酶活性低于参考值的25%；一般认为，全血胆碱酯酶活性为正常的50%~70%为轻度中毒，30%~50%为中度中毒，低于30%为重度中毒；但血液胆碱酯酶的活性与中毒的程度并不一定相关，影响中毒的关键是酶活性降低的速度。血清LDH和AKP活性明显升高，CPK、AST活性也升高。

二维码8-24

二维码8-25

【病理变化】剖检，胃肠内容物呈蒜臭味，胃肠黏膜充血、肿胀、出血，有的糜烂和溃疡，黏膜极易剥脱；肝肿大，淤血，胆囊充盈。肾肿大，切面紫红色，层次不清晰；心脏有小出血点；肺充血、水肿，气管、支气管内充满泡沫状黏液，有卡他性炎症；脑和脑膜充血、水肿。镜检，消化道黏膜上皮变性、坏死和脱落，固有层和黏膜下层充血、出血、水肿；肝细胞颗粒变性和脂肪变性；肾小管上皮细胞变性；细支气管平滑肌层增厚，管腔狭窄，黏膜呈许多皱襞突向管腔；神经细胞变性，比正常细胞肿大20倍左右，常有噬神经细胞现象和卫星化。

【诊断】根据病史、临床症状，结合饲料、饮水、胃内容物有机磷化合物测定及病理学检查，即可诊断。诊断依据：①有机磷农药的接触史；②临床表现瞳孔缩小、腺体分泌增多、肌纤维震颤、呼吸困难等症状；③血液胆碱酯酶活性降低；④饲料、饮水、胃内容物等可疑样品测定有机磷农药；⑤剖检，主要表现消化道黏膜损伤和肺水肿；⑥阿托品和胆碱酯酶复活剂有治疗效果。

【治疗】治疗原则是迅速清除毒物，应用特效解毒药，对症治疗。

患病动物应立即停止饲喂可疑饲料和饮水，让其迅速脱离被农药污染的环境，并积极采取以下抢救措施。

1. 清除毒物和防止毒物继续吸收 ①清洗皮肤和被毛。经皮肤用药或农药污染体表时，可用微温水或凉水、淡中性肥皂水清洗局部或全身皮肤，但不能刷拭皮肤。②洗胃和催吐。经消化道摄入，早期可用催吐、洗胃清除毒物。③缓泻与吸附。缓泻可用硫酸镁、硫酸钠或人工盐等盐类泻剂轻泻胃肠内容物，吸附可用活性炭等。

2. 特效解毒剂 有机磷中毒的特效解毒剂包括生理颉颃剂和胆碱酯酶复活剂两类，二者合用则疗效更好。

（1）生理颉颃剂：抗胆碱药能与乙酰胆碱竞争胆碱受体，起到阻断乙酰胆碱的作用。阿托品具有阻断乙酰胆碱对副交感神经和中枢神经系统毒蕈碱受体的作用，对缓解毒蕈碱样症状和对抗呼吸中枢抑制有效，但对烟碱样症状和恢复胆碱酯酶活力没有作用。中毒动物对阿托品的

耐受性增强,阿托品作为解毒应用时要比常用剂量高,其用量控制在出现轻度"阿托品化"表现为止。牛首次每千克体重 0.15~0.5 mg,猪、羊一次总量 5~10 mg,鸡每 30 只 1 mg,首次静脉注射,经 30 min 后未出现瞳孔扩大、口干、皮肤干燥、心率加快、肺湿啰音消失等"阿托品化"表现时,应重复用药,给药途径可改为皮下或肌内注射,直至出现明显的"阿托品化"表现,后减少用药次数和剂量,以巩固疗效。在治疗过程中,如出现瞳孔扩大、神志模糊、烦躁不安、抽搐、昏迷和尿潴留等时,提示阿托品中毒,应立即停药。

(2)胆碱酯酶复活剂:肟类化合物能使被抑制的胆碱酯酶复活。临床上常用的肟类化合物制剂有解磷定、氯磷定、双复磷和双解磷等。胆碱酯酶复活剂对解除烟碱样症状作用较为明显,但对各种有机磷农药中毒的疗效并不完全相同。解磷定和氯磷定对内吸磷、对硫磷、甲胺磷、甲拌磷等中毒的疗效好,对敌百虫、敌敌畏等中毒疗效差。双复磷对敌敌畏和敌百虫中毒效果较好。胆碱酯酶复活剂对已老化的胆碱酯酶无复活作用,因此对慢性胆碱酯酶抑制的疗效不理想。对胆碱酯酶疗效不好的患病动物,应以阿托品治疗为主或二者合用。

3. 对症治疗 可根据病情适时采取措施维持呼吸功能,保持呼吸道通畅;合理使用呼吸兴奋剂;保持患病动物安静和控制惊厥;强心、利尿,促进血液中毒物排出;补充体液,维持水、电解质和酸碱平衡。

【预防】严格按照有机磷农药说明的操作规程使用,农药要妥善保管,以免混入饲料。喷洒过有机磷农药的农田或牧草,应设立明显的标志,7 d 内禁止动物采食。严格按《中华人民共和国兽药典》规定应用有机磷杀虫剂治疗有关疾病,不得滥用或过量使用。加强农药厂废水的处理和综合利用,对环境进行定期监测,以便有效地控制有机磷化合物对环境的污染。

二、氨基甲酸酯类农药中毒

氨基甲酸酯类农药中毒(carbamate pesticides poisoning)是动物摄入该类农药后抑制机体胆碱酯酶的活性,而出现以胆碱能神经兴奋为主要症状的中毒性疾病。各种动物均可发病。

【病因】氨基甲酸酯类农药的优点是选择性强,对害虫药效较强、作用迅速,对人和动物则毒性较低、无明显蓄积性。按用途分为杀虫剂(如西维因、呋喃丹、异丙威、混灭威、巴沙等)、除草剂(如氯炔草灵、二氯烯丹、燕麦敌等)和杀鼠剂(如灭鼠胺、灭鼠腈)。氨基甲酸酯类农药可经消化道、呼吸道和皮肤吸收,经皮肤吸收的毒性较其他途径低。动物中毒主要是摄入被农药污染的饲料、饮水,或采食近期喷洒过农药的农作物或牧草。也见于治疗动物寄生虫病时,用量过大。

【发病机理】氨基甲酸酯类农药可经呼吸道、消化道及皮肤吸收。吸收后分布于肝、肾、脂肪和肌肉组织中。在肝中进行代谢,一部分经水解、氧化或与葡萄糖醛酸结合而解毒,一部分以原形或其代谢产物的形式迅速由肾排泄。氨基甲酸酯类农药的立体结构式与乙酰胆碱相似,可与胆碱酯酶阴离子部位和酯解部位结合,形成可逆性复合物,即氨基甲酰化胆碱酯酶,从而抑制该酶的活性,造成乙酰胆碱蓄积,刺激胆碱能神经,出现与有机磷中毒相似的临床症状。但是与有机磷相比,氨基甲酸酯对胆碱酯酶的结合力较弱且不稳定,形成的氨基甲酰化胆碱酯酶易水解,使胆碱酯酶活性在 4 h 左右自动恢复。故症状轻于有机磷中毒,且恢复较快。其中呋喃丹与胆碱酯酶的结合不可逆,故毒性较强。

【临床症状】急性中毒的症状与有机磷农药中毒相似,经呼吸道和皮肤中毒者,2~6 h 发病,经消化道中毒发病较快,10~30 min 即可出现症状。主要表现为流涎,呕吐,腹泻,胃肠运动功能增强,腹痛,多汗,呼吸困难,黏膜发绀,瞳孔缩小,肌肉震颤。严重者发生强直痉挛,共济失调,后期肌肉无力,麻痹。气管平滑肌痉挛导致缺氧,最终窒息而死亡。

【病理变化】剖检,肺、肾局部充血和水肿,胃肠黏膜点状出血。

【诊断】根据病史、副交感神经过度兴奋的临床症状,结合实验室毒物分析,即可初步诊断。诊断依据：①接触氨基甲酸酯类农药的病史；②主要表现流涎，呕吐，腹泻，腹痛，呼吸困难，黏膜发绀，肌肉震颤等临床症状；③对可疑饲草料、饮水和胃肠内容物中氨基甲酸酯类农药的定性和定量分析；④全血胆碱酯酶活性降低；⑤本病应与有机磷中毒进行鉴别。

【治疗】患病动物应尽快注射硫酸阿托品，使胆碱酯酶活性恢复，注射剂量和间隔时间依照病情而定，必要时可重复给药；也可用氢溴酸东莨菪碱。肟类化合物如解磷定等胆碱酯酶复活剂对氨基甲酸酯中毒无效。必要时进行对症治疗。

【预防】生产和使用农药应严格执行各种操作规程，严禁动物接触当天喷洒农药的田地、牧草和涂抹农药的墙壁，以免误食中毒。用氨基甲酸酯类农药治疗畜禽外寄生虫病时，谨防过量使用和被动物舔食。

三、抗凝血灭鼠剂中毒

抗凝血灭鼠剂中毒（anticoagulant rodenticide poisoning）是这类药物进入机体后干扰肝对维生素K的利用，抑制凝血因子，影响凝血酶原合成所致的中毒性疾病。临床特征是凝血时间延长，广泛性多器官出血。各种动物均可发病，常见于犬、猫、猪、家禽等。

【病因】抗凝血灭鼠剂是目前效果最好、使用最安全、应用最广泛的一大类慢性灭鼠剂。按化学结构分为4-羟基香豆素和茚满二酮两类。4-羟基香豆素类有灭鼠灵（华法林）、杀鼠醚、比猫灵、克杀鼠等，茚满二酮类有敌鼠钠、氯鼠酮等，称为第一代抗凝血灭鼠剂，多次小剂量给药可使鼠类产生抗药性。第二代抗凝血灭鼠剂包括鼠得克、溴敌隆、大隆、杀他仗或氟鼠灵、硫敌隆或噻鼠酮等。

动物中毒主要见于误食灭鼠毒饵，其次为吞食被抗凝血灭鼠剂毒死的鼠类尸体而造成的二次中毒，但二次中毒在第二代抗凝血灭鼠剂很少发生。也见于作为抗凝血剂治疗凝血性疾病时，华法林用量过大、疗程过长或配伍用保泰松（能增强华法林的毒性）等。各种抗凝血灭鼠剂的毒性因动物品种不同而有很大差异。

【发病机理】抗凝血灭鼠剂在大剂量时抗凝血作用不是主要的，主要表现以先兴奋后抑制为特征的中枢神经症状，动物最终死于呼吸衰竭，而无任何出血体征，抗凝血作用主要是其慢性毒性。

抗凝血灭鼠剂的灭鼠作用，一方面是作用于血管壁使其通透性增加，容易出血；另一方面是通过干扰凝血酶原等凝血因子的合成，使血液不易凝固，这一过程主要是通过抑制环氧化物还原酶（还原剂为二硫苏醇糖，DTT）、维生素K还原酶和羧化酶的活性，切断维生素K的循环利用而阻碍凝血酶原复合物的形成，最终使凝血因子Ⅱ（凝血酶原）、Ⅶ、Ⅸ和Ⅹ含量降低，导致出血倾向。因机体广泛性出血造成缺氧和贫血，引起肝坏死。这种作用对已形成的凝血因子没有影响，而凝血酶原的半衰期长达60 h，肝凝血因子合成被阻断后，需要待血液中原有的凝血因子耗尽（1~3 d），才能发挥抗凝作用。因此，这类药物的抗凝血作用发生缓慢，作为灭鼠主要是发挥慢性毒力的结果。而人和其他动物中毒常发生于一次性误食，连续几天误食的可能性很小。由此可见，畜禽一次大剂量摄入中毒的机理仍有待进一步阐明。

另外，一些因素可增强抗凝血灭鼠剂的毒性，如长期口服抗生素或磺胺或食入高脂肪的精料，均可造成细菌合成维生素K不足；肝功能异常或其他产生血液凝固因素的组织受损；存在其他可增进毛细血管通透性或引起凝血障碍、出血、贫血、溶血或缺失血红蛋白的毒物；保定、肌肉活动或兴奋等。

【临床症状】敌鼠钠中毒一般在3 d左右出现症状，主要表现鼻出血、血尿、粪便带血。

1. 牛　精神沉郁，食欲减退或废绝。脉搏、呼吸加快，唇齿龈和舌背黏膜有出血斑点。瘤胃臌气，肠蠕动增强，不断排出少量带血粪便，血尿。后期站立不稳，卧地不起，肌肉震颤，全身出汗，呼吸极度困难，突然倒地，呻吟，死亡。

2. 马 精神不振，舌背部黏膜有出血点，结膜黄染，瞳孔扩大，视力减退。呼吸增数，肺部听诊有湿啰音，脉搏加快，心音混浊，心律不齐。肠蠕动增强，粪便带血或排紫黑色粪便，血尿。后期肌肉震颤，拱背，磨牙，全身出汗，呼吸困难，突然倒地死亡。

3. 猪 食欲减退或废绝，呕吐，后肢无力，行走摇晃，喜钻窝内，腹痛拱背，腹泻。呼吸迫促，结膜和唇部有出血斑点，皮肤有大块青紫斑，鼻孔不断流血，粪便呈酱油色，严重者出现头歪向一侧、转圈等神经症状，不久即死亡。

4. 犬、猫 病初兴奋不安，前肢抓地，乱跑，哀鸣，继而站立不稳。精神高度沉郁，食欲废绝，呕吐。结膜苍白，黏膜有出血点。呼吸迫促，心律不齐。从嘴角流出血样液体，尿液呈酱油色，排带血粪便，有的阵发性痉挛。

5. 鸡 食欲减退，粪便先干后稀，有恶臭。嗉囊空虚或略有食物，后期腹部鼓胀，精神沉郁，孤立一隅。皮肤和黏膜黄染。产蛋停止，后期站立如蹲坐样。

溴敌隆中毒一般在服药 3~10 d 后出现临床症状。急性中毒无前驱症状即很快死亡。亚急性中毒主要表现吐血、便血和鼻出血；体表可能发生大面积的皮下血肿，特别在易受创伤的部位；有时可见巩膜、结膜和眼内出血，黏膜苍白；心律失常，呼吸困难，步态蹒跚，卧地不起；有的痉挛，轻瘫，共济失调而很快死亡。

【**病理变化**】剖检，可见天然孔流血，结膜苍白，血液凝固不良或不凝固。全身皮下和肌肉间有出血斑。心包、心耳和心内膜有出血点，心腔内充满未凝固的稀薄血液，呈鲜红色或煤焦油色。肝、肾、脾、肺均有不同程度出血，气管和支气管内充满血样泡沫状液体。胃肠黏膜脱落，弥漫性出血或有染血内容物，胸腔、腹腔有大量血样液体。有的全身淋巴结、膀胱、尿道出血。

【**诊断**】根据病史、临床症状，结合实验室检查和病理学检查，即可诊断。诊断依据：①接触抗凝血灭鼠剂的病史；②广泛性多器官出血的临床症状；③凝血时间、凝血酶原时间、活化的部分凝血活酶时间延长，凝血因子含量降低；④可对饲料、胃内容物、肝等进行毒物检测；⑤剖检表现多器官出血；⑥本病应与牛蕨中毒、草木樨中毒、蛇毒中毒及血小板减少性紫癜等进行鉴别。

【**治疗**】早期可催吐、洗胃，并用盐类泻剂缓泻。尽早应用维生素 K_1，效果良好。必要时可输血。

【**预防**】加强灭鼠剂和毒饵的管理，毒饵投放地区应严加防范动物误食；并要及时清理未被鼠吃食的残剩毒饵和中毒死亡的鼠尸；配制毒饵的场地在进行无毒处理前禁止堆放饲料或饲养动物。

四、非蛋白氮中毒

非蛋白氮中毒（nonprotein nitrogen poisoning）是动物摄入尿素、双缩脲或其他铵盐引起的急性中毒性疾病。临床特征是流涎，呼吸迫促，痉挛。主要发生于牛、羊，其他动物偶有发生。

【**病因**】瘤胃微生物可利用饲料的含氮物质合成大量的微生物蛋白质，合理利用这一特性是缓解蛋白质来源全球性短缺的重要途径之一。能用于反刍动物的非蛋白氮化合物主要有尿素、双缩脲、磷酸脲、亚硫酸铵、硫酸铵、磷酸氢二铵、异丁基二脲、二氰二酰胺等，最常用的是尿素。尿素也可用于马的蛋白质补饲。然而补饲不当或过量即可发生中毒。①使用尿素补饲不当：补饲尿素没有一个逐渐增量的过程，初次就突然按规定量饲喂，极易引起中毒；不按规定控制用量，或添加的尿素与饲料混合不匀，或将尿素溶于水而大量饲喂，均可引起中毒；家禽对尿素非常敏感，饲喂被尿素污染的饲料易发生中毒。②诱因：补饲尿素的同时饲喂富含脲酶的大豆饼或蚕豆饼等饲料，动物饮水不足、体温升高、肝功能障碍、瘤胃 pH 升高、应激等，均可能增加动物对尿素的敏感性。

尿素的适用量、中毒量和致死量之间极为相近，因此，使用尿素时在剂量上即使存在微小差错，也可能发生中毒。尿素的饲用量一般控制在饲料总干物质的 1% 以下或精料的 3% 以下，开始在饲料中只能加入少量尿素，然后在数天或数周内逐渐增加。一般认为，单胃动物摄入铵盐 1.5 g/kg 就可致死；反刍动物每千克体重摄入 0.3～0.5 g 尿素或铵盐可出现中度中毒，牛、羊每千克体重 0.5～1.5 g 可致死；马每千克体重摄入 4 g 尿素或 1.4 g 铵盐可引起死亡。

【发病机理】瘤胃微生物可借脲酶将尿素水解为二氧化碳和氨，再胺化酮酸而形成微生物蛋白，将非蛋白氮转化为动物可消化吸收和利用的蛋白质。氨的释放依赖于摄入非蛋白氮的量、脲酶的活性和瘤胃 pH。当动物摄入过量的尿素，瘤胃的 pH 可升高到 11 左右，脲酶活力旺盛。吸收的氨主要在肝中代谢，如果进入肝的氨超过了肝的解毒能力，则门静脉血液中的氨即渗过肝进入外周血液中，当外周血液中氨超过一定量时，可使肌肉、大脑和胰腺等组织器官氨含量明显升高，出现中毒症状。中毒的严重程度同血液中氨的浓度密切相关，血氨浓度达 20 mg/L，即出现明显的中毒症状，达到 50 mg/L 或以上时，可引起动物死亡。

血液中氨含量过高引起的中毒机理仍不十分清楚，主要是氨抑制鸟氨酸循环，代偿性增加了糖原的无氧酵解，使血糖和血液中乳酸浓度升高，出现乳酸血症。脑组织氨含量过高干扰大脑的能量代谢和 Na^+-K^+ ATP 酶，细胞能量供给障碍，引起细胞损害，出现一系列神经症状。同时，血液钾含量过高可引起心搏停止而死亡。

【临床症状】反刍动物在摄入过量尿素后 30～60 min 出现症状。表现不安，呻吟，反刍停止，瘤胃臌气，肌肉震颤，共济失调，步态不稳。继而反复发作强直性痉挛，角弓反张，呼吸困难，眼球颤动，心搏加快，口、鼻流出泡沫状的液体。后期则出汗，瞳孔扩大，肛门松弛，窒息死亡。急性中毒病例，可在 1～2 h 内因窒息死亡。如延长至 1 d 左右者，则可能发生后躯不全麻痹。

马表现精神沉郁，低头耷耳，口色鲜红，气喘。随后盲目徘徊，共济失调，常将头抵于障碍物，站立不动或卧地不起。瞳孔扩大，眼睑、角膜反射消失，呼吸变慢，心搏加快，节律不齐。严重者很快死亡。

【病理变化】瘤胃内容物可能有氨味，胃肠道呈急性卡他性甚至出血坏死性炎症。肺明显水肿、充血、出血，并可继发急性卡他性或化脓性支气管肺炎。肝、肾变性。心包积液，心内、外膜出血。软脑膜充血、出血，神经细胞变性。

【诊断】根据病史、临床症状，结合血液氨浓度测定，即可诊断。诊断依据：①饲喂尿素等非蛋白氮的病史，特别是没有逐渐增量的过程；②临床表现流涎，呼吸迫促，痉挛，瞳孔扩大；③血氨为 5～10 mg/L 时，即开始出现症状；达 12～19 mg/L 时，表现痉挛；④剖检，瘤胃内容物有氨味，肺明显水肿、充血、出血，实质性器官变性；⑤本病应与有机磷中毒、有机氯中毒、氰化物中毒、脑膜炎、瘤胃酸中毒等进行鉴别。

【治疗】本病尚无特效疗法。应立即停喂尿素，灌服大量食醋或稀醋酸等弱酸类溶液，以抑制瘤胃中脲酶的活力，并中和尿素的分解产物氨，减少氨的吸收。对症治疗。

【预防】妥善保管尿素，防止动物误食。除反刍动物与马属动物外，家禽及其他动物应禁饲尿素。用尿素补饲开始用量要小，逐渐增至所规定的用量，一旦发现有中毒症状，立即停喂。若中断后再次补饲，仍应从低剂量开始。一般认为，反刍动物精料中尿素添加量不应超过 2%～3%，不超过总日粮的 1%；尿素不应超过日粮总氮的 1/3。不要将富含脲酶的豆饼类饲料与尿素同喂。补饲的尿素应与饲料拌匀，同时喂给富含糖类的饲料，以保证瘤胃微生物生命活动的需要。尿素不宜溶于水饮服，否则易迅速流入皱胃和小肠而被直接吸收或被胃中的脲酶分解成氨而发生中毒。

五、其他疾病

疾病	病因	临床症状	诊断	治疗
磷化锌中毒（zinc phosphide poisoning）	动物摄入磷化锌而引起的以中枢神经系统和消化系统功能紊乱为主要特征的中毒病。磷化锌是灭鼠剂，动物多因误食毒饵或污染磷化锌的饲料而中毒；也可因食入被毒死的鼠尸或中毒死亡的动物尸体而中毒。动物的口服致死量为20～50 mg/kg。各种动物均可发病，常见于犬、猫、家禽和猪	误食毒饵后0.25～4 h出现症状。表现食欲废绝，昏睡，呕吐，腹痛。呕吐物中常混有血液，在暗处可发出磷光。呕吐物和呼出的气体带有蒜臭味或乙炔气味。有的患病动物发生腹泻，粪便混有血液，也具磷光。呼吸困难，心率缓慢，节律不齐。后期，感觉过敏，阵发性痉挛，运动失调，呼吸极度困难，张口伸舌，虚弱无力，卧地不起，最后因缺氧、抽搐、衰竭、昏迷而死亡	根据病史，结合流涎、呕吐、腹痛、腹泻、呼吸困难等症状，即可初步诊断。确诊应对呕吐物、胃内容物或残剩饲料进行磷化锌检测。本病应与有机磷农药中毒等进行鉴别	尚无特效解毒疗法。主要促进毒物排出，对症治疗
安妥中毒（antu poisoning）	动物摄入安妥后，其有毒成分萘硫脲导致机体肺水肿和胸腔积液，引起以呼吸困难为特征的中毒性疾病。安妥为α-萘基硫脲，作为灭鼠剂使用，动物中毒主要是安妥毒品或毒饵保管使用不当，污染饲料或被误食，也见于犬、猫等食入中毒死亡的鼠尸。各种动物均可发病，常见于犬、猫和猪	误食毒饵后15 min到数小时出现症状，表现呕吐，流涎，肠蠕动增强，水样腹泻。呼吸迫促，体温偏低。很快出现肺水肿和渗出性胸膜炎，呼吸困难，黏膜发绀，鼻孔流出带血色的泡沫状液体，咳嗽，肺部听诊湿啰音。心跳加快，心音减弱。有的兴奋不安，肌肉痉挛，嚎叫。后期呕吐物中含有血液，机体虚弱，躺卧，昏迷，症状出现后2～4 h终因窒息和循环衰竭而死亡	根据误食安妥毒饵的病史，结合呼吸困难、流血样泡沫状鼻液及肺水肿等特征性症状，胃肠内容物、呕吐物及残剩饲料等进行安妥检测，即可诊断。本病应与有机磷农药中毒进行鉴别	目前尚无特效疗法。早期灌服0.1%高锰酸钾溶液洗胃，也可用0.2%～0.5%活性炭混悬液，然后用硫酸镁导泻。对症治疗
有机氟化合物中毒（organofluorous compounds poisoning）	有机氟化合物进入机体后，通过一系列"渗入作用"，干扰三羧酸循环，引起以抽搐、惊厥和心律失常等为特征的中毒病。各种动物均可发生。有机氟化合物是高效、剧毒、内吸性杀虫与灭鼠剂。主要产品有氟乙酰胺、氟乙酸钠、甘氟等，我国已明确禁止生产和使用	主要表现中枢神经系统和心血管系统损害的症状。反刍动物以心血管系统症状为主，其他动物以中枢神经系统症状为主。主要表现呕吐，流涎，兴奋不安，狂奔，尖叫，呻吟，呼吸困难，心律不齐，心动过速，瞳孔扩大；很快四肢抽搐，角弓反张，卧地不起，经过数次发作，终因循环和呼吸衰竭而死亡	根据接触有机氟农药的病史，结合神经兴奋、心律失常等主要临床症状，进行毒物定性或定量分析，即可诊断	应尽早采取清除毒物、特效解毒和对症治疗。特效解毒药为乙酰胺（解氟灵），剂量为每千克体重0.1 g/d，2～3次，肌内注射。对症治疗
毒鼠强中毒（tetramine poisoning）	动物摄入毒鼠强引起的以中枢神经兴奋为特征的中毒病，各种动物均可发生，常见于犬和猫。毒鼠强（四亚甲基二砜四胺）是有剧烈神经毒性的灭鼠药，现已禁止使用。哺乳动物口服的LD_{50}为0.10 mg/kg	动物摄入后数分钟至30 min内发病，病情发展迅速。表现兴奋跳跃，呕吐，强直性抽搐呈反复发作，意识丧失。严重的突然倒地，癫痫样发作，表现全身抽搐，口吐白沫，小便失禁，意识丧失，可在30 min内死亡	根据病史，结合突然发病，强直性抽搐等症状，呕吐物、胃内容物、血液、肝毒物检测，即可诊断	尚无特效解毒药。早期采用催吐、洗胃、灌肠、导泻等促进毒物排出。苯巴比妥钠、地西泮等可控制抽搐。同时配合对症和支持疗法

第四节 有毒植物中毒

有毒植物是指人和动物采食或误食后能引起功能性或器质性病理变化，严重者造成死亡的植物，也包括人和动物的皮肤接触植物的液汁或被植物刺伤后，引起皮肤发痒、刺痛、起疮等不良反应的植物。为了植物毒性研究的需要，将有毒植物分为4类：①狭义有毒植物，是指本身在生长发育过程中能产生某些化学类有毒物质，对人和动物具有毒性的植物，这些有毒物质绝大部分是植物的次生代谢产物，被称为植物毒素，本节所介绍的有毒植物属于这一类；②蓄积性有毒植物，是指能吸收、并蓄积具有毒理作用的土壤中物质（如重金属、硒、氟、硝酸盐等）的植物；③污染性有毒植物，是指被有毒物质（如重金属、氟、除草剂、杀虫剂等）污染的植物，这些植物的有毒物质大部分不是植物本身的产物；④条件性有毒植物，是指在正常条件下通常是安全的，但在某些特殊条件下则变为有毒植物，如苏丹草、高粱、苜蓿、三叶草等。据统计，中国有毒植物有1 300多种，分属101科260多属，引起动物中毒的有300多种，主要危害天然草原的放牧动物。

一、疯草中毒

疯草中毒（locoweed poisoning）是指动物采食豆科棘豆属和黄芪属有毒植物后，引起神经功能和运动功能障碍的中毒性疾病。临床特征是反应迟钝，头部水平震颤，步态蹒跚，后肢麻痹。各种动物均可发病，马属动物、山羊和绵羊最敏感，其次为牛、骆驼和鹿，牦牛和啮齿动物有一定的耐受性。

【病因】疯草不是植物分类上的名词术语，毒理学家发现，棘豆属（*Oxytropis*）和黄芪属（*Astragalus*）植物对动物有着几乎相同的毒害作用，动物采食后可引起以神经功能紊乱为主的慢性中毒，将这类有毒植物统称疯草。疯草是世界范围内危害草原畜牧业最为严重的毒草，已明确的有毒种有2 000余种。国外疯草主要分布于美国、加拿大、墨西哥、俄罗斯、西班牙、冰岛、摩洛哥和埃及等国家，其中以美国西部天然草原最为严重。中国疯草主要分布于西藏、新疆、青海、甘肃、内蒙古、四川、宁夏、陕西及山西等地。中国已确定的疯草类有毒植物有40多种，构成严重危害的有12种，主要是棘豆属小花棘豆（*O. glabra*）、甘肃棘豆（*O. kansuensis*）、黄花棘豆（*O. ochrocephala*）、冰川棘豆（*O. glacialis*）、毛瓣棘豆（*O. sericopetala*）、急弯棘豆（*O. deflexa*）、镰形棘豆（*O. falcata*）、宽苞棘豆（*O. latibracteata*）和硬毛棘豆（*O. fetissovii*），黄芪属茎直黄芪（*A. strictus*）、变异黄芪（*A. variabilis*）和哈密黄芪（*A. hamiensis*）（二维码8-26）。每年因牲畜疯草中毒死亡给中国西部草地畜牧业造成直接经济损失高达几十亿元以上，成为长期以来困扰草地畜牧业发展的主要毒草，被称为中国天然草地主要毒害草之首。

本病多因在生长棘豆属或黄芪属有毒植物的草地上放牧所致。在适度放牧的草地上因其他牧草丰盛，本地动物并不会主动采食疯草。但在过度放牧的情况下，草场退化、沙化，疯草群落的密度逐年增加，草场质量急剧下降，放牧动物因饥饿而被迫采食疯草，一旦采食便可成瘾，导致中毒发生。干旱年份，其他牧草特别是根系较浅的牧草，大多生长不良或枯死，而疯草根系发达，耐寒抗旱，生长相对旺盛，易为动物采食而发病。由外地引进动物，对疯草缺乏识别能力，容易误食而发病。本病一般在11月开始发病，次年2～3月达到高峰，死亡率上升，5～6月逐渐减少。

二维码8-26

【发病机理】疯草的主要有毒成分是苦马豆素（swainsonine），属多羟基吲哚兹啶生物碱，目前认为苦马豆素主要是疯草内生的丝状真菌产生的次生代谢产物，内生真菌包括豆类丝核菌（*Rhizocronia leguminicola*）、金龟子绿僵菌（*Metarhizium anisopliae*）和棘豆蠕孢菌（*Al-

ternaria oxytropis），毒素的合成机制仍不十分清楚。苦马豆素的含量与疯草种类和生长地域有关，为干物质的 0.05%～0.29%。苦马豆素分子质量小，极性大，易溶于水，可在消化道内被迅速吸收，并且很快通过尿液、粪便和乳汁排泄。苦马豆素阳离子与甘露糖阳离子的半椅状空间结构十分相似，与 α-甘露糖苷酶亲和性很高，是 α-甘露糖苷酶特异性强烈抑制剂。苦马豆素与 α-甘露糖苷酶活性作用位点特异性结合，通过抑制溶酶体 α-甘露糖苷酶活性和高尔基体 α-甘露糖苷酶Ⅱ活性，导致酶水解活性丧失，使细胞内蛋白的 N-糖基化合成、加工、转运以及富含甘露糖的寡聚糖代谢等过程发生障碍，导致糖蛋白合成异常及部分合成的低聚糖在溶酶体内的聚积形成空泡变性，进而造成器官组织损害和功能障碍。虽然细胞空泡变性是广泛的，但神经系统损害出现最早，特别是小脑浦肯野细胞最为敏感，常有细胞死亡，损伤是不可逆的，因而中毒动物表现以运动失调为主的神经症状。毒素可引起生殖系统的广泛空泡变性，特别是黄体空泡变性，干扰孕酮的产生，从而破坏妊娠，造成妊娠动物流产、死胎、弱胎。苦马豆素还直接作用于子宫、胎盘和胎儿，正常的胎盘被破坏，引起胎儿被吸收、流产、畸形和尿囊积水。对动物繁殖能力的影响是由于损害了母畜的卵泡和公畜精囊和附睾，使母畜卵泡的发生停止，公畜精母细胞空泡化，精子的形成减少。另外，中毒动物其他疾病的发病率增加，如腐蹄病、肺炎、乳头状瘤及感染性疾病，可能是与免疫系统的损害有关。

【临床症状】一般表现慢性经过。动物在采食疯草的早期，体重明显增加，若持续采食，体重下降，约半月后出现以运动机能障碍为特征的神经症状。初期表现精神沉郁，反应迟钝，步态不稳，后肢拖地或向两侧摇摆。病情严重时，眼半闭，头颈部呈现水平震颤，以致不能采食，呆立，走路时颈部及四肢僵硬，容易倒地。后期，表现贫血，水肿，心脏衰竭，消瘦，行走困难，后肢瘫痪，最后卧地不起而死亡。母畜不发情，公畜没有性行为，妊娠畜流产、畸胎、弱胎、死胎。病程通常 2～3 个月，如果采食疯草数量较大，也可在 1～2 个月内死亡。动物的种类不同，症状表现也不完全一致。

1. 马 最敏感，中毒发展较快，一般在有疯草的牧场放牧 20 d 即可出现中毒症状。病初行动缓慢，呆立不动，不合群，不听使唤，行为反常，牵之后退；四肢僵硬而失去快速运动的能力；易受惊，摔倒后不能自行站立，继而步态蹒跚似醉；有的瞳孔扩大，视力减弱，呆若木马，饮水时嘴伸入水中，但吸吮动作迟钝。

二维码 8-27

2. 羊 初期精神沉郁，拱背呆立，目光呆滞，放牧时落群，走路时头向上仰，喝水时头部颤动，食欲减退。由于后肢不灵活，行走时弯曲外展，步态蹒跚，驱赶时后躯常向一侧歪斜，往往欲快不能而倒地；严重者卧地，起立困难，在出现运动失调之前，头部即出现水平震颤或摇动。最后卧地不起，不能采食和饮水，常因极度消瘦衰竭而死亡。绵羊中毒症状出现较晚，不如山羊明显，但在应激状态下，如用手提耳便立即出现摇头、突然倒地等典型中毒症状。妊娠母羊易发生流产，产弱胎、死胎或畸形胎儿，公羊性欲降低或无性交能力，失去种用价值（二维码 8-27）。

二维码 8-28

3. 牛 表现精神沉郁，步态蹒跚，站立时两后肢交叉，视力减退，役用牛不听呼唤。有的出现盲目转圈运动，后期消瘦、衰竭（二维码 8-28）。在高海拔地区，牦牛发生充血性右心衰竭，导致下颌间隙和胸前水肿，妊娠牛腹部异常扩张。

【病理变化】剖检无典型的眼观病变。一般中毒动物消瘦，血液稀薄，皮下脂肪少，口腔及咽部溃疡，心腔扩张，心肌柔软，心内膜有出血点和出血斑，腹腔内有大量清亮的液体，肝呈土黄色，肾轻度水肿，脑膜充血。皮下结缔组织呈胶冻样浸润，甲状腺肿大。流产胎儿全身皮下水肿、出血，尤以头部最明显；胎儿心脏肥大，右心室扩张，骨骼脆弱，腹腔积液，母体胎盘明显减小，子叶周围血液淤积、子宫血管供血不良。

镜检，主要以组织细胞空泡变性，特别是神经细胞广泛空泡变性为特征（二维码 8-29）。肝细胞肿胀，胞质出现空泡，有些肝细胞破裂，核溶解或消失，间质结缔组织增生。肾小球肿

二维码 8-29

大、充血，肾小管上皮细胞颗粒变性，有的胞质出现空泡。大脑和小脑软脑膜轻度充血，神经细胞肿胀，虎斑小体溶解。小脑蒲肯野细胞核溶解或消失，胞质出现大小不等的空泡。神经胶质细胞增生，有"卫星化"或"噬神经"现象。脑毛细血管扩张、充血，内皮细胞肿胀。脊髓运动神经细胞核大部分变性，有的胞核溶解、消失。心肌纤维横纹消失，混浊肿胀，肌浆有空泡变化。母羊胎盘形成延迟，胎盘细胞胞质出现空泡，卵巢黄体细胞极度空泡化；公羊精囊、附睾和输精管数目显著减少，精原细胞和初级精母细胞空泡化，次级精母细胞和精细胞数减少，附睾的假复层上皮肥大并有空泡，精囊分泌上皮因空泡变性而扩张。

【诊断】根据病史、临床症状，结合血清α-甘露糖苷酶活性、病理学检查，即可诊断。诊断依据：①有在生长疯草的草地放牧，或饲喂疯草的病史；②临床表现反应迟钝，头部水平震颤，步态蹒跚，后肢麻痹等症状；症状不明显时，可通过提耳，出现摇头、突然倒地等症状判断；③血清α-甘露糖苷酶活性降低，尿液低聚糖含量增加，外周血液淋巴细胞胞质空泡化；④病理组织学检查，组织细胞空泡变性，特别是以神经细胞广泛空泡变性为特征；⑤有条件的可测定血清苦马豆素含量；⑥必要时可测定疯草中苦马豆素的含量，并进行动物试验。

【治疗】目前尚无特效疗法。对轻度中毒动物，只要及时转移到无疯草的安全牧场放牧，适当补给精饲料，供给充足饮水促进毒素排泄，一般可自行康复。严重中毒的动物无恢复希望，应及时淘汰。

【预防】本病关键在预防。疯草在中国西部退化草地面积大、分布广，完全禁止在疯草生长的草场放牧不现实。只有通过加强草地牧场管理，本着利用和防除相结合的原则，才能有效预防动物疯草中毒的发生。

1. 建立围栏，合理轮牧 在疯草的草场上放牧10 d，立即转移到无疯草的草场放牧10～12 d或更长一段时间，以利毒素排泄和机体恢复。在疯草密度较大的草场上，也可实行高强度放牧，迫使动物采食疯草10 d，然后再转移到安全草场放牧15～20 d。这样放牧可使部分疯草被利用，部分被踩踏，疯草逐渐减少，也不致引起中毒。

2. 生态系统控制工程 利用现代毒理学和生态毒理学的原理，不将疯草看作毒草，而是天然草原的组成部分加以合理利用。具体方法是将草场分为疯草高密度区（覆盖度大于40%）、低密度区（覆盖度20%～40%）和基本无疯草区（覆盖度低于20%）。先在高密度区放牧10 d或在低密度区放牧15 d，在动物即将出现中毒症状时，转入基本无疯草区放牧20 d，排除体内毒素，使其恢复，如此循环，可有效地预防疯草中毒的发生。

3. 脱毒利用 疯草虽然对动物有毒，但作为豆科植物营养丰富，粗蛋白含量在15%左右，是一种可利用的潜在牧草资源。可在疯草生长茂盛的地区，选择盛花期收割，晒干后用清水或稀酸水浸泡脱毒，或直接进行青贮脱毒利用。

4. 药物预防 可用预防药物"棘防E号"散剂和缓释丸。散剂随精料添加，也可在饮水时将药物溶入水中让动物饮用。在动物采食疯草前，将缓释丸投入胃内，可在胃内缓慢释放，持续消除进入消化道的毒素。

5. 防控技术 有人工挖除和化学防控，其缺点是大面积采用致使草地退化，生态环境遭到严重破坏。①人工挖除。对于疯草分布面积不大，且密度较小的草地，在种子成熟之前进行人工挖除或拔除，补播优良牧草，既能灭除疯草，又能增加牧草产量。②化学防控。适用于重度危害和特大危害，且疯草分布面积大、密度较大的草地，常用的除草剂种类有"灭棘豆"、2,4-D丁酯、使它隆、迈士通等。

二、栎树叶中毒

栎树叶中毒（oak leaf poisoning）是动物采食栎属植物幼嫩枝叶所致的一种中毒性疾病。

临床特征是前胃弛缓，便秘或腹泻，胃肠炎，皮下水肿，体腔积液，血尿、蛋白尿、管型尿等。主要危害牛、羊等反刍动物。

二维码 8-30

二维码 8-31

【病因】栎树（Quercus sp.）又称橡树（俗称青冈树、柞树），是壳斗科栎属植物，为多年生乔木或灌木（二维码 8-30、二维码 8-31）。全世界约有 350 种，中国约有 140 种，中国的栎林带从东北吉林省延边到西南贵州省毕节，呈一斜线分布。本病主要发生于有栎属植物生长的栎林区，尤其是在乔木被砍伐后新生长的灌木林带即次生林或再生林。每年春季栎属植物幼叶萌发期，具有很好的适口性，牛采食栎树叶数量占日粮的 50% 以上即可引起中毒，超过 75% 会中毒死亡。也有因采集栎树叶喂牛或垫圈后被牛采食而引起的中毒。尤其是饲草饲料缺乏或储草不足，其他牧草发芽生长较迟，而栎树植物返青早，幼嫩枝叶适口性好，常出现大批发病死亡。栎属植物中毒的发生有明显的地区性和季节性，主要发生在春季，一般为 3 月下旬至 5 月中旬，秋季采集果实饲喂动物也可引起中毒。

【发病机理】有毒成分是栎单宁，广泛存在于栎属植物的芽、蕾、花、叶、枝条和果实（橡子）中，单宁含量 4.8%～11.54%。栎叶单宁属高分子水解类单宁，在胃肠道经生物降解可产生毒性更强的低分子酚类化合物，如苯酚、邻苯二酚、间苯二酚、对苯二酚、连苯三酚和间苯三酚等。这些低分子多酚类化合物能通过胃肠黏膜吸收进入血液循环并分布于全身器官组织，从而发生毒性作用。这些化合物作用于细胞蛋白质使之变性，导致细胞死亡。由于栎单宁降解产物的刺激作用，经胃肠道吸收时会导致胃肠道的出血性炎症，经肾排出时会引起以肾小管变性和坏死为特征的肾病，最后因肾功能衰竭而死。因此，栎树叶中毒的实质不是栎叶单宁本身，而是高分子栎单宁经生物降解产生低分子酚类化合物所致。

二维码 8-32

【临床症状】牛连续大量采食栎树叶 5~15 d 即可发生中毒。病初精神沉郁，食欲减退，厌食青草，喜食干草，饮欲增加，瘤胃蠕动减弱，腹痛。粪便干硬、色黑，外表有大量黏液或纤维素性黏稠物，有的混有血液，严重者排黑红色糊状粪便，频频努责，排粪量少。尿量增多，清亮如水。肌肉震颤，甚至全身颤抖。体温正常或逐渐下降，心跳次数增加，有的心音亢进或节律不齐。鼻镜干燥或龟裂，鼻孔周围黏附大量分泌物。后期主要表现尿量减少，有的排血尿，甚至无尿；在阴鞘、肛门周围、腹下、股内侧、胸前等处出现水肿，触诊呈捏粉样，指压留痕，用针头穿刺并挤压可有大量黄色黏液流出（二维码 8-32）；虚弱，卧地不起，黄疸，脱水，最终因肾功能衰竭而死亡。

【病理变化】剖检，全身体躯下垂部位皮下水肿，水肿部位有数量不等的淡黄色胶冻样液体，浆膜腔大量积液。以消化道和肾病变具有代表性，瓣胃内容物干硬，叶面呈灰白色或深棕色；皱胃和小肠黏膜水肿、充血、出血和溃疡；直肠壁因水肿而显著增厚；肾周围脂肪呈胶样水肿和出血，肾显著增大，呈苍白或土黄色，切面可见有灰黄色混浊的坏死条纹，肾周围、肾门和肾乳头脂肪显著水肿，呈淡黄色胶冻样，或因充血、出血呈红色或暗红色胶冻样。

二维码 8-33

镜检，可见肾曲小管上皮细胞广泛发生凝固性坏死，有的肾小管扩张，管腔内充满絮状蛋白、透明滴状蛋白；有的形成明显的透明管型或细胞管型（二维码 8-33）。肾小球囊扩张，肾小球毛细血管被滤出液挤压于一侧而萎缩。肝细胞呈现不同程度变性、坏死。超微结构显示，肝细胞核变形，胞质内出现空泡、溶酶体增加、线粒体肿胀、内质网扩张增生；肾小管内上皮细胞坏死脱落，有的脱离基底膜，核变形，线粒体肿胀。

【诊断】根据病史、临床症状，结合实验室和病理学检查，即可诊断。诊断依据：①具有采食栎树叶或橡子的病史；②临床表现胃肠炎，皮下水肿，体腔积液，血尿等特征性症状；③血清尿素氮、肌酐含量及 AST、ALT 活性升高，尿液中游离酚含量升高；尿液检查，蛋白尿，尿沉渣中出现肾上皮细胞、白细胞及各种管型；④剖检，全身水肿，消化道黏膜充血、水肿、出血和溃疡，肾肿大，切面有坏死条纹。应与牛流行热、牛出血性败血症、牛炭疽、牛气肿疽、牛肝片吸虫病等进行鉴别诊断。

【治疗】 治疗原则是排出毒物、解毒和对症治疗。病牛应立即停止采食栎树叶，供给优质青草或青干草。

1. 排出毒物 促进胃肠道内容物的排出，用1‰～3‰食盐水1 000～2 000 mL瓣胃注射，或用10～20个鸡蛋清、蜂蜜250～500 g混合，一次灌服；或灌服菜籽油250～500 mL。

2. 解毒 可用8～15 g硫代硫酸钠，配成5%～10%溶液，静脉注射，每天1次，连用2～3 d。碱化尿液用5%碳酸氢钠注射液300～500 mL，静脉注射。

3. 对症治疗 对病情严重者应强心、补液，用5%葡萄糖氯化钠注射液、10%葡萄糖注射液、复方氯化钠注射液、10%安钠咖注射液，静脉注射。对出现水肿和腹腔积液的病牛，可用利尿剂，出现尿毒症，还可采用透析疗法。

【预防】 预防的根本措施是储备充足的越冬度春的青干草，提高放牧牛的体质。在发病季节，不在栎树林放牧，不采集栎树叶喂牛，不采用栎树叶垫圈。对于放牧为主的牛，在发病季节，应缩短放牧时间，补饲和加喂饲草占日粮的50%以上。另外，高锰酸钾可对栎单宁及其降解的低分子酚类化合物进行氧化解毒，可在每天放牧后灌服或饮用高锰酸钾水，高锰酸钾粉2～3 g，加水4 000 mL溶解后一次胃管灌服或饮用，有良好的效果。

三、醉马芨芨草中毒

醉马芨芨草中毒（achnatherum inebrians poisoning）是马属动物采食醉马芨芨草后发生的急性中毒性疾病，临床特征是心率加快、步态蹒跚如酒醉状，主要发生于马属动物（反刍动物有很强耐受性）。

【病因】 醉马芨芨草（*Achnatherum inebrians*）（俗称醉马芨芨、醉针茅等）是禾本科芨芨草属多年生草本植物（二维码8-34），多生长在高海拔草原（1 700～4 200 m），大片聚生于气候较暖和的河流两岸、山脚、草原的低山坡、干枯的河床以及过度放牧的高山草原和亚高山草原的较干燥地域。在我国主要分布于新疆、内蒙古、青海、甘肃、宁夏、陕西、四川、西藏等地。当地动物一般能识别，正常情况下不采食。中毒的主要原因是外来及路过动物，或初次放牧的幼龄马驹，因不能识别而大量采食；也见于草场退化、牧草缺乏时，因饥饿而大量采食。罕见于混于刈割饲草中，被动物误食而造成中毒。马属动物一般采食鲜草达体重的1%时即可产生明显的中毒症状。

二维码8-34

【发病机理】 醉马芨芨草的有毒成分醉马草毒素是一种有机胺类生物碱，易溶于水，经胃肠黏膜吸收后，主要由肾经尿液排出体外，不会在体内发生蓄积。中毒机理仍不十分清楚，醉马草毒素可能是一种肌肉松弛剂类似物（二烷双胺的化学结构同肌肉松弛剂十烷双胺非常相似），能选择性地作用于运动神经末梢与骨骼肌的接触部位即运动终板处，干扰神经递质的正常传递而表现肌肉松弛，运动障碍，呼吸功能衰竭，血压下降，弥散性血管内凝血（DIC）以及继发性脑病等。也有人认为，醉马芨芨草中毒可能与感染产生麦角新碱和麦角酰胺的内生真菌有关。

【临床症状】 马属动物在采食醉马芨芨草后30～60 min出现中毒症状。表现精神沉郁，食欲减退，口吐白沫，头低耳聋，闭眼流泪，行走摇晃、蹒跚如醉。有时狂暴发作，起卧不安；有时突然倒地呈昏睡状。心跳加快（90～110次/min），呼吸迫促，鼻翼扩张，结膜潮红或发绀，不断伸颈、摇头，尾翘起，肌肉震颤，全身出汗，频频排粪、排尿，体温正常。严重者腹痛，腹胀，鼻出血，急性胃肠炎。本病多取良性经过，预后良好。患病动物停止采食醉马芨芨草后6～12 h症状逐渐缓解，24 h后症状完全消失。

羊采食醉马芨芨草时，其花穗的花颖及芒刺刺入皮肤、口腔、扁桃体、咽背淋巴结、口角、蹄叉或角膜等处，其中以颌面部最多，其次为颈部、肩胛部、腹部、下腹及腹侧等处，被刺伤部位发生红斑，水肿，硬结或形成小脓疮，如刺伤角膜可致失明。

【诊断】根据动物采食醉马芨芨草的病史，以及表现精神沉郁、口吐白沫、肌肉震颤、心跳加快、呼吸迫促、步态蹒跚、行如酒醉等特征性中毒症状，即可做出诊断。

【治疗】目前尚无特效解毒疗法。病情较轻者，给予优质青干草，可自行恢复；较重者，应尽早采取酸类药物中和解毒，并进行对症治疗。可灌服醋酸或乳酸，也可灌服食醋或酸牛乳。同时根据病情进行强心、补液等支持疗法。

【预防】从外地引进的马属动物要严加管理，严禁在醉马芨芨草生长繁茂的草地放牧。

四、毒芹中毒

毒芹中毒（cicuta virosa poisoning）是指动物采食毒芹植物的根茎或幼苗后引起的中毒性疾病，临床特征是肌肉痉挛、共济失调、麻痹、呼吸困难、心力衰竭。主要发生于马、牛和羊，猪耐受性较强。

【病因】毒芹（*Cicuta virosa* L.）又称野芹菜、芹叶钩吻、斑毒芹、走马芹等，为伞形科毒芹属多年生草本植物（二维码8-35）。常生长在低洼潮湿草地以及沼泽地，特别是沟渠、河流、湖泊岸边及水沟旁。中毒见于收割牧草时毒芹混在其中使动物误食；早春时节，毒芹较其他植物发芽早，动物因饥饿采食；秋季因毒芹根茎生长肥嫩，且大部分露在地面，其根茎味甜，尤其牛、羊多喜欢采食。夏季因毒芹气味特殊，动物拒绝采食。毒芹鲜根中毒量（每千克体重）：马 0.10 g，牛 0.125 g，羊 0.21 g，猪 0.15 g；根茎致死量牛 200~250 g，绵羊 60~80 g。

二维码8-35

【发病机理】毒芹的有毒成分为毒芹素，是一种生物碱，易通过胃肠道黏膜吸收，直接侵害中枢神经系统延脑和脊髓。首先引起中枢神经兴奋性升高，出现肌肉痉挛、抽搐和角弓反张。同时刺激呼吸中枢、血管中枢及植物性神经，导致呼吸系统、心和内脏器官的功能障碍。继而抑制运动神经，使骨骼肌麻痹。最后，破坏延脑的生命中枢，动物终因呼吸麻痹和窒息而死亡。

【临床症状】

1. 牛、羊 采食后 1~3 h 出现中毒症状，初期兴奋不安，狂跑吼叫，跳跃，瘤胃臌气，强直性或阵发性痉挛。随后突然倒地，头颈后仰，四肢强直，牙关紧闭，瞳孔扩大。后期，体温下降，步态不稳或卧地不起，四肢不断做游泳样动作，知觉消失，末梢冰凉，多于 1~2 h 内死亡。

2. 马 口吐泡沫，脉搏增数，瞳孔扩大，肩、颈部肌肉痉挛；严重者，腹痛、腹泻，口角充满白色泡沫，强直痉挛，各种反射减弱或消失。体温下降，呼吸困难，脉搏加快，牙关紧闭，常常倒地，头后仰，最终因呼吸中枢麻痹死亡。

3. 猪 兴奋不安，运动失调，全身抽搐，呼吸迫促，不能起立。出现右侧横卧的麻痹状态，若使其左侧横卧时，则尖叫不止，若恢复右侧卧即安静。多在 1~2 d 内因呼吸衰竭死亡。

【诊断】根据接触和采食毒芹的病史，结合急性发作的癫痫样神经症状和瘤胃臌气等特征性症状，即可做出初步诊断。病理剖检表现内脏器官广泛充血、出血、水肿，特别是胃肠中发现未消化的毒芹根茎与叶等，有助于诊断。必要时可进行毒芹素的检测。

【治疗】尚无特效解毒药。若早期发现中毒时，可用 0.5%~1.0%鞣酸溶液或 5%~10%活性炭溶液洗胃，然后，灌服稀碘溶液（碘 1 g、碘化钾 2 g、常水 1 500 mL）沉淀生物碱。同时采取促进毒物迅速排出、解痉、镇静等对症治疗措施，并配合强心、输液等支持疗法。

中毒性疾病
第八章

【预防】应尽量避免在有毒芹生长的草地放牧。早春、晚秋季节放牧时，应于放牧前喂饲少量饲料，以免家畜饥不择食，而误食毒芹引起中毒。严禁用混有毒芹的刈割青干草饲喂动物，以防误食引起中毒。

五、乌头中毒

乌头中毒（aconite poisoning）是指动物过量采食乌头属植物所引起的中毒性疾病，临床特征是流涎、呕吐、腹泻、心律失常、视觉和听觉减弱、肌肉强直、运动障碍。各种动物均可发病，常见于马、牛、羊。

【病因】乌头属植物（*Aconitum carmichaeli* L.）为毛茛科一年生或多年生草本，除海南外，其他地区均有分布，部分作为药用（二维码8-36）。有些种属在天然草原，尤其是严重退化的草原已经形成优势种群，主要有白喉乌头、准噶尔乌头、露蕊乌头、乌头、北乌头、铁棒锤、工布乌头等。乌头中毒的原因主要是误食和药用不当。在乌头生长茂盛的地区，误食是引起中毒的主要原因。一般来说，本地动物有识别能力，且乌头对口腔黏膜有强烈刺激作用，不会主动采食，但当优良牧草缺乏时可被迫采食引起中毒。外地引进动物由于缺乏对毒草的识别能力，可主动采食而中毒。

二维码8-36

【发病机理】乌头属植物的主要有毒成分是双酯型二萜生物碱，包括乌头碱、中乌头碱、次乌头碱、异乌头碱、塔拉乌头胺、去氧乌头碱、乌头原碱等，其中乌头碱毒性最强。乌头属有毒植物种属不同，其所含生物碱种类略有差异。乌头块根含总生物碱0.82%~1.56%。二萜生物碱具有心脏毒性和神经毒性，主要侵害心脏和神经系统。中毒时使迷走神经高度兴奋，并直接作用于心肌，引起阵发性心动过速，早搏，传导延续和阻滞，心室颤动，终因心肌收缩无力而停止搏动。同时，乌头碱能引起呼吸中枢抑制，导致呼吸变慢变深，呼吸困难，甚至呼吸衰竭。此外，乌头碱对局部皮肤黏膜有强烈刺激作用，使感觉神经末梢先兴奋后麻痹，局部先有烧灼感，感觉过敏，随之麻木、知觉丧失。

【临床症状】多呈现急性中毒。摄入后30 min左右即可出现症状，病情发展迅速，严重者数十分钟至数小时即可死亡。初期，表现为口腔干燥，流涎，呕吐，腹痛，腹泻。当毒物被吸收后，视觉和听觉减弱或丧失，瞳孔扩大，四肢痉挛，肌肉震颤。严重者运动障碍，步态蹒跚，四肢麻木，全身衰弱。呼吸困难，心悸，节律不齐，期外收缩和阵发性心动过速，脉搏细弱，血压下降，最终心力衰竭而死亡。

【病理变化】剖检，口腔及胃肠黏膜炎症、充血、出血，黏膜脱落；肺极度充血；肾实质变性；心内膜、胸膜和腹膜充血、出血；脑及脑膜充血、淤血。

【诊断】根据动物采食乌头属植物的病史，结合神经系统症状、循环系统症状和消化系统症状以及病理剖检变化等，即可做出诊断。

【治疗】本病无特效解毒疗法，主要采用对症疗法和支持疗法。中毒动物，应立即脱离乌头属有毒植物分布的草场。早期应即刻催吐、洗胃和导泻。洗胃可用0.1%高锰酸钾或0.5%鞣酸溶液，泻剂可用硫酸钠或硫酸镁。应及时强心、输液和补充营养。

【预防】在春季青饲料缺乏时，严禁在乌头属植物的生长地放牧，可有效预防中毒的发生。乌头有剧毒，用浸泡、蒸煮及高压等方法炮制后作为药用，可使其毒性降低。

六、其他有毒植物中毒

中国地域广阔，不同草原地带和不同草原类型，由于自然条件的影响，有毒植物种类分布和数量存在很大差异。除了以上重要有毒植物中毒病外，还有一些有毒植物中毒病在中国局部地区或特定条件下时有发生（表8-2）。

表8-2 其他有毒植物中毒病

病名	植物名称	有毒成分	危害动物	中毒症状及病理变化	防治措施
瑞香狼毒中毒	瑞香狼毒（Stellera chamaejasme）	全草有毒，根毒性最强。含异狼毒素、狼毒素、新狼毒素、甲基狼毒素等黄酮类化合物，主要毒性成分是异狼毒素	各种放牧动物	精神沉郁、流涎、呕吐、腹痛、腹泻，粪便带血、呼吸迫促、心悸、全身痉挛，严重者死亡。皮肤接触毒汁后，引起皮炎而瘙痒，剖检可见各脏器淤血、胃肠道出血	无特效解毒疗法，采用对症和支持疗法。中毒后可用0.1%～0.5%高锰酸钾溶液洗胃、内服蛋清、活性炭或口服蛋清，也可用5%葡萄糖生理盐水、或复方生理盐水及大剂量维生素C、盐酸精氨酸山梨苔碱等，静脉注射
蕨中毒	蕨类植物（Pteridium aquilinum）	主要有毒成分为硫胺素酶、原蕨苷、蕨素、血尿因子、莽草酸和槲皮黄素等	牛、羊及单胃动物	反刍动物急性中毒以骨髓损害和再生障碍性贫血为特征，慢性中毒以地方性血尿症或膀胱肿瘤为特征；羊可发生视网膜退化和失明及脑灰质软化；单胃动物可引起硫胺素缺乏症	无特效解毒疗法，反刍动物可用刺激骨髓的药物DL-鲨肝醇，对早期病例有一定效果。马蕨中毒时，应用硫胺素，皮下注射，有较好疗效
萱草根中毒	萱草属植物（Hemerocallis）	全草有毒，根毒性最强。根含萱草根素	主要发生于放牧绵羊和山羊	以双目失明，瞳孔扩大和全身瘫痪为特征，临床上有"瞎眼病"之称。剖检可见视神经变性、坏死，视乳头与视网膜充血、出血，水肿	无特效解毒疗法，采取一般解毒措施。及时清理胃肠道毒物，对症治疗。对于出现双目失明的患病动物，应及时淘汰
夹竹桃中毒	夹竹桃（Nerium indicum）	叶、树皮、根，主要为夹竹桃苷、心苷、夹竹桃糖苷、欧洲夹竹桃苷、黄花夹竹桃苷和洋地黄毒苷元等。具有心脏毒性	马、牛、羊、猪、家禽、犬、猫等各种动物	以心律不齐、出血性胃肠炎和呼吸困难为特征。剖检可见心脏扩张、心肌柔软、心外膜和心内膜有淤点状出血；胃肠黏膜充血、出血	无特效解毒疗法，采取一般解毒措施。破坏胃肠道内的毒物，清理胃肠和对症治疗。调节心脏机能，可内服氧化剂；可补肾，可选用1%阿托品皮下注射心律失常患病动物
杜鹃花中毒	杜鹃花属植物（Rhododendron）	全株有毒，花和果毒性最强。含侵木毒素、木藜芦毒素、闹羊花毒素、杜鹃花毒素等四环二萜类毒素	多发生于绵羊、山羊、牛和马	以呕吐、心率减慢，血压下降及全身麻痹为特征；剖检可见胃肠道黏膜广泛性充血、出血、黏膜脱落；心脏扩张；质地柔软	无特效解毒疗法。治疗原则是促进毒物排出，强心补液和对症治疗。早期可口服活性炭、皮下注射硫酸阿托品和10%樟脑磺酸钠，效果较好

(续)

病名	植物名称	有毒成分	危害动物	中毒症状及病理变化	防治措施
白苏中毒	白苏 (Perilla frutescens)	叶、嫩枝、主茎和果实有毒。茎叶含紫苏醛、紫苏酮、香薷酮及三甲氧基苯丙烯等	水牛和黄牛	以急性肺水肿和肺气肿为特征。表现严重的呼吸困难、哮音、循环虚脱	无特效解毒疗法。采取降低颅内压、缓解呼吸困难、促进毒物排出及改善机体状况等对症治疗措施
藜芦中毒	藜芦 (Veratrum nigrum)	全草有毒，根茎毒性较强。含藜芦碱、原藜芦碱、藜芦次碱、白藜芦碱等多种甾体生物碱，其中以原藜芦碱毒性最强	马、牛、和猪，以马、牛最为敏感	流涎、呕吐、腹痛、腹泻、肌肉无力、共济失调；心跳缓慢、节律不齐、呼吸深而慢、黏膜发绀；衰竭、痉挛、麻痹、死亡。剖检可见胃肠黏膜溃疡与出血	无特效解毒疗法。可用 0.5%～1%鞣酸、0.2%高锰酸钾溶液或浓茶反复洗胃。内服活性炭、氧化镁。同时采用保肝解毒药、强心补液等对症治疗措施
蒙古扁桃中毒	蒙古扁桃 (Prunus mongolica)	幼苗或嫩枝叶含毒量高。含扁桃苷又称苦杏仁苷，属氰苷类，在酶或酸性条件下可水解生成剧毒氢氰酸	各种放牧动物，绵羊和山羊多发	表现气体有苦杏仁味。腹痛、起卧不安、流涎、呼吸困难、全身衰弱无力、站立和步态不稳、后肢麻痹，终因窒息而死亡。剖检可见血液鲜红、凝固不良，肺充血、水肿，胃肉有杏仁味	治疗同氢氰酸中毒，有特效解毒药，常用亚硝酸钠或亚甲蓝和硫代硫酸钠，静脉注射
马缨丹中毒	马缨丹 (Lantana camara)	枝叶及未成熟果实有毒。含马缨丹烯 A、马缨丹烯 B，马缨丹酸、马缨丹酮等三萜酸类	常见于牛和羊，马有较强耐受性	以黄疸、感光过敏、脱水和肾衰竭为临床特征。剖检可见黄疸、肝肿大，呈黄褐色、胆囊肿大、充满胆汁；胃肠黏膜出血	无特效解毒疗法。采取一般解毒疗法和对症治疗相结合的措施
橐吾中毒	橐吾属植物 (Ligularia)	全草有毒。主要毒性成分为吡咯里西啶类生物碱，有肝毒性	各种放牧动物	以肝功能障碍和神经症状为特征。咳嗽、皮下组织及肌肉发黄、皮下水肿。肝肿大、质脆似煮熟状、呈黄土色。剖检可见皮肤发黄、胆囊肿大	无特效解毒疗法。采取保肝、解毒治疗措施，可静脉注射葡萄糖、维生素 C、肝泰乐、肌苷、辅酶 A 等
大戟中毒	大戟属植物 (Euphorbia)	全草有毒，根毒性强。含大戟苷、大戟醇等酚类化合物	牛、马和绵羊	表现流涎、剧烈呕吐、咳嗽、腹痛、腹泻，同或血便肠蠕动亢进、神经痉挛等症状。剖检可见组织器官广泛性出血、淤血	无特效解毒疗法，采取一般解毒疗法和对症治疗相结合的措施。可用 1%食盐水洗胃，同时给予收敛剂和吸附剂，及时强心、补液，解痉止痛

（续）

病名	植物名称	有毒成分	危害动物	中毒症状及病理变化	防治措施
翠雀中毒	翠雀属植物 (Delphinium)	全草有毒，以种子和根毒性较强。含翠雀碱、洋翠雀碱、牛扁碱等二萜类生物碱	各种放牧动物，牛最易中毒	表现呕吐、腹泻、腹痛、呼吸困难、血液循环障碍，神经和肌肉麻痹，有时出现痉挛	无特效解毒疗法。治疗原则是促进毒物排出，解毒和对症治疗
毛茛中毒	毛茛属植物 (Ranunculus)	全草有毒。花毒性强，茎叶次之。含毛茛苷，水解后产生原白头翁素，对皮肤和黏膜有强烈刺激性	牛、羊、马	表现呕吐、腹痛、腹泻、粪便带血、尿频、尿血；有时出现神经症状，感觉丧失。皮肤接触可引起炎症及水疱等。剖检可见胃肠黏膜充血、出血；肾肿大、出血	无特效解毒疗法。采取一般解毒治疗和对症治疗结合的措施。可用1%~2%鞣酸或0.5%高锰酸钾溶液洗胃，内服黏膜保护剂及对症治疗
无叶假木贼中毒	无叶假木贼 (Anabasis aphylla)	全草有毒。含阿毒黎碱、假木贼碱或新烟碱	羊	以神经症状及突然死亡为特征	无特效解毒疗法。采取一般解毒治疗和对症治疗相结合的措施。大剂量皮下注射硫酸阿托品有一定效果
木贼中毒	木贼属植物 (Hippochaete)	全草有毒。含沼泽木贼碱、同剂苷、硫胺素酶、烟碱等。主要毒性物质是硫胺素酶	马、牛、羊	以四肢无力、共济失调、肌肉经常抽搐、运动障碍及后躯瘫痪为特征，剖检可见全身各实质器官充血、出血和水肿	大剂量维生素 B_1 肌内注射或静脉注射有效。此外，可采取降低颅内压、改善脑循环、镇静等对症治疗措施
牛心朴子中毒	牛心朴子 (Cynanchum komarovii)	全草有毒。含娃儿藤碱、7-脱甲氧娃儿藤碱等生物碱	骆驼	表现意识紊乱、流涎、腹泻、瞳孔扩大、排黑色稀便	无特效解毒疗法。采取支持和对症治疗措施
麻黄中毒	麻黄属植物 (Ephedra)	全草及种子有毒。含麻黄碱、甲基麻黄碱等多种生物碱，主要有毒成分为麻黄碱	各种放牧动物	表现兴奋不安、瞳孔扩大、肌肉震颤或惊厥等交感神经兴奋症状。严重者卧地不起，终因心力衰竭和呼吸衰竭死亡	无特效解毒疗法。采取一般解毒治疗和对症治疗结合的措施。病初用0.1%高锰酸钾溶液洗胃，硫酸镁导泻；镇静可肌内注射氯丙嗪、安定或苯巴比妥等
苦豆子中毒	苦豆子 (Sophora alopecuroides)	全草有毒。青绿时毒性较弱，植株枯萎后毒性减弱。主要含苦参碱、氧化苦参碱等生物碱	各种放牧动物	引起中枢神经系统和心血管系机能紊乱。表现消化不良，严重者精神萎靡，不愿活动，体温下降，食欲废绝，结膜充血，黄染等	无特效解毒疗法。采取一般解毒治疗和对症治疗相结合的措施

中毒性疾病 第八章

(续)

病 名	植物名称	有毒成分	危害动物	中毒症状及病理变化	防治措施
豚草中毒	豚草 (Ambrosia artemisiifolia)	花粉有毒。花粉中含有水溶性蛋白质，引起过敏性鼻炎、支气管哮喘等过敏性疾病	各种动物	呈现过敏性变态反应、支气管哮喘、肺气肿、肺心病和肺部感染等	无特效解毒疗法。采取一般解毒疗法和对症治疗相结合的措施。发病后采取抗过敏治疗
苍耳中毒	苍耳 (Xanthium sibiricum)	叶、果实及幼苗均有毒，以果实毒性最强，含苍耳苷、毒蛋白、内酯等	牛、猪、家禽	表现流涎、呕吐、腹痛、腹泻、粪便带血、尿少、阵发性痉挛、反应迟钝。后期因呼吸及循环衰竭死亡。剖检可见皮下水肿，胃肠黏膜肿胀、出血，肝、肾肿大，表面有出血点	无特效解毒疗法。采取一般解毒治疗和对症治疗相结合的措施。初期，可催吐或导泻，以排出毒物。也可用0.1%高锰酸钾溶液灌服。肌内注射硝酸土的宁，对症治疗以强心、利尿，增强肝解毒功能为主
荨麻中毒	荨麻属植物 (Urtica)	茎叶上的螫毛有毒，含蚁酸、丁酸等酸性刺激性物质，皮肤接触后立刻引起刺激性皮炎	各种动物	动物接触就如蜂螫般疼痛，接触部位的皮肤出现瘙痒、灼烧、肿胀、起泡、发红。误食或采食后可导致刺激性胃肠炎	皮肤接触者立即用清水、肥皂水洗涤、消化道摄入、应灌服3%碳酸氢钠等碱性药物，随后给予牛乳、豆浆、蛋清等保护剂
蒺藜中毒	蒺藜 (Tribulus terrestris)	全草有毒，含刺蒺藜苷、紫云英苷等光敏性成分	绵羊、马	采食开花期植株，经日光照射后可发生感光过敏。初期，表现耳和头面部红肿、痒痛、发热、兴奋不安、摇头擦痒，重者两耳肿大、眼睑及面部肿胀，羞明流泪、呼吸困难	无特效解毒疗法。采用抗过敏药物治疗。患部皮肤涂抹氧化锌软膏或涂擦龙胆紫、碘甘油等药物
曼陀罗中毒	曼陀罗 (Datura stramonium)	全草有毒，果实特别是种子毒性强。有毒成分为莨菪碱、东莨菪碱、曼陀罗碱等生物碱	各种动物。猫、仔猪和犊牛敏感	表现兴奋不安、口腔干燥、吞咽困难、瞳孔扩大、心跳加快、胃肠痉挛、鼓胀等症状。严重者可致狂躁，终因呼吸麻痹死亡	有特效解毒药，给予新斯的明、毛果芸香碱等拟胆碱类药。以颅颌阿托品类生物碱毒性。配合洗胃、导泻、补液，以促进毒物排泄。兴奋不安时可用镇静剂
莨菪中毒	莨菪 (Hyoscyamus niger)	全草有毒，以种子和叶中含量最高。含莨菪碱、东莨菪碱、阿托品等生物碱	各种动物	表现口腔干燥、吞咽困难、瞳孔扩大、排尿困难、昏睡、昏迷等抑制症状，严重者可致狂躁、共济失调或表现反应迟钝，最后因呼吸衰竭死亡	有特效解毒药，给予新斯的明、毛果芸香碱等拟胆碱类药，以颅颌莨菪类毒性。配合洗胃、导泻、补液，以促进毒物排泄。兴奋不安时可用镇静剂

· 195 ·

第五节　矿物元素中毒

由于人类的各种活动，特别是现代工业的发展，使生存环境受到不同程度的污染，一些无机污染物引起的人类和动物疾病日益严重。无机污染物随着工业"三废"进入环境后，不像有机污染物那样较易分解，而是长期残留于环境中。另外，有些无机物（如氟、硒、钼）在自然界中分布广泛，尤其是在某些区域土壤或地下水中含量丰富。环境中的这些无机化合物均可被生长在这些地区的牧草和农作物吸收，而使其含量超过了动物的安全范围，这些无机化合物通过食物链系统进入动物和人体内产生毒害作用。现已证实，环境中的主要有害物质有铅、镉、汞、砷、氟、铜、锌、钼、镍等。另外，养殖中饲料添加剂的不合理使用，使一些必需的矿物元素超过机体的最大耐受量而导致中毒。

一、食盐中毒

食盐中毒（salt poisoning）是动物在饮水不足的情况下，过量摄入食盐或含盐饲料而引起的以消化紊乱和神经症状为特征的中毒性疾病，主要的病理组织学变化为嗜酸性粒细胞性脑膜炎，各种动物均可发病，主要见于猪、牛、家禽，其次为羊、马和犬等。

【病因】 食盐是动物生存必需的营养物质，在动物饲料中添加 0.3%～0.8% 的食盐可提高食欲、增强代谢、促进发育，但当动物摄入食盐过量或饲喂方法不当，尤其是限制饮水时常引起食盐中毒。①舍饲动物多见于配料疏忽，误投过量食盐或对大块结晶盐未经粉碎和充分拌匀，或饲喂含盐分高的泔水、酱渣、咸菜及腌菜、腌肉的盐水和卤咸鱼水等。②放牧动物则多见于供盐时间间隔过长，或长期缺乏补饲食盐的情况下，突然加喂大量食盐，加上补饲方法不当，如在草地撒布食盐不匀或让动物在饲槽中自由抢食。③用食盐或其他钠盐治疗大动物肠阻塞时，一次用量过大，或多次重复用钠盐作泻剂。

除上述病因之外，食盐中毒还与以下因素密切相关。①饮水不足或饮水中盐含量过高：饮水是否充足，对食盐中毒的发生与否具有决定性影响。如果动物能获得足够的新鲜饮水，可耐受高浓度的食盐。饮水器的机械故障、限制饮水、过于拥挤、水中掺入药物、水源冰冷等，均可使动物减少饮水或不能饮水，从而加大食盐中毒的危害性。限制饮水或饮水不足，猪饲料中含食盐 0.25% 时，即可引起中毒。另外，绵羊可耐受饮水中含 1% 食盐，但 1.5% 即引起中毒。鸡可耐受饮水中含 0.25% 的食盐，含盐高的湿料比干料更容易引起中毒，可能与家禽对湿料的采食量大有关；湿料中含 2% 的食盐即可引起雏鸭中毒。一般认为，饮水食盐中毒比饲料食盐中毒的可能性更大，各种动物饮水中食盐含量应小于 0.5%。②机体内水盐代谢状况：夏季高温，使机体水分大量丧失，体液减少，对食盐的耐受力减弱；胃肠炎、利尿等引起的机体脱水也可增加食盐中毒的风险。③其他：幼龄动物对钠离子的毒性反应比成年动物敏感，特别是家禽，这可能与肾尚未发育完全有关。饲喂尿素可提高钠离子中毒的可能性，主要是与尿量增加、血液浓缩和大脑组织钠含量过高有关。

各种动物的食盐内服急性致死量：牛、猪及马每千克体重约 2.2 g，羊每千克体重 6 g，犬每千克体重 4 g，家禽每千克体重 2～5 g。动物缺盐程度和饮水的多少直接影响致死量。

【发病机理】 大量食盐进入消化道后，刺激胃肠黏膜而发生炎症反应，同时，因渗透压的梯度关系吸收肠壁血液循环中的水分，引起严重的腹泻、脱水，进一步导致全身血液浓缩，机体血液循环障碍，组织相应缺氧，机体的正常代谢功能紊乱。

经肠道吸收入血的食盐，在血液中解离出钠离子，造成高钠血症，高浓度的钠进入组织细胞中积滞形成钠潴留。高钠血症既可提高血浆渗透压，引起细胞内液外溢而导致组织脱水，又可破坏血液中一价阳离子与二价阳离子的平衡，而使神经应激性升高，出现神经反射活动过强的症状。钠潴留于全身组织器官,尤其脑组织内,引起组织和脑组织水肿,颅内压升高,脑组织供氧不足,使葡萄糖氧化供能受阻。同时,钠离子促进三磷酸腺苷转为一磷酸腺苷,并通过磷酸化作用降低一磷酸腺苷的清除速度,引起一磷酸腺苷蓄积而又抑制葡萄糖的无氧酵解,使脑组织的能量来源中断。另外,钠离子可使脑膜和脑血管吸引嗜酸性粒细胞在其周围积聚浸润,形成特征性的嗜酸性粒细胞"管套"现象,连接皮质与白质间的组织连续出现分解和空泡形成,发生脑皮质深层及相邻白质的水肿、坏死或软化损害,故又称为嗜酸性粒细胞性脑膜脑炎。

【临床症状】急性中毒主要表现神经症状和消化紊乱,动物品种不同症状表现有差异。

1. 猪 主要表现神经系统症状,消化紊乱不明显。黏膜潮红,磨牙,呼吸加快,流涎,很快出现反应迟钝,视觉和听觉障碍,盲目徘徊,不避障碍,转圈,体温正常。后期全身衰弱,肌肉震颤,严重者间歇性痉挛,角弓反张,有时呈强迫性犬坐姿势,甚至仰翻倒地,四肢划动,昏迷,终因呼吸衰竭而死亡(二维码8-37)。

二维码8-37

2. 反刍动物 口渴,食欲废绝,流涎,呕吐,腹泻,腹痛,粪便中混有黏液和血液。黏膜发绀,呼吸迫促,心跳加快,肌肉痉挛,牙关紧闭,视力减弱,甚至失明。步态不稳,球关节屈曲无力,肢体麻痹,衰弱及卧地不起。体温正常或低于正常。妊娠牛可能流产,子宫脱出。乳牛大量摄入氯化钠会增加乳房水肿的发病率和严重程度。

3. 家禽 口渴频饮,精神沉郁,垂羽蹲立,腹泻,痉挛,头颈扭曲,运动失调,两脚无力或麻痹(二维码8-38)。食欲减退或废绝,嗉囊扩张,口和鼻流出黏液性分泌物,腹泻,呼吸困难,抽搐性痉挛,最后多因呼吸衰竭而死亡。小公鸡睾丸囊肿。

二维码8-38

4. 马 口腔干燥,黏膜潮红,流涎,呼吸迫促,肌肉痉挛,步态蹒跚,严重者后躯麻痹。同时有胃肠炎症状。

5. 犬 运动失调,失明,惊厥或死亡。

【诊断】根据病史、临床症状,结合饲料、饮水和体内钠含量的测定,即可诊断。诊断依据:①摄入过量的食盐,饮水不足;②表现口渴,流涎,腹泻,痉挛,运动失调等临床症状;③血浆和脑脊液钠离子浓度高于160 mmol/L,尤其是脑脊液中钠离子浓度超过血浆时,为食盐中毒的特征;④剖检发现,猪主要表现脑、脊髓有不同程度的充血、水肿,组织学变化为嗜酸性粒细胞性脑膜脑炎,血管外周有大量嗜酸性粒细胞浸润形成明显的"管套"(二维码8-39),其他动物主要表现胃肠黏膜潮红、肿胀、出血、甚至脱落;⑤本病应与伪狂犬病、病毒性脑脊髓炎、马霉玉米中毒、有机磷中毒、重金属中毒、中暑及脑膜脑炎等进行鉴别。

二维码8-39

【治疗】尚无特效解毒剂。治疗原则是排钠利尿,恢复电解质平衡和对症治疗。①立即更换饲料或饮水,供给足量饮水,以降低胃肠中的食盐浓度。猪可灌服催吐剂(硫酸铜0.5~1 g或酒石酸锑钾0.2~3 g)。对尚未出现神经症状的患病动物给予少量多次的新鲜饮水;若出现神经症状,应严格限制饮水,以免加重脑水肿。②恢复电解质平衡,应用钙制剂,如10%葡萄糖酸钙注射液、5%氯化钙注射液,静脉注射。③利尿排钠,可用利尿剂(如氢氯噻嗪)和油类泻剂。④缓解脑水肿、降低颅内压,可用25%山梨醇或甘露醇注射液或高渗葡萄糖注射液,静脉注射。⑤解痉镇静,用溴化钾、硫酸镁、盐酸氯丙嗪等。

【预防】日粮中应添加0.3%~0.8%的食盐,或以每千克体重0.3~0.5 g补饲食盐,以防因盐饥饿引起对食盐的敏感性升高。饲喂含盐分较高的饲料时,在严格控制用量的同时供给充足的饮水。

二、无机氟化物中毒

无机氟化物中毒(inorganic fluoride poisoning)是动物经饲料或饮水连续摄入的氟化物在体内长期蓄积引起的全身器官和组织毒性损害的疾病,也称氟病。临床特征是发育的牙齿出现斑纹、过度磨损，跛行，骨质疏松和骨疣形成。各种动物均可发病，常见于牛、羊。

【病因】动物一次摄入大量氟化物可引起急性氟中毒，主要是含氟农药或肠道驱虫药用量过大（如氟化钠、氟硅酸钠等），目前这类药物已明令禁止生产、使用。动物长期连续摄入少量氟可引起慢性氟中毒，主要见于以下原因。

1. 自然环境因素 氟化物在自然界中分布广泛，某些种类的岩石中含量较高，如花岗岩（0.06%）、氟石（49%）、冰晶石（54%）、磷灰石（3.4%）、云母（8%）等，这些岩石是环境中氟化物的主要来源。其氟化物不断浸出而进入土壤和地下水中，使这些地区的牧草、农作物、饮水中氟含量增加，超过动物的安全范围。我国的自然高氟区主要集中在荒漠草原、盐碱盆地和内陆盐池周围，当地植物中氟含量达 40~100 mg/kg，有些牧草中高达 500 mg/kg 以上，我国规定饮水中氟卫生标准为 0.5~1.0 μg/mL。一般认为，动物牧草中氟含量 40 mg/kg，饮水中氟含量超过 2 mg/L，可作为诊断氟中毒的指标。

2. 工业环境污染 某些工矿企业（如铝厂、氟化盐厂、磷肥厂、炼钢厂、氟利昂厂、水泥厂等）排放的工业"三废"中含有大量的氟，污染邻近地区的空气、土壤、水源和植物。

3. 其他 长期饲喂未脱氟的矿物质添加剂，如过磷酸钙、天然磷灰石等。

【发病机理】氟是人和动物体必不可少的微量元素之一，动物对氟的需要量极少。进入消化道的氟化物吸收率很高、吸收速度很快。被吸收的氟约 50% 很快由肾排除，其余的主要储存在骨骼和牙齿中（96%~99%），软组织中氟含量很低。进入体内的过量氟是一种对细胞有毒害作用的物质，除引起骨骼和牙齿的严重损伤外，还会导致机体各个组织、器官结构和功能的改变。

1. 氟对骨骼的损害 摄入的氟很快被吸收转移到血液中，几乎立即与钙反应形成氟化钙。氟正是以氟化钙的形式进入硬组织中并取代表面阴离子，使骨盐的羟基磷灰石结晶变成更加坚硬且不易溶解的氟磷灰石结晶。由于氟与钙有很强的亲和力，血清中的钙逐渐与氟结合，因而当较多的氟在骨骼中沉积时，骨盐的稳定性增加，并且氟能激活某些酶使造骨活跃，导致血清中离子钙降低，进而刺激甲状旁腺导致继发性甲状旁腺机能亢进。一方面加速骨的吸收，另一方面抑制肾小管对磷的再吸收，导致尿磷升高，影响钙、磷代谢，从而使骨骼不断释放钙，同时，氟对骨基质胶原的影响使骨基质性质改变也影响了骨盐沉积，引起机体骨质疏松，易于骨折。氟化钙大部分沉积在骨组织中，使骨质硬化，密度升高。因此，氟对骨的双向作用使人和动物氟中毒时骨质出现硬化、疏松或两者共存一体。对软骨细胞的毒害影响了软骨的成骨过程，严重者生长发育受阻。对骨膜、骨内膜的刺激常导致骨膜、骨内膜增生和新骨形成，发生骨骼形态和功能的改变。

2. 氟对牙的损害 主要损害发育期的牙，过量的氟作用于发育期（即齿冠形成钙化期）的成釉质细胞，阻碍牙釉质的发育和矿化，导致釉质形成不良、釉柱排列紊乱、松散，中间出现空隙，釉柱及其基质中矿物晶体的形态、大小和排列异常，釉面失去正常光泽。同时牙本质矿化也受影响，牙小管发育不良，牙脆弱、易磨损，形成波状齿或阶状齿，影响动物采食和咀嚼。严重中毒时，成釉质细胞坏死，造釉停止，导致釉质缺损，形成发育不全的斑釉（氟斑牙）。氟主要损害发育期的恒齿，研究表明，各种家畜的牙对氟的敏感期（恒齿生长期）不同，羊 6~30 月龄，牛 1.5~3 岁，马 2~7 岁。牙的受损程度与发育期摄氟量密切相关。

3. 氟对肝的损害 氟可严重损害肝，表现不同程度的退行性变化。一方面使肝组织结构和功能出现异常，如血清白蛋白含量降低，球蛋白含量和转氨酶活性升高，肝细胞脂肪变性，甚至灶性坏死，间质炎性细胞浸润，纤维结缔组织增生；另一方面还表现肝内许多酶系统的变化。但其损害机理仍不完全清楚。有证据表明，慢性氟中毒可使肝线粒体和微粒体发生脂质过氧化分解作用。因此，氟对肝的损伤可能与氟引起的肝自由基、脂质过氧化（LPO）产物含量增加所致的脂质过氧化损伤有关。

中毒性疾病
第八章

4. 氟对肾的损伤 肾是机体的主要排泄器官，又是氟蓄积量较高的脏器，认为肾是氟的重要非骨相靶器官之一。有学者通过家兔研究证实，氟暴露剂量和时间与肾小管病变程度和性质呈一定的剂量-效应和时间-效应关系，慢性氟中毒时肾小管上皮细胞内多种细胞器均有损伤。主要表现为线粒体肿胀、变性，内质网广泛扩张，微绒毛轻度脱失，基底反褶消失，粗面内质网脱粒，核蛋白体解聚，大量自噬性溶酶体形成以及肾间质增生性改变，这些变化与肾小管管腔中高度浓缩的氟有直接关系。同时发现，肾碱性磷酸酶和三磷酸腺苷酶活性减弱，且与中毒时间的延长呈正比。由此可见，氟可引起肾结构和功能的变化。

5. 氟对内分泌腺的损害 氟化物可损害内分泌腺，引起甲状腺功能低下，甲状旁腺功能亢进；并通过抑制下丘脑促进垂体催乳素（PRL）系统，从而影响动物的泌乳。

6. 氟对细胞的毒性 氟对细胞膜和原生质均有毒害作用，使蛋白质和DNA合成率下降，抑制DNA聚合酶的活性，使DNA的切除修复功能受损，DNA前体的磷酸化过程受到明显影响。

7. 氟对酶活性的毒性 氟对体内许多酶都具有毒性作用。高氟可抑制烯醇化酶，使糖代谢障碍；抑制骨磷酸化酶，影响钙磷代谢；破坏胆碱酯酶，影响神经传导功能；并可抑制辅酶Ⅰ、Ⅱ系统，影响机体三羧酸循环，妨碍氧化磷酸化，阻止能量代谢。另外，氟还使肝中琥珀酸脱氢酶、三磷酸腺苷酶、碱性磷酸酶和骨骼肌琥珀酸脱氢酶活性降低。氟对酶的毒性作用与氟的浓度、作用时间以及酶的结构等因素有关。一般小剂量短期作用使一些酶活性加强，而大剂量长期作用则往往抑制一些酶的活性。

此外，氟还可导致机体细胞免疫和体液免疫出现异常，引起机体免疫功能下降。由于氟可经胎盘转运，可引起人和动物胎儿骨骼的病理变化。

【临床症状】该病常呈地方性流行，当地出生的放牧动物发病率最高。牛羊对氟最敏感，特别是乳牛，其次是马，猪较少发生氟中毒。各种动物的症状基本相同。

幼畜在哺乳期内一般不表现症状，断乳后放牧3~6个月即可出现生长发育缓慢或停止，被毛粗乱，牙齿和骨骼的损伤，症状随年龄的增长日趋严重，呈现未老先衰。

牙的损伤是本病的早期特征之一，切齿磨损不齐，高低不平；釉质失去正常的光泽，初期呈白垩状，逐渐出现淡黄褐色的斑纹，甚至呈枯骨状。臼齿过度磨损，齿冠破坏，形成两侧对称的波状齿。有的发生齿漏。（二维码8-40）

骨骼的变化随着体内氟蓄积而逐渐明显，颌骨、掌骨、跖骨和肋骨呈对称性的肥厚，外生骨疣，形成可见的骨变形（二维码8-41）。关节周围软组织发生钙化，导致关节肿大、僵硬，动物行走困难，特别是体重较大的动物出现明显的跛行。严重者脊柱和四肢僵硬，腰椎及骨盆变形。

X线检查，骨质密度增大或异常多孔，骨髓腔变窄，骨外膜呈羽状增厚，骨小梁形成增多，有的病例有外生骨疣，长骨端骨质疏松。

【病理变化】剖检，尸体消瘦，贫血，全身脂肪组织呈胶冻样，皮下组织不同程度的水肿。牙、骨骼的变化是本病的特征，牙过度磨损，门齿大多松动、排列不齐，臼齿常因磨损呈波状齿，釉质失去光泽而呈白垩、灰暗样外观，有的呈黄色或黄褐色的斑纹，即氟斑牙。受损骨骼粗糙呈白垩样，肋骨易骨折，常有数量不等的膨大，形成骨疣；腕关节骨质增生，趾骨或掌骨普遍性的增厚（二维码8-42、二维码8-43）。母畜骨盆及腰椎变形。镜检，可见牙釉质纤维形成缺损，基质钙化不全，甚至局部出现断裂、坏死；骨骼哈氏骨板排列紊乱、疏松，骨陷窝大小不等，分布不均匀，骨细胞显著减少；严重时哈氏骨板受到破坏，骨陷窝、骨细胞和骨小管完全消失；原有的骨密质结构消失，逐渐形成骨松质，骨小梁变小、变少，溶解消失并由深层的哈氏骨板残片所取代（二维码8-44）。心、肝、肾、肾上腺等有变性变化。

【诊断】根据病史、临床症状，结合氟含量测定，即可诊断。诊断依据：①长期在氟含量较高的草地放牧或饮用含氟较高的水，或长期饲喂未脱氟的矿物质添加剂；②表现牙出现斑纹、过度磨损，跛行，骨质疏松和骨疣形成等临床症状；③X线检查，骨膜增厚，外生骨疣，掌骨、跖骨、肋骨硬化；④氟含量测定，饲草料＞40 mg/kg，饮水＞2.0 mg/L；牛尿液＞10 mg/L，密质骨＞5 500 mg/kg、松质骨＞7 000 mg/kg；羊骨骼 2 000～3 000 mg/kg；骨骼氟含量的测定必须结合临床症状和病理变化综合分析；⑤剖检表现骨骼和牙的特征性损伤；⑥本病应与铜缺乏、铅中毒及钙磷代谢紊乱性疾病等进行鉴别。

【治疗】 慢性氟中毒尚无完全康复的疗法，应尽快使患病动物脱离病区，供给低氟饲草料和饮水，每日供给硫酸铝、氯化铝、硫酸钙等，也可静脉注射葡萄糖酸钙或口服乳酸钙以减轻症状，但牙齿和骨骼的损伤很难恢复。

【预防】 预防主要采取以下措施：①对补饲的磷酸盐应尽可能脱氟，不脱氟的磷酸盐氟含量不应超过 1 000 mg/kg，且在日粮中的比例应低于 2%；②避免在高氟草地放牧或饮用氟含量较高的水；③饲草料中供给充足的钙磷；④在工业污染区根本的措施是治理污染源，建立棚圈饲养。

三、铅中毒

铅中毒（lead poisoning）是动物摄入过量的铅而引起的中毒性疾病，临床特征是神经机能紊乱、共济失调和贫血，各种动物均可发生，常见于牛、马和犬，猪、山羊和鸡对铅的耐受量较大，幼畜和妊娠动物更易中毒。

【病因】 铅广泛存在于自然界，由于人类的活动，使环境受到铅的污染。一些铅锌矿或冶炼厂排放的工业"三废"污染周围的农田、土壤、饮水和牧草，动物长期在这些环境中放牧可引起慢性铅中毒。汽油中不再使用四乙基铅，因尾气排放造成的铅污染已明显减轻。动物因舔食机油、油漆或剥落的油漆片、漆布、油毛毡和咀嚼电池等含铅废弃物等，也可引起中毒。

动物因品种不同，每天摄入铅的慢性中毒量差异较大。牛为每千克体重 6～7 mg（相当于饲料中 100～200 mg/kg），每千克体重摄入 15 mg 使增重减少并引起正色素性贫血。牛饲料中铅的最大耐受量为 30 mg/kg。马的敏感性较高，每天摄入铅达每千克体重 1.7 mg 即可产生毒性作用，而每千克体重摄入 100 mg 经 28 d 引起中毒。其他动物的慢性铅中毒剂量分别为：羊每千克体重 4.4 mg/d，妊娠母羊每千克体重 0.6 mg/d，猪每千克体重 33～66 mg/d，家禽每千克体重 175～350 mg/d，犬每千克体重 0.32 mg/d。

【发病机理】 铅在消化道内形成不溶性复合物，仅 1%～2% 被吸收，绝大部分随粪便排出。吸收的铅，一部分随胆汁、尿液和乳汁排泄，一部分沉积在骨骼、肝、肾等组织中。铅为蓄积性毒物，小剂量持续地进入体内能逐渐积累而呈现毒害作用，主要表现在以下几个方面。

铅可损害造血系统引起贫血。循环铅大部分载附于红细胞膜上（羊为 85%～90%，牛为 30%～70%），过量摄入铅后，对红细胞膜及其酶有直接的损害作用，使红细胞脆性增加，寿命缩短，导致成熟的红细胞溶血。另外，铅与蛋白质上的巯基（—SH）有高度的亲和力，在血红素生物合成过程中能作用于各种含巯基的酶，特别是 δ-氨基-γ-酮戊酸合成酶（ALAS）、δ-氨基-γ-酮戊酸脱水酶（ALAD）和血红素合成酶（亚铁螯合酶）。ALAS 和 ALAD 活性的抑制导致 δ-氨基-γ-酮戊酸（ALA）形成胆色素原的过程受阻，血液、尿液中 ALA 含量增加。铅对血红素合成酶的抑制，影响原卟啉与二价铁的结合，使血红素的合成障碍，影响铁的利用而导致贫血。同时，铅还影响珠蛋白的合成，也使体内血红蛋白合成减少，因此，动物铅中毒表现低色素小红细胞性贫血。由于贫血，骨髓幼红细胞代偿性增生，表现为彩点红细胞和网织红细胞增多，彩点颗粒是铅与线粒体中核糖核酸的结合物。

铅损伤神经系统，表现为中毒性脑病和外周神经炎。铅能损害血脑屏障，引起毛细血管内皮损伤，减少了血液供给，大脑皮层发生坏死性病变和水肿。外周神经因节段性脱髓鞘而妨碍神经传导和肌肉活动,导致运动失调。除此之外,过量铅引起神经介质及与神经传导有关的酶活性改变,表现一系列神经症状,如引起神经传导介质儿茶酚胺的代谢紊乱;影响胆碱酯酶活性,导致乙酰胆碱含量增加;抑制腺苷酸环化酶活性,腺苷酸环化酶催化 ATP 形成环腺苷酸(cATP),后者可以调节某些神经传导;干扰与 ALA 有相似化学结构的神经介质 γ-氨基异丁酸(GABA)的作用,影响神经传导。

铅对肾毒性作用的表现分急性和慢性两个阶段,肾的排泄机能受到严重影响。在急性期,病变主要发生在近曲小管,形态学特征为细胞核内包涵体形成和线粒体、溶酶体肿胀变性。功能方面的表现为近曲小管对氨基酸、葡萄糖和磷酸盐的重吸收障碍,肾合成 1,25-二羟维生素 D_3 的能力降低,同时抑制肾素-血管紧张素系统。此期这些功能的变化是可逆的。发展到慢性期后,肾小球间质纤维化,肾小管上皮变性、萎缩,肾小管上皮细胞出现核包涵体,肾小球滤过率降低,出现氮质血症。

铅影响动物的免疫系统。主要是铅抑制机体的体液免疫、细胞免疫和吞噬细胞的功能,使机体对病原的抵抗力下降,易感性升高。另外,骨骼是铅毒性的重要靶器官,铅可直接和间接改变骨细胞的功能,对骨骼产生毒害作用。铅还可通过胎盘和乳房屏障,影响胎儿发育和幼畜生长。

【临床症状】主要表现兴奋不安,肌肉震颤,失明,运动障碍,麻痹,胃肠炎及贫血等。因动物品种不同,临床症状有一定差异。

1. 牛、羊 急性主要发生于犊牛,兴奋不安,甚至狂躁或惊恐,吼叫,行为不可遏制,不避障碍物,有的头抵障碍物不动,视力下降或失明。肌肉震颤,有时出现阵发性痉挛。眼球转动,磨牙,流涎,口吐白沫,有的角弓反张。触觉、听觉敏感。步态蹒跚或僵硬,呼吸、心跳加快。病程较短,一般为 12~36 h,终因呼吸衰竭而死亡。亚急性和慢性主要见于成年动物,表现精神沉郁,共济失调,前胃弛缓,腹痛,便秘或腹泻,贫血,逐渐消瘦。症状出现后 3~5 d 可死亡。

2. 马 肌肉无力,关节僵硬,精神沉郁,消瘦。因喉返神经麻痹而发生吸气性呼吸困难和"喘鸣",严重者因呼吸衰竭而死亡。同时伴有咽麻痹而发生周期性食道阻塞,有的食物通过麻痹的喉吸入气管而发生肺坏疽。

3. 犬和猫 厌食,呕吐,腹痛,腹泻或便秘,咬肌麻痹。有的流涎,狂叫,呈癫痫样惊厥,共济失调。

4. 家禽 食欲减退,体重减轻,运动失调,随后兴奋,心动过速,衰弱,腹泻,产蛋量和孵化率均下降。

【病理变化】主要病变在神经系统、肝、肾等。剖检可见,消瘦,血液稀薄,骨骼肌色淡;切齿和臼齿齿龈处有明显的黑色铅线;消化道内常可发现含铅物质,如铅块、油漆残片、铅弹等;脑脊液增多,脑软膜充血、出血、脑回变平、水肿;肾肿大,脆软,黄褐色;肺有许多实变区。镜检,脑实质毛细血管充血、扩张,血管内皮细胞肿胀、增生;脑皮质神经细胞层状坏死,胶质细胞增生;外周神经节段性脱髓鞘、肿胀、断裂或溶解。肾上皮细胞有核内包涵体,肾小管上皮细胞表现颗粒变性和坏死变化,坏死脱落的上皮细胞进入管腔将其堵塞。肝脂肪变性,偶尔有核内包涵体。

【诊断】根据接触铅的病史,结合临床症状、铅含量测定,即可诊断。诊断依据:①接触铅或采食铅含量较高饲料的病史;②临床表现神经机能紊乱、共济失调和贫血,剖检主要病变在神经系统、肝、肾;③血液、肝和肾皮质铅含量分别达到 0.35 mg/L、10 mg/kg 和 10 mg/kg;④血液学检查,低色素小红细胞性或正色素正红细胞性贫血;红细胞中可见嗜碱性彩点。⑤血液 ALAD 活性降低,尿液 ALA 含量升高;⑥本病应与维生素 A 缺乏病、脑灰质软化、青草搐搦、神经型酮病、脑炎等进行鉴别。

【治疗】急性中毒立即采取催吐、洗胃等措施，或口服硫酸镁，使未吸收的铅形成不溶性的硫酸铅排出体外，同时静脉注射10%葡萄糖酸钙注射液。慢性中毒可用依地酸钙钠，剂量为每千克体重75~110 mg，用5%葡萄糖注射液配成1%~2%浓度，静脉注射，2次/d，连用3~4 d。出现神经症状可用水合氯醛或氯丙嗪等镇静。

【预防】防止动物接触含铅的油漆、涂料。在工业环境铅污染区应改善设备，加大治理污染的力度，减少工业生产向环境中排放铅是预防环境铅污染对动物危害的根本措施。严禁在铅污染区放牧。在铅污染区对动物补硒可明显减轻铅对动物组织器官机能和结构的损伤。

四、镉中毒

镉中毒（cadmium poisoning）是动物长期摄入镉而引起的中毒性疾病，临床特征是生长发育缓慢、肝和肾机能障碍、贫血和骨骼损伤。主要发生在镉污染地区，常见于放牧的牛、羊和马等。

【病因】镉在自然界中主要存在于锌、铜和铝矿内，这些矿石含镉量为0.1%~0.5%，其中以锌矿石含量最高。金属冶炼过程中，或电镀、塑料、油漆、电池、磷肥工业都可能产生镉废料，造成周围环境不同程度的镉污染，致使当地土壤、牧草和农作物镉含量明显增加。如江西赣南地区由于钨矿选矿的废水中含镉0.01~0.02 mg/L，用其灌溉农田，导致土壤中镉含量达2.5 mg/kg，稻草中镉含量为1.0~2.0 mg/kg，同时由于钼污染，共同作用使水牛发生"红皮白毛症"，猪和鸭也表现镉中毒病变。

动物品种不同，对镉的耐受性有一定差异。一般认为，日粮中镉含量0.5 mg/kg为临界值。

【发病机理】镉主要经胃肠道、呼吸道吸收，沉积在肾、肝、睾丸、脾、肌肉等组织中并引起损害。进入体内的镉首先储存在肝，与肝的金属硫蛋白（MT）结合成Cd-MT复合物向肾转移；镉长期作用可引起肝组织坏死，肝细胞损伤可能与细胞内钙稳态和钙调蛋白信号转导系统有关。在肾Cd-MT只存在于细胞内，一旦到达细胞外液，即可被肾小管腔膜吞饮吸收，Cd-MT在与细胞膜结合时即造成细胞膜的损伤。因此，长期摄入镉导致肾小管重吸收功能下降，出现蛋白尿；同时尿液中葡萄糖、氨基酸和钙排出量增加；肾功能损伤引起血清尿素氮、肌酐含量和乳酸脱氢酶活性升高，血清蛋白质含量下降。

镉影响机体对铁的吸收，引起体内铁含量下降，由于造血原料缺乏而发生贫血。同时，过量摄入镉使动物血液中铜含量和血清铜蓝蛋白水平显著下降，影响机体对铁的转运和利用。镉还导致红细胞变形和脆性增强，耐受低渗溶液的能力降低。因此，不论镉进入机体的途径如何，贫血是镉中毒最常见的症状之一。

镉影响动物的钙磷代谢，使骨骼和牙齿中钙磷含量明显下降，骨皮质变薄，骨密度降低，骨小梁减少，出现骨质疏松，镉所致的骨骼变化可能与肾小管功能异常引起肾维生素D_3活化障碍有关。

镉具有明显的繁殖毒性，能引起动物睾丸损伤、坏死和精子畸形等。镉导致睾丸损伤可能是镉首先损害睾丸和附睾的血管系统，然后使曲细精管和附睾管受损，引起组织缺血、坏死。同时镉抑制睾丸GSH-Px活性，使脂质过氧化物堆积，造成细胞膜的脂质过氧化损伤；镉抑制精子能量代谢酶的活性，影响精子的生成和发育。镉具有胚胎毒性和致突变效应，镉可蓄积于胎盘和胎儿，造成胚胎死亡率升高，胎儿发育和骨骼骨化障碍，增加了胎儿和体细胞的突变数。镉可与DNA共价结合，引起遗传密码的改变。

镉是一种泛组织毒，对动物机体的毒性作用机理十分复杂，镉可诱导多种细胞凋亡，凋亡与细胞内钙超载、原癌基因的表达、氧化应激及丝裂原活化蛋白激酶（MAPKs）引起的级联反应有关，对于不同类型的细胞引起凋亡的机制及具体过程不完全一致，存在明显的时间-剂量与效应-剂量关系。

【临床症状】动物一次摄入大量镉主要刺激胃肠道，出现流涎，呕吐，腹痛，腹泻，意识丧失，硬脑膜出血和睾丸损伤等症状，严重时血压下降，虚脱而死。

慢性中毒一般无特征性的临床表现，并且因动物种类不同而有一定差异。绵羊主要表现精神沉郁，被毛粗乱无光泽，食欲减退，黏膜苍白，极度消瘦，体重减轻，走路摇摆；严重者下颌间隙及颈部水肿，血液稀薄；随着中毒时间的延长，上述症状呈渐进性发展。猪生长缓慢，皮肤及黏膜苍白，其他症状不明显。水牛钼镉中毒时，表现贫血，消瘦，皮肤发红。另外，镉中毒的动物繁殖功能障碍，公畜睾丸缩小，精子生成受损，母畜不妊娠或出现死胎。

【病理变化】剖检，皮下有胶冻样水肿，体腔积液，肝、肾等轻度发黄，肺气肿，心脏松软。镜检，全身许多器官小血管壁变厚，细胞变性甚至玻璃样变，肺表现严重的支气管和血管周围炎，弥漫性肺泡隔炎和片状纤维结缔组织增生。肝细胞变性、坏死，胞质溶解呈细网状，严重时完全崩解，窦内皮细胞变性、肿胀。肾为典型的中毒性症状，并有亚急性肾小球肾炎和间质性肾炎。小脑浦肯野细胞和大脑神经细胞变性。心肌细胞轻度变性，有时出现局灶性坏死。

【诊断】根据病史、临床症状，结合饲草料、体内镉含量测定，即可诊断。诊断依据：①镉污染区放牧，或饲喂镉含量较高的日粮的病史；②表现营养不良、消瘦、贫血、生长发育缓慢等临床症状；③镉含量测定，日粮＞0.5 mg/kg，健康羊肝和肾分别 0.5 mg/kg、1.83 mg/kg（干重），中毒时显著增加；④红细胞数、血红蛋白含量和红细胞比容显著降低，红细胞变形和脆性增大，生理盐水稀释后红细胞发生棘形改变；血清尿素氮、总蛋白、白蛋白和铜蓝蛋白含量下降；⑤病理组织学检查，主要表现中毒性变性。

【治疗】尚无特效解毒疗法。主要用依地酸钙钠或巯基络合剂（如二巯基丙磺酸钠），但疗效较差。

【预防】严禁在镉污染的草地放牧，认为饲草料中镉含量高于 5 mg/kg 危害动物健康，1 mg/kg 或以下有可能对动物健康不利，确定动物对镉的最大耐受量为 0.5 mg/kg。日粮中增加蛋白质、钙、锌含量可减轻镉对动物的损害。动物补硒和铜能有效预防镉中毒临床症状的出现，减轻镉对组织器官的损伤。

五、铜中毒

铜中毒（copper poisoning）是动物摄入过量的铜而发生的中毒性疾病，临床特征是腹痛、腹泻、肝功能异常和贫血，主要发生于羊、牛，单胃动物对铜有较大的耐受性。

【病因】急性中毒常见于偶然超量摄入可溶性铜盐，如矿物质混合剂或饲料中铜含量过高、采食喷洒过铜药的牧草等。慢性中毒主要是动物采食铜含量较高的牧草，如工业环境铜污染、土壤中铜含量过高、土壤施铜肥（长期用含铜较高的猪粪、鸡粪作为肥料）；饲料中添加较大量的铜；某些植物（如天芥菜）等引起铜在肝内蓄积；有些犬存在遗传基因缺陷等。另外，日粮中钼、硫、锌、铁含量较低，可增加动物对铜的敏感性。

动物日粮中铜的最大耐受量（mg/kg）分别为：羊 25，牛 100，猪 250，马 800，鸡 300，家兔 200。随着年龄的增长，动物对铜的耐受能力增强。

【发病机理】急性铜中毒是由于动物在短时间内摄入大量的铜盐，对胃肠黏膜产生直接刺激和腐蚀，引起急性胃肠炎。高浓度铜在血浆中可直接与红细胞表面蛋白质作用，引起红细胞膜变性、溶血。肝是体内铜储存的主要器官，动物长期摄入过量铜，吸收后在肝大量储存而发生慢性中毒。肝储存铜的能力有限，进入肝细胞的铜可损伤细胞核、线粒体、内质网、高尔基复合体等亚细胞结构，肝细胞内的乳酸脱氢酶（LDH）、天门冬氨酸氨基转移酶（AST）、丙氨酸氨基转移酶（ALT）、精氨酸酶（ARG）等释放，导致血液中这些酶活性升高，胆红素含量升高。在某些因素的诱导下（如营养不良、长途运输、泌乳等应激），肝释放大量的铜进入血液，血浆铜水平大幅度升高,直接与红细胞表面的蛋白质作用,引起红细胞膜变性,并在红细胞中保持高浓度的铜,使红细胞内生成海恩茨（Heinz）小体,最终造成红细胞破裂而发生溶血。在溶血危象发生前,红细胞中还原型谷胱甘肽的浓度突然降低,这可能是红细胞膜变得极为脆弱的原因。溶血后红细胞比容（PCV）和血红蛋白（Hb）含量迅速下降,出现血红蛋白尿,由于血红蛋白充满肾小管以及铜对肾的毒性,引起肾小管和肾小球的变性、坏死,导致肾功能衰竭。

【临床症状】急性铜中毒主要表现腹痛,腹泻,食欲减退或废绝,脱水和休克。如果动物仍存活,3 d后则发生溶血和血红蛋白尿。

慢性铜中毒在出现溶血前临床症状不明显,血清 ALT、AST 等酶活性升高。发生溶血后突然出现精神沉郁,虚弱,食欲减退,口渴,呼吸困难,黏膜苍白,血红蛋白尿和黄疸等症状（二维码 8-45）。动物常在 1~2 d 因贫血和肝功能不全而死亡,存活的动物因尿毒症而死亡。

溶血后红细胞数、Hb 含量和 PCV 明显降低,白细胞数增加,出现血红蛋白尿。红细胞内产生 Heinz 小体（二维码 8-46）。血清胆红素含量增加。

【病理变化】反刍动物急性铜中毒主要病理变化为急性胃肠炎,皱胃糜烂和溃疡,组织黄染。肾肿大呈青铜色,尿呈红葡萄酒样。脾肿大,实质呈棕黑色。肝肿大易碎（二维码 8-47）。组织学变化为肝小叶中央区和肾小管坏死。

二维码 8-45

二维码 8-46

二维码 8-47

【诊断】根据病史、临床症状,结合日粮、体内铜含量测定,即可诊断。诊断依据：①摄入过量铜的病史,日粮中铜含量超过动物的耐受量；②临床表现贫血、血红蛋白尿；③急性铜中毒,肾铜含量＞15 mg/kg（湿重）和 80~130 mg/kg（干重）,粪便铜含量可达 8 000~10 000 mg/kg,消化道食糜呈蓝绿色；慢性铜中毒,血液铜水平由正常的低于 1 mg/L 升高至 5~20 mg/L,绵羊肝中铜含量超过 150 mg/kg（湿重）和 500 mg/kg（干重）,猪肝中铜含量可达 750~6 000 mg/kg（干重）；④血液学检查,红细胞数、血红蛋白含量和红细胞比容明显降低,出现血红蛋白尿,红细胞内有 Heinz 小体；⑤血清生化指标测定,血清胆红素含量和肝功能酶活性升高。

【治疗】首先应停止饲喂可疑日粮,供给容易消化的优质牧草。静脉注射三硫钼酸钠,剂量为每千克体重 0.5 mg,稀释为 100 mL。3 h 后,根据病情可再注射一次,可促进铜通过胆汁排入肠道。对急性铜中毒的动物同时配合应用止痛和抗休克药物有一定疗效。对亚临床中毒及经抢救脱险的动物,每天在日粮中补充 100 mg 钼酸铵和 1 g 硫酸钠,连续数周,直至粪便中铜降至接近正常。

【预防】在高铜草地上放牧的羊,在精料中添加 7.5 mg/kg 钼,50 mg/kg 锌和 0.2% 的硫,可预防铜中毒,且有利于被毛生长。猪、鸡饲料中严禁添加高剂量的铜。

六、钼中毒

钼中毒（molybdenum poisoning）是动物摄入过量钼而引起的中毒性疾病,临床特征是持续性腹泻、被毛褪色、消瘦。常见于反刍动物,牛比羊易感,水牛易感性高于黄牛,马和猪一般不表现临床症状。

【病因】钼是动植物生长所必需的微量元素之一,广泛存在于土壤、水、空气、植物及动物组织中。动物摄入过多可引起中毒,主要的原因有以下几种。

1. 天然高钼土壤 土壤高钼可使生长的牧草钼含量过高,动物采食后引起钼中毒,见于腐殖土和泥炭土。另外,植物中的钼含量还与土壤的酸碱度有关,碱性土壤中可溶性钼较多,容易被植物吸收,在含钼较低的碱性土壤上生长的植物钼含量也较高,而在强酸性富钼土壤上生长的牧草,其钼含量则较低（小于 3 mg/kg）。

2. 工业污染 由于工业生产,特别是钼、铅、铁、铀矿及其冶炼厂排放的废水中含大量钼,使流经的地区及灌溉的农田形成高钼土壤,造成当地牧草和农作物中钼含量超过动物的需要量而发生中毒。如江西赣南地区用含钼 0.44 mg/L 的尾砂水灌溉农田，逐年沉积使土壤中钼含量达 25~45 mg/kg，新鲜早稻草中钼含量达 182 mg/kg，牛采食这种稻草 1 kg，即可发生中毒。

3. 不适当地施钼肥 为提高固氮作用，过多地给牧草施钼肥，植物中含钼量升高。

4. 饲料中铜、钼含量、比值及硫化物的影响 钼的毒性作用与日粮中铜、硫的含量密切相关。在动物饲草料中，铜与钼的最理想比例为 (6~10):1，(2~3):1 为临界值，低于 2:1 则发生高钼性铜缺乏病。若饲料中钼含量高于 10 mg/kg 即可导致钼中毒。若铜含量低于 5 mg/kg，而钼含量为 1 mg/kg，也容易发生钼中毒。

【发病机理】反刍动物钼中毒主要是由于钼干扰机体内铜的吸收和代谢。正常情况下，饲料在瘤胃中发酵产生硫化氢，与钼酸盐作用形成硫钼酸盐，并与饲料中的铜形成 Cu-Mo-S-蛋白质复合物，妨碍铜的吸收，硫钼酸盐还可封闭小肠内的铜吸收部位，并在肠道形成硫钼酸铜，使铜的吸收率明显下降。当硫钼酸盐被吸收后，可激活血浆白蛋白上铜结合簇，使铜、钼、硫和血浆白蛋白紧密结合，一方面可使血浆铜浓度升高，另一方面妨碍了肝对铜的利用。硫钼酸盐被吸收入血液后，其中一部分到达肝，进入肝细胞核、线粒体及细胞质，与细胞质内蛋白质结合，特别是它可以影响和金属硫蛋白结合的铜，使它从金属硫蛋白上剥离下来，被剥离后的铜一部分进入血液，增加了血浆蛋白结合铜的浓度，另一部分铜可直接进入胆汁使铜从粪便中排泄的量增加，久之使体内铜逐渐耗竭，产生慢性铜缺乏病。铜缺乏所致的含铜酶活性降低是本病发生的基础。

【临床症状】动物采食高钼饲草料 1~2 周即可出现中毒症状。牛钼中毒的特征是持续性腹泻，排出粥样或水样的粪便，并混有气泡。同时表现生长发育缓慢，贫血，消瘦，跛行，骨质疏松，被毛和皮肤褪色，在黑色皮毛动物，特别是眼周围褪色最为明显，外观似戴了白框眼镜。

绵羊，尤其是羔羊，表现背部和腿僵硬，不愿抬腿。被毛弯曲度减少，变成直线状，抗拉力减弱，容易折断。有的羊毛褪色，有的大片脱毛。

【诊断】根据病史、临床症状，结合饲草料和体内钼、铜含量测定，即可诊断。诊断依据：①摄入高钼饲草料的病史，饲草料中钼含量高于 10.0 mg/kg，或铜含量低于 5.0 mg/kg；②临床表现持续性腹泻，贫血，消瘦，被毛褪色；③健康牛血液中铜和钼含量分别为 0.75~1.3 mg/L 和 0.05 mg/L，肝中铜含量为 30~140 mg/kg（湿重），钼含量<3~4 mg/kg（湿重），乳汁中钼含量为 0.03~0.05 mg/L；钼中毒时，血液中铜含量<0.6 mg/L，钼含量>0.1 mg/L，肝中铜含量<10~30 mg/kg，钼含量>5 mg/kg，乳汁中钼含量>0.3 mg/L；④补充硫酸铜有明显疗效。

【治疗】立即停喂高钼日粮，用铜制剂治疗，效果良好。可用硫酸铜，剂量为牛 3~4 g/d；犊牛和羔羊 1~2 g/d，1 次/d，口服，连用 3~5 d。

【预防】在工业污染区，应积极治理污染源，避免土壤、牧草和水源的污染。饲草中钼含量低于 5 mg/kg 的地区，在矿物质盐中加入 1% 硫酸铜可有效地控制钼中毒。若钼含量高于 5 mg/kg，可用 2% 硫酸铜。也可制成舔砖让其自由舔食。也可以控制日粮 Cu：Mo 在 (4~10):1，S:Mo 在 100:1。

七、硒中毒

硒中毒（selenium poisoning）是动物摄入过量的硒而发生的急性或慢性中毒性疾病。急性中毒的临床特征是腹痛、呼吸困难和运动失调；慢性中毒的临床特征是脱毛、蹄壳变形和脱落。各种动物均可发生，高硒地区放牧的牛、羊和马常见，其次为猪。

【病因】硒是一种安全范围较窄的必需微量元素，日粮中需要的硒量和具有潜在毒性的硒含量之间相差 10～20 倍。动物中毒主要是采食高硒土壤生长的植物，一般认为，土壤中硒含量高于 0.5 mg/kg，对放牧动物就有中毒危险，我国湖北恩施和陕西紫阳的部分地区为高硒区。另外，也见于防治动物硒缺乏病时硒化合物用量过大或在饲料中添加混合不均。动物对日粮硒的最大耐受量为 2 mg/kg。

【临床症状】急性中毒表现腹痛，胃肠臌气，步态不稳，呼吸困难，泡沫性鼻液，瞳孔扩大，黏膜发绀，呼出气体有明显大蒜味，最终因呼吸衰竭而死亡。亚急性中毒动物初期视力下降，盲目游荡，不避障碍物，食欲减退，体温正常。随着疾病的发生和发展，视力下降，步态蹒跚，到处瞎撞，体温降低，喉和舌麻痹，吞咽障碍，最后由于呼吸衰竭而死亡。慢性硒中毒动物表现跛行，蹄裂，关节僵硬，反应迟钝，精神沉郁，衰弱和脱毛。（二维码 8-48）

二维码 8-48

【诊断】根据病史、临床症状，结合饲料和体内硒含量分析，即可诊断。诊断依据：①采食硒含量较高的饲草料的病史；②急性中毒以腹痛、呼吸困难、运动失调、呼出气体有蒜味为特征，慢性中毒主要表现脱毛、蹄壳变形和脱落等症状；③急性硒中毒，血液中硒含量＞3～4 mg/L，肝中硒含量＞3～5 mg/kg；慢性硒中毒，血液中硒含量＞1～2 mg/kg，肝中硒含量＞1.5 mg/kg，肾中硒含量＞1～5 mg/kg，被毛、蹄壁中硒含量＞1.5～5.0 mg/kg；④剖检，急性硒中毒可见全身出血，肺淤血、水肿，气管内充满大量白色泡沫状液体，肝、肾呈不同程度的变性；慢性中毒可见肝出现不同程度的萎缩、坏死、硬化、脑水肿；⑤本病应与麦角中毒、铅中毒、萱草根中毒、油菜中毒等进行鉴别。

【治疗】无特效解毒药，急性和亚急性中毒可采取对症治疗和支持疗法相结合的措施。立即停止饲喂高硒饲料，在饲料中添加氨基苯胂酸（10 mg/kg），有一定效果。动物慢性中毒，供给高蛋白、高含硫氨基酸和富含铜的饲料，可逐渐恢复。

【预防】预防本病的关键是日粮添加硒时，一定要根据机体的需要，控制在安全范围内，并且混合均匀。在治疗动物硒缺乏症时，要严格掌握用量和浓度，以免发生中毒。在富硒地区，增加日粮中蛋白质的含量，适当添加硫酸盐、砷酸盐等硒颉颃物。

第六节 动物毒素中毒

一、蛇毒中毒

蛇毒中毒（snake venom poisoning）是由于动物被毒蛇咬伤，毒汁通过伤口进入动物体内引起的急性中毒性疾病，临床特征是溶血、感觉神经末梢麻痹、休克。各种动物均可发生，常见于放牧动物和犬。

【病因】毒蛇喜欢生活在气候温和而又隐蔽的地方，常居住在灌木丛、山坡、杂草丛、溪旁和乱石堆等洞穴，而又有蛙、鼠、蜥蜴、昆虫和鱼等"猎物"的地方。炎热的夏季一般多活动在阴凉处；寒冷季节多活动在向阳地带。海蛇只活动在沿海海水里。在南方，蛇的活动期一般在 4～11 月间，以 7～9 月最为活跃，动物最容易被咬伤而发病。

【发病机理】蛇毒含有多种生物活性的蛋白质，依据其毒性作用特点，将蛇毒分为神经毒、血液循环毒和混合毒。金环蛇、银环蛇主要含有神经毒素，蝰蛇、竹叶青蛇、五步蛇等主要含有血液循环毒素，眼镜王蛇、眼镜蛇及蝮蛇等含神经毒素及血液循环毒素。

神经毒主要作用于神经系统的脊髓神经和神经-肌肉接头部而使骨骼肌麻痹乃至全身瘫痪，也可直接作用于延髓呼吸中枢或呼吸肌，使呼吸麻痹，最后窒息死亡。血液循环毒主要作用于血液循环系统，引起心力衰竭、溶血、出血、凝血、血管内皮细胞破坏，导致休克，甚至死亡。混合毒兼有神经毒和血液循环毒的毒性作用，但大多以其中一种毒作用为主。另外，蛇毒中的某些成分还造成局部的毒性作用，如蛇毒中的卵磷脂酶 A 可使机体释放组胺、5-羟色胺及缓动素等物质，引起伤口局部组织水肿、炎性反应及剧烈疼痛；蛇毒中的透明质酸酶使局部炎症进一步扩散；蛋白水解酶破坏血管壁，引起出血，损害组织，甚至导致大面积的深部组织坏死。

【临床症状】由于蛇毒的类型不同，中毒后的局部症状与全身症状也不尽相同。

1. 神经毒症状 咬伤后流血少，红肿热痛等局部症状轻微，但毒素很快由血液及淋巴循环吸收，通常在咬伤后数小时内出现急剧的全身症状。动物表现兴奋不安，全身肌颤，吞咽困难，口吐白沫，瞳孔扩大，血压下降，脉率失常，呼吸困难，四肢麻痹，倒地不起，终因呼吸肌麻痹而窒息死亡。

2. 血液循环毒症状 咬伤后局部症状明显，主要表现为被咬伤部位剧痛，流血不止，迅速肿胀，发紫发黑，极度水肿，有的发生水疱、血疱，甚至发生组织溃烂坏死。肿胀很快向上发展，一般经6~8 h可蔓延至整个头部或颈部，或蔓延至前肢及腰背部。表现全身震颤，继而发热，心动过速，脉搏加快，血尿、血红蛋白尿和少尿。严重者血压下降，呼吸困难，无法站立，多因心脏麻痹而死亡。

3. 混合毒症状 动物被咬伤后，红肿热痛和感染坏死等局部症状明显。毒素既表现出神经毒所致的各种神经症状，又能出现血液毒所致的各种临床表现。死亡的直接原因是呼吸中枢和呼吸肌麻痹而引起的窒息，或因血管运动中枢麻痹和心力衰竭造成的休克。

【诊断】根据毒蛇咬伤的病史，结合伤口有2个针尖大的毒牙痕，局部水肿、渗血、坏死和全身症状，即可诊断。本病应与毒蜘蛛和其他昆虫咬伤进行鉴别。

【治疗】治疗原则是防止蛇毒扩散，尽快施行排毒和解毒，并配合对症治疗。

1. 防止蛇毒扩散和排毒 发现动物被毒蛇咬伤后，应尽快于咬伤部近心端进行绑扎，防止毒素的吸收和蔓延，每隔15~20 min松绑1~2 min，以免发生缺血性坏死；冲洗伤口，必要时扩创冲洗排毒，防止毒液进入血液和淋巴而扩散至全身；在蛇咬伤周围局部点状注入1%高锰酸钾、胃蛋白酶或可的松类药物，可破坏蛇毒；用0.5%普鲁卡因100~200 mL加青霉素进行深部环状封闭，对抑制蛇毒扩散、减轻疼痛和预防感染有帮助。

2. 特效解毒 抗蛇毒血清是中和蛇毒的特效解毒药，有条件的应尽早使用，在20~30 min内静脉注射最好。也可选用中药治疗。配合对症治疗，主要是补液、强心、防止休克和急性肾衰竭等。

二、蜂毒中毒

蜂毒中毒（bee venom poisoning）是动物被蜂类蜇伤引起的中毒性疾病，临床特征是局部肿胀、淤血、发热、疼痛、血压下降、中枢和呼吸麻痹。各种动物均可发病。

【病因】蜂巢多筑在灌木丛及草丛中，也有筑在树权或动物厩舍的屋顶，竹蜂在竹林中。蜂不主动袭击动物。但若在野外活动或放牧时触动了蜂巢，群蜂即飞出袭击蜇伤动物，或动物有时捕食蜂时，可引起蜂毒中毒。马对蜂毒最为敏感，绵羊、山羊也可发生，乳牛偶有被黄蜂或土蜂袭击，家禽有时捕食蜂而引起中毒。

【发病机理】蜂属于节肢动物，雄蜂不具有毒腺及蜇针，不蜇人畜，雌蜂腹部末端有与毒腺相连的蜇针，蜇针刺入人和动物机体后随即释放毒液。毒液是一种成分复杂的混合物，主要含乙酰胆碱、组胺、5-羟色胺、蚁酸、磷脂酶A和多肽类等活性物质。蜂毒的毒力因蜂种类而异，以黄蜂、杀人蜂、虎头蜂、牛角蜂的毒力最强，可引起局部疼痛、淤血及水肿、运动麻痹、血压下降、过敏性休克，最终动物因呼吸麻痹而死亡。

【临床症状】当动物触动蜂巢时，群蜂倾巢而出，蜇伤部位多发生在头部。蜇伤部位及其周围皮下组织立即表现热痛、淤血及肿胀，针刺肿胀部位流出黄红色渗出液，有的出现荨麻疹。轻者不久恢复，重者可引起全身症状，体温升高，血压下降，心律不齐，呼吸困难；中枢神经先兴奋后麻痹，过敏性休克，终因呼吸麻痹和循环衰竭而死亡。

【诊断】根据被蜂蜇伤的病史，体表皮肤热痛、肿胀，且肿胀中央部流黄红色渗出液，有的能发现蜂类蜇针，结合其他临床症状，即可诊断。

【治疗】尚无特效解毒药，中毒动物应采取排毒、解毒、脱敏、抗休克及对症治疗等措施。局部用2%~3%高锰酸钾溶液、2%碳酸氢钠溶液或肥皂水冲洗，以0.25%盐酸普鲁卡因加适量青霉素进行肿胀周围封闭，防止肿胀扩散和继发感染。脱敏、抗休克，可用氢化可的松、地塞米松或苯海拉明等；对症治疗包括强心、补液、兴奋呼吸等。

第七节 其他中毒性疾病

一、一氧化碳中毒

一氧化碳中毒（carbon monoxide poisoning）是动物吸入过量的一氧化碳（CO）造成机体组织缺氧的一种急性中毒性疾病，俗称煤气中毒。临床特征是黏膜发绀，呼吸困难，血液中碳氧血红蛋白（HbCO）浓度升高，严重者惊厥、昏迷等。各种动物均可发病，主要见于幼龄动物。

【病因】CO由含碳物质不完全燃烧产生，无色、无味、无刺激性，煤气管道泄漏也可大量逸出。动物中毒多发生于羊产羔房、猪产仔房和家禽育雏室，这是由于在通风不良或无通风设备的房舍内使用小型供热器或煤炉造成。寒冷季节，在舍内生火取暖，当门窗紧闭，通风孔被遮盖或烟囱、烟道堵塞时，也会引起CO中毒。煤炉产生的气体CO含量高达6%~30%，失火现场空气中CO浓度可达10%，也可发生中毒。当空气中CO的含量达到0.2%时，雏鸡2~3 min死亡；空气中CO含量超过3.0%时，可引起家禽急性中毒而窒息死亡。

【发病机理】CO经过呼吸道吸入肺泡后，通过气体交换进入血液，85%与红细胞内的血红蛋白（Hb）结合，形成稳定的HbCO。即使吸入较低浓度的CO也能形成大量的HbCO。使Hb携带氧的能力大大下降，导致低氧血症。同时，CO与肌红蛋白和细胞色素氧化酶结合，阻断细胞色素氧化酶复合物与氧之间的传递，从而抑制了细胞呼吸，加重组织缺氧。

中枢神经系统对缺氧最敏感，缺氧后可发生血管壁细胞变性，渗透性增加，严重者有脑水肿，大脑及脊髓有不同程度充血、出血及血栓形成，并造成皮质或基底节局灶性软化或坏死，以及皮下白质广泛的脱髓鞘病变。由于HbCO比HbO_2的解离慢3 600倍，故中毒后，CO对人和动物体有持久性毒害作用，脑部因长期缺氧，可发生长期或持久性后遗症。缺氧导致机体各脏器功能失调而发生一系列的全身症状。由于组织缺氧，体内无氧酵解作用加强，产生大量酸性中间产物，导致机体发生代谢性酸中毒。CO还可经胎盘进入胎儿体内，胎儿对CO比母体更敏感，在临近预产期的母猪，人工加热取暖可使死胎发生率明显增加，甚至有时所产的仔猪整窝都是死胎。

【临床症状】轻度中毒表现畏光，流泪，呕吐；精神沉郁，眩晕，站立不稳，食欲减退，呼吸困难，脉搏增快。

中度中毒表现步态不稳或卧地，可视黏膜呈樱桃红色或发绀；全身出汗，呼吸急促，脉细而快，心音减弱；肌肉出现阵发性痉挛，逐渐呈昏睡或昏迷状态。

严重中毒呈现极度昏迷状态，意识丧失，反射消失，大小便失禁，呼吸困难，甚至呼吸衰竭和心脏麻痹，最终窒息而死亡。

【诊断】根据动物与CO的接触病史，结合突然昏迷、可视黏膜呈樱桃红色等症状，可初步诊断。必要时测定空气中CO浓度和血液HbCO含量。本病应与脑炎、脑膜脑炎和尿毒症等进行鉴别。

【治疗】治疗原则是迅速脱离 CO 环境、实施输氧疗法、防止脑水肿和对症治疗。

一旦发现中毒，应立即通风换气，并将动物转移至安全场所，轻者可不治自愈，重者可实施输氧疗法，应用二氧化碳与氧的混合气（5%～7% CO_2 加 93%～95%O_2）比用纯氧的效果好，也可缓慢静脉注射过氧化氢。出现脑水肿，可用 20%甘露醇、25%山梨醇、高渗葡萄糖注射液，交替静脉注射，同时应用利尿剂和地塞米松。对频繁抽搐、肌肉痉挛的患病动物，可适当使用镇静剂。为促进脑细胞功能恢复，可使用细胞色素 C、辅酶 A、ATP 和维生素 B。

【预防】应加强饲养管理，严格控制饲养密度，保持圈舍通风良好。冬季应经常检查和检修产房、育雏室内的取暖设备（如煤炉），防止漏烟、倒烟，设风斗和通风孔，保持室内通风良好。

二、甲醛中毒

甲醛中毒（formaldehyde poisoning）是指动物接触高浓度甲醛蒸气引起的中毒性疾病，临床特征是眼、呼吸系统损伤，各种动物均可发生，雏鸡最常见。

【病因】在畜牧业养殖过程中，甲醛常作为一种消毒剂使用。如雏禽在孵化室中用甲醛熏蒸浓度过高，时间过长，或育雏室用甲醛熏蒸消毒后，窗门敞开时间过短，甲醛气体未排尽就进雏鸡饲养，都可引起甲醛中毒。当室内甲醛浓度达到 0.08～0.09 mg/m^3 时，幼龄动物就会发生轻微中毒；达到 0.1 mg/m^3 时，有明显异味和不适感；达到 0.5 mg/m^3 时，可刺激眼，引起流泪；达到 0.6 mg/m^3，可引起咽喉不适或疼痛；浓度更高时，可引起呕吐，咳嗽，气喘，甚至肺水肿；达到 30 mg/m^3 时，引起死亡。

【发病机理】甲醛蒸气为无色有强刺激性气味的气体，低浓度甲醛蒸气，对眼及上呼吸道黏膜有强烈的刺激作用。吸入高浓度甲醛蒸气则对中枢神经系统有毒性作用，并可引起中毒性肺水肿。皮肤接触甲醛溶液，可引起组织凝固、坏死。甲醛还具有致敏作用而引起过敏性皮炎。

【临床症状】甲醛的接触途径不同，引起的中毒症状有所差异。

急性吸入性中毒，表现流泪，畏光，眼睑水肿，角膜炎，流鼻液，咳嗽，呼吸困难。严重时喉头及气管痉挛，肺水肿，惊厥，甚至昏迷死亡；慢性中毒表现嗜睡，精神不振，食欲减退，软弱无力，心悸，肺炎及肾损害。

消化道中毒时，口腔黏膜糜烂，腹痛，腹泻，粪便带血，肝损伤和急性肾功能衰竭。

皮肤及体表接触中毒时，可引起皮炎，皮肤有红斑、丘疹、瘙痒等。

【诊断】根据甲醛接触病史，结合临床表现，即可初步诊断。必要时进行圈舍、组织样品中甲醛浓度测定。

【治疗】发生中毒时，应加强圈舍通风换气，降低甲醛气体浓度，迅速脱离甲醛浓度高的环境，并采取相应对症治疗措施。供给清洁饮水，饮水中加入少许尿素，或活性炭、牛乳、豆浆、蛋清等物质，可减轻毒物对黏膜的刺激；同时给予 3%碳酸铵或 15%醋酸铵溶液口服。眼内用清洁水或 2%碳酸氢钠溶液冲洗。防止喉水肿、肺水肿，应尽早使用糖皮质激素。

三、蓝藻中毒

蓝藻中毒（blue green algae poisoning）是动物饮用大量生长蓝藻的水而引起的中毒性疾病。常见于牛、羊、家禽，猪、马、犬也有报道。

【病因】蓝藻是一类单细胞水生生物，又称蓝细菌。不是所有的蓝藻均产生毒素，产生的毒素主要包括两类：鱼腥藻属、颤藻属、蓝针藻属等产生类毒素-a 和类毒素-a（s），均为神经毒素；微囊藻属产生微囊藻素，节球藻属产生节球藻素，均为肝毒素。

环境因素影响中毒的发生，如温暖的气候、水体营养增加等。夏末和早秋气候温暖，以及池塘水体营养和磷增加，均可使蓝藻快速生长。风可使池塘和湖泊中的蓝藻聚积，可增加中毒的危险。

【发病机理】蓝藻中毒的机理仍不十分清楚。蓝藻随饮水进入动物消化道，在胃内酸性环境中迅速溶解释放出毒素。游离的毒素在小肠迅速被吸收，如微囊藻素通过胆酸运载体被转运到肝并进入组织细胞。微囊藻素和节球藻素为肝毒素，进入肝后可改变肝细胞骨架。微囊藻素的作用主要是与抑制丝氨酸/苏氨酸磷酸酶1型和2A型有关，微囊藻素共价结合并抑制了蛋白磷酸酶的功能，该酶调控细胞内调节蛋白的磷酸化和去磷酸化。体外研究表明，微囊藻素作用于细胞的中间丝（如波形蛋白、细胞角蛋白）、微管和微丝，导致这些细胞骨架成分结构的完整性改变。同时，微囊藻素也可诱导哺乳动物的各种细胞凋亡。微囊藻素还可引起细胞膜迅速形成气泡，细胞皱缩，细胞器再分配，染色质浓缩，DNA断裂，DNA梯度形成。

神经类毒素-a是一种复环仲胺，可引起烟碱膜的去极化。神经元烟碱膜的去极化迅速而持久，可导致呼吸麻痹。神经类毒素-a（s）主要抑制外周神经系统的乙酰胆碱酯酶，毒素不能通过血脑屏障。

【临床症状】大量饮用含蓝藻或毒素的水可导致急性死亡。摄入微囊藻素或节球藻素1～4 h，表现嗜睡，呕吐，腹泻，胃肠弛缓，衰弱，黏膜苍白。严重者24 h内死亡，有的几天后死亡。有的患病动物可继发感光过敏。

摄入神经类毒素-a，主要表现急性肌肉震颤，强直痉挛，嗜睡，呼吸困难，抽搐。临床症状出现30 min即可因呼吸麻痹而死亡。

摄入神经类毒素-a（s），主要抑制外周神经系统的乙酰胆碱酯酶，表现流涎，多尿，流泪，排粪增加。同时，还表现震颤，呼吸困难，抽搐。可在1 h内因呼吸停止而死亡。

【病理变化】肝毒素中毒剖检可见肝肿大、充血、出血，组织学变化为肝小叶中心至中心区的出血和坏死；犬节球藻素中毒还发生肾小管肾炎和出血性胃炎。神经毒素中毒时无明显病变。

【诊断】根据饮用大量含蓝藻水的病史，结合临床症状［肝毒素中毒可引起血清与肝有关的酶活性升高，神经类毒素-a（s）可导致血液乙酰胆碱酯酶活性降低］，即可诊断。必要时可用显微镜鉴定产毒蓝藻，也可测定毒素含量。

【治疗】本病无特效抗毒素解毒药，主要采取对症和支持治疗。早期可进行催吐、灌服活性炭、导泻等。肝毒素中毒可采用输液、皮质类固醇和抗休克治疗。神经毒素中毒应解痉镇静，并维护呼吸功能。神经类毒素-a（s）中毒可用阿托品缓解毒蕈碱样症状。

【预防】严禁动物接近含有大量蓝藻的水，避免动物在藻类污染的池塘或湖边放牧。水中加入硫酸铜或其他杀藻剂可控制蓝藻的生长和繁殖，3～7 d后可供动物饮用。

第九章 免疫性疾病

概　述

（一）免疫系统的组成与功能

免疫系统由免疫器官、免疫组织、免疫细胞及免疫活性物质组成，是动物体区分"异己"，保护自身免受抗原入侵，监视体内危险变异，并维持内环境稳定的防御性系统。免疫器官包括中枢免疫器官（胸腺、骨髓和法氏囊）和外周免疫器官（淋巴结、脾、扁桃体等）。免疫组织是构成免疫器官的主要成分，也广泛分布于消化道、呼吸道及皮肤等非免疫器官中。免疫细胞包括各类淋巴细胞、抗原呈递细胞、浆细胞、肥大细胞和粒细胞等，它们聚集于免疫组织或散在于血液、淋巴及其他组织中。免疫活性物质主要由免疫细胞产生，包括免疫球蛋白、补体、白细胞介素、肿瘤坏死因子等。

免疫系统可分为天然免疫系统（非特异性免疫系统）和获得性免疫系统（特异性免疫系统）。其中，天然免疫是指动物机体与生俱有的抵御微生物或者外来异物侵袭的能力，主要参与天然免疫应答的免疫细胞包括单核细胞、树突状细胞、粒细胞、肥大细胞和自然杀伤细胞等。

免疫系统的主要功能有：①免疫防御：识别和清除外来入侵的抗原，如病原微生物、异体细胞和异体大分子等；②免疫监视：识别和清除体内表面抗原发生变异的细胞，如肿瘤细胞、病毒或细菌感染的细胞等；③免疫稳定：通过自身免疫耐受和免疫调节使免疫系统内环境保持稳定，如识别和清除体内衰老、死亡或变异的细胞等。免疫反应过强或者太弱都会引起一定的病理变化，反应过强可引起过敏反应，如注射药物或疫苗等引起的过敏性休克；免疫反应太弱，则因免疫缺陷引起反复感染等，如患白血病的牛、裸鼠、Beige 突变鼠等。免疫系统与神经系统、内分泌系统还可以形成一个生物调控网络，参与并调节更广泛的生命活动。

免疫细胞是执行免疫应答或与免疫应答有关的细胞，在免疫应答中起核心作用。主要包括淋巴细胞、抗原呈递细胞等。它们或聚集于淋巴组织中，或散在于血液、淋巴及其他组织中，通过血液循环和淋巴循环相互联系，形成统一整体。

淋巴细胞种类繁多、分工极细、功能复杂，但均由淋巴干细胞发育分化而来，具有特异性、转化性和记忆性。各种淋巴细胞表面有特异性的抗原受体（组织相容性复合分子 MHC），能专一识别不同的抗原。当淋巴细胞受到抗原刺激时，转化为淋巴母细胞，继而增殖分化形成大量效应淋巴细胞和记忆淋巴细胞。效应淋巴细胞产生抗体、淋巴因子或具有直接杀伤作用，以清除相应抗原。记忆淋巴细胞表面长期存有抗原信息，对相应抗原保持记忆，并在体内不断循环，当动物受到相应抗原再次刺激时，能迅速增殖形成效应淋巴细胞，使机体长期保持对相应抗原的免疫力。

淋巴细胞根据发育部位、表面标志和免疫功能，分为 T 细胞、B 细胞、K 细胞和 NK 细胞。T 细胞经抗原刺激后，引发细胞免疫应答。T 细胞分为 3 个亚群：①细胞毒性 T 细胞

(Tc 细胞），能特异性杀伤带抗原的靶细胞（如肿瘤细胞、移植细胞及受微生物感染的细胞等），其杀伤力较强，可反复杀伤靶细胞，而且在杀伤过程中本身不受损伤；②辅助性 T 细胞（Th 细胞），通过与主要组织相容性复合Ⅱ类分子（MHC-Ⅱ）递呈的多肽抗原反应被激活，其具有协助体液免疫和细胞免疫的功能，根据其表面受体、所产生的细胞因子和功能不同又可分为 Th1 和 Th2，Th1 细胞可诱发迟发型超敏反应，参与抗细胞内寄生菌免疫；Th2 细胞可辅助 B 细胞产生特异性抗体，参与抗细胞外寄生菌的免疫；③抑制性 T 细胞，具有抑制细胞免疫和体液免疫的作用，如其功能失常，则免疫反应过强，引起自身免疫性疾病。

B 细胞经抗原刺激后，分化为浆细胞，合成并分泌各类免疫球蛋白。K 细胞主要攻击比微生物大的细胞（如受肝炎病毒感染的肝细胞等），对肿瘤细胞也有杀伤作用。NK 细胞可直接杀伤病毒感染的细胞和肿瘤细胞。

抗原呈递细胞是具有加工和呈递抗原能力的细胞。通常把加工呈递内源性抗原的细胞称靶细胞（内皮细胞、上皮细胞和激活的 T 细胞）；把加工呈递外源性抗原的细胞称抗原呈递细胞（又称专职抗原呈递细胞，包括树突状细胞、巨噬细胞、B 细胞），能表达 MHC-Ⅱ类分子、协同刺激信号分子和各种黏附分子，具有摄取、加工、呈递胞外抗原，激活 $CD4^+$ T 细胞，诱导免疫应答等能力。

（二）免疫性疾病

一般情况下，与免疫系统相关的疾病有两种类型，一是免疫功能不足引起的免疫缺陷，表现为对感染的易感性升高；二是由免疫反应过度引起的疾病，可导致超敏反应和自身免疫疾病。在某些情况下，正常的保护性免疫反应可造成组织发生明显损伤。先天性免疫反应过度可引发不当的炎症反应，导致相邻组织出现间接损伤，或产生大量炎性细胞因子，从而造成组织出现明显损伤（如类风湿性关节炎、特发性多发性关节炎、免疫介导性脑膜炎等），临床上常见于犬。相反，获得性免疫反应过度可通过多种机制造成组织损伤。获得性免疫反应过度引起的疾病分为四种类型，其中三种类型的疾病由抗体介导（Ⅰ型、Ⅱ型、Ⅲ型），而Ⅳ型由 T 细胞介导。Ⅰ型反应（特异性超敏反应）是已致敏的机体再次接触相同抗原后在数分钟内所发生的 IgE 介导的超敏反应，如过敏性休克、荨麻疹、过敏性鼻炎、过敏性支气管炎、过敏性哮喘、过敏性胃肠炎、特发性皮炎等。Ⅱ型反应是由 IgG 或 IgM 抗体与靶细胞表面相应抗原结合后，在补体、吞噬细胞和 NK 细胞参与下，引起的以细胞溶解或组织损伤为主的超敏反应，如免疫介导的溶血性贫血、免疫介导的血小板减少症、自身免疫性皮肤病、重症肌无力等。Ⅲ型反应是沉积在组织中的抗原-抗体复合物引起的急性炎症反应，如过敏性肺炎、膜性增生性肾小球肾炎、全身性红斑狼疮、血管炎、马的出血性紫癜等。Ⅳ型反应是由效应 T 细胞与相应抗原作用后，引起的以单核细胞浸润和组织细胞损伤为主要特征的炎症反应，如肉芽肿反应、变应性接触性超敏反应、自身免疫性甲状腺炎、自身免疫性肾上腺炎等。

一、过敏性休克

过敏性休克（anaphylactic shock）是致敏机体短时间内再次与特异变应原接触后发生的一种急性全身性过敏反应，属Ⅰ型超敏反应性疾病。临床特征是突然出现呼吸困难、黏膜发绀、心跳加快、肌肉震颤、运动失调。各种动物均可发病，犬、猫多见。

【病因】主要是注射药物，如血清、疫苗、抗毒素等生物制品，青霉素、四环素、磺胺类等化学药物，偶尔也见于蚊虫蜇伤或摄入某些饲料。

【发病机理】绝大多数的过敏性休克属Ⅰ型超敏反应。外界的抗原性物质（某些药物是半抗原，进入机体后与蛋白质结合成为全抗原）进入体内能刺激免疫系统产生相应的 IgE 抗体，其中 IgE 的产量因体质不同而有较大差异。这些特异性 IgE 有较强的亲细胞特性，能与皮肤、支气管、血管壁等的"靶细胞"结合。当相同抗原再次与已致敏的机体接触时，IgE 及抗原在肥大细胞表面结合，引起组胺、缓激肽、补体等大量入血，造成血管床容积扩张，毛细血管通透性增加，有效循环血量相对不足，组织灌流及回心血量减少。进一步发展，由于组织缺血、缺氧、酸中毒和组胺及一氧化氮等活性物质的释放，造成血管张力降低，加上白细胞、血小板在微静脉端黏附，造成微循环血液淤滞，毛细血管开放数增加，导致有效循环血量锐减。大多数动物，肺是主要的靶器官，肺血管床淤血和水肿，导致严重的呼吸困难。而犬则主要是门静脉高压和内脏淤血，主要出现胃肠道症状。

【临床症状】药物引起的过敏性休克，与剂量无明显关系，可能与用药方式及途径有关，一般注射引起严重反应的可能性最大，口服次之。接触过敏原后短时间出现临床症状，表现烦躁，兴奋不安，呼吸困难，流涎，黏膜发绀，心跳加快，脉搏细弱，血压下降，肌肉震颤，运动失调，痉挛，站立不稳，大小便失禁，抽搐，昏迷，最终可虚脱而死亡。有的肺部出现粗糙的呼吸音和气泡音，有的腹泻。犬还表现呕吐，排血样粪便。

【病程及预后】症状突然出现，发展迅速，可在15～120 min死亡。致敏原刺激后症状出现越晚，症状越轻，治疗及时，通常可完全恢复，一般预后良好。

【诊断】根据接触变应原的病史，结合突然出现呼吸困难、黏膜发绀、心跳加快、肌肉震颤、运动失调等临床症状，即可诊断。

【治疗】治疗原则是去除病因，进行对症急救，关键是迅速纠正循环衰竭。

可用0.1%盐酸肾上腺素，静脉注射或皮下注射。配合抗组胺药，如苯海拉明、异丙嗪等，疗效更好。

二、荨麻疹

荨麻疹（urticaria）是由于皮肤、黏膜小血管扩张及渗透性增加而出现的一种局部隆起的水肿团块状病变，属Ⅰ型超敏反应性免疫病。临床特征是皮肤出现圆形或扁平的疹块，俗称风团或风疹块，皮肤瘙痒。各种动物均可发生，常见于马、牛、猪和犬。

【病因】引起荨麻疹的变应原相当复杂，分为内源性和外源性两类。

1. 外源性荨麻疹 常见于吸血昆虫（如蚊、虻等）叮咬或蜇伤，有毒植物（如荨麻刺毛）刺激皮肤（因此得名），外擦某些药物（如松节油、苯酚等）。另外，出汗之后突然遭受风寒，或日光、热、运动、精神紧张等应激，均可引起或加剧本病。

2. 内源性荨麻疹 主要是吸收摄入的过敏原或使用某些药物，如采食变质或霉败的饲料；胃肠消化紊乱，肠内微生物菌群失调，消化不全的物质或菌体成分被吸收；对某些饲料具有特异敏感性，如马采食野燕麦、白三叶草和紫苜蓿，牛突然更换高蛋白饲料，猪饲喂鱼粉和紫苜蓿，犬饲喂鱼、肉、蛋、乳等；某些传染病（如马腺疫、流感、猪丹毒、犬瘟热等）、寄生虫病（蛔虫病、马胃蝇蛆病、马媾疫等）过程中或痊愈后，由于病原的持续作用而致敏发病；服用或注射某些物质，如青霉素、头孢菌素、磺胺类抗生素或抗菌药、药物及血清、疫苗等生物制品等。

【发病机理】过敏原或其他因素引发肥大细胞为核心的多种炎症细胞活化，释放具有炎症活性的化学介质，包括组胺、5-羟色胺、细胞因子、趋化因子、花生四烯酸代谢产物（如前列腺素、白三烯）等，引起血管扩张和血管通透性增加，平滑肌收缩及腺体分泌增加，血液和淋巴液渗出，导致皮肤出现大小不一的扁平隆起和（或）黏膜水肿，血管和淋巴管周围嗜酸性粒细胞浸润。

【临床症状】多无先兆，皮肤上突然出现大小不一的扁平隆起（疹块），呈圆形、卵圆形或不规则形，界限明显，常有剧痒，此起彼伏，有时融合成大片。主要发生于口、鼻、眼睑、颈部、背部、躯干、外阴、乳房、腿部，有的也见于结膜、直肠和阴道黏膜。因皮肤剧痒而摩擦、啃咬，常有皮肤破溃和脱毛现象。内源性和感染性荨麻疹痒觉轻微。疹块发展迅速，逐渐消失，不留痕迹，有的反复发生。

有的病例，在发生荨麻疹时，出现体温升高，兴奋不安或沉郁，食欲减退，呕吐，腹泻，呼吸急促，流涎等症状。

【病程与预后】本病突然发作，可在短时间内蔓延至全身，并迅速消散。多数病例病程可达数小时至1～2 d，疹块消失后不留任何痕迹而痊愈。个别病例，由于反复发作而转为慢性，顽固难治。

【诊断】根据病史，结合皮肤出现圆形或扁平的疹块、皮肤瘙痒的临床症状，即可诊断。

【治疗】治疗原则是去除病因，抑制过敏反应，对症治疗。

急性荨麻疹多于短期内自愈，无须治疗。去除病因，停止饲喂可能引起过敏的饲料，清理胃肠，排除异常内容物等。

抑制过敏反应，可用抗组胺药，如盐酸苯海拉明，肌内注射；5%氯化钙注射液、10%葡萄糖酸钙注射液，静脉注射。糖皮质激素类药物也有较好的疗效，如地塞米松、泼尼松龙等，肌内注射。危及生命的情况下，可用盐酸肾上腺素，皮下注射。

三、其他疾病

疾病	病因	临床症状	诊断	治疗
血管神经性水肿（angioneurotic edema）	皮下或黏膜的局限性水肿。主要见于牧草开花季节放牧，可能与植物蛋白有关。各种动物均可发病，多见于牛和马	唇、鼻、颊、眼睑等部位弥漫性水肿，有的瞬膜肿大外露，流泪。有的肛门、阴唇、乳房等部位水肿，严重者扩展到下肢。触诊水肿无热无痛。一般在24～48 h自行消退	根据病史、临床症状，结合突然出现、很快消失的特点，即可诊断	病程短，通常可不治而愈。严重者可用抗组胺药、皮质类固醇或肾上腺素，实施急救治疗
变应性皮炎（allergic dermatitis）	伴有剧烈瘙痒的皮肤炎症。主要见于吸血昆虫叮咬所致。发生于炎热潮湿的夏秋季节。见于马、羊	病变主要在尾根、臀部、背部、鬐甲部、颈背、耳部、眼睑等，皮屑增多，脱毛，皮肤剧烈瘙痒，啃咬、摩擦使皮肤溃烂、渗出、结痂，严重者继发感染	根据病史、临床症状、具有明显的季节性和多蚊虫叮咬，即可诊断	去除病因，局部使用抗组胺药和皮质类固醇
自身免疫溶血性贫血（autoimmune hemolytic anemia）	体内产生自身红细胞抗体而造成的慢性网状内皮系统溶血和/或急性血管内溶血，属Ⅱ型超敏反应自身免疫病。多发于犬，偶发于猪、牛、马。病因尚不清楚，常继发于微生物感染、恶性肿瘤或其他自身免疫病。某些药物和毒物，如青霉素和铅中毒等偶尔也可引起本病	根据自身抗体致敏红细胞的最适温度，可分为温凝集抗体型（主要是IgG）和冷凝集抗体型（多是IgM，少数是IgG）。温凝集抗体型通常以慢性网状内皮系统溶血为主，临床表现为渐进增重性贫血或黄疸，常见发热、黏膜苍白或黄染、肝脾增大等。冷凝集抗体型主要表现为浅表血管内凝血和/或急性血管内溶血，突出的症状是躯体末梢部皮肤发绀和坏死	根据病史、临床症状，结合红细胞凝集试验，即可诊断	基本疗法是用皮质激素治疗。糖皮质激素，如泼尼松和泼尼松龙，配合应用环磷酰胺等其他免疫抑制剂，效果更佳

免疫性疾病

第九章

(续)

疾　病	病　因	临床症状	诊　断	治　疗
自身免疫性血小板减少性紫癜（autoimmune thrombocytopenic purpura）	体内产生抗自身血小板抗体所致的一种免疫性血小板减少症。多发于犬，尤以4~6岁成年母犬居多。病因仍不完全清楚，大多继发于某些微生物感染和磺胺、抗生素、二氨二苯砜、左旋咪唑等药物过敏，在骨髓移植停用免疫抑制剂之后，也可发生	急性突发型较少，表现为厌食、沉郁、发热和呕吐等。最突出的是可视黏膜有出血点和出血斑块，遍布于齿龈、唇、舌及舌下口腔黏膜、结膜、巩膜、瞬膜、鼻腔黏膜和口腔黏膜。慢性的通常在原发病临床表现的基础上，逐渐显现出血体征，出血程度较轻且常能自行缓解，但常反复发作，病程数月以至数年，顽固难愈	根据病史、临床症状，结合血小板检查，即可诊断	去除病因，急性病例可自行痊愈。可用糖皮质激素，如氢化可的松、泼尼松等
类风湿性关节炎（rheumatoid arthritis）	以侵蚀性关节炎为特征的自身免疫性疾病。病因不清。主要发生于犬	初期表现转移性的跛行，伴有关节周围的软组织肿胀。在发病的数周或数月内，疾病局限在单个关节，髋、跗、肩、腕、跖、趾等肢体大小关节均可发病，但以远端小关节最为严重。触诊关节常温热、肿胀、疼痛。影像学变化具有特征性，最初的关节软组织肿胀和松质骨密度下降，关节软骨出现透明区，滑膜连接部位渐进性侵蚀，关节间隙变窄	根据病史、临床症状，结合影像学检查，即可初步诊断。类风湿因子检查有参考价值	本病只能缓解症状。常用具有抗炎活性的免疫抑制剂（如环磷酰胺、甲氨蝶呤、咪唑硫嘌呤）与糖皮质激素联用，非甾体抗炎药（如阿司匹林、美洛昔康、吲哚美辛、双氯芬酸钠等）可以缓解症状
系统性红斑狼疮（systemic lupus erythematosus）	由体内形成抗核抗体等抗各种组织成分的自身抗体所引发的一种多系统非化脓炎症性自身免疫病。多发于犬和猫，尤以4~6岁的中青年母犬发生较多。病因尚未完全明确，可能与遗传、内分泌、感染、免疫异常及一些环境因素有关	免疫损伤几乎遍及全身各系统器官，主要引起溶血性贫血、血小板减少性出血紫癜、皮炎、肾炎、多发性关节炎、胸膜炎、心内膜炎、坏死性肝炎以及脑-神经系统和视网膜血管损伤等。有间歇性发热，倦怠无力，食欲减退，体重减轻，口腔糜烂和溃疡	根据病史、临床症状，结合抗核抗体检测，即可诊断	主要是缓解症状。常用泼尼松、泼尼松龙等糖皮质激素配合应用硫唑嘌呤、环磷酰胺等免疫抑制剂进行治疗

第十章 内分泌疾病与应激综合征

概 述

(一) 内分泌系统的组成

内分泌系统是动物机体的一个重要调节系统，由一系列内分泌组织构成，包括：①独立的内分泌腺，主要由内分泌细胞构成，结构特点是无输出管道，腺细胞的分泌物直接进入血液和淋巴，随血液循环传递全身，因此又称无管腺，如垂体、甲状腺、甲状旁腺、肾上腺、松果腺；②附属于某些器官中的内分泌细胞团，如胰腺内的胰岛、卵巢内的黄体、肾内的肾小球旁器等；③散在于其他器官中的内分泌细胞，如肠黏膜内的内分泌细胞、下丘脑的神经内分泌细胞、心肌细胞、血管内皮细胞等。

内分泌细胞分泌的物质称为激素。激素是一种高效的化学物质，具有很强的生物活性和特异性，极微量的激素就能使器官或细胞产生效应。激素参与机体内各种生理机能的调节，包括调节新陈代谢，促进组织细胞分化成熟，保证各器官的正常生长发育和功能活动，调控生殖器官的发育、成熟和生殖相关的机能和活动。此外，内分泌系统还与神经系统、免疫系统相互联系、相互协调，构成神经-内分泌-免疫调节网络，共同完成机体功能活动的高度整合，以维持内环境的相对稳定。

(二) 内分泌疾病的病因

很多因素都可引起内分泌疾病，包括激素分泌过多或过少、受体功能障碍、激素清除途径障碍等。另外，由于激素本身的来源出现障碍或影响激素分泌或激素活性的其他组织出现障碍，也可表现出与该内分泌功能紊乱一致的临床症状。引起内分泌疾病的主要原因如下。①激素分泌过多，见于肿瘤和组织增生，如猫甲状腺功能亢进、犬肾上腺皮质功能亢进（库兴氏病）；内分泌组织异常不仅可造成激素分泌过多，也会造成对正常反馈信号的反应性缺失，从而引起激素释放不当；一种内分泌组织生成过多的激素，也可能是另一种组织产生的刺激造成的，如肾功能障碍可引起甲状旁腺增生和甲状旁腺激素（PTH）分泌过多。非内分泌组织也可产生和分泌足量的激素，引起临床症状，如某些肿瘤（淋巴瘤、犬肛门囊分泌腺瘤）能产生与PTH作用极为相似的PTH相关蛋白，引起高钙血症。②激素分泌不足，主要是细胞介导的自身免疫反应造成内分泌组织发生损伤。常见的原发性组织损伤引起的内分泌机能减退，如犬甲状腺功能减退、1型糖尿病、原发性甲状腺功能减退、原发性肾上腺皮质功能减退等。在组织损伤的早期，包括反馈调节在内的代偿机制可以激发残存正常组织的分泌功能，直到内分泌组织完全损伤失去分泌功能才会出现相应的临床症状。与激素分泌组织相隔甚远的相关组织发生损伤，也可出现内分泌活动减退的临床症状，如垂体促甲状腺激素分泌不足，使甲状腺合成和分泌 T_3、T_4 所需的刺激下降，从而引起继发性甲状腺功能减退。使用糖皮质激素进行治疗，其肾上腺皮质的皮质醇分泌区可出现萎缩；外源性类固醇能通过负反馈调节作用于脑垂体，抑制 ACTH 分泌，导致肾上腺皮质萎缩。造成内分泌机能减退的另一个原因是肿瘤发生压迫性生长和/或破坏性生长，引起内分泌组织发生损伤。③靶组织对激素的反应性发生变化，也可以引起内分泌疾病及其相关疾病。如2型糖尿病常与肥胖有关，可见机体对胰岛素的敏感性降低；肾源性尿崩症是由于肾对血管升压素（抗利尿激素）的敏感性降低造成的，肾对血管升压素敏感性降低可能与血管升压素受体先天性异常有关，更常见于继发其他疾病（如子宫积脓、肾上腺皮质功能亢进、低钾血症、高钙血症等）。

（三）内分泌疾病的诊断

内分泌疾病的诊断包括功能诊断、病理诊断和病因诊断。临床症状对诊断内分泌疾病具有重要的参考价值，激素的变化可表现出与该内分泌功能紊乱相一致的临床症状，如生长障碍、体重减轻或增加、皮肤色素改变、被毛变化、多饮、多尿、贫血、消化道症状等，应注意从非特异性临床表现中寻找内分泌功能紊乱和内分泌疾病的线索。功能诊断需要通过血清相关指标的测定，分析激素影响机体物质代谢的状况，包括糖、脂质、蛋白质、电解质和酸碱平衡等；通过激素分析，了解激素分泌情况和动态功能，对判断内分泌系统的结构和功能具有重要意义。

X线、CT、MRI等影像学检查，可确定疾病的部位；细胞学检查（组织活检、免疫组织化学技术、激素受体检测等）对确定病变的性质、明确微小病变均具有重要价值。自身抗体检测有助于确定内分泌疾病的性质及发病机制，可作为早期诊断的依据。

（四）应激

应激（stress）是机体受到各种内外环境因素刺激时所出现的非特异性全身反应。任何刺激，只要达到一定程度，除了引起与刺激因素直接相关的特异性变化外，还可以引起与刺激因素性质无直接关系的全身性非特异性反应，出现以交感-肾上腺髓质和下丘脑-垂体-肾上腺皮质轴兴奋为主的神经内分泌反应及一系列功能代谢的改变，如心跳加快、血压升高、肌肉紧张、分解代谢加快、血浆中某些蛋白的浓度升高等，机体的这种反应称为应激反应（stress response）。应激反应是机体一种重要的防御机制，目的在于维持正常的生命活动和保证在损伤或功能障碍后恢复正常。按照动物对刺激因素是否能够适应，可将应激分为生理性应激和病理性应激。生理性应激是指动物机体适应了外界刺激，并维持了机体的生理平衡，有时甚至使动物感到愉快，如在玩耍时的奔跑行为，在生理性应激条件下，动物也有一些典型的应激反应，如心跳过速、糖皮质激素和儿茶酚胺浓度升高等，但这些变化对动物无害。但如果应激原过分强烈或持续时间长，超出了机体的适应能力，或应激反应发生异常，则可导致机体出现一系列机能、代谢紊乱和机体损伤，诱发疾病的产生。随着养殖业集约化和产业化发展，为了最大限度地提高畜禽生产水平和经济效益，所采用的生产工艺和技术措施往往背离了动物在进化过程中适应了的环境条件和生理要求，动物通过神经-内分泌途径几乎动员所有的器官和组织来对付应激原的刺激，表现出对环境的适应能力降低、免疫力下降、生长发育不良、生产性能低下，甚至死亡，给畜牧业生产带来严重的经济损失。

一、糖尿病

糖尿病（diabetes mellitus）是由多种病因引起的以慢性高血糖为特征的代谢性疾病，临床特征是烦渴、多尿、多食、体重减轻和血糖含量升高，本病主要见于犬、猫，多发于中年犬和中老龄猫，母犬的发病率是公犬的两倍，马、牛、驴也有发病的报道。

【病因】根据病因分1型（胰岛素依赖）和2型（非胰岛素依赖）糖尿病。犬、猫均可发生1型糖尿病，但犬比猫多见；2型糖尿病多发生于猫（尤其是公猫），偶见犬。

1型糖尿病常见于遗传因素所致的胰腺退行性变性，感染、毒物等诱发的免疫介导性胰岛炎等组织损伤。2型糖尿病主要是肥胖症、胰岛淀粉样变等所致，其中肥胖可以引起胰岛素耐受；也见于胰岛素颉颃激素过多，如肾上腺皮质功能亢进、肢端肥大症或治疗使用糖皮质激素、孕激素等；犬在妊娠期或间情期也容易发生糖尿病，主要是孕酮可引起生长激素释放，导致高血糖和胰岛素耐受。

【发病机理】无论何种致病因素，最终都是引起 B 细胞的损害，使胰岛素产生和分泌减少，葡萄糖在肝、肌肉和脂肪组织的摄取和利用减少，加速肝葡萄糖的异生和糖原分解，导致血糖浓度升高，促使肾小球滤过和肾小管吸收葡萄糖的作用加快。犬葡萄糖肾阈值为 10～12.2 mmol/L，猫肾阈值变动范围较大，为 11.1～17.8 mmol/L（平均 16.1 mmol/L）。如血糖含量过高，超过这个阈值，就发生糖尿。血糖升高因渗透性利尿而引起多尿，尿量越多，口渴越甚。由于葡萄糖不能被充分利用，使机体处于半饥饿状态，故有强烈的饥饿感。进食虽多，但糖不能充分利用，大量脂肪和蛋白质分解，使机体逐渐消瘦，体重减轻。

如果动物不及时治疗，病情将进一步发展。胰岛素不足时，脂肪动员和分解加强，脂肪酸在肝内经 β-氧化分解生成大量乙酰辅酶 A。由于葡萄糖利用率降低，生成草酰乙酸减少，故大量乙酰辅酶 A 不能与草酰乙酸结合进入三羧酸循环，而使乙酰辅酶 A 转化为酮体（乙酰乙酸、β-羟丁酸和丙酮）的过程加强。若超过肝外组织氧化利用的能力，则可使血液酮体含量升高，尿中酮体排出增多，同时，形成的乙酰乙酸和 β-羟丁酸可消耗体内大量的碱储，表现酮血症、酮尿症和代谢性酸中毒。血糖进一步升高加重渗透性利尿，同时钠、钾、氯、磷酸根等离子大量丢失引起电解质平衡失调，酮体从肾和肺排出又带走大量的水分，蛋白质和脂肪分解加速产生的酸性代谢产物排出时加重水分的丢失，最终因严重失水、血容量减少、电解质平衡失调和微循环障碍等，导致中枢神经功能紊乱而出现昏迷。

【临床症状】一般呈慢性发展，典型症状是"三多一少"，即多尿、多饮、多食和体重减轻。严重者，呕吐，腹泻，精神沉郁，食欲减退或废绝，脱水，最后极度虚弱而昏迷。犬可发生白内障，导致双目失明。有的出现脂肪肝，有的皮肤溃疡性损伤。患病动物容易继发细菌和真菌感染，引起化脓性膀胱炎、前列腺炎、支气管炎和皮炎等。

尿液分析，葡萄糖和酮体含量升高。血糖含量升高，血清肝酶活性和尿素氮含量升高。

【诊断】根据病史、临床症状，结合血液、尿液葡萄糖含量测定，即可诊断。诊断依据：①临床表现典型的"三多一少"症状；②空腹血糖和尿糖含量较高，犬、猫正常空腹血糖值为 4.12～6.66 mmol/L；③血清生化检查，高脂血症，肝酶活性升高，氮质血症，低钠血症，低钾血症，代谢性酸中毒；④必要时进行葡萄糖耐性试验。

【治疗】治疗原则是改善饮食，控制血糖，对症治疗。

改善饮食：犬供给富含纤维素的日粮，猫饲喂高蛋白、低糖类日粮，有利于调节血糖含量。控制血糖：主要用胰岛素，如低精蛋白锌胰岛素、精蛋白锌胰岛素，皮下注射；猫可用口服降糖药，如格列吡嗪、格列美脲、阿卡波糖等。对症治疗：包括纠正脱水及电解质、酸碱平衡紊乱。

二、甲状腺功能亢进

甲状腺功能亢进（hyperthyroidism）是由甲状腺激素分泌过多而引起的内分泌疾病，临床特征是食欲亢进、进行性消瘦、甲状腺肿大，主要见于中老年猫，偶见于犬。

【病因】主要是功能性甲状腺腺瘤所致，也见于甲状腺癌。

【临床症状】常见食欲亢进，兴奋不安，体重减轻，多饮，多尿，呕吐，腹泻，排粪量增多。心率加快，缩期杂音，呼吸困难，严重者心力衰竭。触诊甲状腺肿大。猫有时表现嗜睡，精神沉郁，食欲减退。

【诊断】根据病史、临床症状，影像学检查心脏肥大、甲状腺肿大，结合血清甲状腺激素等指标的测定，进行综合分析。血清总甲状腺激素、T_4 含量升高，血清肝酶（AST、ALT、ALP）活性及尿素氮、肌酐含量升高。

【治疗】根据甲状腺肿瘤的大小、浸润程度及是否转移，确定治疗方案。主要是抗甲状腺药物、放射性碘治疗和甲状腺手术切除。

抗甲状腺药物有甲巯咪唑、丙硫氧嘧啶、卡比马唑等，口服。放射性碘治疗是治疗甲状腺功能亢进简单、有效、安全的方法，放射性碘集中在甲状腺瘤内，可有选择地照射和破坏功能亢进的甲状腺组织。

三、甲状腺功能减退

甲状腺功能减退（hypothyroidism）是由各种原因导致的甲状腺激素合成和分泌减少，而引起的全身性低代谢综合征，临床特征是嗜睡、皮肤增厚、脱毛、繁殖性能障碍，常见于犬，马、猫和其他动物也可发生。

【病因】分为原发性和继发性两类。

1. 原发性甲状腺功能减退　见于淋巴细胞性甲状腺炎，可能是免疫介导所致；也见于先天性甲状腺萎缩、甲状腺肿瘤等。

2. 继发性甲状腺功能减退　见于先天性垂体畸形、肿瘤、感染等导致脑垂体的促甲状腺激素细胞受损；猫见于放射性碘治疗、外科切除甲状腺或使用抗甲状腺药物等。

【临床症状】神情呆滞，不愿运动，心动缓慢，容易疲劳，嗜睡，怕冷，流产，不妊娠，公畜性欲减退，母畜发情紊乱，皮温下降。皮肤干燥，被毛干枯，躯干、颈部、鼻梁、腹部等对称性脱毛。躯干两侧及股内侧常有色素沉着。有的前额和面部出现黏液性水肿，眼睑下垂，表情古怪。有的逐渐呈中度或重度肥胖。

【诊断】根据病史、临床症状，结合血清甲状腺激素、促甲状腺激素测定及甲状腺功能试验，进行综合分析。必要时可进行甲状腺组织活检。

【治疗】主要采用甲状腺激素替代疗法，可用甲状腺激素、左甲状腺素，口服。

四、其他内分泌疾病

疾　病	病　因	临床症状	诊　断	治　疗
肾上腺皮质功能亢进（hyperadrenocorticism）	一种或多种肾上腺皮质激素分泌过多，以皮质醇增多最为常见，主要发生于中老年犬，又称库兴病（Cushing's disease）。马和猪也可发病。见于脑垂体瘤或增生，导致肾上腺皮质肥大增生（垂体依赖性）；也见于肾上腺瘤或癌（肾上腺依赖性）	被毛稀疏、无光泽、干燥，对称性脱毛，多饮，多尿，食欲亢进，怕热、嗜睡，腹部膨大，肌肉无力，运动易疲劳。皮肤变薄，有黑头粉刺，色素、钙质沉着，形成皱褶，皮脂溢，有的皮肤化脓。雌犬发情停止，雄犬性欲减退 血液学检查，红细胞增多，出现有核红细胞，白细胞数增多，嗜酸性粒细胞和淋巴细胞减少。血清生化指标，ALT、ALP活性升高，胆固醇、血糖升高，尿素氮含量降低	根据病史、临床症状，结合X线、超声波、CT、MRI及实验室检查，进行综合分析	主要通过药物治疗、手术治疗和放射治疗。药物可用米托坦、美替拉酮等，口服

(续)

疾 病	病 因	临床症状	诊 断	治 疗
肾上腺皮质功能减退（hypoadrenocorticism）	一种或多种肾上腺皮质激素分泌不足或缺乏，又称阿狄森病（Addison's disease）。多见于犬，猫也可发生。各种原因所致的双侧性肾上腺皮质严重损伤，见于钩端螺旋体病、子宫蓄脓、传染性肝炎、犬瘟热及化脓性疾病等过程中，可能与自身免疫有关。也见于肾上腺皮质转移瘤、出血、梗死、淀粉样变等	急性表现低血容量性休克，虚弱，心动过缓，节律不齐，腹痛，呕吐，腹泻或便秘，脱水，体温降低；慢性发展缓慢，精神沉郁，肌肉无力，食欲减退，胃肠机能紊乱，消瘦。实验室检查，低钠血症，高钾血症	根据病史、临床症状、实验室检查，必要时进行肾上腺功能评估	治疗休克，纠正电解质紊乱，补充糖皮质激素。主要是静脉输液（以生理盐水溶液为主），纠正水、电解质失衡，并配合应用氢化可的松、琥珀酸氢化可的松、泼尼松等
肢端肥大症（acromegaly）	成年动物生长激素长期分泌过多所致。猫主要是垂体前叶肿瘤，常见于老龄猫；犬是长期使用孕酮或孕激素	发病缓慢。多饮，多尿，食欲亢进。四肢肥大，体型增大，下颌肥大，舌肥大，前额肥大，皮肤黏液性水肿。心肌肥大，缩期杂音，心力衰竭。感觉和运动障碍，视力障碍。血糖升高，血清胰岛素含量升高，生长激素（GH）和胰岛素样生长因子1（IGF-1）升高	根据病史、临床症状，结合实验室检查，进行综合分析。头部CT、MRI检查可确定垂体肿瘤位置及大小	尚无特效疗法。可用多巴胺激动剂，如溴隐亭；也可使用大剂量胰岛素，控制胰岛素抵抗。有条件的可用放射治疗

五、应激综合征

应激综合征（stress syndrome）是动物在应激原的持续作用下，机体出现一系列的应答性反应。各种动物均可发生，集约化养殖的畜禽危害最大。

【病因】引起应激反应的因素称为**应激原**（stressor）。应激原种类繁多，任何对机体或情绪的刺激，只要达到一定的强度，都可以成为应激原。集约化养殖过程中，恶劣的饲养环境和不当的饲养管理，都不可避免地给动物造成各种应激。常见的应激原包括：环境温度过高或过低，噪声过大，饲养密度过大，H_2S和NH_3等有害气体浓度过高，微生物感染，内外寄生虫侵袭，疫苗接种，注射药物，突然更换饲料，饲料营养不平衡，饲料和饮水缺乏、适口性差，突然更换饲养管理人员并粗暴对待动物，剧烈运动，妊娠，分娩，断乳，分群，去势，修蹄，采血，断尾，抓捕，保定，剪毛，疼痛，创伤，手术，长途运输，屠宰等。

猪在保定、运输、配种、兴奋或运动等应激因素的作用下可发生猪肉变性，表现以苍白松软渗出性（pale soft exudative，PSE）猪肉、干燥坚硬色暗（dry firm dark，DFD）的猪肉为特征的综合征，与野生动物捕捉性肌病极为相似，瘦肉型、肌肉发达、生长快的品种最为易感。另外，吸入麻醉剂（如氟烷、氯仿等）和使用去极化神经肌肉阻断剂（如琥珀酰胆碱及α-肾上腺素能受体激动剂）也可诱发本病。研究表明，该病与遗传有关，导致骨骼肌钙离子释放通道的异常，主要是常染色体隐性遗传基因突变，已鉴定出多种不同的表现型，其遗传特征在品系甚至群体之间有差异。

【发病机理】应激反应的机理十分复杂，目前仍不完全清楚。一般认为，动物在应激原的作用下，通过神经-内分泌途径几乎动员了所有的器官和组织来对付应激原的刺激。机体的应激系统主要是蓝斑-交感-肾上腺髓质系统和下丘脑-垂体-肾上腺皮质系统。应激原作用于机体，交感神经兴奋，释放去甲肾上腺素，肾上腺髓质兴奋，加强肾上腺素和去甲肾上腺素（总称儿茶酚胺）释放到循环血液中，导致血液中儿茶酚胺浓度升高。交感-肾上腺髓质系统的中枢调节、整合部位位于脑桥蓝斑及其相关的去甲肾上腺素能神经元。蓝斑是中枢神经系统对应激最敏感的部位，它与应激时的警觉、兴奋等情绪反应密切相关。该系统主要参与调控机体对应激的急性反应，其外周效应为调整体内代谢和心血管反应，心跳加快，血液重新分配使组织供血更合理、充分；抑制胰岛素分泌，增加胰高血糖素分泌，使血糖浓度升高，以增加组织的能源供应。过度强烈的交感-肾上腺髓质系统兴奋，可引起明显的能量消耗和组织分解，甚至导致血管痉挛，某些部位组织缺血、心律失常等。

无论是来自体内的应激信号，如低血氧或低血压，或是通过大脑整合后的下行应激信号，都可使促肾上腺皮质激素释放激素（CRH）分泌增多，经轴突或垂体门脉系统进入垂体前叶，使促肾上腺皮质激素（ACTH）分泌增加，进而促进糖皮质激素（GC）的分泌。GC的生物学效应十分广泛，可促进糖异生，增加肝糖原储备，使血糖升高；稳定溶酶体膜，减少溶酶体酶对细胞的损伤；抑制细胞因子、炎症介质的释放和激活，减轻免疫、炎症反应；可使一些靶细胞对激素产生抵抗，如GC的持续升高，使性腺对促性腺激素释放激素（GnRH）、黄体生成素（LH）产生抵抗，造成性功能减退。另外，应激时血液中胰高血糖素、β-内啡肽、生长激素、抗利尿激素、催乳素等浓度升高，促甲状腺激素释放激素、促甲状腺激素、黄体生成素、促卵泡激素等降低，从而引起一系列的调控效应，如体温升高、血糖浓度升高、分解代谢增强、产生急性期蛋白和热休克蛋白等。

应激在产生保护适应反应的同时，也引起机体稳态的变化。对大多数应激反应，在应激原作用消失后，机体可很快恢复稳态。但如果应激原过强或作用时间过长，则应激表现为一个动态的连续过程，最终可导致内环境的紊乱，甚至疾病。

临床上根据应激原的作用，将机体发生反应的过程分为三个时期。①警觉期（紧急动员期），以交感-肾上腺髓质系统兴奋为主，分泌大量儿茶酚胺，血管收缩，血压上升，心跳加快；下丘脑-垂体-肾上腺皮质系统兴奋，糖皮质激素分泌增多，促进糖原和脂肪分解，血糖升高，动员机体潜能，满足动物紧急需求，应对各种严重刺激对机体的不利影响。本期持续时间较短，如果应激原持续存在，机体自身的防御适应能力下降，有时会发生休克、死亡。但大多数动物能很快度过此期进入抵抗期。②抵抗期，肾上腺皮质激素分泌增多为主，机体代谢率升高，炎症、免疫反应减弱，机体对应激原表现出抵抗力增强。如果机体适应能力良好，则代谢加强，进入恢复期；反之，则进入衰竭期。③衰竭期，动物机体长期处于应激状态，持续强烈的有害刺激将耗竭机体的抵抗能力，必然导致机体衰竭，引起机体的营养代谢改变、器官功能衰退、生长发育缓慢、生产性能和产品品质下降、免疫力减弱，母畜表现为生殖障碍，甚至引起动物机体死亡等复杂的临床综合征（应激综合征）。

【临床症状】大多数情况下，动物受到应激原作用后，免疫力下降，对某些传染病和寄生虫病的易感性增加，降低预防接种的效果。同时，机体动员大量的能量来对付应激原的刺激，使机体分解代谢增强，合成代谢降低，糖皮质激素分泌增加，导致畜禽生长停滞，泌乳量减少，饲料转化率降低，运输过程中及候宰期间严重掉膘，幼畜死亡率增加。某些动物在应激原作用下可导致急性死亡，因动物品种不同，临床表现有一定差异。

1. 猪应激综合征 初期表现尾、四肢及背部肌肉轻微震颤，很快发展为强直性痉挛，运步困难。由于外周血管收缩，猪皮肤出现苍白、红斑及发绀。心动过速（约200次/min），心律不齐，呼吸困难，甚至张口呼吸，口吐白沫，体温升高（5～7 min升高1℃，死前可达45℃）。若不及时治疗，即可出现昏迷、休克、死亡。死后几分钟内发生尸僵，肌肉温度升高，高浓度的乳酸降低了肌肉的pH（≤5）。当尸体冷却后，肌内pH迅速上升，背部、股部、腰部和肩部肌肉最常受害，Ⅱ型纤维比例高的肌肉如半腱肌和腰肌受害最严重。急性死亡的猪，受害肌肉在死后 15～30 min 呈现苍白、柔软、湿润，甚至流出渗出液，即所谓 PSE 肉。反复发作而死亡的病猪，可能在腿肌和背肌出现深色而干硬的猪肉（DFD 肉）。肌肉的组织学变化无特异性，主要表现肌肉纤维横断面直径的变化和玻璃样变性。

2. 肉鸡猝死综合征（SDS） 主要发生于生长快速、体况良好的肉鸡群。本病的发生可能与遗传、营养和环境因素有关，生长快速和鸡群饲养密度大时发病率高。突然发病，失去平衡，向前或向后跌倒，仰卧或俯卧，翅剧烈扑动，肌肉痉挛，发"嘎嘎"声。死后两脚朝天，腿、颈伸展。剖检发现，死鸡健壮，嗉囊、食道充满刚采食的饲料；心房扩张，有血凝块，心室紧缩呈长条状，质硬；肝增大、苍白、易碎，胆囊空虚；肺充血、水肿。

3. 反刍动物运输搐搦症 主要发生于运输过程中拥挤、闷热、通风不良时，限制饲喂和饮水是重要的诱发因素。初期兴奋不安，牙关紧闭，磨牙；逐渐出现步态蹒跚，卧地不起，后肢呈划水状。瘤胃蠕动减弱，食欲减退或废绝；心动过速，呼吸急促或呼吸困难。妊娠牛可流产。严重者昏迷，可在 3～4 d 内死亡。实验室检查，呈低钙血症、低镁血症。

4. 野生动物捕捉性肌病综合征 常发生于野生动物被捕捉后，表现为出汗，肌肉震颤，运动强拘，四肢屈曲和伸展困难，行走后躯摇摆，最后四肢麻痹，不能站立，卧地不起，有肌红蛋白尿。主要因乳酸中毒而急性死亡或肌肉僵硬。主要的病变在骨骼肌，表现为出血、纤维肿胀，横纹消失，嗜酸性粒细胞增多，透明变性或颗粒变性，严重者肌纤维断裂、坏死，并有多形核白细胞浸润。

【诊断】根据病史、临床症状，即可初步诊断；急性病例可通过病理学检查采取诊断。

【治疗】对已发病的动物应立即去除应激原，注射镇静剂，大剂量静脉补液，配合 5% 碳酸氢钠溶液纠正酸中毒。反刍动物运输搐搦症，可用 25% 硼葡萄糖酸钙注射液、5% 硫酸镁注射液，静脉注射。同时，可采取体表降温等措施，有条件的可输氧。

【预防】本病的关键是预防，在养殖过程中应针对常见的应激原采取有针对性的预防措施，尤其在养殖环境（如温度、湿度、光照、通风、噪声等）、饲养管理方面。供给全价营养，补充维生素、矿物质营养。在应激条件下，向日粮或饮水中添加碳酸氢钠、氯化铵、氯化钾等有利于恢复体内酸碱平衡，从而改善应激条件下畜禽的生产性能。另外，动物对应激的敏感性因遗传因素不同而有一定差异，利用育种的方法选育抗应激动物，淘汰应激敏感动物，可以逐步建立抗应激动物种群，而从根本上解决畜禽的应激问题。

参 考 文 献

安德鲁斯，布洛伊，博伊德，2006. 牛病学——疾病与管理 [M].2 版 . 韩博，苏敬良，吴培福，等，译 . 北京：中国农业大学出版社 .
陈怀涛，2012. 动物疾病诊断病理学 [M].2 版 . 北京：中国农业出版社 .
陈怀涛，许乐仁，2005. 兽医病理学 [M]. 北京：中国农业出版社 .
陈溥言，2006. 兽医传染病学 [M].5 版 . 北京：中国农业出版社 .
段得贤，1991. 家畜内科学 [M].2 版 . 北京：中国农业出版社 .
郭定宗，2012. 兽医内科学 [M].2 版 . 北京：高等教育出版社 .
黄克和，王小龙，2012. 兽医临床病理学 [M].2 版 . 北京：中国农业出版社 .
侯加法，2002. 小动物疾病学 [M]. 北京：中国农业出版社 .
贾幼陵，2014. 动物福利概论 [M]. 北京：中国农业出版社 .
凯利，麦卡利斯特，2006. 犬猫 X 线与 B 超诊断技术 [M].4 版 . 谢富强，译 . 大连：辽宁科学技术出版社 .
李毓义，王哲，张乃生，2002. 食草动物胃肠弛缓 [M]. 长春：吉林大学出版社 .
里斯，2014. 家畜生理学 [M].12 版 . 赵茹茜，译 . 北京：中国农业出版社 .
林德贵，2004. 犬猫临床疾病图谱 [M]. 沈阳：辽宁科学技术出版社 .
刘宗平，2006. 动物中毒病学 [M]. 北京：中国农业出版社 .
刘宗平，2003. 现代动物营养代谢病学 [M]. 北京：化学工业出版社 .
刘宗平，2008. 兽医临床症状鉴别诊断学 [M]. 北京：中国农业出版社 .
陆承平，2015. 兽医微生物学 [M].5 版 . 北京：中国农业出版社 .
麦卡锡，2014. 兽医内镜学——以小动物临床为例 [M]. 刘云，田文儒，冯新畅，译 . 北京：中国农业出版社 .
齐长明，2006. 奶牛疾病学 [M]. 北京：中国农业科学技术出版社 .
齐长明，2004. 牛病彩色图谱 [M].2 版 . 北京：中国农业科学技术出版社 .
齐默尔曼，卡里克，拉米雷斯，等，2017. 猪病学 [M].10 版 . 赵德明，张仲秋，周向梅，等，译 . 北京：中国农业出版社 .
塞夫，2012. 禽病学 [M].12 版 . 苏敬良，高福，索勋，译 . 北京：中国农业出版社 .
汤小朋，齐长明，2008. 马兽医手册 [M].2 版 . 北京：中国农业出版社 .
托比亚斯，斯克罗茨基，施耐德，2015. 小动物心脏病学 [M]. 徐安辉，译 . 北京：中国农业出版社 .
王春璈，2013. 奶牛疾病防控治疗学 [M]. 北京：中国农业出版社 .
王洪斌，2002. 家畜外科学 [M].4 版 . 北京：中国农业出版社 .
王建辰，曹光荣，2002. 羊病学 [M]. 北京：中国农业出版社 .
王建华，2010. 家畜内科学 [M].4 版 . 北京：中国农业出版社 .
王俊东，刘宗平，2010. 兽医临床诊断学 [M].2 版 . 北京：中国农业出版社 .
王小龙，2004. 兽医内科学 [M]. 北京：中国农业大学出版社 .
王宗元，2013. 动物临床症状鉴别诊断 [M]. 北京：中国农业出版社 .
汪明，2003. 兽医寄生虫学 [M].3 版 . 北京：中国农业出版社 .
夏咸柱，张乃生，林德贵，2009. 兽医全攻略——犬病 [M]. 北京：中国农业出版社 .
辛西娅，斯科特，2015. 默克兽医手册 [M].10 版 . 张仲秋，丁伯良，译 . 北京：中国农业出版社 .
徐世文，唐兆新，2010. 兽医内科学 [M]. 北京：科学出版社 .
曾振灵，2012. 兽药手册 [M].2 版 . 北京：中国农业出版社 .
张书霞，2011. 兽医病理生理学 [M].4 版 . 北京：中国农业出版社 .
张乃生，李毓义，2011. 动物普通病学 [M].2 版 . 北京：中国农业出版社 .

赵兴绪，2017. 兽医产科学 [M]. 5 版. 北京：中国农业出版社.

中国兽药典委员会，2006. 中华人民共和国兽药典 [M]. 2005 年版. 北京：中国农业出版社.

Boden E, 2005. Black's Veterinary Dictionary [M]. 21st Edition. London：A & C Black Publishers Ltd.

Constable P D, Hinchcliff K W, Done S H, et al. 2017. Veterinary Medicine：A Textbook of the Disease of Cattle, Sheep, Pigs, Goats and Horses [M]. 11th Edition. Oxford：Elsevier Ltd.

Ford R B, Mazzaferro E M, 2006. Kirk and Bistner's Handbook of Veterinary Procedures and Emergency Treatment [M]. 8th Edition. Philadelphia：Saunders Elsevier.

Gough A, 2007. Differential Diagnosis in Small Animal Medicine [M]. Oxford：Blackwell Publishing Ltd.

Gupta R C, 2012. Veterinary Toxicology：Basic and Clinical Principles [M]. 2nd Edition. Oxford：Elsevier Ltd.

Haskell S R R, 2007. Blackewell's Five-minute Veterinary Consult：Ruminant [M]. New Jersey：John Wiley & Sons, Ltd.

Kahn C M, 2005. The Merck Veterinary Manual [M]. 9th Edition. New Jersey：Merck & Co. Inc.

Maxie M G, Jubb, 2007. Kennedy and Palmer's Pathology of Domestic Animals [M]. 5th Edition. Philadelphia：Saunders Elsevier.

McDowell L R, 1992. Minerals in Animal and Human Nutrition [M]. New York：Academic Press Inc.

McGavin M D, Zachary J F, 2007. Pathologic Basis of Veterinary Disease [M]. 4th Edition. Oxford：Mosby Inc.

Morgan R V, 2008. Handbook of Small Animal Practice [M]. 5th Edition. Philadelphia：Saunders Elsevier.

National Research Council, 1980. Mineral Tolerance of Domestic Animals [M]. Washington, D.C.：National Academy Press.

National Research Council, 2001. Nutrient Requirements of Dairy Cattle [M]. 7th Edition. Washington D.C.：National Academy Press.

Nelson R W, Couto C G, 1998. Small Animal Internal Medicine [M]. 2nd edition. London：Mosby Inc.

Radostits O M, Mayhew I G, Houston D M, 2005. Veterinary Clinical Examination and Diagnosis [M]. Philadelphia：W. B. Saunders Company Ltd.

Schaer M, 2010. Clinical Medicine of the Dog and Cat [M]. 2nd Edition. London：Manson Publishing/The Veterinary Press.

Thompson M S, 2007. Small Animal Medical Differential Diagnosis：A Book of Lists [M]. Philadelphia：Saunders Elsevier.

Thrall M A, Weiser G, Allison R W, et al. 2012. Veterinary Hematology and Clinical Chemistry [M]. 2nd Edition. New Jersey：John Wiley & Sons, Ltd.

Underwood E J, Suttle N F, 1999. The Mineral Nutrition of Livestock [M]. 3rd edition. New York：CABI Publishing.

附录

附录一　动物体温、脉搏及呼吸频率

动物种类	体温（℃）	脉搏频率（次/min）	呼吸频率（次/min）
马	37.5~38.5	36~44	8~16
牛	37.5~39.5	60~70	10~30
羊	38.0~40.0	70~80	12~30
猪	38.5~39.5	60~80	18~30
犬	37.5~39.0	70~120	10~30
猫	38.5~39.5	110~130	10~30
兔	38.5~39.5	120~140	50~60
禽	40.5~42.0	120~200	15~30

注：引自王俊东、刘宗平（2010），兽医临床诊断学（第二版）。

附录二　动物血液学指标参考值

项目	牛	绵羊	山羊	猪	马	犬	猫
红细胞（$\times 10^{12}$个/L）	5.1~7.6	9.0~15.0	8.0~18.0	5.0~8.0	6.8~12.9	5.5~8.5	6.0~10.0
血红蛋白（g/L）	85~122	90~150	80~120	100~160	110~190	120~180	90~150
红细胞比容（L/L）	0.22~0.33	0.27~0.45	0.22~0.38	0.32~0.50	0.32~0.53	0.37~0.55	0.27~0.45
平均红细胞体积（fL）	38~50	28~40	16~25	50~68	37~59	60~77	37~50
平均红细胞血红蛋白含量（pg）	14~18	8.0~12.0	5.2~8.0	17.0~21.0	12.3~19.7	22~25	12~17
红细胞平均血红蛋白浓度（g/L）	360~390	310~340	300~360	300~340	310~386	320~360	300~360
红细胞分布宽度（%）	15.5~19.7	18.0~24.6				20~80	20~60
血小板（$\times 10^9$/L）	200~650	800~1 100	300~600	320~715	100~600	175~500	190~400
白细胞（$\times 10^9$/L）	4.9~12.0	4.0~12.0	4.0~13.0	11.0~22.0	5.4~14.3	6.0~17.0	5.0~19.5
成熟中性粒细胞（$\times 10^9$/L）	1.8~6.3	0.7~6.0	1.2~7.2	3.1~10.5	2.3~8.5	3.0~11.5	2.5~12.5
杆状中性粒细胞（$\times 10^9$/L）	0~0.1		1.0~7.2	0~0.9	0~0.1	0~0.3	0~0.3
淋巴细胞（$\times 10^9$/L）	1.6~5.6	2.0~9.0	2.0~9.0	4.3~13.6	1.5~7.7	1.0~4.8	1.5~7.0
单核细胞（$\times 10^9$/L）	0~0.8	0~0.8	0~0.6	0.2~2.2	0~0.1	0.1~1.3	0~0.85
嗜酸性粒细胞（$\times 10^9$/L）	0~0.9	0~1.0	0~0.7	0~2.4	0~1.0	0.1~0.75	0.1~0.75

注：引自 Constable P D, Hinchcliff K W, Done S H, et al（2017），Veterinary Medicine（11th Edition）；Morgan R H（2008），Handbook of Small Animal practice（5th Edition）。

附录三　动物尿液指标参考值

项目	牛	羊	猪	马	犬	猫
尿量（以每天每千克体重计，单位为mL）	17～45	10～40	5～30	3～18	26～44	26～44
颜色	淡黄色	淡黄色	水样	深黄色	淡黄-深黄	淡黄-深黄
相对密度					1.015～1.045	1.015～1.060
pH	7.7～8.7	8.0～8.5	6.5～7.8	7.2～7.8	5.0～7.0	5.0～7.0
蛋白质	阴性	阴性	阴性	阴性	阴性	阴性
葡萄糖	阴性	阴性	阴性	阴性	阴性	阴性
酮体	阴性	阴性	阴性	阴性	阴性	阴性
胆红素	阴性	阴性	阴性	阴性	阴性	阴性
血液	阴性	阴性	阴性	阴性	阴性	阴性
红细胞数					<5个/视野	<5个/视野
白细胞数					<3个/视野	<3个/视野
上皮细胞	阴性	阴性	阴性	阴性	阴性	阴性
管型	阴性	阴性	阴性	阴性	阴性	阴性

注：引自：Constable P D，Hinchcliff K W，Done S H，et al（2017），Veterinary Medicine（11th Edition）；Morgan R H（2008），Handbook of Small Animal practice（5th Edition）。

附录四　动物血液生化指标参考值

项目	牛	羊	猪	马	犬	猫
Na（mmol/L）	132～152	145～152	140～150	132～146	140～155	146～158
K（mmol/L）	3.9～5.8	3.9～5.4	4.7～7.1	3.0～5.0	3.5～5.0	3.5～5.2
Cl（mmol/L）	95～110	95～103	94～103	98～110	105～131	114～126
Ca（mmol/L）	2.43～3.10	2.88～3.20	1.78～2.90	2.80～3.44	2.2～2.7	2.2～2.5
P（mmol/L）	1.8～2.1	1.62～2.36	1.7～3.1	0.70～1.68	0.8～1.6	0.58～2.2
Mg（mmol/L）	0.74～1.10	0.90～1.26	1.1～1.5	0.9～1.2	0.8～1.2	0.8～0.9
Fe（μmol/L）	10～29	30～40	10～34	16～36	14～34	12～38
渗透压摩尔浓度（mmol/L）	270～306	270～300		270～290	280～305	280～305
总铁结合力（μmol/L）	42～80		48～100	45～73	63～81	53～57
pH（静脉）	7.35～7.50	7.32～7.50		7.32～7.46	7.31～7.42	7.24～7.40

(续)

项目	牛	羊	猪	马	犬	猫
P_{CO_2}（mmHg[①]）	34~45	38~45		38~46	29~42	29~42
碳酸氢盐（mmol/L）	20~30	21~28	18~27	23~32	22~25	22~25
总二氧化碳（mmol/L）	20~30	20~28	17~26	22~31	22~28	20~25
尿素氮（mmol/L）	2.0~9.6	3.0~7.1	3.0~8.5	3.5~8.6	3.5~7.1	5.9~10.5
肌酐（μmol/L）	88~175	106~168	90~240	80~170	50~180	50~180
总胆红素（μmol/L）	0.17~8.55	1.71~8.55	0~17.1	17~35	2~17	2~17
直接胆红素（μmol/L）	0.7~7.54	0~4.61	0~5.1	0~6.8	0~2	0~2
胆酸（μmol/L）	<120	<25		10~20	<10	<5
胆固醇（mmol/L）	1.7~5.6	1.3~2.0	1.4~3.1	1.20~4.6	2.5~5.9	2.1~5.1
血糖（mmol/L）	2.5~4.2	2.8~4.4	4.7~8.3	4.2~6.4	3.9~6.1	3.9~8.0
总蛋白（g/L）	57~81	60~79	45~75	60~77	50~71	50~80
白蛋白（g/L）	21~36	24~30	19~24	29~38	28~40	23~35
三酰甘油（mmol/L）	0~0.2			0.1~0.5	0.56	0.56
β-羟丁酸（mmol/L）	0.35~0.47	0.47~0.63		0.05~0.08		
甲状腺素（nmol/L）	54~110			12~36	20~52	15~58
三碘甲状腺原氨酸（nmol/L）				0.7~2.2	1.2~3.1	0.6~1.9
皮质醇（nmol/L）	13~21	39~86	72~91	55~165	13.8~165.6	13.8~138
丙氨酸氨基转移酶（U/L）	11~40	5~20	31~58	3~23	15~70	10~50
天门冬氨酸氨基转移酶（U/L）	78~132	60~280	32~84	220~600	10~50	10~40
碱性磷酸酶（U/L）	0~200	70~390	120~400	140~400	20~150	10~100
γ-谷氨酰转移酶（U/L）	6.1~17.4	20~52	10~60	4~44	1~11.5	1~10
肌酸激酶（U/L）	35~280			145~380	30~200	26~450
乳酸脱氢酶（U/L）	692~1 445	240~440	380~630	160~410	50~495	75~495
淀粉酶（U/L）	41~98	140~270	44~88	75~150	300~2 000	500~1 800
脂肪酶（U/L）					25~750	25~700
山梨醇脱氢酶（IU/L）	4.3~15.3	5.8~28	1.0~5.8	1.9~5.8	3.1~7.6	2.4~6.1

注：引自 Constable P D, Hinchcliff K W, Done S H, et al (2017), Veterinary Medicine (11th Edition); Morgan R H (2008), Handbook of Small Animal practice (5th Edition)。

① mmHg 为非法定计量单位。1 mmHg＝133 Pa。

附录五　动物常用药物和剂量

类	药物	马、牛（每千克体重）	羊、猪（每千克体重）	犬、猫（每千克体重）	家禽（每千克体重）
青霉素类	青霉素	1万~2万 IU, IM, 2~3次/d	2万~3万 IU, IM, 2~3次/d	3万~4万 IU, IM, 2~3次/d	5万 IU, IM, 2~3次/d
	苄星青霉素	2万~3万 IU, IM	3万~4万 IU, IM	4万~5万 IU, IM	
	苯唑西林钠	10~15 mg, IM, 2~3次/d	10~15 mg, IM, 2~3次/d	15~20 mg, IM, 2次/d	
	氨苄西林钠	10~20 mg, IM, IV, 2~3次/d	10~20 mg, IM, IV, 2~3次/d	10~20 mg, IM, IV, 2~3次/d	10~20 mg, IM, 2~3次/d
	阿莫西林	10~15 mg, PO, 2次/d；15 mg, IM, SC	10~15 mg, PO, 2次/d；15 mg, IM, SC	20~30 mg, PO, 2次/d；15 mg, IM, SC	10~15 mg, PO, 2次/d；15 mg, IM
	羧苄西林	10~20 mg, IM, 2~3次/d	10~20 mg, IM, 2~3次/d		55~110 mg, IV, 3次/d
头孢菌素类	头孢噻吩钠（先锋霉素Ⅰ）	10~20 mg, IM, IV, 3~4次/d	10~20 mg, IM, IV, 3~4次/d	10~30 mg, IM, IV, 3~4次/d	100 mg, IM, 3~4次/d
	头孢氨苄（先锋霉素Ⅳ）	20~30 mg, PO, 2~3次/d	20~30 mg, PO, 2~3次/d	10~20 mg, PO, 2~3次/d	
	头孢羟氨苄	20 mg, PO, 1~2次/d	20 mg, PO, 1~2次/d	10~20 mg, PO, 1~2次/d	
	头孢噻呋	1.1~2.2 mg, IM, SC, 1次/d	3~5 mg, IM, SC, 1次/d		
	头孢维星		2 mg, IM, 1次/d	8 mg, SC, IV	
	头孢噻肟	2 mg, IM, 1次/d			
氨基糖苷类	硫酸链霉素	10~15 mg, IM, 2次/d	10~15 mg, IM, 2次/d	10~15 mg, IM, 2次/d	10~15 mg, IM, 2次/d
	硫酸双氢链霉素	10 mg, IM, 2次/d	10 mg, IM, 2次/d	10 mg, IM, 2次/d	10 mg, IM, 2次/d
	硫酸卡那霉素	10~15 mg, IM, 2次/d	10~15 mg, IM, 2次/d	10~15 mg, IM, 2次/d	10~15 mg, IM, 2次/d
	硫酸庆大霉素	2~4 mg, IM, 2次/d	2~4 mg, IM, 2次/d	3~5 mg, IM, 2次/d	2~4 mg, IM, 2次/d
	硫酸阿米卡星（硫酸丁胺卡那霉素）	5~10 mg, IM, SC, 2~3次/d	5~10 mg, IM, SC, 2~3次/d	5~10 mg, IM, SC, 2~3次/d	15 mg, IM, SC, 2~3次/d
	盐酸大观霉素		1~2 mg, IM, 2次/d		1~2 g, 加水1 L, 混饮。
	盐酸庆大小诺霉素				2~4 mg, IM, 2次/d

(续)

	药物	马、牛（每千克体重）	羊、猪（每千克体重）	犬、猫（每千克体重）	家禽（每千克体重）
四环素类	土霉素	10～25 mg，PO，2～3 次/d；10～20 mg，IM	10～25 mg，PO，2～3 次/d；10～20 mg，IM	15～50 mg，PO，2～3 次/d	25～50 mg，PO，2～3 次/d
	盐酸四环素	10～20 mg，PO，2～3 次/d；5～10 mg，IV，2～3 次/d	10～20 mg，PO，2～3 次/d；5～10 mg，IV，2～3 次/d	10～20 mg，PO，2～3 次/d；5～10 mg，IV，2～3 次/d	10～20 mg，PO，2～3 次/d；5～10 mg，IV，2～3 次/d
	盐酸多西环素（强力霉素）	3～5 mg，PO，1 次/d	3～5 mg，PO，1 次/d	5～10 mg，PO，1 次/d	15～25 mg，PO，1 次/d
酰胺醇类	甲砜霉素	5～10 mg，PO，2 次/d	5～10 mg，PO，2 次/d	5～10 mg，PO，2 次/d	
	氟苯尼考（氟甲砜霉素）	20～30 mg，PO，2 次/d；15～20 mg，IM	20～30 mg，PO，2 次/d；15～20 mg，IM		20～30 mg，PO，2 次/d；15～20 mg，IM
大环内酯类	红霉素	3～5 mg，IV，2 次/d	3～5 mg，IV，2 次/d	10～20 mg，2 次/d	
	乳糖酸红霉素	20～30 mg，PO，2 次/d	20～30 mg，PO，2 次/d	5～10 mg，IV，2 次/d	20～50 mg，PO，2 次/d
	吉他霉素（北里霉素）	5～13 mg，IM，2 次/d	5～13 mg，IM，2 次/d		5～13 mg，IM，2 次/d
	泰乐菌素	5～13 mg，IM，2 次/d	5～13 mg，IM，2 次/d		5～13 mg，IM，2 次/d，0.5 g，加水 1 L，饮用
	酒石酸泰乐菌素		猪，10～100 g，混入 1 t 饲料		10～100 g，混入 1 t 饲料
	磷酸泰乐菌素	10 mg，SC	猪，400 g，混入 1 t 饲料		75 mg，加水 1 L，饮用
	替米考星	2.5 mg，SC	猪，2.5 mg，IM		
多肽类	泰拉菌素	犊牛，2～40 g，混入 1 t 饲料	猪，2～40 g，混入 1 t 饲料		2～20 g，混入 1 t 饲料；20～60 mg，加水 1 L，饮用
	硫酸黏菌素	1 mg，IM，分两次注射	1 mg，IM，分两次注射		
其他抗生素	硫酸多黏菌素 B	10 mg，IM，2 次/d	10～15 mg，PO，IM，2 次/d；猪，44～77 g，混入 1 t 饲料	15～25 mg，PO；10 mg，IM，2 次/d	17 mg，加水 1 L，饮用；22～44 mg，混入 1 t 饲料
	盐酸林可霉素		猪，45～60 mg，加水 1 L，饮用；40～100 g，混入 1 t 饲料		0.125～0.25 g，加水 1 L，饮用
	延胡索酸泰妙菌素				

（续）

	药物	马、牛（每千克体重）	羊、猪（每千克体重）	犬、猫（每千克体重）	家禽（每千克体重）
其他抗生素	盐酸沃尼妙林		猪，45~60 mg，加水1 L，饮用；40~100 g，混入1 t 饲料		0.125~0.25 g，加水1 L，饮用
磺胺药	磺胺嘧啶	0.07~0.1 g，PO，2次/d，首次加倍；50~100 mg，IV，2~3次/d	0.07~0.1 g，PO，2次/d，首次加倍；50~100 mg，IV，2~3次/d	0.07~0.1 g，PO，2次/d，首次加倍；50~100 mg，IV，2~3次/d	80~160 mg，加水1 L，饮用
	磺胺二甲嘧啶	0.07~0.1 g，PO，2次/d，首次加倍；50~100 mg，IV，2~3次/d	0.07~0.1 g，PO，2次/d，首次加倍；50~100 mg，IV，2~3次/d	0.07~0.1 g，PO，2次/d，首次加倍；50~100 mg，IV，2~3次/d	0.07~0.1 g，PO，2次/d，首次加倍
	磺胺噻唑	0.07~0.1 g，PO，2次/d，首次加倍；50~100 mg，IV，2~3次/d	0.07~0.1 g，PO，2次/d，首次加倍；50~100 mg，IV，2~3次/d	0.07~0.1 g，PO，2次/d，首次加倍；50~100 mg，IV，2~3次/d	0.07~0.1 g，PO，2次/d，首次加倍
	磺胺甲噁唑	25~50 mg，PO，2次/d，首次加倍	25~50 mg，PO，2次/d，首次加倍	25~50 mg，PO，2次/d，首次加倍	25~50 mg，PO，2次/d，首次加倍
	磺胺对甲氧嘧啶	25~50 mg，PO，1~2次/d，首次加倍；15~20 mg，IM，1~2次/d	25~50 mg，PO，1~2次/d，首次加倍；15~20 mg，IM，1~2次/d	25~50 mg，PO，1~2次/d，首次加倍；15~20 mg，IM，1~2次/d	25~50 mg，PO，1~2次/d，首次加倍
	磺胺间甲氧嘧啶	25~50 mg，PO，2次/d，首次加倍；50 mg，IV，1~2次/d	25~50 mg，PO，2次/d，首次加倍；50 mg，IV，1~2次/d	25~50 mg，PO，2次/d，首次加倍；50 mg，IV，1~2次/d	25~50 mg，PO，2次/d，首次加倍
	磺胺氯达嗪钠	20 mg（每日量），PO	20 mg（每日量），PO	20 mg（每日量），PO	20 mg（每日量），PO
	磺胺多辛（周效磺胺）	25~50 mg，PO，1次/d，首次加倍	25~50 mg，PO，1次/d，首次加倍	25~50 mg，PO，1次/d，首次加倍	25~50 mg，PO，1次/d，首次加倍
	磺胺脒	0.1~0.2 g，PO，2次/d	0.1~0.2 g，PO，2次/d	0.1~0.2 g，PO，2次/d	0.1~0.2 g，PO，2次/d
	琥磺噻唑	0.1~0.2 g，PO，2次/d	0.1~0.2 g，PO，2次/d	0.1~0.2 g，PO，2次/d	0.1~0.2 g，PO，2次/d
	酞磺噻唑	0.1~0.15 g，PO，2次/d	0.1~0.15 g，PO，2次/d	0.1~0.15 g，PO，2次/d	0.1~0.15 g，PO，2次/d
	吡哌酸	40 mg（一日量），PO	40 mg（一日量），PO	40 mg（一日量），PO	40 mg（一日量），PO
	紫啶酸	40 mg（一日量），PO	40 mg（一日量），PO	50 mg	40 mg
喹诺酮类	氟甲喹	1.5~3.0 mg，PO，2次/d，首次加倍	猪5~10 mg，羊3~6 mg，PO，2次/d，首次加倍		0.3~0.6 g，加水1 L，饮用

附　录

	药物	马、牛（每千克体重）	羊、猪（每千克体重）	犬、猫（每千克体重）	家禽（每千克体重）
喹诺酮类	恩诺沙星	2.5 mg, IM, 1~2次/d	2.5 mg, IM, 1~2次/d	2.5~5.0 mg, IM, PO, 1~2次/d	50~75 mg, 加水1 L, 饮用, 2次/d
	盐酸环丙沙星	2.5~5.0 mg, IM, IV, 1~2次/d	2.5~5.0 mg, IM, IV, 1~2次/d	2.5~5.0 mg, IM, PO, 1~2次/d	0.75~1.25 g, 加水1 L, 饮用, 2次/d
	乳酸环丙沙星	2.0~2.5 mg, IM, IV, 2次/d	2.0~2.5 mg, IM, IV, 2次/d	2.0~2.5 mg, IM, IV, 2次/d	40~80 mg, 加水1 L, 饮用, 2次/d; 5 mg, IM, 2次/d
	盐酸沙拉沙星		猪 2.5~5 mg, IM, 2次/d		2.5~5 mg, IM, 2次/d; 25~50 mg, 加水1 L, 饮用, 2次/d
	盐酸二氟沙星		猪 5 mg, IM, 1次/d		5~10 mg, PO, 2次/d
	烟酸诺氟沙星		猪 10 mg, IM, 2次/d		50~100 mg, 加水1 L, 饮用
	乳酸诺氟沙星				50~100 mg, 加水1 L, 饮用
	甲磺酸达氟沙星		猪 1.25~2.5 mg, IM, 1次/d		25~50 mg, 加水1 L, 饮用
	马波沙星	2 mg, IM, 1次/d	2 mg, IM, 1次/d		
	奥比沙星			2.5~7.5 mg, PO, 1次/d	
其他抗菌药	乙酰甲喹	5~10 mg, PO, 1次/d	5~10 mg, PO, 1次/d		5~10 mg, PO, 1次/d
	牛至油溶液	马2~4 g, 牛3~5 g, PO	猪2~4 mL, PO		
	盐酸黄连素（盐酸小檗碱）	0.15~0.4 g（一次量）, IM	0.5~1.0 g（一次量）, IM	0.05~0.1 g（一次量）, IM	
	硫酸黄连素（硫酸小檗碱）	15~30 g（一次量）, IV	5~10 g（一次量）, IV		
	乌洛托品	0.38~1.0 g, IV, 1次/d		0.15~0.5 g, IV, 3次/周	
抗真菌药	两性霉素B			0.5~2.0 g（一次量）, IV	
	酮康唑	3~6 mg, PO, 1次/d		5~10 mg, PO, 1次/d	
	氟康唑	5 mg, PO, 1次/d		2.5~5 mg, PO, 1次/d	
	灰黄霉素	10 mg, PO, 1次/d	猪 20 mg, PO, 1次/d	40~50 mg, PO, 1次/d	
	制霉菌素	250万~500万IU（一次量）, PO, 2次/d	50万~100万IU（一次量）, PO, 2次/d	5万~15万IU（一次量）, PO, 2次/d	每千克饲料50万~100万IU, 混饲
	克霉唑	5~10 g（一次量）, PO, 2次/d	1.0~1.5 g（一次量）, PO, 2次/d	12.5~25 mg（一次量）, PO, 2次/d	100只雏鸡1 g

（续）

	药物	马、牛（每千克体重）	羊、猪（每千克体重）	犬、猫（每千克体重）	家禽（每千克体重）
抗蠕虫药	噻苯达唑	50~100 mg, PO	50~100 mg, PO		
	阿苯达唑	马 5~10 mg, 牛 10~15 mg, PO	羊 10~15 mg, 猪 5~10 mg, PO	25~50 mg, PO	10~20 mg, PO
	芬苯达唑	5~7.5 mg, PO	5~7.5 mg, PO	25~50 mg, PO	10~50 mg, PO
	奥芬达唑	马 10 mg, 牛 5 mg, PO	猪 4 mg, 羊 5~7.5 mg, PO	10 mg, PO	
	氧苯达唑	10~15 mg, PO	10 mg, PO		30~40 mg, PO
	非班太尔	5 mg, PO	5 mg, PO	5 mg, PO	
	硫苯尿酯	50~100 mg, PO	50~100 mg, PO		
	左旋咪唑	7.5~15 mg, PO	7.5 mg, PO	10 mg, PO	25 mg, PO
	噻嘧啶			5~10 mg, PO	
	伊维菌素	牛 0.2 mg, SC	羊 0.2 mg, 猪 0.3 mg, SC		
	阿维菌素	0.3 mg, PO, SC, 也可外用	0.2~0.3 mg, PO, SC, 也可外用		
	丁萘脒			25~50 mg, PO	
	氯硝柳胺	40~60 mg, PO	60~70 mg, PO	80~100 mg, PO	50~60 mg, PO
	吡喹酮	10~35 mg, PO	10~35 mg, PO	2.5~5.0 mg, PO	10~20 mg, PO
	碘醚柳胺	牛 7~12 mg, PO	羊 7~12 mg, PO		
	硝硫氰酯	30~40 mg, PO	15~20 mg, PO	50 mg, PO	
抗球虫药	莫能菌素	牛 0.2~0.4 g（一日量）			90~110 g, 混入 1 t 饲料
	盐霉素	牛 10~30 g, 混入 1 t 饲料	猪 25~75 g, 混入 1 t 饲料		60 g, 混入 1 t 饲料
	地克珠利				1 g, 混入 1 t 饲料
	妥曲珠利		羊 15~20 mg, 混饲		25 mg, 加水 1 L, 饮用
	氯羟吡啶				500 g, 混入 1 t 饲料
中枢兴奋药	咖啡因	2~5 g（一次量）, SC, IM, IV	0.5~2 g（一次量）, SC, IM, IV	0.05~0.3 g（一次量）, SC, IM, IV	
	尼可刹米	2.5~5 g（一次量）, SC, IM, IV	0.25~1 g（一次量）, SC, IM, IV	0.125~0.5 g（一次量）, SC, IM, IV	
	安钠咖	2~5 g（一次量）, SC, IM, IV	0.5~2 g（一次量）, SC, IM, IV	0.1~0.3 g（一次量）, SC, IM, IV	

(续)

	药物	马、牛（每千克体重）	羊、猪（每千克体重）	犬、猫（每千克体重）	家禽（每千克体重）
中枢兴奋药	硝酸士的宁	15~30 g（一次量），SC	2~4 g（一次量），SC	0.5~0.8 g（一次量），SC	
	樟脑磺酸钠	1~2 g（一次量），SC、IM、IV	0.2~1 g（一次量），SC、IM、IV	0.05~0.1 g（一次量），SC、IM、IV	
	戊四氮	0.5~1.5 g（一次量），SC、IM、IV	0.05~0.3 g（一次量），SC、IM、IV	0.02~0.1 g（一次量），SC、IM、IV	
	盐酸洛贝林	0.1~0.15 g（一次量），SC	6~20 mg（一次量），SC	1~10 mg（一次量），SC	
	盐酸多沙普仑	马 0.5~1.0 mg，牛 5~10 mg，IV	5~10 mg，IV	1~10 mg，IV	
镇静药和抗惊厥药	盐酸氯丙嗪	0.5~1.0 mg	1~2 mg	1~3 mg	
	马来酸乙酰丙嗪	0.05~0.1 mg，IM、IV	0.5~1.0 mg，IM、IV	0.05~0.1 mg，IM、IV	
	水合氯醛	10~25 g（一次量），PO	2~4 g（一次量），PO	0.3~1.0 g（一次量），PO	
	地西泮（安定）	马 0.1~0.15 mg，牛 0.5~1.0 mg，IM、IV	0.5~1.0 mg，IM、IV	0.6~1.2 mg，IM、IV	
	溴化钠	10~50 g（一次量），PO	5~15 g（一次量），PO	0.5~2.0 g（一次量），PO	
	阿普唑仑		猪 2.2 mg，IM	犬 0.01~0.1 mg，猫 0.125~0.25 mg，PO	
	阿扎派隆	马 1~2 mg，牛 0.1~0.3 mg，IV、IM	0.1~0.2 mg，IM	1~2 mg（一次量），IV、IM	
	赛拉嗪	10~25 g（一次量），IV、IM	0.25~1.0 g（一次量），IM		
	苯巴比妥			6~12 mg，PO	
	苯巴比妥钠	15~30 g（一次量），PO	2.5~7.5 g（一次量），IV、IM	0.2~10 g（一次量），PO	
	三甲双酮		1~3 g（一次量），PO		
	硫酸镁注射液	4~12 g（一次量），PO；	2~5 g（一次量），PO；	犬 0.5~1.0 g（一次量），PO；	
解热镇痛抗炎药	阿司匹林	3~10 g（一次量），PO	1~3 g（一次量），PO	0.3~0.6 g（一次量），PO	
	安乃近	10~20 g（一次量），PO； 5~10 g（一次量），IM	1~4 g（一次量），PO； 0.5~2.0 g（一次量），IM	0.1~1.0 g（一次量），PO； 0.1~0.5 g（一次量），IM	
	对乙酰氨基酚	8~20 g（一次量），PO； 0.6~1.2 g（一次量），IM	2~5 g（一次量），PO； 50~200 mg，IM	0.13~0.4 g（一次量），PO；	
	氨基比林				

（续）

类别	药物	马、牛（每千克体重）	羊、猪（每千克体重）	犬、猫（每千克体重）	家禽（每千克体重）
解热镇痛抗炎药	萘普生	5~10 mg, PO; 5 mg, IV		2~5 mg, PO	
	酮洛芬	2.2 mg, IM, IV	2~4 mg, IM, IV	犬 2 mg, 猫 1 mg, PO, IM, IV	
	布洛芬			10 mg, PO	
	吲哚美辛	1 mg, PO	2 mg, PO		
	吡罗昔康	0.7 mg, IV		0.3 mg, PO	
	卡洛芬	0.5~0.6 mg, PO, IV		犬 4.4 mg, 猫 2 mg, PO	
	美洛昔康	4.0~8.0 mg, PO; 3~4 mg, IV	4 mg, PO, IV	0.2~0.3 mg, PO, IM, IV	
	保泰松			4 mg, PO, SC, IM, IV, 1次/d	
	托芬那酸	0.1~0.2 mg, SC, IM		1~2 mg, SC, IM	
镇痛药	盐酸呱替啶（盐酸杜冷丁）	2~4 mg, SC, IM	2~4 mg, SC, IM	5~10 mg, SC, IM, IV	
	枸橼酸芬太尼	0.02 mg, SC, IM		0.02~0.04 mg, SC, IM, IV	
	盐酸美沙酮	0.4~0.8 mg, SC, IM, IV		0.05 mg, SC, IM	
	镇痛新		猪 2 mg, SC, IM, IV	犬 0.5~1.0 mg, 猫 2.2~3.3 mg, SC, IM, IV	
	盐酸丁丙诺啡	马 0.004 mg, IV		0.005~0.02 mg, SC, IM, IV	
局部麻醉药	盐酸普鲁卡因	10~30 mL（一次量），封闭疗法	10~20 mL（一次量），封闭疗法	2~5 mL（一次量），封闭疗法	
	盐酸利多卡因	0.25%~0.5%溶液，浸润麻醉；2%溶液，传导麻醉	0.25%~0.5%溶液，浸润麻醉；2%溶液，传导麻醉	0.25%~0.5%溶液，浸润麻醉；2%溶液，传导麻醉	
	盐酸布比卡因	0.125%~0.25%溶液，浸润麻醉；0.25%~0.5%溶液，传导麻醉	0.125%~0.25%溶液，浸润麻醉；0.25%~0.5%溶液，传导麻醉	0.125%~0.25%溶液，浸润麻醉；0.25%~0.5%溶液，传导麻醉	
	硫喷妥钠	10~15 mg, IV	10~15 mg, IV	20~25 mg, IV	
麻醉保定药	戊巴比妥钠	15~20 mg, IV	20~25 mg, IV	30~35 mg, IV	
	异戊巴比妥钠	2.5~10 mg, IV	2.5~10 mg, IV	2.5~10 mg, IV	

(续)

分类	药物	马、牛（每千克体重）	羊、猪（每千克体重）	犬、猫（每千克体重）	家禽（每千克体重）
麻醉保定药	氯化琥珀胆碱（司可林）	马 0.07~0.2 mg，牛 0.01~0.016 mg，IM	猪 2 mg，IM	0.06~0.11 mg，IM	
	赛拉嗪（隆朋）	马 1~2 mg，牛 0.1~0.3 mg，IM	羊 0.1~0.2 mg，IM	1~2 mg，IM	
	赛拉唑（静松灵）	马 0.5~1.2 mg，牛 0.2~0.6 mg，IM	羊 1~3 mg，IM		
拟胆碱药	氯甲酰甲胆碱	1~2 mg，SC	0.25~0.5 mg，SC	0.025~0.1 mg，SC	
	硝酸毛果芸香碱	30~300 mg，SC	10~50 mg，SC	3~20 mg，SC	
	甲硫酸新斯的明	马 4~10 mg，牛 4~20 mg，SC，IM	2~5 mg，SC，IM	0.25~1.0 mg，SC，IM	
	氢溴酸加兰他敏	20~40 mg，SC，IM	10~15 mg，SC，IM		
	氯化氨甲酰甲胆碱	0.05~0.1 mg，SC		0.25~0.5 mg，SC	
	依酚氯胺			0.1 mg，IV	
抗胆碱药	硫酸阿托品	麻醉前 0.02~0.05 mg，有机磷中毒 0.5~1.0 mg，SC，IM	麻醉前 0.02~0.05 mg，有机磷中毒 0.5~1.0 mg，SC，IM	麻醉前 0.02~0.05 mg，有机磷中毒 0.1~0.15 mg，SC，IM	
	氢溴酸东莨菪碱	1~3 mg，SC	0.2~0.5 mg，SC		
	格隆溴胺			0.011 mg，IM，IV	
拟肾上腺素药	肾上腺素	2~5 mL（一次量），SC，IV	0.2~1.0 mL（一次量），SC，IV	0.1~0.5 mL（一次量），SC，IV	
	重酒石酸去甲肾上腺素	8~12 mg，IV	2~4 mg，IV		
	盐酸异丙肾上腺素	1~4 mg（一次量），IV	0.2~0.4 mg（一次量），IV	0.5~1.0 mg（一次量），IV	
	盐酸麻黄碱	50~300 mg（一次量），SC	20~50 mg（一次量），SC	10~30 mg（一次量），SC	
	酚妥拉明			5 mg（一次量），IV	
	普萘洛尔			0.1~0.2 mg，PO；0.02 mg，IV	
健胃药	龙胆酊	50~100 mL（一次量），PO	5~10 mL（一次量），PO	1~3 mL（一次量），PO	
	大黄酊	30~100 mL（一次量），PO	5~20 mL（一次量），PO	1~4 mL（一次量），PO	
	马钱子酊	10~20 mL（一次量），PO	1~2.5 mL（一次量），PO		
	肉桂酊	30~100 mL（一次量），PO	10~20 mL（一次量），PO	0.1~0.6 mL（一次量），PO	
	小茴香酊	40~100 mL（一次量），PO	15~30 mL（一次量），PO		

（续）

	药物	马、牛（每千克体重）	羊、猪（每千克体重）	犬、猫（每千克体重）	家禽（每千克体重）
健胃药	姜酊	40~60 mL（一次量），PO		2~5 mL（一次量），PO	
	氯化钠	马 10~25 g，牛 20~50 g，一次量，PO	羊 5~10 g，猪 2~5 g，一次量，PO		
	碳酸氢钠	马 15~60 g，牛 30~100 g，一次量，PO	羊 5~10 g，猪 2~5 g，一次量，PO	0.5~2 g（一次量），PO	
	人工矿泉盐	马 50~100 g，牛 50~150 g，一次量，PO	10~30 g（一次量），PO		
助消化药	稀盐酸	马 10~20 mL，牛 15~30 mL，一次量，PO	羊 2~5 mL，猪 1~2 mL，一次量，PO	0.1~0.5 mL（一次量），PO	
	稀醋酸	50~200 mL，PO	2~10 mL（一次量），PO		
	干酵母	120~150 g，PO	30~60 g（一次量），PO	8~12 g（一次量），PO	
	乳酶生	10~30 g（一次量），PO	2~4 g（一次量），PO		
	胃蛋白酶	4 000~8 000 IU（一次量），PO	800~1 600 IU（一次量），PO	80~800 IU（一次量），PO	
	胰酶		猪 0.5~1.0 g（一次量），PO	0.2~0.5 g（一次量），PO	
胃肠促进药	浓氯化钠注射液	0.1 g, IV	0.1 g, IV	0.1 g, IV	
	西沙必利	马 0.1 mg，PO		0.1~0.5 mg, PO	
	甲氧氯普胺	马 0.1~0.25 mg, IV, IM		0.1~0.4 mg, SC, IM	
	多潘立酮	马 1.1 mg, PO		0.05~0.1 mg, PO	
制酵消沫药	鱼石脂	10~30 g（一次量），PO	1~5 g（一次量），PO		
	芳香氨醑	20~100 mL（一次量），PO	4~12 mL（一次量），PO	0.5~4.0 mL（一次量），PO	
	甲醛溶液	牛 8~25 mL（一次量），PO	羊 1~3 mL（一次量），PO		
	松节油	牛 20~60 mL（一次量），PO	3~10 mL（一次量），PO		
	二甲硅油	牛 3~5 g（一次量），PO	羊 1~2 g（一次量），PO		
泻药	硫酸钠	马 100~300 g，牛 200~500 g，一次量，PO	羊 20~50 g，猪 10~25 g，一次量，PO	5~10 g（一次量），PO	
	硫酸镁	马 200~500 g，牛 300~800 g，一次量，PO	羊 50~100 g，猪 25~50 g，一次量，PO	犬 10~20 g，猫 2~5 g，一次量，PO	
	蓖麻油	马 250~400 mL，牛 300~600 mL，一次量，PO	50~150 mL（一次量），PO	10~30 mL（一次量），PO	
	比沙可啶			5 mg（一次量），PO	
	液状石蜡	500~1 500 mL（一次量），PO	100~300 mL（一次量），PO	5~30 mL（一次量），PO	

(续)

	药物	马、牛（每千克体重）	羊、猪（每千克体重）	犬、猫（每千克体重）	家禽（每千克体重）
止泻药	鞣酸	5～30 g（一次量），PO	2～5 g（一次量），PO		
	鞣酸蛋白	10～20 g（一次量），PO	2～5 g（一次量），PO	0.3～2.0 g（一次量），PO	
	碱式硝酸铋	10～25 g（一次量），PO	2～5 g（一次量），PO	0.3～2.0 g（一次量），PO	
	碱式碳酸铋	15～30 g（一次量），PO	2～4 g（一次量），PO	0.3～2.0 g（一次量），PO	
	复方樟脑酊	20～50 mL（一次量），PO	5～10 mL（一次量），PO	3～5 mL（一次量），PO	
	盐酸地芬诺酯			0.01～0.1 mg，PO	
	颠茄酊	马 10～30 mL（一次量），PO	2～5 mL（一次量），PO	0.2～1.0 mL（一次量），PO	
	药用炭	马 20～150 g，牛 20～200 g（一次量），PO	羊 5～50 g，猪 3～10 g（一次量），PO	0.3～2 g（一次量），PO	
	白陶土	50～150 g	10～30 g（一次量），PO	1～5 g（一次量），PO	
抗酸抑酸药	碳酸钙	马 15～30 g（一次量），PO	猪 3～5 g（一次量），PO		
	氢氧化镁	马 15～30 g（一次量），PO	猪 3～5 g（一次量），PO	犬 5～30 mL，猫 5～15 mL，一次量，PO	
	氢氧化铝	牛 8～16 mg，PO，3 次/d	猪 300 mg（一次量），PO	5～10 mg，PO，3～4 次/d	
	西咪替丁	马 0.5 mg，PO，2 次/d		犬 0.5～2.0 mg，PO，2 次/d	
	雷尼替丁			0.5～1.0 mg，PO，IM，SC	
	法莫替丁	马 8～15 g，牛 10～25 g（一次量），PO	羊 2～5 g，猪 1～2 g（一次量），PO	0.2～1.0 g（一次量），PO	
	氯化铵	马 10～25 g，牛 10～30 g（一次量），PO	2～3 g（一次量），PO	0.2～1.0 g（一次量），PO	
祛痰药	碳酸铵	0.5～3.0 g（一次量），PO，2～3 次/d	0.2～0.5 g（一次量），PO，2～3 次/d	0.02～0.1 g（一次量），PO，2～3 次/d	
	酒石酸锑钾	5～10 g（一次量），PO	1～3 g（一次量），PO	0.5～1.0 g（一次量），PO	
	碘化钾			犬 1.6～2.5 mg，猫 1 mg，一次量，PO	
镇咳药	盐酸溴己新	3～5 mL，喷雾吸入，2～4 次/d	0.1～0.5 g（一次量），PO	0.5～1 mL，喷雾吸入，一次量，PO	
	乙酰半胱氨酸	0.2～2 g（一次量），PO			
	盐酸可待因		0.05～0.1 g（一次量），PO	15～60 mg（一次量），PO	
	枸橼酸喷托维林	0.5～1.0 g（一次量），PO			

（续）

分类	药物	马、牛（每千克体重）	羊、猪（每千克体重）	犬、猫（每千克体重）	家禽（每千克体重）
平喘药	氨茶碱	5~10 mg, PO; 1~2 g（一次量）, IV, IM	0.25~0.5 g（一次量）, IV, IM	0.05~0.1 g（一次量）, IV, IM	
	盐酸麻黄碱	0.05~0.3 g（一次量）, PO, SC	0.02~0.05 g（一次量）, PO, SC	0.01~0.03 g（一次量）, PO, SC	
	盐酸异丙肾上腺素	50~100 mg（一次量）, PO; 1~4 mg（一次量）, IV, 2~3 次/d	20~30 mg（一次量）, PO; 0.2~0.4 mg（一次量）, IV, 2~3 次/d		
强心苷	洋地黄毒苷	每100 kg体重 0.6~1.2 mg, IV		0.1~1.0 mg（一次量）, IV	
	地高辛	0.06~0.08 mg, PO; 0.014 mg, IV		0.02 mg, PO; 0.005 mg, IV	
	毒毛花苷K	1.25~3.75 mg（一次量）, IV		0.25~0.5 mg（一次量）, IV	
	去乙酰毛花苷	1.6~3.2 mg（一次量）, IV			
止血药（抗凝血药）	安络血	5~20 mL（一次量）, IM	2~4 mL（一次量）, IM		
	亚硫酸氢钠甲萘醌	100~300 mg（一次量）, IM	30~50 mg（一次量）, IM	10~30 mg（一次量）, IM	雏鸡 0.2 mg, 鸡 1 mg, 加水 1 L, 饮用
	维生素K₁	1 mg, IM, IV		0.5~2.0 mg（一次量）, IM, IV	
	酚磺乙胺	1.25~2.5 g（一次量）, IM, IV	0.25~0.5 g（一次量）, IM, IV		
	氨甲环酸	2~5 g（一次量）, IV	0.25~0.75 g（一次量）, IV		
	肝素钠	100~130 IU, IM, IV	100~130 IU, IM, IV	150~250 IU, IM, IV	
抗贫血药	硫酸亚铁	2~10 g（一次量）, PO	0.5~3.0 g（一次量）, PO	0.05~0.5 g（一次量）, PO	
	枸橼酸铁铵	5~10 g（一次量）, PO	0.5~1.0 g（一次量）, PO		
	富马酸亚铁	2~5 g（一次量）, PO	0.5~1.0 g（一次量）, PO		
	右旋糖酐铁	驹、犊 200~600 mg（一次量）, IM	仔猪 100~200 mg（一次量）, IM	20~200 mg（一次量）, IM	
输液剂	右旋糖酐40	500~1 000 mL（一次量）, IV	250~500 mL（一次量）, IV	犬 5 mL, 猫 20 mL, IV	
	右旋糖酐70	500~1 000 mL（一次量）, IV	250~500 mL（一次量）, IV		
	氯化钠注射液（复方氯化钠）	1 000~3 000 mL（一次量）, IV	250~500 mL（一次量）, IV	100~500 mL（一次量）, IV	
	葡萄糖注射液（葡萄糖、氯化钠）	1 000~3 000 mL（一次量）, IV	250~500 mL（一次量）, IV	100~500 mL（一次量）, IV	
	氯化钾注射液	2~5 g（一次量）, IV	0.5~1.0 g（一次量）, IV		

(续)

	药物	马、牛（每千克体重）	羊、猪（每千克体重）	犬、猫（每千克体重）	家禽（每千克体重）
输液剂	碳酸氢钠	马 15～60 g，牛 30～100 g，一次量，PO；15～30 g（一次量），IV	羊 5～10 g，猪 2～5 g，一次量，PO；2～6 g（一次量），IV	0.5～2.0 g（一次量），PO；0.5～1.5 g（一次量），IV	
	乳酸钠	200～400 mL（一次量），IV	40～60 mL（一次量），IV		
利尿药	呋塞米	2 mg，PO；0.5～1.0 mg，PO，IM，IV	2 mg，PO；0.5～1.0 mg，PO，IM，IV	2.5～5 mg，PO；1～5 mg，IM，IV	
	依他尼酸（利尿酸）	0.5～1.0 mg，PO，IM，IV	0.5～1.0 mg，PO，IM，IV	5 mg，PO	
	布美他尼（丁苯氧酸）	0.05 mg，PO	0.05 mg，PO	0.1 mg，PO	
	氢氯噻嗪	1～2 mg，PO	2～3 mg，PO	3～4 mg，PO	
	氯噻酮	0.5～1.0 g（一次量），PO	0.2～0.4 g（一次量），PO		
	螺内酯	0.5～1.5 mg，PO	0.5～1.5 mg，PO	2～4 mg，PO	
	氨苯蝶啶	0.5～3 mg，PO	0.5～3 mg，PO		
脱水药	甘露醇	1 000～2 000 mL（一次量），IV	100～250 mL（一次量），IV	0.25～1.5 g，IV	
	山梨醇	1 000～2 000 mL（一次量），IV	100～250 mL（一次量），IV	0.25～1.5 g，IV	
作用于生殖系统的药物	缩宫素	30～100 IU，SC，IM	10～50 IU，SC，IM	2～10 IU，SC，IM	
	垂体后叶	30～100 IU，SC，IM	10～50 IU，SC，IM	2～10 IU，SC，IM	
	马来酸麦角新碱	5～15 mg（一次量），IV	0.5～1 mg（一次量），IV	0.1～0.5 mg（一次量），IV	
	丙酸睾酮	0.25～0.5 mg，SC，IM	0.25～0.5 mg，SC，IM		
	甲基睾酮	10～40 mg（一次量），PO	10～40 mg（一次量），PO	犬 10 mg，PO	
	苯丙酸诺龙	0.2～1.0 mg，SC，IM	0.2～1.0 mg，SC，IM	犬 10 mg，猫 5 mg，PO	
	苯甲酸雌二醇	马 10～20 mg，牛 5～20 mg（一次量），IM	羊 1～3 mg，猪 3～10 mg（一次量），IM	0.2～0.5 mg（一次量），IM	
	黄体酮	50～100 mg（一次量），IM	15～25 mg（一次量），IM	2～5 mg（一次量），IM	
	绒促性素	1 000～5 000 IU（一次量），IM，SC	羊 100～500 IU，猪 500～1 000 IU，一次量，IM	25～300 IU（一次量），SC，IM	
	血促性素	1 000～2 000 IU（一次量），IM，SC	羊 100～500 IU，一次量，猪 200～800 IU，一次量，SC、IM	25～200 IU（一次量），SC，IM	

(续)

药物		马、牛（每千克体重）	羊、猪（每千克体重）	犬、猫（每千克体重）	家禽（每千克体重）
作用于生殖系统的药物	垂体促卵泡素	马 200～300 IU，牛 100～150 IU，一次量，IM			
	垂体促黄体素	马 200～3 000 IU，牛 100～200 IU，一次量，IM			
	甲基前列腺素 $F_{2\alpha}$	2～4 mg（一次量），IM	1～2 mg（一次量）IM		
肾上腺皮质激素类	醋酸可的松	250～750 mg（一次量），IM	羊 12.5～25 mg，猪 50～100 mg，一次量，IM	25～100 mg（一次量），IM	
	醋酸泼尼松（强的松）	100～300 mg（一次量），PO	10～20 mg（一次量），PO	0.5～2 mg，PO	
	醋酸泼尼松龙（强的松龙）	50～150 mg（一次量），IV	10～20 mg（一次量），IV	2～15 mg（一次量），PO	
	地塞米松（氟美松）	5～20 mg（一次量），PO；马 2.5～5 mg；牛 5～20 mg，一日量，IM、IV	4～12 mg（一日量），IM、IV	0.5～2 mg（一次量），PO；0.125～1 mg（一日量），IM、IV	
	倍他米松			0.25～1.0 mg（一次量），PO	
	促肾上腺皮质激素	牛 30～200 IU（一次量），IM	羊 20～40 IU（一次量），IM	犬 5～10 IU，IM	
维生素	维生素 AD 注射液	5～10 mL（一次量），IM	2～4 mL（一次量），IM	5～10 mL（一次量），PO	1～2 mL（一次量），PO
	鱼肝油	20～60 mL（一次量），PO	10～15 mL（一次量），PO		
	维生素 D_3 注射液	1 500～3 000 IU，IM	1 500～3 000 IU，IM	1 500～3 000 IU，SC、IM	
	维生素 D_2 胶性钙	5～20 mL（一次量），SC、IM	2～4 mL（一次量），SC、IM	0.5～1.0 mL（一次量），SC、IM	
	维生素 E	驹、犊 0.5～1.5 g（一次量），PO、IM	羔羊、仔猪 0.1～0.5 g（一次量），PO、IM	0.03～0.1 g（一次量），PO、IM	5～10 mg（一次量），PO
	维生素 K_1	犊牛 1 mg，IM、IV		0.5～2 mg，IM、IV	
	维生素 B_1	100～500 mg（一次量），PO、SC、IM	25～50 mg（一次量），PO、SC、IM	犬 10～50 mg，猫 5～30 mg，一次量，PO、SC、IM	
	呋喃硫胺	100～200 mg（一次量），PO	10～30 mg（一次量），PO		
	维生素 B_2	100～150 mg（一次量），PO、SC、IM	20～30 mg（一次量），PO、SC、IM	5～20 mg（一次量），PO、SC、IM	
	维生素 B_6	3～5 g（一次量），PO、SC、IM	0.5～1 g（一次量），PO、SC、IM	0.02～0.08 g（一次量），PO、SC、IM	

(续)

	药物	马、牛（每千克体重）	羊、猪（每千克体重）	犬、猫（每千克体重）	家禽（每千克体重）
维生素	复方维生素B注射液	10~20 mL（一次量），IM	2~6 mL（一次量），IM	0.5~1.0 mL（一次量），IM	
	维生素 B$_{12}$	1~2 mg（一次量），IM	0.3~0.4 mg（一次量），IM	0.1 mg（一次量），IM	
	维生素C	马1~3 g，牛2~4 g，一次量，PO, IM, IV	0.2~0.5 g（一次量），PO, IM, IV	0.02~0.1 g（一次量），PO, IM, IV	
	烟酸	3~5 mg，PO	3~5 mg，PO	3~5 mg，PO	
	烟酰胺	3~5 mg, PO; 0.2~0.6 mg, IM	3~5 mg, PO; 0.2~0.6 mg, IM	3~5 mg, PO; 0.2~0.6 mg, IM	
	叶酸			2.5~5 mg（一次量），PO	
矿物质	氯化钙注射液	5~15 g（一次量），IV	1~5 g（一次量），IV	0.1~1 g（一次量），IV	
	葡萄糖酸钙注射液	20~60 g（一次量），IV	5~15 g（一次量），IV	0.5~2 g（一次量），IV	
	碳酸钙	30~120 g（一次量），PO	3~10 g（一次量），PO	0.5~2 g（一次量），PO	
	乳酸钙	10~30 g（一次量），PO	0.5~2 g（一次量），PO	0.2~0.5 g（一次量），PO	
	磷酸氢钙	12 g（一次量），PO	2 g（一次量），PO	0.6 g（一次量），PO	
	复方布它磷注射液	10~25 mL（一次量），IM, SC	2.5~10 mL（一次量），IM, SC	1~2.5 mL（一次量），IM, SC	
	亚硒酸钠注射液	30~50 mg（一次量），IM；驹、犊 5~8 mg（一次量），IM	羔羊、仔猪 1~2 mg（一次量），IM		
	氯化钴	牛 0.5 g，犊牛 0.2 g，一日量，PO	羊 1 g，羔羊 0.05 g，一日量，PO		
	硫酸铜	牛 2 g，犊牛 1 g，一日量，PO	羊 20 mg，PO		
	硫酸锌	牛 0.05~0.1 g，驹 0.2~0.5 g，一日量，PO			0.05~0.1 g（一日量），PO
抗过敏药	盐酸苯海拉明	马 0.2~1 g，牛 0.6~1.2 g，一次量，PO; 0.1~0.5 g（一次量），IM	0.08~0.12 g（一次量），PO; 0.04~0.06 g（一次量），IM	0.03~0.06 g（一次量），PO; 0.5~1.0 mg，IM	
	盐酸异丙嗪	0.25~1 g（一次量），PO; 0.25~0.5 g（一次量），IM	0.1~0.5 g（一次量），PO; 0.05~0.1 g（一次量），IM	0.05~0.19 g（一次量），PO; 0.025~0.05 g（一次量），IM	
	马来酸氯苯那敏（扑尔敏）	80~100 mg（一次量），PO; 60~100 mg（一次量），IM	10~20 mg（一日量），PO	犬 2~4 mg，猫 1~2 mg，一次量，PO, IV, IM	
	盐酸曲吡那敏	1~2 mg, PO, IM, IV	1 mg, PO, IM, IV	1~1.5 mg, PO, IM	

· 241 ·

(续)

药物	马、牛（每千克体重）	羊、猪（每千克体重）	犬、猫（每千克体重）	家禽（每千克体重）
依地酸钙钠（EDTACa-Na）	3～6 g（一次量），IV，2次/d	1～2 g（一次量），IV，2次/d		
二巯丙醇	2.5～5 mg，IM	2.5～5 mg，IM	2.5～5 mg，IM	
二巯丙磺钠	5～8 mg，IM，IV	7～10 mg，IM，IV		
二巯丁二钠	20 mg，IV	20 mg，IV		
青霉胺	5～10 mg，PO，4次/d	5～10 mg，PO，4次/d		
去铁胺	10 mg，首次加倍，IM	10 mg，首次加倍，IM		
碘解磷定	15～30 mg，IV	15～30 mg，IV	15～30 mg，IV	15～30 mg，IV
氯解磷定	15～30 mg，IV，IM	15～30 mg，IV，IM	15～30 mg，IV，IM	15～30 mg，IV，IM
双复磷	15～30 mg，IV，IM	15～30 mg，IV，IM	15～30 mg，IV，IM	15～30 mg，IV，IM
双解磷	15～30 mg，IV，IM	15～30 mg，IV，IM	15～30 mg，IV，IM	15～30 mg，IV，IM
亚甲蓝	高铁血红蛋白症：1～2 mg，IV 氢氰酸中毒：5～10 mg，IV	高铁血红蛋白症：1～2 mg，IV 氢氰酸中毒：5～10 mg，IV	高铁血红蛋白症：1～2 mg，IV 氢氰酸中毒：5～10 mg，IV	
亚硝酸钠	2 g（一次量），IV	0.1～0.2 g（一次量），IV		
硫代硫酸钠	5～10 g（一次量），IV，IM	1～3 g（一次量），IV，IM	1～2 g（一次量），IV，IM	
乙酰胺	50～100 mg，IV，IM	50～100 mg，IV，IM		

注：IV 表示静脉注射，IM 表示肌内注射，PO 表示口服，SC 表示皮下注射。
引自曾振灵，兽药手册（第二版）(2012)；中国兽药典委员会编，兽药使用指南（2005 年版）。

附录六　全国执业兽医资格考试样题

全国执业兽医资格考试题型主要包括 A1、A2、A3、A4 和 B1。

1. A1 题型　每一道考题下面有 A、B、C、D、E 五个备选答案，请从中选择一个最佳答案，并在答题卡上将相应题号的字母所属的方框涂黑。

2. A2 题型　每一道考题是以一个小案例出现的，其下面都有 A、B、C、D、E 五个备选答案。请从中选择一个最佳答案，并在答题卡上将相应题号的字母所属的方框涂黑。

3. A3/A4 题型　提供若干案例，每个案例下设若干道考题。请根据案例所提供的信息在每一考题下面的 A、B、C、D、E 五个备选答案中选择一个最佳答案，并在答题卡上将相应题号的字母所属的方框涂黑。

4. B1 题型　提供若干组考题，每组考题共用在考题前列出的 A、B、C、D、E 五个备选答案。请从中选择一个最佳答案，并在答题卡上将相应题号的相应字母所属的方框涂黑。某个备选答案可能被选择一次、多次或不被选择。

一、A1 题型（共 40 题）

1. 食道阻塞的发病特征是（D）。
   A. 黏膜发绀　　　　B. 咀嚼障碍　　　　C. 精神沉郁
   D. 突然发生　　　　E. 口腔溃疡
2. 马肠扭转的最佳治疗方法是（D）。
   A. 翻滚法　　　　　B. 针灸法　　　　　C. 下泻法
   D. 手术整复　　　　E. 深部灌肠
3. 继发瘤胃臌气的疾病不包括（A）。
   A. 瘤胃酸中毒　　　B. 瓣胃阻塞　　　　C. 食道阻塞
   D. 皱胃变位　　　　E. 创伤性网胃炎
4. 病牛顽固性的前胃弛缓症状和触压网胃表现疼痛的是（D）。
   A. 前胃弛缓　　　　B. 瘤胃臌气　　　　C. 瘤胃积食
   D. 创伤性网胃腹膜炎　E. 瓣胃阻塞
5. 皱胃左方变位的首选疗法是（D）。
   A. 镇痛解痉　　　　B. 洗胃　　　　　　C. 接种健康牛瘤胃液
   D. 滚转法　　　　　E. 催吐
6. 犬胃扩张-扭转综合征的临床特征是（A）。
   A. 腹围增大　　　　B. 腹泻　　　　　　C. 血便
   D. 脾后移　　　　　E. 脾肿大
7. 治疗动物腹膜炎，为制止渗出应选择静脉注射的药物是（B）。
   A. 0.91%氯化钠　　B. 10%氯化钙　　　C. 3%氯化钾
   D. 5%葡萄糖　　　　E. 0.25%普鲁卡因
8. 引起实质性黄疸的疾病是（E）。
   A. 胆管结石　　　　B. 胆囊结石　　　　C. 胆管狭窄
   D. 胆囊炎　　　　　E. 肝炎
9. 犬发生小叶性肺炎时，胸部 X 线摄影检查可见（E）。
   A. 肺纹理增粗　　　B. 整个肺区异常透明　C. 肺野阴影一致加重
   D. 肺野有大面积均匀的致密影
   E. 肺野局部斑片状或斑点状密影

10. 犬发生急性支气管炎时，血液学检查可见（C）。
 A. 白细胞数正常 B. 白细胞数下降 C. 白细胞数升高
 D. 中性粒细胞数下降 E. 嗜酸性粒细胞数升高
11. 牛创伤性心包炎后期的典型临床症状是（E）。
 A. 弛张热 B. 精神沉郁 C. 胸壁敏感
 D. 呼吸困难 E. 心包拍水音
12. 心肌炎时临床上不出现（E）。
 A. 大脉 B. 小脉 C. 早期发绀
 D. 节律不齐 E. 第二心音增强
13. 犬患尿道炎时，尿液中出现（D）。
 A. 肾上皮细胞 B. 肾盂上皮细胞 C. 膀胱上皮细胞
 D. 尿道上皮细胞 E. 肾小管上皮细胞
14. 公牛的尿道结石多发于（D）。
 A. 肾盂 B. 输尿管 C. 膀胱
 D. 乙状弯曲部 E. 尿道的盆骨中部
15. 肾病与急性肾炎的主要鉴别症状是（D）。
 A. 少尿 B. 无尿 C. 水肿
 D. 血尿 E. 肾区敏感
16. 多发性神经炎时出现痒感的原因是（C）。
 A. 浅感觉过敏 B. 浅感觉减退 C. 浅感觉异常
 D. 深感觉异常 E. 特殊感觉异常
17. 家畜脑膜脑炎的治疗原则是（C）。
 A. 强心补液，防止心衰 B. 控制出血，及时补液
 C. 抗菌消炎，降低颅内压 D. 抗休克，防止循环虚脱
 E. 解痉抗凝，疏通微循环
18. 引起脑震荡及脑挫伤的原因主要是（E）。
 A. 细菌感染 B. 病毒感染 C. 内源性毒物
 D. 毒素中毒 E. 粗暴的外力作用
19. 影响家畜营养代谢病发生的最主要因素是（E）。
 A. 年龄 B. 遗传 C. 品种
 D. 性别 E. 生产与管理
20. 笼养蛋鸡疲劳症又称为（E）。
 A. 观星症 B. 锰缺乏症 C. 骨短粗症
 D. 趾爪卷曲症 E. 骨质疏松症
21. 禽痛风的根本原因是体内蓄积过多的是（D）。
 A. 血糖 B. 胆固醇 C. 白蛋白
 D. 尿酸 E. 三酰甘油
22. 高产乳牛饲料磷缺乏时，最可能出现的症状是（B）。
 A. 血尿 B. 血红蛋白尿 C. 肌红蛋白尿
 D. 卟啉尿 E. 药物性红尿
23. 家畜铜缺乏症最有可能出现的临床症状是（C）。
 A. 红尿 B. 水肿 C. 贫血
 D. 消化不良 E. 呼吸困难

24. 羔羊硒缺乏症的特征性变化是（B）。
   A. 脱毛　　　　　　　B. 肌营养不良　　　　　C. 渗出性素质
   D. 胰腺变性　　　　　E. 小脑变性

25. 鸡硒缺乏的病理变化特征是（D）。
   A. 脂肪肝　　　　　　B. 脾肿大　　　　　　　C. 尿酸盐沉积
   D. 渗出性素质　　　　E. 法氏囊坏死

26. 仔猪铁缺乏症可视黏膜变化是（C）。
   A. 鲜红　　　　　　　B. 发绀　　　　　　　　C. 苍白
   D. 出血　　　　　　　E. 黄染

27. 甲状旁腺机能减退时患病动物可能出现（C）。
   A. 低钠血症　　　　　B. 低钾血症　　　　　　C. 低钙血症
   D. 低镁血症　　　　　E. 低磷血症

28. 糖尿病后期，患病犬的尿液常带有（E）。
   A. 苦杏仁味　　　　　B. 鱼腥味　　　　　　　C. 大蒜味
   D. 腐臭味　　　　　　E. 烂苹果味

29. 与阿狄森病有关的激素是（B）。
   A. 生长激素　　　　　B. 促肾上腺皮质激素　　C. 促黄体生成素
   D. 促甲状腺素　　　　E. 抗利尿激素

30. 鸡出现趾爪向内卷曲的示病症状，最可能缺乏的是（B）。
   A. 维生素 B_1　　　　B. 维生素 B_2　　　　C. 维生素 A
   D. 维生素 D　　　　　E. 维生素 B_6

31. 畜禽食盐中毒尚未出现神经症状者，给予清洁饮水的方法是（B）。
   A. 大量多次　　　　　B. 少量多次　　　　　　C. 不限次数
   D. 不限饮量　　　　　E. 自由饮水

32. 美蓝作为特效解毒药常用于治疗（E）。
   A. 棉籽饼中毒　　　　B. 菜籽饼中毒　　　　　C. 氢氰酸中毒
   D. 有机磷中毒　　　　E. 亚硝酸盐中毒

33. 临床上可作为一般解毒剂的维生素是（D）。
   A. 维生素 A　　　　　B. 维生素 B_1　　　　C. 维生素 D
   D. 维生素 C　　　　　E. 维生素 E

34. 对黄曲霉毒素最敏感的是（A）。
   A. 雏鸭　　　　　　　B. 仔猪　　　　　　　　C. 马驹
   D. 犊牛　　　　　　　E. 羔羊

35. 犬洋葱中毒所引起的贫血属于（A）。
   A. 溶血性贫血　　　　B. 失血性贫血　　　　　C. 营养性贫血
   D. 小细胞低色素性贫血　E. 再生障碍性贫血

36. 引起鸡产"桃红蛋"的主要中毒性疾病是（D）。
   A. 甘薯毒素中毒　　　B. 洋葱中毒　　　　　　C. 霉玉米中毒
   D. 棉籽饼中毒　　　　E. 菜籽饼中毒

37. 亚硝酸盐中毒皮肤和黏膜颜色（B）。
   A. 鲜红　　　　　　　B. 蓝紫　　　　　　　　C. 黄染
   D. 粉红　　　　　　　E. 苍白

38. 体内与有机磷农药化学结构相似的物质是（B）。

A. 肾上腺素 　　　　　B. 乙酰胆碱 　　　　　C. 胆碱酯酶
D. 细胞色素 　　　　　E. 磷酸腺苷

39. 防止肉鸡腹水综合征，日粮中可添加的氨基酸是（C）。
A. 丝氨酸 　　　　　B. 蛋氨酸 　　　　　C. 精氨酸
D. 赖氨酸 　　　　　E. 丙氨酸

40. 猪应激综合征导致肌肉呈现（A）。
A. 苍白、松软、汁液渗出　　B. 苍白、坚硬、汁液渗出
C. 暗黑色、松软、汁液渗出　D. 苍白、坚硬、干燥
E. 暗黑色、松软、干燥

二、A2 题型（共 5 题）

41. 黄牛，3 岁，饲料以麦秸为主。采食减少，口腔有大量唾液流出，口角外附有泡沫样黏液，粪便、尿液和体温正常。最可能的诊断是（B）。
A. 咽炎 　　　　　　B. 口炎 　　　　　　C. 胃炎
D. 肠炎 　　　　　　E. 食道梗阻

42. 博美犬，5 岁，雌性，多年来一直饲喂自制犬食，以肉为主，近日虽然食欲正常，但饮欲增加，排尿频繁，每次尿量减少，偶见血尿，腹部超声探查可见膀胱内有绿豆大的强回声光斑及其远场声影。该犬所患的疾病是（D）。
A. 肾炎 　　　　　　B. 尿道炎 　　　　　C. 尿崩症
D. 膀胱结石 　　　　E. 肾功能衰竭

43. 乳牛，4 岁，产犊 1 周后发病，不愿吃精料，粪干，后腹泻，泌乳量下降，乳汁易起泡沫，尿液和呼出气伴有烂苹果味。该病最可能的诊断是（D）。
A. 前胃迟缓 　　　　B. 生产瘫痪 　　　　C. 瘤胃酸中毒
D. 酮病 　　　　　　E. 骨软症

44. 5 000 只 30 日龄的肉鸡，2 天前天气突然降温后发病，主要表现为腹部膨大、着地，严重病例鸡冠和肉髯呈红色，剖检发现腹腔中有大量积液，实验室检查未分离到致病菌。该病最可能的诊断是（E）。
A. 食物中毒 　　　　B. 食盐中毒 　　　　C. 维生素 E 缺乏
D. 脂肪肝综合征 　　E. 肉鸡腹水综合征

45. 某猪群在多雨季节，因饲喂存储不当的配合饲料而发生中毒性疾病。该病最可能是（E）。
A. 氢氰酸中毒 　　　B. 棉籽饼中毒 　　　C. 菜籽饼中毒
D. 亚硝酸盐中毒 　　E. 黄曲霉毒素中毒

三、A3/A4 型题（共 2 大题，6 小题）

(46~48 共用题干)

病牛食欲减退，瘤胃蠕动音减弱，精神沉郁，磨牙，嗳气，粪便减少而带臭味，触诊瘤胃内容物柔软，瘤胃轻度鼓胀，肠音弱，粪干色暗，瘤胃 pH 小于 6，纤毛虫活力下降，数量减少，血浆 CO_2 结合力降低。

46. 诱发本病最主要的饲养管理因素是（A）。
A. 突换饲料 　　　　B. 突换牛舍 　　　　C. 突换饲养
D. 突换挤乳方式 　　E. 突换运动场

47. 治疗本病的关键是（E）。
A. 消炎止痛 　　　　B. 利尿解毒 　　　　C. 解毒强心
D. 限制饮水 　　　　E. 兴奋瘤胃

48. 本病常伴有（C）。
    A. 高磷血症　　　　　B. 碱中毒　　　　　C. 酸中毒
    D. 高钙血症　　　　　E. 血尿

（49～51题共用题干）

乳牛群，200头。近日部分出现精神沉郁，角膜混浊，厌食，消瘦，泌乳牛产乳减少。有5头4～5月龄犊牛死亡。剖检见腹腔积液、肝硬化、有肿块，胆囊扩张。调查怀疑饲料异常。

49. 降低该物质对动物机体危害的方法是在饲料中添加（B）。
    A. 膳食纤维　　　　　B. 白陶土　　　　　C. 植物油
    D. 骨粉　　　　　　　E. 干草

50. 与本病有关的天气因素是（C）。
    A. 沙尘暴　　　　　　B. 干冷　　　　　　C. 湿热
    D. 干热　　　　　　　E. 湿冷

51. 检测饲料，含量超标的主要是（C）。
    A. 除草剂　　　　　　B. 细菌毒素　　　　C. 霉菌毒素
    D. 有机磷农药　　　　E. 植物生长刺激剂

四、B1题型（共3大题，9小题）

（52～54题共用备选答案）
    A. 瘤胃臌气　B. 瓣胃阻塞　C. 前胃弛缓　D. 瘤胃炎　E. 瘤胃积食

52. 乳牛，食欲减退，反刍缓慢，背腰拱起，后肢踢腹，左侧下腹部膨大，左肷部平坦，瘤胃触诊内容物坚实，叩诊浊音界扩大，听诊蠕动音减弱，排粪迟缓，该病最可能的诊断是（E）。

53. 乳牛，采食后不久发病，表现不安，背腰拱起，反刍和嗳气停止，腹围膨大，左肷窝部触诊紧张而有弹性，叩诊呈鼓音，瘤胃蠕动音消失，呼吸高度困难，该病最可能的诊断是（A）。

54. 乳牛，食欲减退，反刍减弱，嗳气减少，瘤胃蠕动音减弱，触诊瘤胃内容物柔软，体温正常，该病最可能的诊断是（C）。

（55～57题共用备选答案）
    A. 血尿　B. 血红蛋白尿　C. 肌红蛋白尿　D. 卟啉尿　E. 药物性红尿

55. 乳牛，6岁，20 d前产犊，1 d前开始食欲下降，呼吸35次/min，结膜苍白、黄染，排尿次数增加，尿量相对减少，尿呈淡红色。最可能的红尿性质是（B）。

56. 北京犬，10岁，频尿，排尿困难，X线检查可见膀胱内有大小不等的高密度影。最可能的红尿性质是（A）。

57. 马，7岁，营养良好，半月余未参加任何活动，参加比赛后24 h发病，后肢瘫痪，排红色尿液。最可能的红尿性质是（C）。

（58～60题备选答案）
    A. 维生素A缺乏症　B. 维生素B_2缺乏症　C. 维生素C缺乏症　D. 维生素D缺乏症
    E. 泛酸缺乏症

58. 猪，主要喂甜菜渣，病猪出现生长缓慢，食欲减退，腹泻，皮肤粗糙，运动障碍，呈痉挛性鹅步。母猪所产仔猪出现畸形。最可能的疾病是（E）。

59. 蛋鸡群，200日龄，在产蛋高峰期时，突然产蛋量下降，蛋白稀薄，孵化率低下，雏鸡呈现生长缓慢，腹泻，不能走路，趾爪向内弯曲。最可能的疾病是（D）。

60. 犊牛，3月龄，夜晚行走时易碰撞障碍物，眼角膜增厚，有云雾状物形成，皮肤有麸皮样痂块，出现阵发性惊厥。最可能的疾病是（A）。

图书在版编目（CIP）数据

兽医内科学：精简版 / 刘宗平，赵宝玉主编. —北京：中国农业出版社，2021.1（2024.6重印）

普通高等教育农业农村部"十三五"规划教材　全国高等农林院校"十三五"规划教材　"十三五"江苏省高等学校重点教材

ISBN 978-7-109-27723-6

Ⅰ.①兽…　Ⅱ.①刘…②赵…　Ⅲ.①兽医学－内科学－高等学校－教材　Ⅳ.①S856

中国版本图书馆 CIP 数据核字（2021）第 001553 号

中国农业出版社出版

地址：北京市朝阳区麦子店街 18 号楼

邮编：100125

责任编辑：王晓荣　　文字编辑：王晓荣　刘飓雨

版式设计：杜　然　　责任校对：沙凯霖

印刷：中农印务有限公司

版次：2021 年 1 月第 1 版

印次：2024 年 6 月北京第 3 次印刷

发行：新华书店北京发行所

开本：889mm×1194mm　1/16

印张：16.25

字数：440 千字

定价：48.50 元

版权所有·侵权必究

凡购买本社图书，如有印装质量问题，我社负责调换。

服务电话：010-59195115　010-59194918